"中央音乐学院科研资助计划" 出版项目

U0588933

华胥集

——李起敏美学论文卷

李起敏 著

 中央音乐学院出版社
CENTRAL CONSERVATORY OF MUSIC PRESS

·北京·

图书在版编目（CIP）数据

华胥集：李起敏美学论文卷／李起敏著. —北京：中央音乐学院出版社，2020.10（2025.1 重印）

ISBN 978 - 7 - 5696 - 0086 - 5

Ⅰ.①华… Ⅱ.①李… Ⅲ.①美学—文集 Ⅳ.①B83 - 53

中国版本图书馆 CIP 数据核字（2020）第 152909 号

HUA XU JI

华胥集 ——李起敏美学论文卷 李起敏著

出版发行：中央音乐学院出版社

经　　销：新华书店

开　　本：787mm×1092mm　16 开

印　　张：20.75　　字数：398.4 千字

印　　刷：三河市金兆印刷装订有限公司

版　　次：2020 年 10 月第 1 版　　印次：2025 年 1 月第 4 次印刷

书　　号：ISBN 978 - 7 - 5696 - 0086 - 5

定　　价：198.00 元

中央音乐学院出版社　　北京市西城区鲍家街 43 号　　邮编：100031

发行部：（010）66418248　　66415711（传真）

序　　言

　　此书是李起敏教授的一本遗作集。

　　李起敏是一位多才多艺之士。他一生拥有三个专业。他在文科大学攻读过中国文学，又在美术学院研习过美术理论与美术史。嗣后受聘于中央音乐学院，任艺术概论教员。在任教期间，他由于受到环境的熏染和感召，开始自修音乐美学，专攻中国音乐美学史。他披荆斩棘，朝乾夕惕，锲而不舍，日就月将，终于升堂入室，功成名就，成为一名中国音乐美学史专业的博士生导师，实在难能可贵。

　　李起敏的多才多艺，突出地表现在选修课的开设上。他先后开设过的选修课达16门之多。倘使没有广博的知识，没有超强的能力，没有吃苦耐劳的精神，是无论如何办不到的。他为何要开如许选修课程呢？原因有两个：首先，为提高艺术院校学生的人文素质而呐喊并贡献自己的一份力量。艺术院校有一个突出的特点，就是其专业的技艺性极强。为此，它高度重视对学生进行专业技术、技能的传授和训练。这是完全必要而且完全正确的，也是无可厚非的。不过，在这种情况下，往往容易产生重艺轻文乃至重技轻文的偏差，以致忽视、削弱了对学生的人文素质教育。李起敏看到了这个问题，从而发表了警世的言论。他认为艺术院校需要注意"避免这片艺术绿洲的'沙化'"。所谓"沙化"，指的就是人文素质教育的缺失。救弊之方在于，要有强化人文素质教育的坚定意识和切实举措。李起敏大开选修课，就是想为加强对学生的人文素质教育做一点力所能及的实事。其次，以实际行动支持学校的教学改革。20世纪80年代，中央音乐学院大刀阔斧地进行了教学体系的改革，改革的核心是推行学分制。推行学分制必须具备一个先决条件，就是要有足够的选修课可供学生自由遴选。李起敏多开选修课，就是为了响应学校的号召，适应教学体系改革的需要。同时，学校的这项改革也为他搭建了一个可以任他一展身手的平台。

　　李起敏因多才多艺而成为一位三栖学者，因此之故，他的文章的论题所涉及的范围甚为广阔。音乐、美术、文学，他无不涉足。凡所论述，他莫不广搜资料，深加研究。而且，他总是鞭策自己务须独出心裁，自有见地。他眼界开阔，博闻强记，论证自己的观点时，旁征博引，颇能引人入胜。

李起敏的文章辞藻丰赡，意趣盎然。他自幼受家风熏陶，酷爱读书。他涵泳经史，泛览群籍，探赜索隐，含英咀华，渐臻于腹笥充满、博古通今之境。因而，谈吐间时时咳唾成珠；为文时，每每笔底生花。

潘必新

2020 年 7 月 5 日

目　　录

罗贯中与施耐庵研究

中国古玉艺术研究

音乐史学与音乐美学研究

艺术本体价值与艺术市场

画家与绘画史研究

美术交流论

艺术教育与艺术审美研究

论坛讲稿与传媒访谈

罗贯中和施耐庵研究

说破英雄惊煞人

——论罗贯中作品中的英雄情结与理想国

本文从《三国演义》与《水浒传》等著作解析罗贯中创作的心路历程与美学倾向，阐明的问题涵盖以下几个方面：

一、对罗贯中籍贯的研究：本文力求不脱离地域文化的研究，认为地域文化必然在其创作生涯中有不可磨灭的影响。这里所说的地域包括他的出生地及其长期寓居之所，并不以什么南方人或北方人为分界。本文得出的结论是：东平是其无可辩驳的籍贯所在；杭州一带是其长期寓居之所；四处漂泊是其生存状态。

二、对其生平的研究：首先要以他的创作文本为主体，在史书资料匮乏而又似是而非的情况下，不能舍本逐末。本文认为《录鬼簿续编》对确定罗贯中籍贯的价值值得怀疑，甚至不足为凭。至少是作者的疏忽，并未确指是哪个"太原"，因为历史上有两个太原，一个在山西，另一个在山东。东原在古代一度也被称为"太原"。

三、对于《三国演义》与《水浒传》的著作权问题，同样要把著作文本与作者生平相结合进行研究。关于《三国演义》的作者，学界除个别的论者外，几乎有着共识。而存在异议者，集中在《水浒传》。解决这个问题需要关注几个方面：地域文化与作者及作品的关联性；罗氏本人的签署；现存最早版本的签署直到所有版本的签署。原文认定，罗氏一系列著作的署名应是依据其本人所署，并不能依后世书商所为。

四、对金圣叹作伪的分析：金氏所谓"贯华堂古本"，实际上来自罗贯中的"贯中堂"；"古本"之说，也来自《水浒》原署"施耐庵的本，罗贯中编次"的启示，即臆想前 70 回为施耐庵的本，后面为罗贯中所续编。腰斩之后，作者也就只剩下施耐庵一人了，显然，这是不能成立的。而伪序所署"东都施耐庵序"也是仿自"东原罗贯中"的署名样式。这应该是金圣叹作伪的心路历程。殊不知"施耐庵"者，东都本无其人，"实乃俺"是罗贯中当时虚拟之人。综合一个世纪来有关《水浒传》及其作者的研究，披沙拣金，得出的结论是：《水浒传》的作者只能是罗贯中。

五、从罗贯中的整体创作，研究其文心、心路历程和美学倾向，其中还包括他对农民起义的态度的解析。罗贯中的历史关注和人本关怀集中在化不开的"英雄情结"。在这方面，他深受司马迁的影响。不管历史人物来自什么阶层，但凡是英雄，一概受到他的如椽大笔的青睐。他的化正史为稗史、化死史为活史、化腐朽为神奇、化"盗贼""游侠"为英雄、化历史为艺术——塑造无数英雄群像的创作，杰出地继承了《史记》以来民间野史的优良传统，这是其文心关钥，也是其心路历程凝结的硕果，由此形成了他在整个作品群中凸现的美学法则，并将此贯穿其全部文学生涯；罗贯中的第二个情结是他的理想国情结，即建立一个以德治天下的国家，这贯彻于他的生平和整个作品的潜在思想当中，并成为其全部创作主旨。

一、罗贯中的理想国

> 为天地立心，为生民立命，为往圣继绝学，为万世开太平。
>
> ——张载
>
> 为了少一个"魔鬼主宰"，你必须拥有权利。
>
> ——一介布衣

综合历来研究资料，可以将罗贯中的生平大致归纳为：罗贯中，名本，字贯中，出生于山东东平湖畔，时当元末，大约在1330年左右。早年他贯通诸子百家之学，尚文习武，身处元末乱世。面对元朝的腐朽统治，山东东平一带的农民起义风起云涌。青少年时期的罗贯中壮怀激烈，曾经奋起抗元，有志图王。他在东平古城这个繁华的水陆码头，结交了三教九流、文士武夫，组建或参与过农民起义的队伍，但这些队伍始终没有壮大到足以左右时局的程度。或许他的队伍也曾被裹胁到当时几支大的起义军中，而罗贯中并没把这些起义军领袖放在眼里。他清楚地看到，即使他们得天下，也不过是朝代的轮回，并不是他的理想归宿。道不同，则不相为谋。灰心之余，他只好将自己的理想诉诸笔端，通过从事杂剧和历史小说创作开始了他的另一种可传千古、影响百代的文学生涯。后来由于故乡时局的动荡不安，他同一批朋友买船沿大运河南下杭州等地，开始了长期流寓吴越的漂泊生活。当然，他也曾为创作《三遂平妖传》《水浒传》《三国演义》不止一次地背负书稿南来北往，流寓之所也不会仅是一地。世人感叹其身世飘零，由湖地到海边，赠别号"湖海散人"。罗贯中所处的是一个民族矛盾和阶级矛盾极其尖锐而复杂的时代，社会动荡不安，他东奔西走，南逃北奔，漂流不定，这些都应该是他多故的人生较为真实的写照。多难的人生，成就了他的一本本皇皇巨著，它们绝不是躲在书斋里可以完成的！除了《三国演义》《水浒传》外，他还创作有四部通俗小说：《隋唐两朝志传》《残唐五代史演义》《三遂平妖传》《粉妆楼》；三部杂剧：《赵太祖龙虎风云会》《三平章死哭蜚虎子》《忠正孝子连环谏》。罗贯中，生前却因封建传统道德观念而遭到歧视，作为稗史和杂剧的书写者，终身穷困潦倒，浪迹江湖，有时甚至不能把自己的身世、籍贯告知世人，或在作品中隐姓化名，给人们留下一些蛛丝马迹。客观地说，他的籍贯、生平、思想从现有资料难以百分之百地确证，但他的籍贯确认为山东东平是应该最可信的。

作为孔孟的同乡，罗贯中从小耳濡目染的是以儒家的道德作为政治、行为的规范，以仁义忠信完善个人的道德思想，以大同思想、日新精神和存而不问但求进取的精神构筑了他的人生准则。"仁"说的历史意义在于解放人，高扬人的主体性，反对暴政。其文化的特质是既要以"仁"协调人际关系，使之和谐，强调爱人，重视文化，要求用礼乐文化发展个人，改良社会。

罗贯中这个鲁地士人受儒家思想的熏陶，他对"内圣外王"有着不解的情结。冯友兰曾对"内圣外王"做过解释：他引用孟子说的王者"以德服人"，霸者"以力服人"，论定"中国的历代王朝都是用武力征服来建立和维持其统治的，这些都是'霸'。至于以德服人的则还没有"。显然，以暴力取得统治者，其政权是强加给国人的，其合法性都可质疑。故罗贯中要起而反抗元代的腐朽统治，图王天下。北宋哲学家张载的"横渠四句"——"为天地立心，为生民立命，为往圣继绝学，为万世开太平"同样成为罗贯中人生的最高理想。如此，在他的作品中，普遍贯穿着一条红线——建立一个以德"王天下"的理想国，故他"立志图王"，以贯彻他的理想。"图王"不成，则借撰述稗史为演绎理想规范天下，谱写了他一生另一种"图王"的生存和行为方式。观其所有著述，都始终贯彻着这一理想。而要实现这一理想，他把希望寄托在众多的英雄人物身上。不论是三国英雄还是水浒英雄，无论是风流人物还是草莽豪杰，人无论朝野，籍不分蜀吴，都是他心仪的对象，故形成了在他的作品中处处蕴含、时时洋溢的两大情结——理想国情结和英雄情结。

金圣叹批评《三国演义》："人物事本说话太多了，笔下拖不动，趱不转，分明如官府传话奴才，只是把小人声口替得这句出来，其实何曾自敢添减一字。"《三国演义》所本乃是历史，他哪里知道是罗贯中想在演义历史过程中赢得一种话语权，来阐扬自己的理想，来颂扬心目中的英雄，从而将死的历史化石转化成有机的生动的活的演义史，一如荷马写《史诗》。他从《赵太祖龙虎风云会》《三遂平妖传》《隋唐两朝志传》《残唐五代史演义》等一路写下来，无不在为天下英雄立传，并希图通过他们创立一个个理想国。金圣叹为什么贬《三国》而赞《水浒》，剥夺罗贯中创作《水浒》的著作权，原因之一在于他只看到二者在风格和笔法上的差异，却不见其内在的一致性。而风格的不同，取决于一个是写史，只能以史为纲演义；另一个是依据大量民间传说的再创造，史的成分已经不能制约作者的虚构和想象。后者使作家的自由度已完全像个自然的创造者——造物主了。

罗贯中写作《三国演义》应该在写《水浒传》之前。他"据正史，采小说，证文辞，通好尚"（见高儒《百川书志》）的说法，是符合罗贯中写作《三国演义》的实际情况的。因为三国故事和水浒故事，到了罗贯中时代，从梗概到细节，从人物到情节，从史料到传说，作为小说素材都已经异常丰富多彩，就期待着一个大师纵横捭阖，将其演义成波澜壮阔的史诗。这两部作品我总以为在罗贯中的胸中同时孕育成熟。

罗贯中经历了元末的社会大动乱，他身处社会下层，目睹当时现实斗争，对人民苦难深重的生活处境了如指掌，对他们的理想追求也有所认识，他就是他们中的一员。当然，他的理想国同样有着历史的烙印，从罗贯中所写几种小说的思想倾向看，他推崇"忠""义"，主张用"王道""仁政"治理天下，他的民本思想也不会超出孔子孟子的思想高度。但是，他感动大众的方式又是孔孟莫及的。

罗贯中的《三国演义》，体现了作者的博大精深之才，经天纬地之气。《三国演义》以道的发展运化规律"一生二，二生三，三生万物"的天下三分，又以阴阳相克、相生、互补的战争与兼并——无论三足鼎立还是一家统一，人间的悲欢离合都在其间演绎着百状千态，它简直是部百科全书。它既不逊于托尔斯泰的《战争与和平》，也不逊于巴尔扎克的《人间喜剧》。罗贯中在各个领域无疑都是个精通百家的全才。他在宏观上，在历史纵向上，洞彻天下大势和历史发展规律，视分分合合为常事；而在横向上，又期望着统一和太平。他心仪于传统美德能成为治国之道，寄希望于有德之人能够统一天下，痛恨奸诈邪恶之辈，以及在战争中（包括在政治上）为了达到目而不择手段之徒，他把这种人物视之为枭雄，枭雄可以窃国，但对百姓带来的必是灾难。在《残唐五代史演义》中，我们也看到了罗贯中依恋故土、缅怀英雄、忧国忧民的传统情操。

有一种通俗看法，认为罗贯中从尊刘抑曹的封建正统观念出发，一味丑化、诋毁曹操，极意美化刘备。但在实际上，这恐怕是把《三国演义》中所体现出来的毛纶、毛宗岗的思想与罗贯中的思想混淆起来了的缘故。

在毛本《三国演义》中，曹操确实被骂得一塌糊涂。而罗本《三国志通俗演义》对曹操虽有许多批判，却也不乏赞美之词。例如，曹操在作品中第一次登场，就被作者描绘得非常出色："为首闪出一个英雄，身长七尺，细眼长髯，胆量过人，机谋出众，笑齐桓、晋文无匡扶之才，论赵高、王莽少纵横之策，用兵仿佛孙武，胸内熟谙韬略。"（见"刘玄德斩寇立功"）这段对曹操的热情赞扬的文字，因毛氏父子很看不惯，竟被删改为冷冰冰的一句话："为首闪出一将，身长七尺，细眼长髯。"又如，罗贯中在"关云长千里独行"一节中，不仅引用裴松之的评语和宋人的诗来赞美曹操，而且还进一步加以阐发："此言曹公平生好处，为不杀玄德，不追关公也，因此可见得曹操有宽仁大德之心，可作中原之主。"而这一切，又都被毛本删去。再如，"曹操乌巢烧粮草"写曹操把其部下私通袁绍的书信统统烧毁，并引"史官"之诗加以赞美："尽把私书火内焚，宽宏大度播恩深，曹公原有高光志，赢得山河付子孙。"此言曹公能牢笼天下之人，因而得天下也。"史官"以下，也都被毛本删掉了。

书中大量例证说明罗贯中对英雄人物的态度并无小人偏见，更无敌我之分，不见故意美化一方、丑化一方的邪恶伎俩。他不掩盖曹操的优点，且不吝赞美之词。凡是史料上所有的、能够显示出曹操优点的事迹，在《三国志通俗演义》中基本上都加以描写，有些在塑造其形象时还做了艺术夸张以及虚构来赞扬曹操，如曹操破下邳、杀陈宫即是证明。但经过毛本一改，罗贯中原来所要表现的曹操的"豪情"或被根本抹杀，或被大大削弱了。

至于罗贯中为什么对蜀汉多着力描写，关键在于蜀汉人物接近他崇尚的人格理想，那些英雄人物同他灵犀相通，更接近他的理想国。故对诸葛亮及重德尚义的刘关张倾注了非同寻常的深情。由此可见，作品之所以把蜀汉当作全书矛盾的主导方面，把诸葛亮和刘备、关羽、张飞、赵云、马超、黄忠当作中心人物，以魏、蜀、吴的兴亡为线索，生动地描述了这些争夺天下的军事集团之间尖锐复杂的矛盾和斗争的原因即在于此。

但是，罗贯中绝非把他们视为至高绝美，从不见采取对英雄人物做高大全的偏袒。他对刘备虽然颇多赞美之词，其实也还是把他当作"枭雄"来写的。史料中指斥刘备的话，在《三国志通俗演义》中基本上保留着，有时作者甚至自己出面来加以评述，指出刘备伪君子的一面。如法正、庞统劝刘备图蜀时，刘备几次假意推托，而此前刘备早已蓄意接纳张松，使之献出了蜀中地图以图刘璋，如此种种就都显得刘备在政治上虚伪、故意、做作的一面。又如对待义同生死、情如骨肉的关羽，刘备也没有忘记耍弄权术。但此类描述，在毛本中都被删改了。可见，尊刘抑曹的正统观念未必是罗贯中写作《三国志通俗演义》时的指导思想。而罗贯中更多的是青睐于蜀汉的英雄人物。《三国志通俗演义》书中称赞或美化刘备，主要在于他的"仁德"，同样对曹操的"仁德"之处也是同样称赞，并不因为一个是"正统"、一个非"正统"而有所轩轾。实际上，刘备也正统不到哪里去，正统的汉天子还在曹操控制下。那么，书中之所以对刘备着重于褒而对曹操偏重于贬，恐怕是现有史料中刘备事迹可与"仁德"挂起钩来的比较多，而曹操此类事迹则较少、与之相反的事迹却比较多的缘故。换言之，作者对曹、刘态度的不同，主要似还不在于封建正统思想，而在于追慕"仁德"的政治观念。

尺蠖斋《西晋志传通俗演义》序文中说："罗氏生不逢时，才郁而不得展，始作《水浒传》，以抒其不平之鸣。"尺蠖斋燕雀焉晓鸿鹄之志！金圣叹也有一段谬论："大凡读书，先要晓得作书之人是何心胸。（话外音：此言不差，但是，后面的例证却错矣。）如《史记》须是太史公一肚皮宿怨发挥出来，所以他于《游侠》《货殖传》特地着精神。乃至其余诸记传中，凡遇挥金杀人之事，他便啧啧赏叹不置。一部《史记》，只是'缓急人所时有'六个字，是他一生著书旨意。《水浒传》却不然。施耐庵本无一肚皮宿怨要发挥出来，只是饱暖无事，又值心闲，不免伸纸弄笔，寻个题目，写出自家许多锦心绣口，故其是非皆不谬于圣人。后来人不知，却在《水浒》上加'忠义'字，遂并比于史家发愤著书一例，正是使不得。"金更在伪序中说："是《水浒传》七十一卷，则吾友散后，灯下戏墨为多；风雨甚，无人来之时半之。然而经营于心，久而成习，不必伸纸执笔，然后发挥。盖薄莫篱落之下，五更卧被之中，垂首拈带，睇目观物之际，皆有所遇矣。或若问：言既已未尝集为一书，云何独有此传？则岂非此传成之无名，不成无损，一也；心闲试弄，舒卷自恣，二也；无贤无愚，无不能读，三也；文章得失，小不足悔，四也。呜呼哀哉！吾生有涯，吾呜呼知后人之读吾书者谓何？但取今日以示吾友，吾友读之而乐，斯亦足耳。且未知吾之后身读之谓何，亦未知吾之后身得读此书者乎？吾又安所用其眷念哉！东都施耐庵序。"此种议论若说不知为何许人也的"施耐庵"尚可，加之罗贯中则大谬不然，所以如此，乃金圣叹将《水浒传》作者误置，不解罗贯中所致。一部波澜壮阔的《水浒传》岂不成了无聊文人的闲情戏笔之杜撰？由此也可反证，施耐庵根本就不可能是《水浒传》的作者。

北宋末年，朝政腐败，贪官污吏横行，社会正义荡然无存。官逼民反，被逼上绝路的各阶层人民为求生存，不得不揭竿而起，逼上梁山。水泊梁山成为罗贯中故乡的理想国。在那里，"八方共域，异姓一家"，不管什么出身，"都一般儿哥弟称呼，不分贵贱"，罗贯中用他的五色彩笔勾画出一个农民共和国的理想。联系到他们"杀富济贫"的行动，表现了人民反对封建经济的贫富悬殊和政治上的等级贵贱之分，反对封建社会的阶级剥削和政治压迫，这是对封建地主阶级统治思想的宣战，反映了广大受压迫人民的愿望。一些研究者只把注意力集中在水泊梁山历史上是否真有过一百单八条好汉？起义队伍是否真有那样大规模？宋江是在太行山还是在梁山安营扎寨？岂不将小说同历史混为一谈！我们的研究不能演化为郢书燕说吧？！

"只反贪官，不反皇帝"，是农民领袖的思想局限，而不是农民阶级的局限。当农民起义的壮举使好汉们士气日益高涨的时候，宋江的接受招安改变了一切……英雄就这样消失在尘世间，原本风起云涌的农民起义就这样归于平静。忠君观念对《水浒传》的作者实际上并没产生什么影响，罗贯中在书中对"赵官家"从总体看是用春秋笔法采取了批判态度。统治阶级对农民起义实行的招安政策，显然是不得已而为之。招安的成功是农民领袖人选不当所致。像宋江这样的小吏，从思想上和经济利益上是依附在皇朝统治这个铁网铜络上的。而梁山英雄的最后被诛杀，无疑是专制统治的既定方针，是农民造反者与朝廷之间矛盾的不可调和性所决定。《水浒传》作者罗贯中实际上遵循了一条现实主义的创作理路和精神，他成功地揭示了农民与皇帝——封建专制制度的最高代表的矛盾，唯此才是根本矛盾。同时，《水浒传》也表达了罗贯中对封建王朝的彻底失望和不信任。

二、罗贯中的英雄情结

"勉从虎穴暂栖身，说破英雄惊煞人，巧将闻雷作掩饰，随机应变信如神。"

当刘备处于弱势时，在一个野心家曹操的面前，还不敢承认自己是英雄，一旦被人说破，还要借闻雷掩饰自己的失态。其实，社会动乱是一切枭雄寻求权利重组的最好机会，汉末的群雄蜂起就是最好的说明。"夫英雄者，胸有大志，腹有良谋，有包藏宇宙之机，吞吐天地之志者也。"这段关于"英雄"的见解不过是罗贯中借三国英雄之口来抒写自己胸怀罢了。

罗贯中在中国文学史上是一位有特殊贡献的作家，他对我国文学史的发展做出了不可磨灭的伟大功绩，同时也为世界文学的宝库增添了灿烂的光彩。他的小说几乎都是以乱世为题材，中国历史上只有七个分裂的时代，罗贯中就写了其中四个：三国时期、隋唐时期、残唐五代时期和北宋末年（影射元末）。以这些时期为背景揭示出波澜壮阔的时代演进及顺应这些时代而涌现的无数英雄豪杰，他们都以不同的方式曾经给予历史进程产生或还在产生着众多影响，这些影响都成为了历史和现实的组成部分，或成为我们民族的一种宿命。

罗贯中的传世之作《三国演义》，体现了罗贯中的博大精深之才，经天纬地之气。他精通诸子百家之学，有通古博今之思，更有超人的智慧、丰富的实践及洞彻人生的博大情怀，在文学领域他无疑是个全才。他期盼国家统一，热爱生于斯歌于斯的这片土地、这个演化了 8 000 余年的文明史，以及源远流长的灿烂文化。他容不得异族落后文化的统治，他有以天下为己任的宏图，他痛恨奸诈邪恶，所以，他要借助历史长河的群英来抒写自己的壮志与情怀。罗贯中的《三国演义》等一系列著作的主旨都在于阐发欲成大事者的成功之理、致败之由，以为后世来者借鉴。而这一切，又无不融进每个历史人物身上——不论是三国群雄、隋唐五代豪杰，还是水浒好汉，罗贯中对他们充满勃勃生机的形象塑造，都可谓出神入化，呼之欲出，他们的命运几乎就是罗贯中的命运，就是那个时代的命运。其内涵之深邃，意境之悠远，其用心绝不在虚无，更非渔樵笑谈，此远非毛氏父子所能窥其项背者。

倘若说在《三国志通俗演义》中，罗贯中关注的是社会上层的权利之争，而在《水浒传》中，他所关注的则是广大底层人民的求生存之争。《水浒传》写英雄们走上反抗的道路各有不同的原因和不同的情况，但是在逼上梁山这一点上，许多人是共同的。他们为了起义的正义事业赴汤蹈火而在所不辞，作者对这些英雄人物的赞扬完全是出自内心的热爱。作品歌颂这样一批被统治阶级视为"杀人放火"的强盗、朝廷的叛逆，像李逵，连皇帝也不放在眼里，罗贯中把一些所谓"十恶不赦"的罪人写得如此光辉动人、可敬可爱，这显示了作者的胆识和正义感情。在一个社会，如果人人都具有独立的个性意识，把自我尊严和自由问题放在人际关系的首位，那么任何压制就都不可能，统治术就要转变为关系协调技术，政治结构在这个社会就要发生根本的改变。水浒故事之所以发生并那样发展，宋朝压制政治之所以可能，实际上是中国历来的皇权专制这个万恶不赦的体制传统所致。水浒好汉从来没有找对真正的反抗对象，而只是进行了生存的挣扎，翻开中国历史上的反抗史看，大抵如此。农民起义有其天然的合理性，但是他们的历史归宿要么推动一次改朝换代，要么归顺朝廷，以牺牲民众为代价，换得几个头头们的一顶乌纱或一枕黄粱，后者就是梁山泊人性格命运的最终归宿。至于当初为尊严生存或社会正义进行抵抗的初衷，到此时已然成为一种过往的神话与传说。罗贯中的社会与政治洞察力真足以烛照千古，不能不让人叹服！

罗贯中的两个不解的情结启示后人：在一个理想国度，在善良的世界中，人们无须去追逐权力，但是在一个布满了丑恶的世界中，你必须倾全力去占有或夺取权力。因为，权力对于善的世界而言，它简直无用；而在恶的世界里，它则会成为魔鬼，为虎作伥，成为惩善的帮凶。在邪恶的世界里，多一个好人拥有权力，就少一个魔鬼主宰。倘你不能成为主宰，就连自己也保护不了，何况保护人民！甚至连行善的自由与权利也会失去。或如德国诗人海涅所言："不能作锤子，只能作砧子。"这早已为人类的文明史一再证明。所以，罗贯中一系列作品所表达、所反映的便是关于权力争夺的种种故事，同是一个他所梦寐以求的理想国的寄托。

施耐庵—实乃俺—罗贯中

——有关《水浒》作者的一个假说

一、创作《水浒传》的必要条件及施耐庵的虚拟性

《水浒传》以它独特的结构方式与艺术描写手段，状写了中国封建社会中农民起义的发生、发展和失败过程。农民起义的根本原因无不来自朝廷的腐败，乱自上作，官逼民反。《水浒传》揭示了民众造反的道义性，封建专制的家天下是"驱民之死"的万恶之源，提出解决农民生存的根本途径是建立一个以德治天下的理想国，而水泊梁山就是这个理想国的雏形，故一部《水浒传》只有"有志图王"的罗贯中才能写得出，而绝不是一个闲适文人所能为。写作《水浒传》应该具备五个条件：一是占有丰富的水泊英雄的个人传奇或积累了大量民间流传的杂剧、话本等种种通俗文学样式的资料；二是熟悉水泊梁山周围的人文环境、风俗习惯和地方风物；三是应该对当地农民生活、心理、心态及深层文化渊源异常了解；四是对当地的农民起义有着父老乡亲般的同情感，或者直接参加过当地类似梁山起义的造反和反元斗争，也同样经历过失败的命运；五是有着一种高尚的社会理想，这理想应该代表着鲁地儒家传统文化的民本色彩和仁者爱人的精神。

《水浒传》的作者，或署"罗贯中"，或署"施耐庵 罗贯中"。后来，金圣叹腰斩《水浒传》，并伪造假序，作者之一的罗贯中被删去了，《水浒传》成为施耐庵的独家产品。但是，读过所有施耐庵的相关研究文献，细细分析几乎都不足为凭，我甚至想，这个施耐庵倘若实有其人，也应该是鲁中南一带人士或者客居本地甚久，至少对这一带甚为熟悉。有如施耐庵这样的高才，一出手就写出《水浒传》这等水平的杰作，定会在同代人的野史、笔记、书信往来或诗文酬唱中存在些蛛丝马迹，然而，没有！这让人百思不解。有的地方依靠一种似是而非的资料急于让施耐庵认祖归宗，但是，终于拿不出他们那个施耐庵就一定是写作《水浒传》的施耐庵的证据，这就不能不让人生疑。

关于罗贯中曾协助施耐庵完成长篇小说《水浒传》一说，似乎不确。一则，如果施耐庵实有其人，应该同罗贯中一样了解他的故乡，要么他应该长期生活或流寓在梁山一带，如此才能对此地的大小地理、人文、风物如数家珍般地熟稔；再或是施耐庵

由南方远赴东平做过长期考察，也必然在那里同一些士人有所交游，留下些许诗酒流连之迹，反映在当地友人或自己的诗文或记事里。须知当时的东平可是人文荟萃之地，然而，也没有！现在看来，所谓兴化的"施耐庵"似乎根本没有这个条件。假如说，他实有其人，居于南方的施耐庵藏有或自己创作出了什么"的本"的话，他自己完全可以写成完本流传，不是有人硬扯上他是罗贯中的老师吗？当学生在读期间，老师的功底总不会比学生差吧？如果他无暇或无能力完成，罗贯中又喜欢这个"的本"，它本身一定很有价值，那么它定会有别本流传。遗憾的是除了金圣叹伪称的之外，根本没有！又如果他需要罗贯中的重写和改编，就说明他那个"的本"并不是一个什么稀罕物。这对来自北方水泊岸边的罗贯中来说，则更是如此。在罗贯中的收藏中（包括行箧与头脑），那样的"的本""话本"不知有多少！由南宋到元末、明初，大约是二三百年的时间，关于宋江起义的传说在民间广为流传，滚雪球一样使故事日渐繁富。其间，一些民间的作者参加了水浒故事的创作，甚至一些野老村夫、市井艺人也大量参与其中，更有一批戏剧作家等等参与进来，于是话本、剧本、画图众多形式应有尽有，这些民间作品在流传过程中或自生自灭，或不断变异，都会一一成为集大成者的"的本"。学界有关《水浒传》成书过程的研究，足以说明上述情况。

至此，我们可以得出这样的小结：所谓"施耐庵的本"至少有这样两种可能，一是施耐庵收藏保存的"的本"，显然，著作权不属于他；二是施耐庵创作的"的本"。若是前者，本无多大意义，因为这样的"的本"当时无以数计；若是后者，能写出如此巨著的大手笔，竟在同辈文人与后代的野史中也觅不到蛛丝马迹，是不大可能的。只有一种可能，就是此人的存在是另一个施耐庵。一国之中，重名者多矣，若说他必是写《水浒传》的作者，大半出于附会。就此，可以赞成罗尔纲先生从《三遂平妖传》得出的结论："《水浒传》的著者为元末'有志图王'的罗贯中，而不是施耐庵。"

至于罗贯中曾是施耐庵的学生一说，似乎也不确。假如南方的施耐庵真的收下流寓杭州的罗贯中为徒的话，那时的罗贯中似乎比老师的学问大得多。因为他在故乡完成了学业，参加或领导过反元起义，已经成功地写出了多种杂剧，流寓江南大概也是 30 岁左右的事。他若真的协助施耐庵重写《水浒》，其时应该完成了《三国志通俗演义》的写作，早已名震大江南北，需要找施耐庵这样一个不见经传的老师吗？反过来看，若罗贯中当时没有名气，也不具备超强的写作能力，施耐庵怎会假罗贯中之手而成名？情况只有两种：一是东平一带还有个罗贯中真正的老师名叫施耐庵，二是江南的施耐庵之学生"罗本"则另有其人，本来就不是撰写《三国演义》和《水浒传》的罗贯中。当然，这需要有心的学者对元代山东东平一带的府学和私塾深入排查研究才会有定论。

那么，为什么有的版本署名"施耐庵的本 罗贯中编次"呢？情况无非有这样几种：一是对传闻的折中：流传过程中，由于传抄的混乱，或曾有罗氏着说，或曾有施氏着说，二者折中就成了两人合著；再是罗贯中早年带出过东原施耐庵氏藏有的"的本"，这"的本"对罗贯中的再创作有过帮助，为了尊重或纪念老师，自己签署为"施

耐庵的本 罗贯中编次"；第三种情况是在罗贯中的生平中，根本不存在一个或师或友的"施耐庵"，《水浒》写成后，其内容和主题自然不会被统治阶级接受，在险恶的社会环境下，为寻求一个挡箭牌，只好虚拟一个莫须有而又有所隐喻的名字——在东平一带，"施耐庵"的谐音就是"实乃俺"，"俺"者谁？罗贯中是也。这样，罗贯中将《水浒传》问世，就有了前有流传民间"的本"的托词，本人只是一个改编者的假象。事实上，专制王朝曾对《水浒传》实行严厉封杀，将其列为禁毁书目。那个和罗贯中同代的朱元璋，在得到政权之后，也露出了禁绝封杀《水浒传》的狰狞！一批腐儒也随风唱影，且倡言"少不看水浒，老不看三国"。不怪有的研究者指出："乱世浇离，凶险莫测，这必是他潜踪晦迹、掩人耳目的虚名假姓。"

其间，戏剧性的插曲是金圣叹的作伪：金氏所谓"贯华堂古本"，实际上来自罗贯中的"贯中堂"变异；"古本"之说，也来自《水浒传》原署"施耐庵的本 罗贯中编次"的启示。即臆想前70回为施耐庵的本，后面为罗贯中所续编。腰斩《水浒传》之后，作者也就只剩下施耐庵一人了，显然，这是不能成立的。而伪序所署"东都施耐庵序"也是仿自"东原罗贯中"的署名样式，这应该是金圣叹作伪的心路历程。殊不知这样做的结果却反证了《水浒传》的作者并非施耐庵，"施耐庵"者，东都本无其人，"实乃俺"是罗贯中当时虚拟之人。为什么虚拟，只能是社会的原因。

我们若把关注点转移到罗贯中身上，重新解读罗贯中，情况就更为明朗，解读的切入点和关楗自然在于他的整个创作文本、生平以及思想历程的解索。可以看出，《水浒传》的思想内容贯穿着罗贯中一系列著作中孜孜以求的理想国情结和英雄情结。

二、只有罗贯中才具有创作《水浒传》的充分条件

罗贯中早年和东平众多杂剧家一样，对戏曲充满了兴趣，他顺应社会环境的需求，加入了撰写杂剧的队伍，继承着东平文人的传统。比如《赵太祖龙虎风云会》《三平章死哭蜚虎子》《忠正孝子连环谏》等，罗贯中写来都是得心应手。早年杂剧的创作经验为他的《三国演义》《水浒传》的成功锤炼了功力。

杂剧与平话是元代社会共生的姊妹艺术。在这些艺术中，题材广泛，人物众多，群英汇集。他的故乡东平是元代杂剧与平话的重镇，罗贯中濡染其间，必然具有诸多感怀。加之鲁中南一带长期流传的水浒故事以及历代的史记列传、王朝更迭、列国争霸、游侠出没、齐鲁文明、燕赵悲歌……无不郁勃于胸中。杂剧—平话—稗史演义，构成了罗贯中创作生涯的大致历程。

明朝人王圻在《稗史汇编》中说罗贯中"有志图王"，他在青年时代是一个具有政治抱负的人，然而却没有实现抱负的途径，不得退而从事稗史的编写著述。未曾料到，他却因此成就了几部文学巨著，流芳百世。

"有志图王"的罗贯中早年定然组建或参与过农民起义的队伍，但这些队伍终究没能壮大到足以左右时局的程度。或许他的队伍也曾被裹胁到几支大的起义军中，而罗贯中对这些起义军领袖并没放在眼里，他认为即便他们得天下，那也不过是朝代的更迭。而这种变换大王旗的朝代轮回，并不是他所理想。

《水浒传》的成书，罗贯中是唯一的集其大成者，其在众多所谓"的本"基础上创作出全新的文学巨著《水浒传》。只有罗贯中，才具备成功的条件。

罗贯中笔下的作品几乎无一不来自历史题材，既有历史根据，也有民间传说成分，但是这一切毕竟不能约束一个伟大作家独立自由的再创造，在罗贯中的一系列创作中，将相对粗放的原始传说及早期作品进行整合、重新组织、重新结构，使宏大的叙事艺术化为文学作品，这种创作手法已被他运用得轻车熟路。由于他的参与，也只有他的参与才使一部民间作品升华为不朽的小说杰作。这并非凡是具有小说创作能力的作家都可以成就的，因为一部伟大作品的出现，起码需要两个社会基本条件和一个同这社会条件高度适应的个人条件——从个人经历、人生体验、人道关怀及远远超越整个时代的创作能力与文学修养的大手笔。前面我们提出的能够撰写《水浒传》的五个基本条件具备者，可以说只有生长在东平、又长期流寓南方、浪迹天涯的罗贯中一人。

南宋以来，宋江故事的流传版本是散乱的、丰富多样的。它期待着一个伟大作家的问世，只是他迟迟没有到来，足足期待了百余年。民间流传和说唱的一些水浒英雄故事，大都是一些短篇，这些可以独立成篇的故事，是英雄的个人传记，它在形式的确立上形成不同于《三国演义》的特点。罗贯中的任务不仅仅是把众英雄网络成一个统一的整体，更重要的是要塑造出众多能够打动天下人心的造反者的群像。

罗贯中的东平同乡，元代高文秀的杂剧《黑旋风双献功》和佚名作者的《鲁智深喜赏黄花峪》所写："寨名水浒，泊名梁山，纵横河港一千条，四下方圆八百里，东连海岛，西接咸阳，南通大冶金乡，北跨青齐兖郡。"已经把梁山泊写成根据地，以水浒寨作为新政权的政治中心了。罗贯中正是继承与发扬了其同乡杂剧作家们的思想，取"水浒"为书名，以表明水浒英雄同宋王朝的对立，建立新政权为全书内容。显然，罗贯中选择梁山泊作为水浒英雄活动的大背景而不选择其他地方，恰恰是罗贯中和他的朋友、同乡对故土的热爱和留恋的表现。再是，《水浒传》当中有很多梁山好汉都在现实中实有其人，这和《三国演义》一样，书中人物大多是历史上曾经有过的，此是罗贯中的习惯手法。罗尔纲在《水浒真义考》中再次论定其作者原本是"有志图王"的罗贯中所撰，是有道理的。

如上，是我浮光掠影研究罗贯中的作品，尤其《水浒传》产生的感想，并在此基础上提出的一种假说。之所以斗胆提供一个假说，是因为看到现有的研究尚有很多漏洞，需要换个思路和眼光来思考，以期引起学者们的再探索之兴趣而已。是为此，仅为此。

2006 年 8 月草于泰安"罗贯中与《三国演义》《水浒传》国际研讨会"，同年 9 月整理于北京

中国古玉艺术研究

美 玉 之 国

——中国古玉艺术研究之一

中国——美玉之国，在玉器的生产、使用及其内蕴的文化价值方面，世界上从古至今没有哪个国家能够与之匹敌。在长达万年的发展过程中，它曾经历过惊天地而泣鬼神的玉国春秋。

我国古代玉器作为石器的伴生物出现于旧石器时代晚期，即纪元①前60世纪，距今已8 000年之久。而在距今5 000年左右的新石器时代，它以主要的角色登上社会生活的舞台。这时玉已经成为生产工具、生活用具、武器、礼器乃至权力、财富等的象征。华夏古国自公元前35世纪到公元前20世纪，经历了长达1 500年的辉煌的玉器时代，其绵延至今的玉文化深深地融进中华民族的人文精神和性格灵魂之中，难解难分。它比瓷器的出现早了几千年的时间（不论从公元前1000余年的商代算起还是从公元3世纪的晋代算起），称中国为"瓷国"——CHINA，不如称中国为"玉之国"——JADE。因为不论从玉传统的悠久、文化的含量，以及对民族性格的形成和对民族艺术的影响，都是瓷所无法比拟的。

在石器时代，先民以石制的工具进行打猎、作战、田间劳作以及应付家务。在这些工具中，有些质地坚硬而细腻的美石逐渐受到人们的珍视，它们的地位应该说从一开始就被从普通工具中分离出来而得以确立，以其稀有和罕见首先被用作饰物，以至经历了漫长的年代逐渐变成作为庙堂礼器而存在。玉石的自然美质对中国人有着一种不可抗拒的吸引力，人和玉之间有着一种与生俱来的缘分，它甚至成为中国哲学"天人合一"与"齐物论"的物证与根据。

中国早期的历史学家，如春秋时代的风胡子、汉代的袁康，便将中国文化分为"以石为兵""以玉为兵""以铜为兵""以铁为兵"等四个阶段——石器时代、玉器时代、铜器时代、铁器时代。风胡子、袁康们的远见卓识不是依照什么世界性的历史发展规律，而是依据中国历史发展的实际而做出的科学论断。甚至在石器被金属器取代后，玉器仍作为日常用品与礼祭之用，历久不衰且绵延至今，不绝如缕，生生不息，

---

① 纪元，是历史上纪年的起算年代。我国纪元，当始于西周共和元年（公元前841年）。

这就足以说明中国的古代是个玉的国度。这是无法与所谓世界历史规律接轨的。因此，当代学者认定中国的确存在一个具有特殊人文价值的玉器时代，那是东方世界最伟大的时代之一。

中国古玉分为传世古玉和出土古玉。几乎每个时代都有自己典型的器物，每种器物都有着一定的文化内涵。古玉在汉代以前一直是社会主流文化的一种重要载体，研究玉器实际是研究中国文化本身。有着包罗万象、博大精深的文化内涵的古玉，在中华民族的形成、壮大乃至社会进步的过程中，发挥过凝聚与催化的重要作用；那温润晶莹而又坚固不朽的质地，体现着中国人不屈不挠的民族精神；那精湛的工艺与优美的造型，既展示了先民的聪明才智，又寄托了无限的人文艺术的情怀。因此，古代玉器不但是展示历史发展和文明发展的文物证据，而且是具有隽永格调的艺术珍品。

我国玉器主要出现于长江下游、辽河流域、黄河中下游这三个不同地域，后来又有古蜀玉器的发现。年代虽略有先后，却无承袭关系，虽不乏交流与影响，但始终显示着各自独立产生和发展的态势。因为其中有一条永恒的纽带联系着，那就是中华民族共同对玉石挚爱的文化心理，又共同赋予了玉器民族性格载体的认知价值，故其生命力才历久不衰，万古如斯。

一、北方的曙光——红山文化中的玉器

红山文化是黄帝族大本营文化，它以长城、燕山为重心的涿鹿桑干河流域和西辽河流域作为繁衍地区，它所出土的典型玉器距今约在 4 800—5 800 年间。造型上不以博大取胜，而以精巧见长。可谓"于一毛端现宝王刹，坐微尘里转大法轮"。辽河流域以动物形象为主的佩饰群独树一帜，故其艺术品也最多，其种类有地上爬的、天上飞的、水中游的、幻想与想象中的，如玉云佩、玉龟、玉豕、玉鸮、玉鱼、玉蚕、玉鸟、玉马、猪龙、猪头饰等，均以简练的琢磨手法对各种动物形象进行特殊的艺术概括，以神似和准确的对称感显现艺术魅力，静态中充满活力。

玉龙，在红山文化遗址中的多处发现，其中尤以三星堆出土的玉龙最为著名。这件玉龙高 26 厘米，体形蜷曲，吻部前伸，略向上弯曲，嘴紧闭，有对称的双鼻孔，双眼突起，前角圆而起棱，眼眉细长上翘，若一双凤眼炯炯有神，颈脊长鬣向斜上方飘起，意态昂扬，龙背钻有对穿的小孔。由于这件玉龙吻长，又与红山文化常见的猪龙接近，故有人认为龙头由猪演变而来，并与原始农业、饲养业有关。红山"C"形玉龙，对后世影响甚大，堪称殷商玉龙之鼻祖，是迄今所见我国年代最早造型最美的一件玉龙，这种由猪与蛇组合抽象而成的龙显然不同于一般的玉雕动物，它定然蕴涵着华夏龙凤文化的最初基因。龙身卷曲富有弹性动感，凝聚着力量。躯体光洁无纹，头部精雕细琢的艺术处理更能突出主体精神风貌。

此外，玉箍形器、勾云形器、玉勾刀、猪龙及各种几何形、动物形象玉饰——如那些展翅欲飞的鸟、昂头伸足的龟、目不转睛的鸮、长鸣不已的蝉等，都制作得惟妙惟肖，静中寓着动感，显示了远古玉匠的非凡创造能力。

勾云形佩，图案简洁疏朗，做工精细，阳线和斜面棱线琢磨规整，有的棱线触之有感，视之不见，技艺娴熟；马蹄形玉箍器，因出土时横置于头骨下，可知此物确为玉冠无疑。若双孔穿上笄簪，扣在头上，确可当冠，它应该是部落高级首领的冠冕。

玉蚕，北方古族在游牧之外，养蚕是唯一的农作物，即能食用，又能纺织，衣用、食用两全，故人死之后，含蚕在口，乃子孙希望其丰衣足食之意。至于后世演化为"汉蝉"，则别有寓意了，大概是愿死者来世能如蝉卵一样在地下蛰伏几年再生吧！

中国红山文化琢玉技术上已具有丰富的经验，由于工具的制约，迫使人们在制作玉器时，尽量利用玉料的自然形态因材施艺，以减少不必要的琢磨，虽多数通体光素无纹，却能把握住器物造型的特点，仅寥寥数刀，稍施匠意，即把器物刻画得栩栩如生，十分传神。它强烈的表现力、清楚的结构和率真单纯的技艺，却正是中国艺术在长期发展与演变过程中至今已经失落的东西。不管在欧洲还是在亚洲，后世人们所拼命追求的那些美学法则——或"忠实于自然"，或"追求美之理想"，它们都不曾打扰过部落工匠的心灵。在这方面，只有汉代霍去病墓前的石雕堪称继承了它的余绪，借用辛弃疾词中的意思说应是"意在泰华雄，无意巧玲珑"。

二、长江朝阳——良渚文化中的玉器

良渚文化因首先于浙江余杭良渚镇发掘出该历史时期的器物而得名，距今 3 300—5 000 年。良渚文化的地域，南至杭州湾，北跨长江至苏北海宁，东至上海，西到南京附近的宁镇山脉。历史上，这个地区曾是古越人生息之地，亦即中华民族文化的又一个发祥地。

良渚文化玉器雕琢之精、用量之大都是空前的，有的墓葬一次就出土几十件直径 20 厘米左右的玉璧。在反山、瑶山等地发掘的大批玉殓葬的王陵中，钺、琮、璧等玉器同出于一墓，说明它们已成为军、政、神、人四权化一的王权象征和写照。良渚文化的典型玉器为玉琮、玉璧、璜、珠、管、王冠、玉钺、玉杖、玉佩等，其中最引人注目的是璧和琮。

玉琮，外方内圆，分为高大型、矮粗型、薄筒型和小玉琮四种形式。琮上饕餮或族徽纹饰不在侧面正中，而雕琢在转角处。粗眉、圆眼、阔口，獠牙外露，使原型呆板的玉琮生出无限活力。良渚文化的大型玉璧和高矮不同的多节玉琮，标志着制玉工艺与石器工艺开始分离，已能碾琢阴线、阳线、平、凸、隐起的几何图形及动物形图案装饰，具有朴素稚拙的风格。良渚玉琮高大者可达 40 厘米高，粗短者宽达 14 厘米多，高却只有 5 厘米—7 厘米：最大的一件出土于余杭反山，射径 17.1 厘米—17.6 厘米，孔径 4.9 厘米，重达 6.5 公斤，堪称琮王；而最小者却形同戒指。这些琮上的纹饰由难度极大的剔地阳纹、变化多端的圆圈纹、橄榄纹、几何纹、鸟纹、象纹、弧线纹、云雷纹等组成。在条纹处理上还能运用粗细、深浅、长短、间距大小的不同，适宜地组织在所要表现的区域内。纹饰的繁与简、有与无、具体与抽象、真实与夸张的应用，也都恰如其分，表现出高度的艺术水平。

良渚玉器的特点是品种齐全、工艺高超、琢制技法精湛、造型生动。尤其余杭出土的玉鸟、蝉、鱼、龟、蛙等更是如此。玉鸟，整体呈三角形，短尾与翅平齐，两翼舒展，振翅欲飞，若将其倒置，犹如俯冲而下的青鸟；玉蝉，以凹凸的弧线划出眼、翼，对称而和谐；玉鱼，头微凸，拱背，尾鳍分叉，单圆圈眼，造型栩栩如生；玉龟，头颈前伸，四爪伸曲若在爬行，更有一种大龟背上驮小龟者，大龟作回望状，煞是生动；玉蛙，透雕而成倒三角形，两角各有一孔为眼，眼两侧镂扩成弧边三角形的孔，组成眼眶与眼睑。两眼之间以长条形的镂孔为额，鼻孔用阴刻的云纹表现，如闻蛙声咯咯。

故宫收藏的缛纹兽面大玉璜，是良渚文化中纹饰最精的作品。此璜近似半圆形，横宽 21 厘米，璜表面有用比发丝还细的阴刻线刻出的锦地纹饰，璜中部及两侧上方为浅浮雕兽面饕餮。它采用了多层浮雕，表面又遍布纹饰，其纹饰之多、结构之复杂都是罕见的。

良渚文化与在它之前分布于宁绍平原的河姆渡文化（距今 7 000 年）、环太湖周围的马家浜文化、江淮丘陵地带的薛家岗文化和淮河流域、宁镇山脉的北阴阳营文化，共同创造了长江下游的古老文明。它同黄河流域文化的博大深雄相较，显得多彩而壮丽。

长江下游地区自河姆渡、罗家角始作玉器，经马家浜文化千余年的持续发展，至良渚文化时期已达鼎盛阶段。发展时期玉器已十分普遍，众多出土地点几乎每处都有发现，从十几件到上百件，甚至北阴阳营一地就出土 300 件。鼎盛期的玉器出土量最大，这些玉器不仅数量大，品种多，其形制也丰富多彩。

三、大河日出——龙山文化中的玉器

黄河中游两岸的晋、冀、豫、陕四省划出了中原地区龙山文化的地域图，这里曾是以黄帝和炎帝为代表的部族集团活动地域。在这片地域上，发展形成了华夏各族。

考古发现证明，早在史前时期和文明时代初露曙光的初级阶段，各地区、各民族的人民之间就存在着广泛的经济联系和文化交流。带有周期性的民族迁徙活动，是这种联系和交流的重要途径之一。

繁荣期的黄河流域玉器，主要呈现为以生产工具与生活用品为主、装饰品为辅的概貌。这与该地区农业生产的高度发达、依赖更先进的工具劳作有关。那个躬耕于历山下的舜帝，在甲骨文中是拿着权杖、玉斧，戴着鸟兽面具在耕作的部族首长。《书·舜典》说玉璇玑就是当年舜用于"齐七政（日、月、五星）"的原始用具，或曰天文仪器。

龙山文化系山东大汶口文化的延续。它像大河冉冉升起的一轮红日，融汇了南、北、中各种文化创造的不同成就于一身，从此成为华夏神州文明的中枢地带。在这里发展壮大的夏、商、周至春秋战国，成为我国文明史中一个辉煌的时代，也是我国玉器发展的鼎盛期。

夏代（公元前 2100 年—公元前 1600 年）玉器，是北方的红山文化、南方的良渚文化的玉器风格向中原龙山文化渐进与融汇吸收的阶段；商殷（公元前 1600 年—公元前 1027 年）玉器，是融三大流域琢玉技艺先进因素于一体、创出古玉一代新风的高度发达期；两周（公元前 1027 年—公元前 256 年）玉器，特别是西周玉器，承殷人玉作基础，继其遗风，创造出许多精湛的艺术珍品；自春秋（公元前 770 年—公元前 480 年）起，玉器走出单纯与简练，由朴拙入华茂转向精雕细琢，艺术造诣不断提高，表现出中原先进文化的特点。

属龙山文化的石家河遗址早年出土的玉凤呈圆饼形，神态作环顾状，高冠、尖喙、圆睛，身躯下部有数个透孔，肩披双翼，凤尾双翎倒卷，姿态灵动，是难得的艺术珍品。它与后来妇好墓出土的玉凤造型、纹饰几乎完全相同，是我国迄今所见最早的凤的艺术形象。可见，凤的艺术造型早在新石器时代晚期已经定型。

商周时代的玉器以形象单纯、神态生动、多用双勾隐起的阳线装饰细部为其特征，并出现了俏色玉器。商代中期的玉器，以精美大型的玉戈出土最为普遍；商代晚期的妇好墓出土玉器多达 755 件，大部分是造型优美且姿态生动的人物、动物形象、装饰用品，其次是礼器、仪仗、工具和用具等。这些玉器无论从制作工艺还是艺术水平，都堪称古代玉器的精华和鼎盛时期的代表作。其中跪坐玉神，姿态倨傲，表情生动，背后的鱼龙尾饰表明她作为人神结合或巫师的身份。

由几件玉龙可知，商代玉龙是从红山"C"型龙的祖型发展而来，有着明显的传承关系。其玉凤又与湖北天门石家河出土的玉凤造型、纹饰几乎完全一致。还有仿青铜彝器的玉簋，器大胎薄，显示了玉器与青铜器之间相互影响之深。另有殷墟作坊的俏色玉龟，构思精妙，巧夺天工，可谓精绝之品。

玉 国 春 秋

——中国古玉艺术研究之二

一、玉器与图腾崇拜

图腾崇拜与巫术，具有前宗教的意义。当原始先民面对茫茫宇宙不可抗拒的自然力和严酷的社会现实时，常感到孤立无援、茫然、怅然而不知所措，逐渐产生了超人生、超社会、超自然的理解，万物有灵就是共有的心态。而史前史外的人们以为人、动植物、星辰彼此之间互相有一个奥妙、神奇的联系。它们能够利用无生命的物质作媒介而加以传递。人类在漫长的岁月里产生了三种主要的思想体系——三种对自然的解释——精灵说的（或神话时代）、宗教的以及科学的宇宙观。原始部落中的各种禁忌、图腾崇拜及因而衍生出来的图腾社会、宗教信仰与藏在人类心灵深处不可解的奥秘，都深蕴在浩瀚的玉器文化之中。

我国原始宗教的发展大体经历了三个各具特色又相互交错的阶段：最早是自然崇拜阶段，表现为对日月、山川河流、动物、植物的崇拜；其二是图腾崇拜阶段，表现为把某种自然物作为氏族、家庭或个人的标志，使之神圣化，加以崇拜；其三是祖先崇拜与鬼神崇拜阶段，表现为对某些已故祖先或氏族英雄的崇拜。在原始社会晚期，对祖先的崇拜压倒一切，因为单一的经济结构、艰苦的生存环境，使人们凝聚在严密的以氏族组织为核心的部落里，决定了对祖先崇拜的隆重以及对图腾崇拜的重视。

古代文献中有许多关于殷人崇拜鸟的记载。《史记·殷本纪》有记载："殷契，母曰简狄，有娀氏之女，为帝喾次妃。三人行浴，见玄鸟堕其卵，简狄取吞之，由孕生契。"当年，夏桀败于有娀之墟（今山西运城蒲州），殷帝喾娶有娀氏女简狄为妃子。喾系黄帝子玄器的后代，居亳，号高辛氏。卜辞中商人以帝喾为高祖。《史记·殷本纪》又云："（契）封于商。"正义引《括地志》："商州东八十里商洛县，本商邑，古之商国，帝喾之子契所封也。"即今陕西商洛一带。看来，契却不是其父喾的儿子，而是鸟的儿子。显然，这是为神化商王而故神其说。《诗经·商颂》有一样的记载："天命玄鸟，降而生商。"鸟为商的图腾则由此而来。商殷崇拜的鸟不止一种，鹰是其中之一。玉鸟、玉鹰在商殷玉器中并不少见，它直接继承着红山文化的系统。有的玉鹰爪下攫着人头（见故宫藏鹰攫人首玉佩），这种图腾标志着殷人的氏族和祖先，鹰爪下的人头应是祭祀祖先的祭物。在宗法奴隶制时代，祭祀祖先作为宗教活动被视为头等大事，往往最隆重、最频繁，持续时间也最久。祭祀中除了大量的牺牲之外，最野蛮的是使用人祭。记载人祭的甲骨文有 1 300 片之多，杀人愈万，已被在殷墟发现的 250 多个祭祀坑所证明，被送上祭坛的多是战俘和外族人。这种原始社会杀人祭祖的野蛮遗俗，还表现在青铜器上兽吞人头的饕餮图，它同玉鹰可相互参照，代表的都是古代人祭制度。

战国时期是思想高度活跃、学术自由解放、文化空前发展的时代，它与原始社会相去未远，上古的习俗、口传心授的神话、传说与历史，尚未消殒在社会文化的断层中。在这一时期成书的《山海经》，涉及原始人生活的内容丰富多彩。那些人首蛇身、人首兽身、人首鸟身的动物，突出表现出人与动物之间的相互替代关系。人们企求崇拜的动物具有人的特征，同时人们也企求自己具有某些动物的特征，以表现被崇拜的祖先和氏族英雄的不同凡响，使之神化为超人。所以，原始人群的拟兽舞蹈、被发文身，都是这种诉求的具体表现。

古代玉器中那些近似人面和兽面的纹饰在表现手法上的高度夸张与变形，一方面是古人意识形态的反映，另一方面又是现实生活的升华。可以说，种种图案大半是戴了面具的人，连同某些甲骨文上的象形文字也是如此，比如前面提到的舜。

玉器诞生之初，经过饰物与工具的长期浸润，日渐演化为东部原始人群的部落图腾徽号的载体，并因服务于巫术和原始宗教而被神秘化。

在红山文化和良渚的墓葬中都发现了型制不同的玉冠，红山文化的一个墓主人手中持有玉龟。这玉龟在红山文化专门收藏家们手中几乎司空见惯，它同轩辕部族有着什么关系？能否索解？轩辕氏为黄帝的祖先，以天鼋（即大黾与大龟等水族类）为主图腾徽铭；黄帝以云命官，一支称“缙云氏”；黄帝一支青阳又名玄嚣、玄枵，以鸮鸟为主图腾徽铭；黄帝裔韩流“人面豕喙，麟身渠股”，显然为豕图腾徽铭族；又谓黄帝生骆明，骆明生白马，白马是为鲧，可见，马又为黄帝支系的族徽。

红山文化的玉龙与龙玦可能是该部落联盟的标识，它们可能是豕和蛇两种形象的融合。玉丫形器顶部呈双角形兽面纹，在红山文化玉器中独具一格，是猪龙图腾的变形或是蝉的变形。

良渚文化大量琮、璧、璜、钺、冠、杖、柱等玉器上，大都有布局、结构、形式、花纹、表现手法、雕刻技巧大同小异或完全相同的微雕徽铭——豨纹、凤纹、豨凤纹、蛙纹、虎纹、龙纹等，以豨纹、凤纹、豨凤纹等为主。有人认为，良渚文化是历史上著名的封豨氏、阳鸟（凤）氏、防风氏和凿齿氏的文化遗存。在这些国族徽铭上，精致地刻画着一个戴鸟形王冠的耳、目、鼻、口、臂、手、指俱全的祖先神，是迄今所发现的最为完善、精细、经夸张变化了的人形图案，也是最进化的图腾形象，即以人形神为模特的图腾。这种羽冠人纹与中美洲玛雅文化诸神像有相通之处。由头戴神冠、手执玉琮（即神柱或图腾柱）而手舞足蹈的巫师或酋长进行祭祀祖先神、自然神和战神的原始宗教活动，是良渚文化部落集团最为重要的社会活动。这种祭祀活动可以从青海上孙家出土的原始舞蹈彩陶盆上五人一组的拟兽舞得到印证：满身布满"S"形纹的图腾，手扶豨像，豨为扇耳，同心圆组成的圆眼，蒜鼻，方口，獠牙，腿、足、爪俱全且满身通饰涡纹及"S"纹。这徽铭在众多器物上如克隆般出现，几乎一模一样。

无论红山文化、良渚文化，还是大汶口文化、龙山文化，所有的典型玉器都潜藏着特殊的历史内涵和图腾意义。

二、神话中的玉器传说

神话时代，人类已经开始摆脱泛灵论或图腾意识的古老信仰，它标志着一个原始民族站在文明的门槛前，怀着极为复杂的心情使劲叩门时发生的一种奇妙的声响，它带着急切的好奇与神秘的希望。在他们自我意识已经萌动的心灵中，宇宙万物不再是与自己同呼吸共命运的整体。

希伯来人在亡国灭种的危机之秋，创立了犹太一神教的神话系统，置部落神耶和华于宇宙唯一真神的绝对地位，以此作为团结人心、抵制异族同化的精神支柱。

相反，中国在秦汉之际的顺利统一与胜利推进过程中，则不需要这类超自然主义的精神武器，因而驱使世界观越来越倾向于现世主义的形式，而把宗教的或神话的"神"置于一种陪衬的地位。由于中国文明属于自发性强的第一代文明，因此中国人把自己的诸多发明都归功于自己的文化超人。中国神话传说中的文化多为"历史人物"所创造，而希腊神话则归功于天神。一般地说，古代神话曲折地为后人提供了探索人类过去历史无限秘密的丰富材料，而中国神话则相对比较直接——神话内容更接近社会生活的现实实际。

（一）女娲补天与五彩石

《淮南子·览冥训》云："往古之时，四极废，九州裂，天不兼覆，地不周载，火爁炎而不灭，水浩洋而不息……于是女娲炼五色石以补苍天。"那"五色石"非玉而何？《太平御览》卷52引《王歆之南康记》："归美山山石红丹，赫若彩绘，峨峨秀上，切霄临景，名曰女娲石。大风雨后，天澄气静，闻弦管声。"

山东邹城峄山，为秦始皇刻石的鲁地名山，其山石秀美，奇在全系巨型各自独立的山石堆积而成，传为女娲补天遗留下的彩石，故峄山，又称女娲山，山色蔚然深秀。借一句辛弃疾的话说："有心雄太华，无意巧玲珑。"真天皇女娲之谓也！

（二）昆仑与悬圃

在神话中，昆仑山是座神山。在山上有座庄严华美的宫殿，是天神黄帝的下方帝都和行宫。昆仑山顶上，四周围绕着玉石栏杆，每面有 9 口井、9 扇门，门内是由 5 座城、12 座楼组成的巍峨的帝宫。西边有珠树、玉树、璇树；东边有沙棠树和琅玕树，琅玕树上能生长像珍珠般的美玉，极为珍贵，是凤凰和鸾鸟们的食品；北面有碧树、瑶树、珠树、文玉树、玗琪树，都是些生长美玉和珍珠的树。文玉树更生长出一种五色斑斓的玉，美丽极了。又有一种树，叫作不死树，吃了这树上的果子就可长生不老。凤凰和鸾鸟头上都戴着盾。一眼清芬而甘美的水泉，叫作醴泉，四周长着各种奇花异木，它和瑶池是昆仑山上的两处胜景。昆仑山有玉桃，光明洞彻而坚莹，须以玉井水洗之，便软可食。

从昆仑山向东北走 400 里，便到了著名的悬圃。它是黄帝在下方的一座花园。因为它在高高的槐江山上，好像悬在半天云里，故曰"悬圃"。它可比阿拉伯著名的"空中花园"壮丽多了，站在悬圃南望，夜晚的昆仑山华灯璀璨。下面有一条纤尘不染、清冷透骨的瑶泉水，一直通到昆仑山附近的瑶池去。把守这条瑶水的是个无名的天神，形状像牛，八只足，两个脑袋，马的尾巴，发出的声音像吹号筒，它的出现意味着战争的来临，它的形象很像玉器和青铜器上的饕餮。

距昆仑山不远的一座峚山上，出产一种柔软的白玉。从这种白玉中涌出一种像羊脂般的洁白光润的玉膏来，黄帝每天拿它当食物，剩余的用来灌溉丹木，五年后丹木会开出五色清香的花朵，结出五种味道鲜美的果子。黄帝又把峚山的玉的精华移到钟山的向阳处，后来钟山也产出了光彩夺目的美玉来。于是，天地鬼神都把这种玉拿来当作食品，人若能得到这种美玉，把它雕刻成装饰品，佩戴在身上，据说可以避邪压祟、遇难呈祥呢！

《山海经·西次三经》云："峚山，其上多丹木，员叶而赤茎，黄华而赤实，其味如饴，饮之不饥。丹水出焉，西流注于稷泽，其中多白玉。是有玉膏，其原沸沸汤汤——是生玄玉，玉膏所出，以灌丹木。"

（三）天帝舜赐禹元圭

大禹治水途中，伏羲曾赠玉简给禹，禹治理完洪水，使人民安居乐业，万国诸侯也都敬畏他，愿意拥戴他做天子。帝舜见他治水有功，也愿意把帝位禅让给他，并且把产于嬴母之山的黑玉琢成的玄圭赐予他，以表彰其功德。

《汉学堂丛书》辑《遁甲开山图》有云："禹游于东海，得玉圭，碧色，长尺二寸，以目照，自达幽冥。"五代蜀杜光庭《墉城集仙录》卷三所记瑶姬的神话这样说道：

"云华夫人，王母第二十三女，名瑶姬，受回风混合万景飞化之道。尝东海游还，过江上，有巫山焉，峰崖挺拔，林壑幽丽，巨石如坛，留连久之。时大禹理水驻山下，大风骤至，崖震谷陨不可制。因与夫人相值，拜而求助，即敕侍女，授禹策召鬼神之书，因命大神狂章、虞余、黄魔、大翳、庚辰、童律等，助禹斫石疏波，决塞导厄，以循其流。禹尝诣之崇巘之巅，顾盼之际，化而为石。倏然飞腾，散为青云；悠然而止，聚为夕雨。或化游龙，或为翔鹤，千态万状，不可亲也。禹疑其狡狯怪诞，问诸童律，律曰：'云华夫人，金母之女也，非寓胎禀化之形，是西华少阴之气也。在日为人，在物为物，岂止于云雨龙鹤，飞鸿腾凤哉！'禹然之。后往诣焉，忽见云楼玉台，瑶宫琼阙森然。既灵官侍卫，不可名识，狮子抱关，天马启涂，毒龙电兽，八威备轩。夫人宴坐于瑶台之上，禹稽首问道。因命侍女陵容华，出丹玉之笈，开上清宝文以授禹，禹拜受而去。又得庚辰、虞余之助，遂能导波决川，奠五岳，别九州，以成其功。而天赐玄圭。"

禹做天子以后，将九州贡献来的金属铸成九个巨大的宝鼎，据说要有九万人才能拉得动。鼎上刻绘着九州万国图物及鬼神精怪，使人知道神圣与奸邪，在山林水泽遇到木妖石怪，魑魅魍魉，也能有所防备。这应是青铜器上常见的饕餮纹样吧。这九鼎成为夏、商、周、秦的传国之宝与政权的象征。而秦之后，则湮没无踪了。作为礼器或陈设的玉鼎，显然从铜鼎那里得到了灵感。

《庄子·天地篇》讲了一个黄帝失玄珠的故事："黄帝游乎赤水之北，登乎昆仑之丘，而南望还归，遗其玄珠。使知索之而不得，使离朱索之而不得，使喫诟索之而不得也，乃使象罔，象罔得之。黄帝曰：'异哉！象罔乃可以得之乎？'"

据说，黄帝找回的玄珠又遗失了，为雷蒙氏之女所吞，沉江而化为江渎之神，后来她曾帮助大禹疏导过江河，此为后话。又有人说，那玄珠根本就没有找到，却化为一棵三珠树，生在赤水上，树叶上结满了珠子。这故事外的引申之意是遗落在民间的宝物若遇到能滋生的土壤，蓝田种玉，也未尝不是一件好事吧。晋代干宝所著《搜神记》中记有种玉的传说，即表现了一种平民意识：孝子杨雍伯，父母死后葬于无终山，他为守孝，经年住在墓旁。山上缺水，他就从很远的地方担水来施予行人，有个人饮完水后，送给他一升石子，告诉他可以用石子种玉，并预言靠了这些玉，日后必能得到如花美眷。后来，杨雍伯向徐姓人家求婚，徐家开玩笑地回答他："拿一双白璧来，就把女儿嫁给你。"杨雍伯无奈，掘开他种玉的地方，果然得到白璧五双，聘得徐氏女为妻，如愿以偿，并把种玉之处名为玉田。

三、庙堂钟鼓尊礼器

老子说："兵者不祥之器，非君子之器，不得已而用之。"

作为生产工具或战争武器而通用于原始部落的玉器或彩石器，从旧石器时代至殷商时期，大约经历了数千余年的时间。尽管如此，当它一开始出现，就酝酿和孕育着脱离工具和武器地位而作为审美艺术独立存在的倾向。

玉兵只是用于战争时期，它在玉器中所占比重是有限的。实际上以玉为兵的时代，就是以玉为器的时代。

因此，和平时期仿兵器的"义兵"也就成为仪仗象征权威的陈设。以玉为兵，是以玉为器且以玉为精神主导的历史时期。

甲骨文中的"礼"象二玉在器之形，为盛玉以奉神人之器，可见礼以事神致福为目的。其成字时的本义只是巫以玉事神的一种行为，而用以区分社会等级制度的礼制，是构成中华古文明的核心内容。所以，当玉器作为礼器出现之时，社会发生变革的信息如狂飙般接踵而至，它宣告了史前社会行将就木，标志着文明时代的曙光已经出现。

孔子说："礼云，礼云，玉帛云乎哉？乐云，乐云，钟鼓云乎哉？"——礼呀，礼呀，难道说的是玉和帛一类的事情？乐呀，乐呀，难道说的就是钟和鼓一类的器物？孔子时代，系统的春秋周礼面临礼崩乐坏，如何对待作为礼器形式上已经完备了的玉器？孔子的话，明确表现出他对美玉所表现的内容的追问。

距今 4 000—5 500 年，玉石不仅是最为常见的装饰、生产器具的用料，还越来越多地用于宗教祭祀用器和表示权力身份标志的礼制用器制作；距今 2 300—4 000 年，尽管青铜、铁器先后出现并大量使用，社会物质文明已高度发达，玉器不但没有被取而代之，还伴随着青铜、铁质治玉工具的使用，其玉琢艺术达到了登峰造极的地步。

玉器之所以历时长久而不衰，除了质地优良，色彩绚丽，用途广泛，制作技艺精良，手感、视觉、触觉等美感俱佳之外，最主要的还是由于玉器在各个不同的社会阶段，在宗教、政治、经济、文化等领域中，起着其他器物不能替代的特殊作用与功能。

当金属取代石头成为器具和武器的基本材料时，玉也从日常的实用性转变为典礼仪式上的器具。商与周代统治者的宗教、政治典礼仪式上，玉扮演着象征权力的角色，影响着后世历代王朝对玉的崇拜，历久不衰，趋之若鹜。

御香缥缈列仪仗、宫廷仪仗用器主要是玉戈、玉戚、玉钺、玉冠、玉杖和玉玺。另有些异形或艺术化了的斧、刀等也可归在其中。它们从最初实用的武器、工具或是生活用品功能中脱离出来，成为至高无上的地位和权力——军权和王权的象征。

钺、戚、戚璧：实为一物三名，一种斧形器物。平背无扉棱者为钺，平背有扉棱者为戚，弧背、弧刃又有扉棱者为戚璧。"戚璧"乃戚与璧合一的器物，由石斧演化而来，但作为工具的时间很短。至商代被赋予了新意，成为象征武器的仪仗用器。

戈、簇：原为兵器，但出土物少见使用痕迹，也不乏大形戈，制作精美，可以证明在殷商时期，这种戈与簇并非实用品，同样为仪仗用器无疑。

在山西襄汾陶寺龙山文化早期墓葬中出土的采用各色玉石质料制成的礼器、生活用品和装饰品几十件，以及在江苏吴县①草鞋山遗址良渚文化墓葬中出土的琮与璧，都可视为早期的礼器。

殷商时期的礼器

璧：玉璧用途复杂。

大致可分为五类：一为祭器，用作祭天、祭神、祭山、祭海、祭星、祭河等；二为礼器，用作礼天、朝聘或作身份的标志；三作佩饰；四作砝码用的衡；五作辟邪与敛尸。

琮：琮之外沿钝角方形，表示地上的四面八方；琮内之圆孔，则或表示地与天通之意。

圭：从其出土的位置和器形看，既不适宜作武器，亦不宜作刀铲之类的工具使用，只可能是一种身份的标志。

璋：文献说玉璋用途有五，即礼南方、祀山川、享后、敛尸及赠宾客。

牙璋：体形硕大，最大的长达66厘米，应是《周礼》"以起军族，以治兵守"统军用的器物。

簋、盘：两种祭祀时用以盛放宴飨的礼器。妇好墓出土有两件造型美观刻纹精细的玉簋，如此高难度的容器，当今使用机械加工也非易事，何况出自3 000年前的工匠之手！

时至周代，礼制上承夏商已趋健全，成为我国古代重要的制度。《周礼》把"礼"释为五个方面："以吉礼事邦国之鬼神祇，以凶礼哀邦国之忧，以宾礼亲邦国，以军礼同邦国，以嘉礼亲万民。"

作为礼器，除了朝聘之外，还有祭祀天地和四方神祇所用的六器：古代以为天圆地方，故以方琮礼地，天色苍，故以苍璧礼天。此外，又以青龙（东）、朱雀（南），白虎（西），玄武（北）等四神代表四方，分别以青圭、赤璋、白琥、玄璜等不同形制的玉器为祭。

《礼记》上说："以玉作六瑞，以等邦国，王执领圭，公执桓圭，侯执信圭，伯执躬圭，子执谷璧，男执蒲璧。"

还有些圭是汉朝以后的道家用具，上面刻有日月星辰及山川，作为祭祀礼拜用的法器。

韩愈说："卞和之柜多美玉。"卞和，春秋时楚国人，善于积玉，价值连城的和氏璧就是用他发现的璞玉经玉工琢磨而成。不知什么年代，此璧为赵国惠文王所得，秦昭王愿以15个城邑向赵国换取。当时秦强赵弱，赵王不敢不换，又恐怕失璧而得不到城池，白白受欺。蔺相如自愿奉璧入秦，终于维护了赵国的利益和尊严，演出了"完璧归赵"及后来的"将相和"故事。

---

① 编者注：江苏吴县于1995年被撤消，改设吴县市（县级市）。2000年12月，吴县市被撤消，改设苏州市吴中区和相城区。

瑰宝满宫廷

——中国古玉艺术研究之三

　　玉制器皿，成为历代宫廷重大的奢侈品之一，世人论及夏商周三代皆因用玉过奢而导致亡国，虽然未必准确，但也从侧面说明当时玉器之奢华程度。夏桀以璇玉装饰宫室，以琼瑶建筑雕饰华丽、结构精巧的楼台，以象牙构筑游廊，以美瑜制造硕大的玉床；殷纣王使用的玉杯等玉器不计其数且不论，他自焚时犹佩玉 5 000 之多；武王伐纣得其宝玉 1.4 万，佩 8 万。《穆天子传》称"攻其玉石，取玉三乘，玉器服物，载玉万只"。可惜，这些重宝至今已经灰飞烟灭，不知玉埋何处了。

　　汉刘向《新序·刺奢》云："桀作瑶台，罢民力，殚民财。"《淮南子·本经训》云："纣为旋室、瑶台。"高诱注："旋、瑶，石之似玉，以饰瑶台也。"昆仑山旁有瑶台十二，各广千步，皆以五色玉为基。

　　《晋书·大秦国传》的"琉璃为墙，水精为柱础"记载了古代宫廷用玉的奢华。

　　关于玉如意，唐人段成式《酉阳杂俎》写道："梵僧不空，得总持门，能役百神，玄宗竟之。……与罗公远同在便殿，罗时反手搔背，不空曰：'借尊师如意。'殿上花石莹滑遂激率至其前，罗再三取之不得，上欲取之，不空曰：'三郎勿起，此影耳。'由举手示罗如意。"由此看来，如意在唐代曾被用来搔痒。如意产生于魏晋时期，相传孙权曾得到玉如意一柄。当时的玉如意造型如何？无籍可查。但业经艺术化了的如意是人们所习见的，它形如长柄勾，而勾头扁如贝叶。目前见到的古代如意多为明清两代所制，而以清代为最多。若从形体上溯，似是由玉搔头或玉带钩演化而来，抑或玉带钩常做成如意状。出土于北京十三陵明定陵万历皇帝棺中的白玉龙首嵌宝石带钩，则更近于如意。故宫博物院所藏和田玉螭纹如意、和田玉刻诗如意、玛瑙灵芝式如意、和田玉镂雕如意等都非常精致。

　　元明清时期，南北两地玉器普遍发展，是中国玉器史上又一个光辉的时代。现存北海团城的元代渎山大玉海，明汪兴祖墓出土玉带板，朱翊钧墓出土的玉圭、玉带钩、玉盂、玉碗、玉壶、玉爵、玉佩等，虽未窥其全豹，亦可见一斑。元明玉器受到文人书画的影响，发展了碾琢诗词和写意山水画为纹饰的玉器，追求文人高雅的意趣。

　　清朝朝廷制造与搜罗玉器之多，就可见者论，因时代晚近，被视为历代之冠。那些为皇帝所享用的玉器，无一不精美绝伦。清代乾隆时期的玉器因玉材丰富、皇家提倡和社会需要，技艺之成熟达到空前的高峰。它的全盛时代是乾隆时朝，并持续到嘉庆初年。

乾隆喜爱古玉成癖，清宫遗存的上万件古代玉器多数是乾隆时期搜集的。古玉进入宫廷的途径主要是贡入，在地方官员、大臣和域外各国进贡的物品中，古玉占有重要的地位。他鉴别真赝，钦定级别，整理旧库，设立作坊，在无数古代玉器上题写过文字，其中一枚商代的玉圭上铭刻了如下一首诗：

> 细起花纹若有神，
> 抚无留手却平均。
> 知其是玉疑非玉，
> 谓此非珍孰是珍？
> 气合古人余勿穆，
> 华羞时语诩珍龋。
> 千年逐迹一朝现，
> 巢许宁称善隐沦。

乾隆御制《古玉斧珮》记录了在内府库房发现了一件尘封几代的旧玉斧珮，以及这个皇帝由此而引发的感慨："内府铜玉诸器，率以甲乙别等第。兹古玉斧珮一，白弗截脂，赤弗鸡冠，土渍尘蒙，列其次为丙而弃置之库，亦不知几何年矣。偶因检阅旧器，觉有所异，命刮垢磨光，则穆然三代物也。嗟乎，物有隐翳埋没于下，不期而遇拔识，尚可为上等珍玩；若夫贞干良材，屈伏沉沦，莫为之剪拂出幽，以扬王廷而佐治理，是谁之过欤？吾于是乎知惭，吾于是乎知惧。"乾隆御制诗中有咏玉器的诗近800首。

清宫琢玉的鼎盛期的代表作是一批大型玉雕的制作。除了重新磨刻的元代《渎山大玉海》之外，《大禹治水图》玉山（重万斤）、《秋山行旅图》玉山、《南山积翠》玉山（重3 000斤）、《云龙玉瓮》（重5 000斤）、《大玉瓮》（重4 000斤）等，显示了宫廷美玉冠盖天下的气魄。

其二，做工的精细是清宫玉器的又一特点。为宫廷消费集团制作玉器的除了内廷玉作坊外，还有两淮、苏州、江宁、杭州、淮安、长芦、九江、凤阳等地的玉作坊。令人惊异的是做一只青白玉碗竟用去266个工日（做坯67个工日、打钻掏膛91个工日、做细63个工日、光玉41个工日、镌刻年款4个工日）。像饮食器的杯、盏、壶、觚、觥、碗、盘、碟、盆等，皆选料优良，制作精美。其中白玉错金嵌宝石碗，玉如凝脂，洁白无瑕。外壁错金蔓草纹间用红宝石嵌成朵朵小花，鲜明夺目。里壁镌刻有乾隆诗句："酪浆煮牛乳，玉碗拟羊脂。御殿威仪赞，赐茶恩惠施。"言明此碗是国家举行大庆典时，皇帝在金殿御赐奶茶用的；和田玉刻诗葵瓣纹碗，碗壁花瓣上隶书与下面刻花相对应的御制剪秋萝诗、鸡冠诗、万寿菊诗、牵牛花诗、玉簪诗、蓝菊诗。碗壁亦为六瓣形，半雕花卉，半雕咏花诗，分别为菊花诗、秋海棠诗、老少年诗。刻线内填金，诗画绘制极精。玛瑙凤首觥、水晶兕觥亦为仿古器物之杰作。

清代历朝皇帝也仿秦始皇，以玉制国玺，乾隆时期厘定到五枚宝玺，其中绝大多数为玉制。另外，《中和韶乐》之特磬和编磬也是用新疆叶尔羌山玉制成。

日常生活用品玉合、玉罐、熏炉、烟壶精致灵巧；装饰品中各类佩饰、香囊、朝珠、玉簪、手镯等玲珑剔透；陈设品玉山、仿古玉尊、玉彝、玉簋、玉鼎、玉壶、珍禽、瑞兽、连环佩、双连璧等或端庄壮丽，或灵巧活泼；文房用品笔筒、笔洗、笔架、水盂、墨床、镇纸清新淡雅；宗教用品玉佛、玉罗汉、玉观音、七珍、八宝、钵盂、香炉等皆为匠中高手碾琢。上述五类玉器，或繁缛，或洗练，或创新，或古朴，"千文万华，纷然不可胜识"。

清末，慈禧太后所用白玉浴盆，长约7尺，阔约3尺余，高2.6尺，厚约6寸；白玉花瓶10对，高约尺余；白玉花篮16对，高约2尺，质地刀工，无一不精巧入妙。即使在当时的英法德日使馆"珠花翠花无算，均系白玉花盆，其余玉器尤多，笔不胜记"。有外人云："原来均属西太后御用之品。"

1860年第二次鸦片战争时期，英法联军在侵入北京前，将圆明园收藏的万千珍宝抢劫一空，然后劫往欧洲，其中大部分是精美绝伦的和田玉器和翡翠器物。如今这些器物有的秘而不宣藏在私人手中，有的堂而皇之地陈列在异国他乡的博物馆里。其为器，为道，不知洋人们可晓得它们的价值几何？

一、满目琳琅玉作魂

石韫玉而山辉，水怀珠而川媚。

春秋时，楚国人卞和曾受封为陵阳侯，被称为陵阳痴子，是个鉴赏玉石的高手，并富于收藏。他在楚山发现了一块硕大的璞玉，前后献给历王、武王，但都被认为是石头，并以欺君罪两次受刑而失去双脚。及文王即位后，卞和抱玉哭于荆山之下，为楚国无人识玉，且被冤枉为骗子（"宝玉而题之以石，贞士而名之为诳"）而悲伤，文王闻讯深为感动，遂令人剖璞，果然得到宝玉，后来终于琢制成价值连城的和氏璧，为天下所共传。（见《韩非子·和氏》）至于楚山何处？无人确指。而楚地之山产玉，则毋庸置疑。河南南阳盛产玉石，河南信阳一带即是楚王城所在，战国时楚襄王曾都于此。南阳、信阳皆楚地。为了一块玉石的真赝，古人竟要以性命为代价。楚王在意的是玉的真赝，卞和要的是人的尊严。

白居易《放言》诗云："试玉要烧三日满，辩材须待七年期。"他自注说，真玉烧三日而不热，预、樟二木生至七年乃可将二者分辩。真玉是否真的火烧三日而不热，有待实验。但玉可以养性怡情，有益于人身者，确美不胜数。据载，新疆和田玉中一种异品，叫天智玉，入火不热。昔殷纣王自焚，曾以玉五千裹其身，他玉皆化为石灰，唯独五片天智玉毫无所损，故周武王取而宝之，以其为稀世之珍。

安阳殷墟出土的玉器中已有来自新疆的玉料，可与上述古籍相佐证。到了春秋战国时期，和田软玉就已源源不断地输向内地。（见《史记·李斯谏逐客书》）

狭义的玉，专指法国矿物学家德穆尔所言的硬玉（翡翠）和软玉（和田玉）；广义的玉，即传统观念中的美石，既有古已闻名的和田玉、南阳玉、蓝田玉、岫岩玉、玛瑙、琥珀、珊瑚、绿松石等，还包括水晶、密玉、煤精、汉白玉及寿山石、青田石、鸡血石、巴林石等。诸多彩石美轮美奂，一如孔子所言："美哉玙璠，远而望之，奂若也；近而视之，瑟若也：一则以理胜，一则以孚胜。"

我国古代所传玉石产地仅《山海经》中就涉及石脆山、众兽山、涿山、帝困山、小华山等十余处之多。如玉山，是西王母所居之地，《穆天子传》称为群玉之山，山多玉石。李白《清平调》中"若非群玉山头见，会向瑶台月下逢"说的就是这里。群玉山也像古代许多产玉之地一样，因为年代久远，今人已无法确指，如《陶贞白龟山经》云："夏殷之时，人多采其玉。百灵虑损其山形，遂化为五色土石，而生之丛木。今溪涧中五色赤碧，而皆变色。"也许是大自然的自我保护吧，古代诸多产玉之地今天已经湮没无闻了。

《太平广记》卷203引《风俗通》："舜之时，西王母①来献白玉琯。"《太平御览》引《梁四公记》："扶桑国使，贡观日玉，大如镜，方圆尺余，明彻如琉璃。映日以观，见日中宫殿，皎然分明。"足见玉器在当时已成为颇受欢迎的外交礼品。

上古玉器用材，无论红山、良渚、龙山，三地多半就地采集，以颜色艳丽为主，"石之美者"即以为玉。辽河流域最为丰富，有墨玉、青玉、玉髓、玛瑙、岫岩玉、煤玉等；黄河中下游，山东大汶口文化及其发展而来的龙山文化，以质地细腻、不透明、光泽温润的长石为原料，只有绿松石和水晶、粗玉数种；长江下游地区，早期的河姆渡文化玉器使用多色的萤石、粗玉；稍晚的马家浜文化、崧泽文化所用玉材多为带有云母状闪亮斑点的透闪石、阳起石和蛇纹石，质地较细润，颜色以绿为主，或泛青，或透黄；北阴阳营文化玉器几乎全部采用色泽艳丽的玛瑙制成。

蓝田玉，是古代著名的玉石。秦始皇的玉玺即以蓝田玉制成，四周刻龙，正面刻李斯所写篆文"受命于天，既寿永昌"八字。后为刘邦所获，佩带身上以为国之重宝。历代封建王朝视为传国之玺，争以得玺为符瑞；杜甫《九日蓝田崔氏庄》云："蓝水远从千涧落，玉山高并两峰寒。"蓝田产玉可见并非虚传。今人往往唯和田玉为玉，未免刻画貂蝉，唐突西施。人说"夜光之珠，不必出于孟津之河；盈握之璧，不必采于昆

---

① 此处为部族名，非人名。

仑之山"是在纠正一种流行的偏见。

李贺《老夫采玉歌》言："蓝溪之水厌生人，身死千年恨溪水。"蓝田，山名。山下有蓝溪，在陕西省蓝田县西南，是有名的蓝田玉产地。诗中描写了年老的采玉工在狂风暴雨中，从悬崖上吊下来潜入溪水采玉的情景。刘禹锡写淘金之苦说："美人首饰侯王印，尽是沙中浪底来。"不料采玉也是如此。

然而，昆仑山毕竟是我国最好的玉石产地。商、周以后的玉器多以和田玉为正宗，也是不争的事实。和田玉，被誉为真、善、美的化身，从殷商时代就流布中原，成为同盟诸侯的标记与信物。战国时期的屈原诗中歌道："登昆仑兮食玉英，与天地兮比寿，比日月兮齐光。"清代潘耒《华峰顶》云："昆仑之脉从天来，散作岳镇①千琼瑰②。"昆仑山，西起帕米尔高原东部，横贯新疆、西藏，延入青海境内；昆仑玉即于阗玉，于阗有三河，东有白玉河、西有绿玉河，又西有乌玉河，又莎车之玉河，昆仑山下各河。青海及南山之间，皆产玉，蕴藏量丰富。昆山之玉，自古天下闻名。屈原《九章》曾赞美过和田玉是玉中精华，玉石质地、光泽、颜色皆为上品，有白玉、黄玉、红玉、紫玉、黑玉、碧玉、青玉等多种，其中以羊脂白玉质地最佳。山玉矿位于海拔 5 000 多米的峭壁峻崖之上，终年积雪，气候变化无常，空气稀薄，开采运输十分困难，每年只有三四个月的采玉期。北京北海公园团城内的《渎山大玉海》、故宫的《大禹治水图》玉山都是用整块和田玉雕成。

历史悠久、驰名中外的夜光杯就是以甘肃酒泉附近山中的酒泉玉琢成。酒泉玉，又称"肃州玉"，产于酒泉祁连山中。玉质坚硬，晶莹细腻，以绿色为主，半透明，也有琥珀颜色的一般为黄、淡黄及褐红，透明或微透明。做成的夜光杯质地精细，纹理天然，色彩丰富，光泽通透，轻巧异常。

《神异志·西北荒经》云："西北荒中有玉馈之酒，酒泉注焉。……酒美如肉，澄清如镜。上有玉尊、玉笾，取一尊，一尊复生焉。"像是神话，而实际上又的确如此——酒泉附近的凉州（今甘肃永昌、天祝一带）自古以产葡萄酒闻名，毋怪王翰《凉州词》有名句："葡萄美酒夜光杯，欲饮琵琶马上催。"夜光杯，葡萄酒，诗以杯名，杯以诗传，颂为佳话。

旧题汉朝东方朔《海内十洲记》云："周穆王时，西胡献昆吾割玉刀及夜光常满杯。……杯是白玉之精，光明夜照。冥夕出杯于中庭以向天，比明而水汁已满于杯中也。汁甘香而美，斯实灵人之器。"夜光常满杯，久为海内外视为珍奇之物了，似果能"取一杯，一杯复生焉"，谁又能不为之陶醉？

如果说夜光杯是借月光而光，而夜明珠则是千真万确凭自身而发光了。夜明珠，又称"夜光璧""夜光石""放光石"，是一种具有强"磷光"的萤石、钻石、粉红色

---

① 岳镇，五岳四镇，泛指大山。

② 琼瑰，精美奇珍之玉。

水晶和冰晶石等的宝石。李约瑟的《中国科学技术史》中提到，中国古代尤其喜欢叙利亚产的夜明珠，别名"孔雀暖玉"，它同印度古代发现的夜明珠"蛇眼石"一样，都是一种含硫化砷的莹萤石。据记载，最亮的夜明珠在无灯光的黑夜，距其半英尺远，可以看书。还据说慈禧太后凤冠上有九颗夜明珠，其中四颗失落民间。浙江余姚河姆渡遗址出土的玉器中，就有萤石制品。萤石有各色透明晶体，珠宝界称为"软水晶"。萤石纯者无色，但常见的是绿、酒黄、绿蓝、白、灰、黄、天蓝、深紫、蓝黑、棕等色彩，也有玫瑰红、深红、石竹色。玻璃光泽，半透明至透明，在紫外光下发强烈蓝色萤光，也有的因其成分中含有微量的铀而发出绿色的荧光，有强磷光的萤石就是被称为"夜明珠"的一种。1982年，在广东钨矿山萤石选矿场发现有强磷光的萤石，在河南洛阳、陕西扶风等地也发现了夜明珠玉石，证明古籍上所说的夜明珠并非天方夜谭。

二、玉石之路与丝绸之路

据现有考古资料来看，迄今发现年代最早的玉石制品一是山西朔县峙峪旧石器时代晚期遗址所出用水晶制成的小石刀，另一个则是距今约12 000年的海城仙人洞遗址出土的绿色蛇纹石旧石器。远古的玉器多半就地取材，采集当地的彩石为原料。

彩石是指产于各地的透闪石、蛇纹石、绿松石和玛瑙等比较精美的石料，这就是传统的以"石之美者"为玉，而真正的玉石则远在西域。

产于新疆昆仑山北麓的和田、墨玉两地的软玉，自古以来就是我国中原玉器原料的重要来源。在殷墟出土的青玉、白玉、黄玉和墨玉即来自新疆。这标志至少在此之前，和田玉已由南疆进入了中原，成为王室玉器的贵重原料。和田玉质地温润、光色晶莹等优点是诸多彩石所不及的，所以，它是我们的祖先经过近万年的选择，终于寻觅到的理想琢玉材料，它标志着我国玉器已由彩石时期进入了以和田玉为主体的新时代，彩石降为从属地位，从此孕育了我国玉器史上第二个高潮。

由于和田距中原及江南遥遥万里，学者们提出必有一条玉石之路源源不断地将玉石运来，才能解释大量和田玉是如何涌入东方的。然而，4 000年前的殷代从和田到达殷墟要跨越茫茫戈壁流沙、万水千山，欲解千古之谜，找到玉石东渐的路径，又茫然不知所措。于是人们想到了此后1 000—2 000年繁盛起来的丝绸之路，难道丝绸之路不是早先玉石之路的合理延续吗？它经过的中继站是否与丝绸之路大体重合，尚有待考古证明。但有迹象表明，这一预设是不错的。

20世纪初，英国人斯坦因在罗布淖尔曾发现过玉斧两件、玉簇三件；法国人伯希和曾在库车发现了玉斧三件；新中国成立后又在罗布淖尔罗布庄遗址出土了一件墨玉玉斧。据此可以粗略地勾画出由新疆至安阳东进的路线，其中罗布淖尔、罗布庄、库车等是和田玉东进的中继站。而这三个中继站恰好或是在汉代丝绸之路上，或是在其附近。另外，汉晋文献中记载了汉武帝时，"身毒国献连环羁，皆以白玉作之"，千涂国（犍陀罗）进玉晶盘子，晋义熙（405—418）初狮子国（锡兰）献玉像……这些国家均与昆仑山相距不远，所献玉器是否昆仑玉姑且不论，所走路线自是丝绸之路无疑。自梁大同七年（541）至唐宪宗时（806—820）近300年中，西域于阗等国进贡玉器未断，当然走的也是丝绸之路。如此，杨伯达先生论定，和田玉向西推进的路线应是从和田出发，经喀布尔、伊斯法汗、巴格达向西至地中海，另一条路线大致位于其北与此路并行，经巴尔夫、德黑兰向西北行至伊斯坦布尔。向东推进的路线是南路经民丰、楼兰至敦煌，罗布庄即在这条线上；北路由和田出发经喀什、库车、吐鲁番至敦煌。如此看来，新疆原始文化玉器出土地点与后来的丝绸之路是吻合的。

无疑在丝绸之路之前已有玉石之路，且延续了一两千年，后来为丝绸贸易商人继续利用，发展为丝绸之路，而同时仍然运行在这条路上的玉石，反为丝绸所掩，究其原因，不外有二：其一，汉唐以来，丝绸的贸易远远超过玉石的贸易；其二，丝绸远销欧亚，名声远震，而和田玉石向西方的倾销量远不如向内地的倾销量大，故世人知有丝绸之路，而不知有玉石之路。

五代时后晋高居海出使于阗在他的《使于阗记》中，对于和田产玉之河就有详尽的记载：于阗位于昆仑山之阴，和田玉原生于昆仑山北坡，暴露于地表的玉矿经年深日久的风化而崩解剥落下来，成为大小不等的碎块，又经雨水冲到于阗河内。秋季河中水消，部分河床干涸，当地民众下河涉水采集，从没腰之水中捞出碎块，称为籽玉，即角闪石的次生玉矿。因玉石夹生于 3 500 米—5 000 米的高山岩层之中，不易开采，所以过去以采籽玉为主。至清代开采山玉多起来，清宫旧藏大禹治水玉山，即是产于莎车西南的密尔岱山（又称密勒塔山）上的青玉，重 10 700 余斤，可以想见运抵万里之遥的北京之艰难。据载，冬天以水泼成冰路，前面用百匹马拖拉，后面有成百上千的工匠推，旷日持久才得运回，又前后历时 8 年制作完成。

透过历史的风烟，在这条千古玉石与丝绸之路上，我们似乎依然能够闻见悠悠的马邦和"叮咚"的驼铃声。

那春风不度的玉门关，不正是玉石之路上的海关吗？它因为过路的玉石商队成为新兴城市，也因为丝绸之路繁华过。

美之渊薮——作为艺术的玉器

——中国古玉艺术研究之四

一、玉与诗歌共传闻

玉器一旦全面地进入了华夏民族的社会生活，并在相当长的历史时期内成为一种主流文化，就必然在意识形态与文化艺术中得到反映，成为文化传统的组成部分。

以玉为德，以玉为乐，以玉为格，以玉为信，以玉为仁知，以玉为礼义，以玉为天地，以玉为真、善、美。

经过几千年的磨合交融，玉作为艺术品融进了诗里，融进了画里，融进了音乐里；作为特殊的意识形态，它又融进了宗教，融进了中国哲学、道德、人品，形成了绝无仅有的玉石文化。

因此，古诗和人们的日常话语涉及玉的地方比比皆是。儒家以玉同人的德联系在一起，其实并非只是一个学派的思想。那是华夏民族几个时代下来，在劳动实践和社会实践中形成的共识。玉的品格之所以成为人类品格的表征，是由于玉石本身的属性逐渐人文化所决定的。

经过漫长的人玉相互融汇的过程，人们选择了玉，使人玉化，同时也使玉人化——以人的尺度去衡量玉所带给人的感觉并使之成为精神的结晶。《诗经》上说："言念君子，其温如玉。"春秋末年已有重玉轻珉之说，后来孔子又阐述了"玉有十一德"而贵于珉的道理。他在《礼记》中说："非为珉之多故贱之也，玉之寡而贵之也。夫昔者，君子比德于玉焉，温润而泽，仁也；缜密而栗，知也；廉而不刿，义也；垂之如附，礼也；叩之其声，清越以长，其终诎然，乐也；瑕不掩瑜，瑜不掩瑕，忠也；孚尹旁达，信也；气如白虹，天也；精神见于山川，地也；圭璋特达，德也；天下莫不贵者，道也。"《说文》云："石之美者，有五德，润泽以温，仁之方也；䚡①理自外，可以知中，义之方也；其声舒扬专以远闻，智之方也；不挠而折，勇之方也；锐廉而不技，絜之方也。"

---

① 䚡，牛羊之角之内骨，内骨与外骨，虽相附丽而不能合一。

《五经通义》如此诠释："温润而泽，有似于智；锐而不害，有似于仁；抑而不挠，有似于义；有瑕于内必见于外，有似于信；垂之如坠，有似于礼。"这样说来，所谓仁义礼智信五德，玉都具备了，所以《诗经》有"言念君子，温其如玉"的记载。以物譬人，故而"古之君子必佩玉"。

《诗经》与《楚辞》以及后代诗人的作品中涉及玉的篇章，像夜空缀满的繁星，如《诗经·卫风·淇澳》以玉石的切磋琢磨比喻道德上的不断进修："如切如磋，如琢如磨。"《诗经·大雅·抑》以玉圭之玷比喻人言之玷："白圭之玷，尚可磨也；斯言之玷，不可为也。"鲁国的南容因为一日三次重复这句箴言而深知谨言的道理，被孔子看中，把自己的侄女嫁给了他。

以玉作为青年男女爱情的信物相互赠答，成为古代的风尚。《诗经·卫风·木瓜》说："投我以木瓜，报之以琼琚。匪报也，永以为好也！投我以木桃，报之以琼瑶。匪报也，永以为好也！投我以木李，报之以琼玖。匪报也，永以为好也！"以玉作为坦白胸襟之高洁，是古代士大夫的习尚。老子说："知我者希，则我者贵。是以圣人被褐怀玉。"他的意思是说："了解我的人很少，能效法我的人很难得。因此圣人的不为人所知就像穿着粗滥的衣服，怀内揣着璧玉一样；南朝刘峻在《辨命论》中比喻个人的品德所说的"志烈秋霜，心贞昆玉"；南朝鲍照诗作《代白头吟》中的"直如朱丝绳，清如玉壶冰"；唐代王昌龄诗作《芙蓉楼送辛渐》中的"洛阳亲友如相问，一片冰心在玉壶"都是在表达冰清玉洁的人格。

据说春秋时，虞叔有一块美玉，虞公知道后，便向虞叔索取，虞叔本舍不得，但想起周人谚语"匹夫无罪，怀璧其罪"（《左传·桓公十年》），便赶紧献上美玉，以免遭到虞公迫害。后世常以"怀璧"比喻怀才而遭忌。南朝袁淑（宋）《种兰》有诗句："种兰忌当门，怀璧莫向楚。"由于楚国的君王不识玉，献玉者会遭到意外的迫害，因此，北齐的祖鸿勋言道："昆峰积玉，光泽者前毁；瑶山丛桂，芳茂者先斩。"唐代陈子昂有《宴胡楚真禁听》诗谓："青蝇一相点，白璧遂成冤。"也是以玉喻世事之险恶。

诗人藉玉可以表达对朋友的鼓励，如唐代杨炯《夜送赵纵》中的"赵氏连城璧，由来天下传。送君还旧府，明月照前川"；也可对朋友坦坦荡荡地抒怀，如唐代李白《忆旧游寄谯郡元参军》中的"黄金白璧买歌笑，一醉累月轻王侯"。

至于以玉状物、写景、论诗者，则更如恒河沙数。写月夜景物的诗句有："谁家玉笛暗飞声，散入春风满洛城。"（〔唐〕李白《春夜洛城闻笛》）；"江水平平江月明，江上何人搊玉筝。"（〔元〕张可久《越调凭栏人·江夜》）；"玉梳斜，似云吐初生月。"（〔元〕商挺《双调潘妃曲》）；"晓月当帘挂玉弓"（〔唐〕李贺《南园十三首》）；"暮云收尽溢清香，银汉无声转玉盘。"（〔宋〕苏轼《中秋月》）；"我欲乘风归去，又恐琼楼玉宇高处不胜寒。"（〔宋〕苏轼《水调歌头》）；"谁驾玉龙来海底，碾破琉璃千顷。"（〔元〕高明《琵琶记·中秋望月》）。写洞庭湖水的诗句有："玉鉴琼田三万顷，着我扁舟一叶。"（〔南宋〕张孝祥《过洞庭》）。写钱塘潮的诗句有："漫漫平沙走白虹，瑶台失手玉杯空。"(〔北宋〕陈师道《观潮》）等等。更有晚唐李商隐的《锦瑟》："沧海月明珠有泪，蓝田日暖玉生烟。"既写对华年往事的追忆，如今壮志消，歇化为梦幻，又寄寓着埋香瘗玉对爱人的悲悼。"生烟"者，玉之精气。玉虽不为人采，而日中之精气，自在蓝田。真如唐代戴叔伦所云："诗家之景如蓝田日暖，良玉生烟，可望而不可置于眼睫之前也。"

人们喜欢古玉，同喜欢其他有价值的艺术一样，是因为它美，而美是无价的，艺术性是无价的，独创性是无价的，一百件普通东西也抵不上一件绝美的艺术品。它蕴涵着一种内在的精神力量，在想象中充满了创造和追求。故玉以整体美、材质美为真；以造型美、雕工美、色泽美为善；以稀少性、独特性和趣味性、艺术性为价值标志。不是吗？春秋战国时代一块和氏璧就值得换取 15 座城池及其管辖的一切土地、人群、牲畜和财物。

玉器的发展，经历了滥觞、繁荣、鼎盛、嬗变四个时期。

我国古代玉器造型丰富多彩，图案精巧别致，制作工艺精湛娴熟，具有优秀的艺术传统和独特的艺术风格，成为中华民族文化艺术的重要组成部分。

玉有大美而不言。"金玉不琢，美珠不画。"（出自《盐铁论·殊路》）比喻至美天真自然，无须雕饰。粗服乱头，不掩国色。美玉丽质天成，本身即有一种天然无华之美。然而，浑金璞玉，人皆钦其宝，莫知名其器。（对它将成为什么，却都说不清。）必经"如切如磋，如琢如磨"，方能于天然美质之上，成为人本质力量对象化的艺术。除了内容之外，工匠们赋予玉器永恒的形式之美。

三、造型之美

异兽：汉代出现大量圆雕玉兽，引人注目。这些玉雕异兽的产生，一方面来自古代的神话传说，另一方面来自张骞通西域后，西域的一些珍奇动物被带到中原，那里的许多有关异兽的传说也随之而来。《博物志·异兽》记载："汉武帝时，大苑之胡人有献一物，大如狗，然声能惊人，鸡犬闻声皆走，名曰猛兽。帝见之，怪其细小，及出苑中，欲使虎狼食之，虎见此兽则低头着地，而此兽见虎甚喜，舐唇摇尾，径往虎头上立，因搦虎面，虎乃闭目低头，匍匐不敢动。"

《后汉书·班超传》记载："月氏尝助汉击车师有功，贡奉符拔狮子。"有学者认为符拔即天禄、辟邪。可惜西域贡来东方的异兽一般都深藏禁苑，玉工们很少有机会接触，那些异兽的创造更多是凭神秘的想象和传说。古人认为使用具有神异传说的异兽玉雕，就更能表现出祥瑞和神灵本性，所以异兽、异鸟在玉雕中成为长盛不衰的题材。

玉螭虎：螭虎自战国起就经常出现在玉器纹饰上，秦汉以后更是屡见不鲜。汉高祖刘邦当初入关至咸阳，得到秦始皇所珍爱的那块刻着"受天之命，皇帝寿昌"的蓝田玉玺，刘邦喜不自胜，始终佩带在身，后代名曰传国玺。这传国玺上刻的即是螭虎纽。似乎由于这个原因，汉代皇帝所用六玺皆琢成"白玉螭虎纽"。螭虎被视为一种神武的动物，在民间藏品中有众多玉螭虎的形象，虎头龙身，昂首蟠曲，刻琢流畅而富有韵律，生动别致。

另外，玉辟邪、玉天马、异兽玉镇也都显得生机勃发，它们几乎都是以现实动物为原形加以组合、夸张和想象连同传说中得到的印象而创造出来的。或狮生角而似麟，或马长翅而飞天……总之，以见所未见为神秘，以闻所未闻为灵异。这为以后的浪漫主义精神的艺术创造不说是开了先河，也带来了积极的影响。

勾云形器，似从玉鸟抽象变形而来；子母玉人，粗犷有趣，母亲对孩子的精心呵护，从她弓身俯视的神情中表露无遗，人情味十足，将其与另一玉雕兽驮蝉放置一起，似在对话，妙不可言；玉箍，又称马蹄型器，当是北方部族首领们高耸的玉冠；玉龟、玉鹰，当为部族崇拜之物，尤其子母龟，生动可爱，表现出古代先民的朴素善良和匠心独具；丫形器，似蝉，是蚕？似神，是兽？还是一种神秘的图腾？功用如何，有待深入研究。属于良渚文化的璧与琮，属于商周的雀鸟、汉代的佩器、剑珥……尤其明清时期的和田玉器，如猴上山瓶、寿字瓶、白玉观音、如来佛、桃形水洗、玉壶、春水玉器、碧玉熏等，无不精美绝伦，价值连城。更值得一提的是"玉鸟驮蝉"与"玉人负蝉"，蝉儿的安然，玉鸟友好地回望，形成了和平安宁悟对通神的意境和氛围，不知是古代哪位高手，他无意间道破了中国艺术一个至高无上的美学法则！

还有一些异兽，如天鹿、辟邪，其神奇的造型、费解的含义一直吸引着人们的注意。古人认为，玉是自然的精华，能够和自然界的神灵相通，并认为玉与整个世界在总体上存在着联系，是人与彼岸世界沟通的中介物及传媒，因此为一些玉器注入了神秘的色彩。

四、纹饰之美

中国玉器的纹饰主要取材于大自然、天象、人物、动物、花草、树木、谷物、蔬果等，有抽象的、写实的、变形的、幻想的，甚至有图腾、饕餮等，可谓丰富多彩。这些题材或以整体的写实手法做成圆雕，或简化成洗练而抽象的形式，或只采用某个部分，或以形式美感凭想象和需要重新组合。纹饰经历过早期的单纯古朴，经历过盛期的富丽多姿，也经历过繁缛华茂——纹饰不断蜕变，风格层出不穷，代代相传，几千年下来，从未因人亡而艺绝。

商代的纹饰，从早期简单的几何图形，到中期出现阴刻、平雕相结合，晚期阴雕、平雕普遍应用且浮雕、透雕、圆雕互见，都体现了鼎盛期的工艺水平。

西周玉器是在殷商玉器基础上的再发展，器上纹饰不仅比商玉更趋抽象化、几何化，而且与青铜器纹饰风格相统一；东周玉器，由于王朝名存实亡，伴随国家政权的解体，诸侯国的昌盛令玉器风格出现百花齐放的局面。纵观两周玉器施用的纹饰约有三十多种，可分为写实和装饰两大类。写实者往往是一些浮雕或圆雕的飞禽走兽，同器物造型浑然一体；而装饰纹样既不受器物形态的局限，也不受数量多寡的制约，在一定程序内可以任意发挥，主要有云纹、雷纹、饕餮纹、蟠虺纹、螭虎纹、蝉纹、涡纹、窃曲纹、束绢纹、鱼鳞纹、勾连纹、谷纹等。这些玉器纹饰仿古者浑厚端庄，新创者雕工细腻别致。

虎纹：较早期的虎纹见于西周中期，从纹饰上看，它们还相当原始，仅用简单的几笔勾画出虎的形象，不饰以任何装饰性纹饰，这也许正是初创时期的特点。到了春秋早期，虎纹已比较成熟，表现在这些虎纹变化多端，形态各异。所施纹样已从纯写实过渡到富于艺术装饰性。其中繁者集多种纹饰于一身，细密充实。虎纹始于西周中期，盛行于春秋早期，没于战国初期。

蝉纹：蝉形玉器，早在西周以前就多有发现。而真正作为有艺术观念的装饰用纹，首推北京琉璃河出土的刻有蝉纹的白玉片。

龙纹：它的祖型是红山文化三星堆的碧玉龙。早期玉雕龙纹的特征是刻法刚劲挺直，线条粗放有力。后来渐多艺术的装饰，且以夔龙纹的形象出现。

云雷纹：为周代玉器上最常见的装饰纹样之一。早期的云雷纹古朴写实，至中期风格就出现了变体，云形开始从静态转变成为动态的卷云纹，由稀疏发展为繁密细云纹。

饕餮纹：饕餮本是传说中的一种贪食的恶兽，玉器上具有多种纹样，西周时期的饕餮纹大多以雕侧视面为主，将其头作特写处理。春秋以后的饕餮纹则以简练的刀工改为仅刻正视面部，突出了目、鼻、口、齿，完成了图案化。

蟠虺纹：是东周以后玉器上盛行的纹样之一。虺形大鼻，圆眼，双线细眉，粗颈龙身。纹饰中不仅有古朴的交尾蟠虺纹、简化蟠虺纹，还有新颖别致的几何形细密蟠虺纹。

涡纹：一种呈旋转水涡样的纹饰，因其简洁实用，一直较为流行。战国时更为多见，主要施之于玉璧，成为主体花纹施于大件玉器之上。

五、色泽之美

"兰陵美酒郁金香，玉碗盛来琥珀光。"出土古玉，古色斑斓，精光内含，朴素苍雅。商代琢玉尚质，因此雕刻朴素少纹。周朝重纹，雕刻细密繁缛。汉朝则流利优美，形成了流变的序列。

玉石色泽富赡，纹理美观，有白玉、绿玉、绿白玉、天蓝玉、翠玉、青玉、碧玉、紫玉、黄玉、墨玉等等。古玉除纹饰朴拙古奥外，古玉之色彩因入土年久，经地气酝酿，色沁百出，其逸气横生，有令人知其然，而不知其所以然之妙。玉受黄土沁者，色如甘栗。受松香沁者，色如蜜蜡。受靛青沁者，色如蓝宝石。受石灰沁者，色红艳如碧桃。受水银沁者，其色黑。血沁者，其色赤红。受铜沁者，色如翠石……奇奇怪怪，变化无穷。另有一种巧沁，虽薄如玉衣，轻如蝉翼，多有异趣。

六、音韵之美

古人佩玉，不仅赏心悦目，同时也求悦耳。右徵角，左宫羽，玉声锵鸣。《礼记·玉藻》说："君子在车则闻鸾和之声，行则鸣佩玉，是以非辟之心无自入也。"使玉发出徵、商、宫、角、羽的乐音，是为了规范人的行为和心思。不管怎样，那环佩之声毕竟是迷人的。宋玉《神女赋》这样形容衣裾玉佩的声音："动雾縠以徐步兮，拂墀声之珊珊。"杜甫《昭君》中的诗句"环佩空归夜月魂"，让人犹闻玉珮撞击之声；李贺《箜篌引》中的"昆山玉碎凤凰叫，芙蓉泣露香含笑"形容玉碎之声能同箜篌的乐音相媲美；高适《听张立本女吟》云："自把玉钗敲砌竹，清歌一曲月如霜。"玉钗声、砌竹声、清歌声融为一体，如闻天籁。

七、风格之美

良渚玉器纤细繁密的阴线琢磨、器型的秀美精丽，不同于红山玉器的雄浑、质朴、凝重和从总体上把握对象的风格特征，既概括洗练又重点突出；而龙山玉器则融合了红山、良渚南北玉器的特征；其后，距今 3 500 年前以三星堆遗址为中心的古蜀玉器更是异军突起，从数量、质量、品种、器型、工艺水平等诸多方面来比较，又不同于前二者的艺术个性。广汉三星堆玉器，与它的青铜器一样，蔚为古蜀奇观。然而，它们美的特质与内涵是相通的。

战国时期有一种在外侧镂雕龙凤纹的玉璧，镂雕疏密得体，精美异常。汉代继承战国制作的镂雕璧，被称为"出廓璧"或"拱璧"。

商代玉器早期承袭夏风，自盘庚迁殷后，晚期玉器艺术便焕然一新，表现手法具有象征性、装饰性等特点。省略不重要的细节刻画，重要的细部则用婉转的阳线表示，这种表现手法是商殷的强大独到之处。

古今中外的艺术法则多有相通。摩尔想保留石头的一些实体性和单纯性，他并不尝试制作一个石头女人，而是制作一块显出女人特征的石头，就是这种态度使得 20 世纪的艺术家对原始人的艺术价值有了新的感受。他与我们汉代霍去病墓的石雕以及远古玉器可谓灵犀相通。

荷兰的皮特·蒙特里安想使用最简单的要素组成他的画：直线和纯色。他渴望一种具有清楚性和规则性的艺术，能以某种方式反映出宇宙的客观法则。他对音乐演奏的表现大概就是一种实验。蒙特里安在 1942 年写的《走向现实的真实视象》中较详细地说明了他使用矩形的过程，世人认为他"打开了一条通向更广阔的宇宙结构的道路"。

主要从事木雕的非洲艺术，以夸大特征的手法使作品洋溢着悲剧的意义，显露出粗糙的、干巴巴的程序化，直线多于曲线。西方写实主义者认为，非洲人将雕像削弱为轮廓分明的几何形体积。但正是这些特点，激起了西方野兽主义和立体主义画家的共鸣。

西方文明，每当经历转折点的时候，总是向它的母亲文明求援，或是说，向古典的古代求援。我们的艺术家会怎样借鉴古代的玉器艺术呢？

尽管现代文化和古代文化在形态上相去甚远，由于基本元素符号的存在，我们仍然在某种意义上身处传统之中。如此，话语承传的历史性和符号差异的共时性构成了变化万千、难以说尽的千古文化。

传统文化与当代文化的差异怎样表现在符号上，前者的神秘感和权威性来自原始符号的简单、抽象和系统，后者因符号泛滥过剩而造成了意义的匮乏，也使神圣性逐渐消失，进步耶？倒退耶？

站在古玉艺术前，人们会感到对人性的深刻的情绪感染。古人的艺术构思来自本能，来自直觉，是用所感来表现，不是用所见来描绘；是用天然来着色，而不以观念去人为。它是非理性的。

高古玉器品种之多，雕琢之精，器型之大，造型之美，结构之精巧，其精密的纹饰以及抛磨的光洁度，真是匪夷所思，令人叹为观止，它展现了我国古代制玉工艺的高度发达，独领风骚长达数千余年，并作为民族文化的载体至今依然被视为国之瑰宝。

玉，东方史前艺术出现的璀璨明珠，在中华文明史上照耀了 7 000 余年，我们中华民族的成长与壮大曾经同玉器的发展休戚相关，从玉器时代出现时发出的社会变革的信息，狂飙般震荡过中华大地，同时也产生了世界性的影响，世界应该为有这样一个"美玉之国——玉德之邦"而庆幸！我们能否再倡如玉之精神，重震东方玉国之春秋，再现美玉文化之精魂，重铸国人如玉之风范呢？

中国古玉艺术研究的 4 篇文章，连载于 20 世纪初的《荣宝斋》杂志

音乐史学与音乐美学研究

20 世纪隋唐音乐研究综述

20 世纪关于隋唐音乐的研究，粗略综述，大致可分专著、论著和论文三部分。其中，首先是音乐史的研究。诸家学者研究表明，隋唐两宋时代的燕乐是我国音乐史上一个承上启下的阶段，是近代南北曲和古代清商乐、雅乐的过渡桥梁。近代的南北曲音乐至现代依然是活的音乐，古乐原已变成了僵化的文献记载，而燕乐则居其中，但其乐谱、乐器也并未全部亡佚，因而对燕乐进行研究，就可以把这活音乐史的上缘推进一个相当大的时段。近世以来，敦煌曲谱、日本所藏唐代乐谱、乐器，以至先秦楚墓编钟及管弦乐器的发现和流传，又为燕乐研究、为音乐史研究提出了新要求，提供了新材料，这些都说明燕乐研究在整个音乐史上的重要意义。与此同时，音乐史上一个重大的课题，即民族音乐的问题，它在燕乐领域中有重要的历史经验。唐宋燕乐在现代看来，它作为南北曲的上流，应该就是民族音乐的渊源，但是在唐宋时代，它却是东西方民族文化大交流、大融合的结果。所以，弄清楚燕乐的源流、派别的问题，对研究后世乃至现代的文化交流、吸收外来音乐、创造新的民族音乐等问题，都是一大关键。

此外，还有建立理论的燕乐学的问题。我国古代无专门的音乐学和音乐史学，这方面的学术任务例由不懂音乐的两种人承担：一是史官，他们只会累黍截竹，附会天文历法，对纯粹音乐问题例皆无视；二是儒家文人，他们的"乐经"专讲"言志咏言""郑卫治乱"的经义，言不及乐。另外有词、曲两家略有记述，但于音乐也非里手，且芜杂混乱不成体系，即如北宋大晟诸家、南宋姜夔等人，虽号称知音，而其思想又多复古，对燕乐的发展趋势和转化为南北曲的现实问题也多忽视。因此，唐宋两代燕乐又得成专学。崔令钦《教坊记》、段安节《琵琶录》，以至沈括、张炎两家的著作中对燕乐的论述也都是夹行旁带。其后元、明两代南北曲新乐兴起，直到清乾嘉时代考据之学兴盛，凌廷堪《燕乐考原》出，始有燕乐学的分立。

20 世纪对隋唐音乐的研究取得了突出的成绩，不单是国内音乐家，海外学者也令人注目。它在时间上可分为三段：20 世纪初至 40 年代、20 世纪 40 年代至 80 年代、20 世纪 80 年代后至 20 世纪末，而中间一段则显得苍白。

一、关于燕乐

王光祈的《中国音乐史》（中华书局，1934），脱稿于1931年。书中研究了燕乐二十八调，在谈及唐燕乐与琵琶时认为："盖燕乐最大妙用即在'犯宫'① 一举即一篇乐谱之中，忽而转入甲宫调，忽而又转入乙宫调，忽而又回到本宫调，以增加乐中变化。"若调中"犯宫"之举甚多，则奏者对于"移柱"一事，势必疲于奔命不止。故王光祈始终主张"推弦"之说，而不相信"移柱"之言，并指出清代乾嘉学者凌廷堪著《燕乐考原》之误点，凌氏自称其书"皆由古书今器积思悟入者。既成，不得古人之书相印证，而世又罕好学深思心知其意者。久之，竟难以语人。嘉庆己巳岁春二月，在浙晤钱塘严君厚民，出所藏南宋张叔夏《词源》二卷见示。取而核之，与余书若合符节"。王光祈指出："唯彼与张叔夏同陷于误，则彼固不自知也。""凌氏说法，终与实用不合。"凌氏主要学说，系以燕乐为"四均七调"，与向来所谓"七均四调"相反，似为误解唐段安节《琵琶录》所致，且误视"变"为"变徵"，"闰"为"变宫"，而不知其为"清角""清羽"也。

日本的林谦三1936年出版了一本《隋唐燕乐调研究》（商务印书馆）。郭沫若曾为之序，且是该书的译者。

林谦三是个不错的雕塑家，同时又擅长音乐，研究中国音乐发展史近20年。其为人谦和，为学专挚。积稿如山，但不见其轻易发表。他既能接近日本保存的源于中国的乐典及乐曲，时时手制古乐器以做实地试验，又旁通梵文及英法等国文字，对于西方学者关心东方文化的业绩也多所涉历。

《隋唐燕乐调研究》全书共九章，另有附论十条、附录一则。书的主要内容是：前三章论述龟兹乐七调，以探求燕乐的印度、伊朗的来源；中三章论燕乐二十八调的调式结构，提出了"之字调""为字调"的调名体系；后三章论燕乐律调的高度，树立了研究乐调的一个标准。附论各条，多系上列各条细节的讨论，其中，勾字应声说、日传琵琶调弦法、林钟征声说等条多有创见。其他各条对日本现存唐代乐器、乐谱、乐制的介绍也弥足珍贵，并导引着乐律研究注重实地考察和实验的学术路线。附录的"印度的古乐用语（梵语）解"是一份很有价值的专门材料。

关于《隋唐燕乐调研究》一书的特点和问题，邱琼荪曾做过如下总结性分析：一是综合了东西洋学者关于苏祇婆七调语原研究的结果，这是燕乐调研究上探本穷源的路线；二是引用日本传自唐代的乐曲、乐调、乐器，以及其他考古材料等，作为论证的内容和资料；三是引用了隋唐间的几种尺律，以校定乐调的高度，这是燕乐研究

---

① 犯宫，Modulation，西乐称之为转调。

46

上一个极有价值的新途径，而历来为乐家所忽视。此外，该书吸收、运用近代声音物理学的成就，如震动频率、管口校正律、标准音高等，也都体现了乐律学的时代进步性。《隋唐燕乐调研究》一书存在的问题，主要是对七调语源之外的燕乐调诸问题关涉甚少，或论证过于简略和不够深刻，如"之调式""为调式"的调名体系的创立，就只是提出了这一问题，而未能深入分析找出调名体系纷乱的原因，两"调式"的概念也未尽合逻辑法则。其他如将玉尺律等同于铁尺律的认识也多堪称"歧路亡羊"之惜。

燕乐，为燕飨时用乐，不分胡俗。隋高祖之七部乐、唐之九部乐（后为十部）及坐、立部伎等，皆可称为燕乐。燕乐诸调可大致分为清乐（一名清商）、胡乐、俗乐三种。就中除清乐而外，胡、俗二调几乎是一体，唐代并无区别。因胡乐调特别是龟兹乐调，传入中原后稍经汉化而有所增损的便是俗乐调；胡、俗是同源，所谓俗乐二十八调，其中过半沿用胡名，或冠于渊源于胡名的用语者，正不外此故。清商亡于唐，后世的燕乐调只是出于由胡乐调所演化出的二十八调。宋元以来所见使用的渐次减少，到了近世仅传有九宫（九调之意）之名而已。又在唐代传到日本的约十调，到了近世虽然也半减了，但偕数种乐曲直至今日都还保存着命脉。

关于各调相互关系之解释，棘手的是把隋唐乐调假想为相通的。由唐代的资料知识追溯时，我们可预想着有两种矛盾的调式组织之存在，其一是求于北宋及日本所传者合致，把当时的正调名解为"之调式"（例如黄钟商是黄钟之商），其他是与此对立，把正调名解为"为调式"（例如黄钟商是黄钟为商）。但经林谦三研究，终于论定北宋和日本所传的传统是有相当根据的，应以两传的第一种调式为主，而以第二种调式副之。所论大抵是限于上述的三项之所见。

隋代仅 38 年，唐代兴起后，制度文物大抵因袭前代。即于音乐一项，唐初也没有见到怎样改革的迹象。《新唐书·礼乐志》记载："唐兴即用隋乐，武德九年始诏太卿祖孝孙、协律郎窦琎等定乐。"孝孙本是隋朝乐官，而唐所用隋乐并不限于雅乐，燕飨的九部乐也因袭隋制，以后才稍稍增广了起来。燕乐于唐代成就了空前绝后的发展，后世的俗乐都是从那儿派演发育出来的，但它的基础在隋已然奠定，隋唐二代所使用的乐调可以认为是共通的东西。

该书八章：前三章考核隋代燕乐调中最占枢要地位的印度系龟兹乐调之由来及其名义。考核乐调的性质，并论到它怎样成了唐代燕乐调之基础。

后五章主要举出唐代燕乐调中与前代之相契合者，其余的也要推测到归根是由前代之物蕃衍而来，而至于诸调之高度，叙述甚详。

中华人民共和国成立后的论著，以杨荫浏的《中国古代音乐史稿》[①] 为最著名。

---

① 杨荫浏：《中国古代音乐史稿》，人民音乐出版社 1981 版。

从远古到宋代部分的内容，原已于1964年分为上下两册出版，后由作者重新修订、整理，并补充元、明、清三代的内容，1981年出版了一部较完整的音乐史稿。其中，从敦煌的歌词与佛教变文，论及唐代的"曲子"来源于民间说唱音乐，指出有人把"变文"视为外来之物是非常错误的，而民间的说唱音乐才是"变文"的先驱。

诗人和音乐家合作，促进了唐代歌唱音乐的发展。唐代文人配合音乐写了大量的歌词。他们或根据旧有的古代曲调填写新词，或根据流行的新曲调填写歌词，或自写歌词之后，通过民间艺人的歌唱逐渐产生新的曲调，在社会上流行起来，如王维的《阳关三叠》等。

寺院和民间音乐生活的密切关系方面，寺院往往也是人民借以进行商品交易的市场，借以进行娱乐活动的游艺场所。佛教僧人能广泛地接触民间音乐，以致能利用它们，作为引动群众信仰佛教的工具。同时自魏时即有大批乐伎从贵族家族中遣散出来，进入寺院修道。唐代亦如此。僧人中人数不小的艺术队伍里，不乏经过高深燕乐修养的乐人。从敦煌壁画及其保存的曲词、民间乐曲的歌词和乐谱，以及说唱音乐的本子，就可说明佛教、道教寺庙与民间音乐的关系。

隋唐燕乐的基础在民间，构成隋唐燕乐内容的是各族人民所共同创造的新的民族风格和民族形式的音乐，同时吸收并改造了外来音乐和乐器。如唐十部乐中除燕乐与清商外，十部乐中有九部在南北朝时已有，说明南北朝的开放为隋唐音乐的发展奠定了基础。少数民族的音乐，诸如西凉、高昌、龟兹、疏勒、康国、安国、扶南、高丽等，其中尤以龟兹乐最为重要。因外国音乐较多通过龟兹并与其音乐融会后传入中原，譬如印度。这种大规模的融合，形成了唐代艺人有移调演奏的风尚。同时，唐代的燕乐也影响到亚洲各国。

唐代的音乐机构主要有大乐署、鼓吹署、教坊和梨园四个部门。《中国古代音乐史稿》记述了燕乐艺人乐工与乐伎的创造和贡献、他们在广大听众中所产生的影响，以及在歌唱方面已经达到的技术水平。

《中国古代音乐史稿》基于一些疑问，提出了一些颇有价值的怀疑：唐代的"宫、商、角、羽"四调，会不会是四个不同的宫，而宋人所谓七宫，会不会倒是宫声音阶中的七个调呢？换言之，唐燕乐二十八调会不会是由四宫、每宫四调组成？这无疑启发了后来者的进一步研究。

另外，大曲是唐代音乐取得的一大成就。从汉代一路发展而来的，由声乐、器乐与歌舞三者总合而成的大曲曲式，此时得到了提高和丰富。因此，尤其到了20世纪90年代，对唐代大曲的研究也就成了热点。《碧鸡漫志》云："凡大曲，就本宫调转引、序、慢、近、令。"唐代所流行的歌舞大曲主要是以同一宫调贯穿到底，但在中间转宫转调的大曲也已经开始产生。最初属于某一宫调的《大曲》，如《绿腰》《凉州》等，也常被移调演奏。

对于大曲的研究，首见王国维的《唐宋大曲考》①《海宁王静安先生遗书》②，大曲在民族音乐史的地位因此被肯定。此后，学者多有与焉。

台湾年轻学者王维真所著《汉唐大曲研究》③，更从台湾南管的演奏方式与大曲的类似、记谱法与滚门同唐代乐理的接近、西安古乐中所保存之唐代大曲的遗风、日本保存的雅乐、韩国所继承的唐乐，以及潮州音乐、泉州弦管、古琴曲、北印度音乐等来考察大曲之遗响。对于唐代燕乐的具体情况，她提出了比较实际而明了的看法，从而说明大曲之为民族音乐有如盘根错节之大树，干伟枝横，庇阴广阔。

哈尔滨师大中文系王延龄、任中杰所编校的《燕乐三书》④，将清代凌廷堪《燕乐考原》、日本人林谦三《隋唐燕乐调研究》及当代乐律学专家邱琼荪的《燕乐探微》合为一书。这三部书的内容同属于乐律学的范围，是对隋唐时代的"燕乐"之乐律问题所作的历史学研究和探讨。它们是对音乐技术问题，而非艺术问题的基本规律的概括，包括了声、律、调、谱四个方面。

《燕乐三书》包括的三部书共同的学术特点是它们精湛机密、发明创见的科学性。作为乐律理论、文艺科学、历史考据，在同时代同内容的著作来说，其成就是突出的。它们共同的重点是燕乐的乐律问题，不是泛论乐律理论，也不是一般的燕乐艺术史。三者之间体系相同，一脉相传，有继承，有发展。《燕乐考原》的贡献是把理论上的各调各音寻迹出它们在琵琶弦上的位置，从而证实声调的理论和文字的记载，这是凌氏的一大发明创造，其精密机巧胜过同时代音韵学整编声纽、韵母，创立拼音方案的成就，直可与后世化学上的"原子序数表"相类比。

《燕乐考原》的特点、成就在此，但其问题、缺陷也在此。其所证数的琵琶不合于乐家的实用，而仍是一种理论的设计。唐代的龟兹琵琶是四弦四柱，和后世的四弦多柱的琵琶不同式。四柱琵琶和多柱琵琶乃至古今同类器乐的定弦大都依据一种"鳞次法则"（音位在弦板上横竖成格，如鱼鳞状），各弦之间多以四度或五度为间距，四弦接续连成一个音列，在这个固定音列上可以用较固定的指法转出各调；即使多柱的琵琶也是以"倒把"的形式，整把地移动这一个把位的音。古今中外与琵琶同类的多弦多音的乐器也大多依此法则定音。然而，凌氏设计的定音法则不这样，他把苏祗婆七调和燕乐四旦二十八调设计成一弦为一旦，一弦具七调。他把一种调式的七组音阶设计在一条弦上，并把四种调式的音阶设计在独立的四条弦上，因而各弦都成一种单线的"瓦楞结构"。他的设计在理论上说明燕乐四旦、七均、二十八调的结构是中理的，但在演奏上是不合实际的。按照凌氏的设计，琵琶这种少弦多音的变调弦乐器就变成了固定音阶的笛、管类乐器了。

---

① 王国维：《唐宋大曲卷》，参见《海宁王悫公遗书》，海宁王氏印本 1927 年版。

② 王国维：《海宁王静安先生遗书》，民国商务印书馆长沙石印本 1940 年版。

③ 王维真：《汉唐大曲研究》，台湾学艺出版社 1988 年版。

④ 王延龄、任中杰编校：《燕乐三书》，黑龙江人民出版社 1986 年版。

总之，校注者这样评价《燕乐考原》的成就和问题："开拓的道路是正确的，但脚步未准确。"《燕乐考原》的作者说："若乐律诸书，虽言之成理，及探求其故，皆如海上三神山，但望见焉，风引之则远矣！何者？一有实境，一虚构其理也。他日吾书成，庶东海扬尘，徒步可到矣！"然而，后来的邱琼荪对此并未认同。因为诸如有关七闰、角调何以有姑洗与应钟之分等等问题，《燕乐考原》并未真正解决。

邱琼荪《燕乐探微》全书计 19 章 165 节，并叙。就内容分类：燕乐、清乐、法曲及琵琶、印度律、骠国笛等章是考证燕乐源流的，分析燕乐清乐、法曲、印度、龟兹乐的关系，介绍燕乐的性质、内容及所用的主要乐器，以为全书重点的乐律问题的背景。这一部分的主要论点是燕乐出自清商而吸收了印度、龟兹乐的成分。全书的重点在于燕乐的律调的研究：如隋唐尺律、宋律概貌等章节和印度律等有关内容是讲律的；如下徵调、调名、旋宫乐转调乐等章节是讲声，即音阶结构的；如二十八调、五弦弹徵调、角调之谜、琵琶四弦法等章是讲调，即旋宫转调、乐调变化规律的。这个中心部分有两项重大的纲领性的论点，一个是"正声、下徵"的学说，另一个是"琵琶调弦法总式"还原设计。

《燕乐探微》一书的特点，一是全面地以《燕乐考原》《隋唐燕乐调研究》等著作的成就为基础，发扬了文献考据、引证对比和器物实验的方法；二是分析论证的功力和重大的发明发现的成果。这两项特点标志着该书摆脱了烦琐考证和虚理论说的通病。《燕乐探微》发明创见一是"下徵、正声说"，二是"琵琶调弦法总式"。唐乐用下徵调法，宋乐用正声调法。这个问题唐宋人不觉，后人不知，形成了燕乐众多纷乱的重大症结。此结一解，许多从属性的问题也就豁然开释了，如调名的混乱、宋乐高唐乐五律、唐乐无徵调、宋乐的闰角即下徵之角、合字配林钟、琵琶调弦法等等问题。其中如角调问题曾使凌廷堪氏"心目俱乱"，调名体系曾使林谦三氏"困惑不解"。调弦法的总式是把二十八调在琵琶上各安其位，其意图是系继续《燕乐考原》，但做法则综合了唐代琵琶四弦四柱的实际构造，取证了各家的记载论说，是为复活燕乐琵琶的一种可行的设计。这个总式使得琵琶四调七弦二十八调各得其所，各明来源；并据之确立了琵琶的"鳞次法则"，分立了各调的调弦法，还解释了"五弦弹徵调"的秘密等等；邱氏曾自称这一说、一式是两把钥匙："这几条等于一串钥匙，可以开启燕乐调的几重大门。""下徵调的发掘与调弦法总式的还原，应是燕乐调研究的重要创获，亦古乐律整理上的两件重大发现。其重要性在于可作为法则来看待，以解决许多悬案，解答许多问题，无异于自然科学上发现一项重要的定律。"

徐荣坤在《中国音乐学》1996 年第 1 期上以《唐燕乐五音轮二十八调犹今民间之"五调朝元""七宫还原"也》为题，对唐燕乐二十八调问题提出了若干新解。唐代段安节的《乐府杂录》载有二十八调的全部名称，历代学者包括近现代的海外学者，对这段残存的文字进行了不少研究，但效果并不理想。连杨荫浏也感慨地说："在作者看来，目前我们对燕乐二十八调还只是怀疑阶段，还不容易作出明确的结论。"然而，在历代学者的研究心得中，毕竟有一些很有价值的真知灼见值得重视，如岸边成雄关于唐俗乐二十八调的研究结论，实际上纠正了当时普遍认为隋唐燕乐仅仅源于苏祗婆琵琶调的片面观点①。吕建强在《"燕乐二十八调"是四宫还是七宫》②一文中、邱琼荪在《燕乐探原》一书中均明确指出《五音轮二十八调图》是论述转调的；洛地《〈唐二十八调拟解〉提要》③更明确地指出："别乐仪（在于）识五音（以）轮二十八调。"轮者，"轮如车轮转"，即现今所说的"转调"，二十八调互转的关系。他把历来弄得深奥难懂的唐燕乐二十八调问题返璞归真，恢复其浅易平实的本来面目，基本上揭示了唐二十八调中调与律的对应关系，调与调之间的同调式、同调域、同主音三种关系等问题的"谜底"，应是唐二十八调研究方面的一个重大突破和收获。徐荣坤在洛文研究的基础上，进一步领悟到"五音轮二十八调"，实际上就是在"笛色七调"上"轮"四调（式）为二十八调，和今天民间所称的"五调朝元""七宫还元"调式、调域转换之法，实为完全相同的一回事。此外，徐还对"上平声犯下平声""商角同用""宫逐羽"等提示，也有些与前人不同的解释。④

二、关于音乐思想

1989 年出版的《中国民族音乐大观》（秦咏诚、魏立主编，沈阳出版社）对唐太宗李世民的音乐思想作了专章论述。杜佑《通典》卷 142 记载："太宗文皇帝留心雅正，励精文教。贞观之初，合考隋氏所传南北之乐。梁陈尽吴楚之声，周齐皆胡虏之音。乃命太常卿祖孝孙正宫调，起居郎吕才习音韵（编注），协律郎张文收考律吕。平其散滥，为之折中。"

开国之初，在大唐宫廷内曾发生过一场有关音乐的社会作用的论争，太宗曰："礼乐之作，盖圣人缘物设教以为搏节。治之隆替，岂此之由！"

御史大夫杜淹曰："前代兴亡，实由于乐。陈将亡也，为《玉树后庭花》；齐将亡也，而为《伴侣曲》。行路闻之，莫不悲泣，所谓亡国之音也。以是观之，盖乐之由也。"

太宗驳斥了杜淹"前代兴亡，实由于乐"的谬论，他说："不然，夫人声能感人，自然之道也，故欢者闻之则悦，忧者闻之则悲。悲欢之情，在于人心，非由乐也。将亡之政，其民必苦，然苦心所感，故闻之则悲耳。何有乐声哀怨，能使悦者悲乎？今《玉树》《伴侣》之曲，其声俱存好，朕当公奏之，知君必不悲矣。"

---

① 参见《丝绸之路的音乐》，人民音乐出版社 1988 年版。
② 吕建强：《"燕乐二十八调"是四宫还是七宫》，《中央音乐学院学报》1993 年第 4 期。
③ 洛地：《〈唐二十八调拟解〉提要》，《中国音乐学》1996 年第 1 期。
④ 徐荣坤：《释相和三调及相和五调》，《天津音乐学院学报》（天籁）2005 年第 1 期。

尚书右丞魏征进曰："古人称'礼云礼云，玉帛云乎哉！乐云乐云，钟鼓云乎哉！'乐在人和，不由音调。"唐太宗然之。

唐太宗认为，音乐能感人（有它自身的规律），但不具有感情的内容。悲欢之情则是审美主体在欣赏音乐之前就已存在的。"治之隆替，岂此（指音乐）之由！"他重视音乐的教化作用，但并不夸大其社会功能。在音乐与政治的关系问题上，唐太宗确认是政治的好坏决定音乐，而不是音乐决定政治的好坏。这在历代政治家中是极有见地的一位，在历代帝王中更是绝无仅有的一位。

宋代大儒司马光对唐太宗此论甚为反感，说："遽云治之隆替，不由于乐，何发言之易，而果于非圣人也如此？"（《资治通鉴》卷192）他批评唐太宗出言轻率，亵渎圣人。其实，司马光哪里懂得这恰是唐太宗高明处?! 贞观十一年（637），协律郎张文收请求重修雅乐，以光大本朝威德。太宗不准，且再申上述观点："朕闻人和则乐和。隋末丧乱，虽改音律而乐不和。若百姓安乐，金石自谐矣！"（《新唐书·礼乐志》）

天下兴亡，根本在于改善政治，如果政治好了，人民安居乐业，心情和畅，"金石"（音乐）自然也就和谐了！看来，治之隆替，不在音乐，而在政治，乃是他一贯的主张，是一项既定的音乐方针。司马光讥笑唐太宗不懂装懂，"君子于其所不知，盖阙如也"正好成了对他自己的讽刺。

唐太宗的音乐思想贯穿了整个唐代，致使唐代以宽宏和开放的态势对音乐文化广收博采，推动了唐王朝音乐文化的繁荣发展，留给后人的教益和启发实在难以估量。大哉！太宗。

三、关于雅乐

隋唐五代的雅乐，即历代所尊崇的宫廷音乐，所谓"高雅音乐"。宫廷为了巩固其统治而极力提倡"雅乐"，而那些负责创制和运用"雅乐"的官吏们则又从理论上极力排斥当时汉族的民间音乐、少数民族音乐以及外来音乐。他们脱离了当时的民间传统，主观地把自己想象出来的所谓"古乐"视为了不起，从政治上给予其极高的地位，尽管如此，"雅乐"的衰微却是不可逃避的命运。

杨荫浏《中国古代音乐史稿》（人民音乐出版社，1981）认为，每一个时代的宫廷都以为自己的"雅乐"比之前代更符合远古的传统，他们各行其是，很不一致。但他们原则上有着共同点，就是反对当前现实的民间，而他们所推崇的东西在统治阶级自己的心中都不清楚，只是各取所需地造出了各色各样歪曲或虚构的古代，作为维护自己的理论根据。这或许就是"一切历史都是当代史"的注脚吧？

雅乐在内容上，在形式上，愈来愈与民间音乐优良传统脱节，在人民公正的抉择上，是不可能得到什么崇高地位的。隋唐的雅乐歌词大多是模仿古代风格的三言、四言、五言、七言等诗句。这些歌曲的流传，仅限于各个时代的统治阶级范围以内。历代的文学家们从来没有把那些歌词当作文学作品看待。当然，历代真正的音乐家也从来不会把雅乐的曲调当作好的音乐作品看待。《中国古代音乐史稿》中说："雅乐的反动本质决定了它的命运——它不得不随着每一统治王朝的没落而接二连三地被抛弃、被忘掉。"

然而，雅乐毕竟是民族音乐的一大乐类，它自有它自身存在的价值，不可全盘否定。由于宫廷乐器的齐备，是民间音乐所无法比拟的，比如雅乐有八十四调，俗乐只有二十八调。

四、关于曲子

曲子，就形式而言，是指在流传过程中那些被选择、加工、推荐的民歌，与一般的民歌不同，曲子已是一种艺术歌曲了。但由于创造者文化条件的限制，他们之间大多数只能用口头、用乐器，把自己的创作流传下来，既不可能利用书面记载把发展过程中的一切全部直接介绍给后人，也就不能保证自己优秀的成果不被遗弃、歪曲、走样。故曲子被不同时代、不同人群利用、篡改后才得以保存下来，是其共同的命运。

廖辅叔20世纪80年代编著的《中国古代音乐简史》（音乐出版社，1964），对隋唐民间曲子的产生和发展做了研究。作者指出，根据敦煌藏经洞的发现，应相信王灼的说法，即曲子的出现自隋开始。曲子在唐代流行之广泛，白居易曾有诗描述："六幺、水调家家唱，白雪梅花处处吹；古歌旧曲君休听，听取新翻杨柳枝。"

曲子与前代歌曲不同的一点是形式的新颖和自由，要求新颖与自由是市民思想的特征。曲子长短句的形式是为了适应音乐要求而产生的，更由于曲子的活动场所偏重于当众歌唱，与一般的劳者自歌有所不同，因而所用的语言比较更接近于口语，节奏也更加活泼多样，内容比较偏重自觉而非理智。

唐代的曲子见于敦煌出现的资料，相当丰富，包含歌词约590首，涉及曲调约80曲左右。它们和汉代以来《相和歌》《清商乐》有类似之处，它们已不像一般民歌那样，只用以清唱而已。曲子因在多方面的应用，由于不同内容的要求，在结构上已突破民歌的限制，而向更高的艺术形式发展。但由于有词乏曲，同时也不见曲前曲后有无器乐乐段；曲中有无过门的穿插；同一首词曲的前后各节之间有无节奏旋律上的变奏关系的说明等等。杨荫浏指出，我们目前对于唐代曲子，虽然知道一些，但应该承认，我们所知甚少，还不足以说明它的全部真相。可以设想，在当时音乐运用上，要比仅仅是歌词所能告诉我们的多得多。

关于曲牌，在汉代以来的相和歌、清商乐和唐代的曲子中，有诸多利用同一曲调描写不同内容、抒发不同感情的例子。后来，人们称若干不同的曲调为曲牌，而同一曲牌也常可用来表现不同的内容，这在中国音乐中是非常普遍的情况。之所以如此，而又不造成音乐表达与内容要求之间的矛盾，原因在于同一曲调在节奏的改变上、在旋律的细致处理上，可以千变万化。长期形成的变奏手法可以根据同一曲调的大体轮廓进行不同形态的变奏处理，使之符合于不同内容的要求，如《阳关三叠》体裁、唱法以及乐谱的多种形式就是证明。

五、关于散乐

散乐，是概括从周代以来，尚未得到统治阶级正式重视的各种民间音乐形式的总称。民间音乐在发展中得到正式承认的只是其中一小部分。然而，民间丰富多彩的新音乐形式不断涌现，在统治阶级的音乐等级中只能取得称为"散乐"的地位。散乐的具体内容依时代而不同，伸缩性极大，但它却常是民间音乐新兴因素的栖身之所。散乐又名"百戏"，在隋、唐、五代时期，它包括各种戏剧，如"参军戏""踏摇娘"等，都是属于散乐一类的。

杨荫浏指出，隋唐的散乐——歌舞音乐已经发展到一定的高度，各民族的民间音乐为宫廷所承认，其地位仅次于雅乐；但宫廷所提倡的歌舞音乐（如唐代"坐、立部伎"）中的许多大型歌舞，其主要内容已大部分是为统治者装点门面的东西。这样，在繁荣的表面之下已潜伏着衰落的因素——失掉广大人民无限创造力量的支持，哪怕形式上多么富丽堂皇，它在实质上已经萎缩。而统治者对散乐的态度却是时有矛盾的，或因追求享乐而利用散乐，或因害怕散乐影响其统治而禁止散乐。但每个时代内容多样错综复杂的散乐，往往为后一时期光辉灿烂的艺术新发展孕育着萌芽。过去有人以为隋、唐是歌舞发展到高峰的时代，宋元以后的戏曲是异军突起，忽然自无而有。这与历史事实不符。所以会有这样的想法，正是没有注意到前期散乐中戏剧因素多方面发展的情况。另外，有关音乐的很多记载往往是在已过去了很长一段时间以后方才出现，而且很大一部分带有对历史传闻追记的性质，很多时候是用推测、考证的语气说出来的，这几乎是一条常然的规律。因此，我们可以说，有关唐以来少数戏剧作品的记载，已足以说明唐代有更多戏剧作品存在；有关宋以后戏剧艺术发展高度及其在宫廷中取得最高地位的记载，更足以说明以前的民间戏剧艺术创造已有相当的成就。唐代的散乐中蕴涵的戏剧因素经过多方面的发展，为宋元杂剧及其以后发展起来的戏曲提供了条件。

六、敦煌音乐史料研究

研究和解释敦煌石窟中的乐舞资料，或从敦煌文献中揭示古代音乐生活，成为20世纪敦煌研究中的显学。林谦三1956年发表的《敦煌琵琶谱的解读研究》，对《敦煌曲谱》所用的谱字做了解释，并译出了25首曲谱；又在1964年的《琵琶谱新考》、1969年的《雅乐——古乐谱解读》两文对未解的谱字和符号做了再研究。他在结言中坦率地说："关于敦煌谱的谜，我相信或多或少已把它弄明了一些，可是实际上只是提出了问题，若想做彻底的解决，还有许多地方，必须等到将来。"

显然，真正的解读是将原曲谱化为音响，演奏出来。林氏以来，不少音乐家在做着这种努力。林谦三认为，日本的雅乐和琵琶是唐代由中国传去的，至今还保持着唐代的某些特点。根据日本今日琵琶所传的技法似可推断唐谱的某些演奏法。因为唐代音乐比之今日西洋音乐固然是非常简单，但是它也有其含蓄的一面，就是唐乐的演奏仿佛有了一种暗记在心的方法，因此就琵琶来说，在日本雅乐自平安朝以来绵绵不绝地传至今日的技法，可能在唐代就已存在，故这些技法可完全不出现于乐谱的表面。

而《雅乐——古乐谱解读》的译者潘怀素在该书的"译者序言"中提出了疑义："我们知道日本所传琵琶是没有独奏曲子的。日本琵琶雅乐的旋律进行中，只有加强节奏，而无美化旋律的作用。同时我们也可以想象《敦煌琵琶谱》上的曲子应该是可以演奏的，因此我推测《琵琶谱》应有其自己的演奏法。"

1981年，叶栋的《敦煌曲谱研究》发表，文章采用了林谦三的部分解释，又采纳任二北根据我国古代音乐特点和词曲相配的规律提出的"眼拍说"，解决了比较关键的节奏问题，"破译"了全部敦煌曲谱，使之第一次"付诸演奏的实践"，使千年唐乐重振丝弦。

对此，音乐界褒贬各异。陈应时在《评〈敦煌曲谱研究〉》（《中国音乐》1983年第1期）一文中则否定了叶栋的主要论点和论据，认为叶栋的研究并没有对如何演奏《敦煌曲谱》做任何说明，译谱也并未标明演奏技法符号，尚且能"付诸音响的再现，付诸演奏的实践"，而林谦三对如何用琵琶演奏敦煌曲谱做了详细说明，又在译谱中标明演奏技法符号，但他的译谱反而不能"付诸音响的再现，付诸演奏的实践和进一步的探索研究"。这种给予前人不实事求是的评价，其结果只能造成新闻工作者对前人研究成果的误解，从而给《敦煌曲谱研究》以过于夸张的评价，实质上并未解决敦煌曲谱的全部问题。

1986年，郑汝中也对叶栋"破译"敦煌曲谱提出三点意见：（1）疑虑这份25段曲的乐谱未必是琵琶谱，而可能是一种当时唐代器乐合奏的主旋律谱。（2）叶栋基本沿用前人成果，略加变动，只是改变了一下定弦方法。所谓"付诸音响再现"，亦只是一种创造性的打谱工作而已。（3）宣传这一成就用词欠妥，称"破译"及"千年绝响今又再现"过分了。

接着，金建民著文与陈应时提出商榷，肯定了叶栋的成绩（《敦煌研究》1987年第3期）。

当然，对敦煌曲谱的进一步研究，至今并没有画上圆满的句号。

七、关于中原音乐文化的西传

丝绸之路的开辟，为中西艺术的广泛交流创造了条件。交流的过程包括两个方面，即西域音乐的东渐和中原音乐的西传。

在《音乐研究》1984年第2期，关也维发表论文《从新疆的古老音乐探索燕乐及其调式音阶理论》，从实际谱例研究了中原音乐在西域的传播。文中说："无论从旋律的旋法特征，抑或调式应用情况来看，'拉克'木卡姆的麦西热甫终曲，并非龟兹乐演变而来。相反地，它是汉族燕乐《兰陵王》传入新疆南部地区后，又经过当地乐师不断加工而编纂在木卡姆之中的。"

郑汝中在《敦煌研究》1986年第2期发表论文《"敦煌音乐"中的若干问题》，对音乐外来说提出质疑。所谓外来者，一指今新疆一带当时诸小国家，二指波斯、印度、希腊等国家。关于我国的乐律、乐器、乐谱内容以及表演形式，特别在乐器考源上，郑氏认为外来说不符合历史实际。论据是以实物论，在相当长时期我国的音乐都处于领先地位，战国楚墓中的乐器、河姆渡出土的许多骨质笛子都远远早于外邦；琵琶亦然，它最早的图形见之于辽宁棒台子东汉晚期墓葬壁画，虽然外国壁画或文物中有类似琵琶图形，但外国的音乐史中并没有琵琶这种乐器的使用、发展和兴衰的记载。相反，我们在新疆拜城克孜尔壁画中却可看到，那些成套组合的乐器及其演奏方式与史书上记载的中原音乐相同。他还进一步推测，今天印度阿旃陀壁画中的琵琶图形，怎么不可能是中国输出的呢？何况，我国和外国的文化交流绝非始于张骞。周穆王不就有西行之传说？并且中国的文化输出也并非仅仅"丝绸之路"这一渠道。再者，研究一件乐器、追溯其历史时，不能只片面看其图形，必须把它的形制衍变过程、演奏技巧发展过程、表演形式及演奏曲目内容，一并综合考虑。基于此，论文认为琵琶是由我们的圆形弹弦乐器派生而出的。另外，现在敦煌壁画中大量音乐、歌舞的构图，绝非出于印度之蓝本，都是汉代"百戏"图演变发展的结果。

高德祥在《敦煌研究》1987年第1期发表的《唐乐西传的若干踪迹》一文指出，日本人岸边成雄在其著作《古丝绸之路的音乐·西域音乐概述》中所说："丝绸是从东方流向西方的，而另一个象征是，音乐却是通过这些重要地域从西方流入东方的。"我国一些专家学者也持同样看法。高氏从西北地区现存石窟壁画、出土文物及流传的民间音乐等几个方面考察，认为古代不仅有西域音乐的东渐，实际上也存在着一个中原音乐西传过程。具体地说，唐代之前多为西域音乐在东渐，之后却是唐代音乐开始向西传。这是因为唐乐是集其他各乐之大成，广泛吸收了他乐的长处，融汇于汉乐之中，促进了中原音乐的更大发展，并形成了完整的音乐体系。无论从形式或内容上，都达到了当时音乐发展的最高水平。

人们无视唐乐西传的主要原因，完全出于对史书记载的误解。《旧唐书·音乐志》载："自周隋以来，管弦杂曲将数百曲，多用西凉乐，鼓舞曲多用龟兹乐。"其实，并非尽然。因为隋唐之时流行的西域音乐称谓虽然没变，但在内容和形式上都受到了汉乐的影响，有了进一步的发展，以适应中原汉民族的需要。《隋书·音乐志》云："至隋有西国龟兹、齐国龟兹、土龟兹等，凡三部。"除西国龟兹为西域原有风格外，其余两部都是在汉地发展起来的。李白《听胡人吹笛》一诗中也云："胡人吹玉笛，一半是秦声。"

该文通过在敦煌莫高窟和新疆石窟中乐舞壁画上面乐伎手中所持乐器及人物形象，尤其是岸边成雄《古丝绸之路的音乐》一书选用的出自新疆龟兹壁画中的乐舞照片的研究；对《兰陵王》和"拉克"木卡姆（麦西热甫终曲）谱例的对照研究（引用了关也维的推断）；对唐宫廷乐《鸟歌万岁乐》在西域的传播研究；斯坦因在新疆古墓所取出的绢本彩画断片上唐装女子怀抱中的阮咸琵琶；以及敦煌藏经洞发现的三件古乐谱资料，是当时寺院乐工所用之谱中的一部分，可以证实寺院中演奏的确是中原宫廷中常用曲目。这一切都可说明中原音乐在西域音乐中的反映。

常任侠为之作序的《丝绸之路乐舞艺术》对失传的龟兹乐等做了深入研究：

在《唐园照悟空行状》中有一段关于龟兹乐曲《耶婆瑟鸡》由来的记载："龟兹城西门外，有莲花寺。……又有婆瑟鸡山，有水滴滴成音，彼人每岁一时采掇其声，以成曲调。"据考，莲花寺，即今克孜尔千佛洞，耶婆瑟鸡即克孜尔谷内的"阿衣布拉克"（意为月亮泉，又称泪儿泉）。这据说是手掇泉水之声而成的乐曲《耶婆瑟鸡》，后来演变为隋唐燕乐名曲，又取道东渡至日本。

八、结语

黄翔鹏《唐宋社会生活与唐宋遗音》（《中国音乐学》1993 年第 3 期）谈到社会生活的变革与音乐的变革时说："如果说'先秦乐舞时代'到达了顶峰阶段的是诸侯王宫廷中的钟磬乐，并以钟磬乐的光辉体现出青铜时代音乐艺术的'回光返照'，就可以说'歌舞伎乐时代'到达了顶峰阶段的是隋唐间在宫廷、豪门贵族府第、大庄园（包括历史上个别时候的大寺院）音乐生活中活跃着的隋唐俗乐。"这就是以隋唐大曲为顶峰的、宋人称之为"隋唐燕乐"的历史乐种。

隋唐大曲和隋唐俗乐调理论的失传，也与先秦钟律理论的失传如出一辙，也都随着那个时代最后的光辉被淹没在历史的断层之中。后人只有等待诸如"曾侯乙钟"出土那样的机缘，获得更为丰富的地下资料，才得指望什么时候接上其中的断线。

对历史的艺术研究，就是另一种发掘与承接。遗憾的是有些东西，亦如汉家宫廷"世在太乐官"的乐家"制氏"，"但能记其铿锵鼓舞，而不能言其义"了。遗憾虽有，20世纪的研究毕竟在继往开来。

本文作为《20世纪唐文化研究》一书第6章的音乐部分发表，又曾以《20世纪隋唐音乐研究综述》为题发表在《音乐学文集》第3集（中央音乐学院学报社2000年）

重建现代音乐美学之基石

本文系《中国百年乐论选》"序言"中有关音乐美学的部分，实际上是一个真正的外行对 20 世纪音乐美学的观察。在这里，外行同没有经过正规音乐训练不一样，因为后者并不影响其成为内行，譬如卢梭就是明显的例证。卢梭——一个音乐的"Dilet-tant"（德语，未经过专业训练的艺术爱好者），他对拉莫"和声至上"理论的讨伐，其结果是一个政治上的革命者压制了一个艺术上的革命者。不管怎样，卢梭对音乐还算内行，本文的作者却是地道的"老外"。既然如此，为什么不作壁上观，还要门外谈？原因是受了我所在的音乐美学教研室同仁们的长期熏染，偶尔要冷眼观察一下这个领域的状况，本文就是这样局外观察的结果。文中原想通过对 20 世纪中国音乐美学走过的历程回溯——"世纪之初""窃火者说""五四薪火""凤凰涅槃"等几个阶段的音乐思想的反思，以及对中西美学大系的比较研究和历史观照，尤其是对两部具有里程碑意义的著作《中国音乐美学史》和《现代西方音乐哲学导论》的评述，体认和品味中西音乐美学的关系，可是真正做起来却力不从心。总之，本文认为正确对待和研究这些发生或未发生而实际存在的文化关系，是重建中国现代音乐美学不能逾越的操作平台。

重建中国现代音乐美学需要一个代表先进文化的立场，淬砺一副代表先进文化的眼光，而先进文化的立场和眼光就是世界性的立场和眼光，即真理的眼光，既非民族主义的、东方主义的，也非欧洲中心主义的。要发展本国的音乐文化，重要的不只是能向世界弘扬什么，而是能从人类全部传统文化、现代文化和后现代文化中再造出什么，再向世界借鉴汲取什么，吸纳和消化什么。人们早已厌倦了什么西化、东化、"中体西用""西体中用"的陈腐论争。在一个相当长的历史时域内，世界所追求的是和而不同，不同而和；最终走向的所谓普世文化，是极端丰富多彩的消失了国家与民族界限的文化。登山之路不一（此为不同），而望巅之月相同——万山之月，乃一月也（此为和）。也许，未来的世界并不是一个太阳，但是人类是一个天生的共同体，大家临时搭载在地球上。文化的差异只要相互尊重就不应成为冲突的原因，只有被政治毒化的意识形态才是冲突的根源。世界一切音乐文化资源，都是重建中国现代音乐美学的基石。

罗马诗人卢克莱修曾说:"站在岸上看船舶在海上颠簸是一件乐事,站在一个城堡的窗前看下面厮杀是一件乐事。但是,没有一件乐事能与站在真理的高地(一座高于一切的山陵,那里的空气永远是清新而恬静的)俯视下面峡谷中的错误、漂泊、迷雾和风雨相比拟。"但是,当一切以真理为旋转的轴心,当一切以宽容为处世的准绳,当一切以人类的福祉和进步为出发点的时候,当艺术与心灵对话的时候,面对过去的百年,我的感觉却与罗马人相反,充满了忧思。

一、重建现代音乐美学的人文环境

"人类的奇遇中最引人入胜的时候,可能就是希腊文明、印度文明和中国文明相遇的时候。"中国文明同印度文明在千年之前就已经相遇了,它极大地刺激了中国文化艺术的发展,儒、道、释成为后世中华强大的"本土文化"的基石;同希腊文明相遇是由明万历年间入华的利玛窦(Matteo Ricci)向中国介绍了西方的天文学开始的,《乾坤体义》被《四库全书》的编撰者称为"西学传入中国之始"。东渐的西方科学知识及其所蕴涵的宇宙观、哲学观、方法论从根本上动摇了中国传统的夷夏观念。明清间(至乾嘉禁教为止),"中西文化交流蔚为巨观。西洋近代天文学、历学、数学、物理、医学、哲学、地理、水利、音乐、绘画等艺术,无不在此时传入"。这次西方文化传播规模之大、影响之广是中国历史上前所未有的。胡适说:"中国近300年来思想学问皆趋于精密细微科学化——全系受利玛窦来华影响。"东西融会贯通,中国文化开始向近代形态转变。而在音乐文化上真正全面的相遇还是19世纪、20世纪的事情,它几乎是跟整个新文化的发生发展同步进行的。

中国的新文化在生死劫难中所留下来的语言转向的轨迹,比所有的断壁残垣更引人凭吊,更引人感慨万千。中国文化在艰难转型的历史进程中,向西方文化的学习、借鉴、移植,已经成为中国文化再生以及发展的必然前提。由于文化从来都是一种过程,而不是一个定义。人类文化不会囿于任何教条主义的意识形态,因为人类的解放不是任何意识形态所能垄断的,他不拒绝任何有助于人类解放的思想资源。如此,经历了一个世纪之后,再重复那些喋喋不休之争——所谓西方文化东方文化之争,所谓自由主义和新左派之争,所谓社会主义与资本主义之争等等,难道不是过时的风景?难道不是简化的历史陈见?难道不是人类幼稚病或民族衰老症的不正常状态?用詹明信的话说就是:"老式的意识形态批判只是一种奢侈,对他者的义愤填膺的排斥是行不通的。"因为所有这些千差万别的文化、主义、理论、知识谱系,都各有其利弊,也都各有成为有助于人类解放的思想资源的可能性。

对待中西文化关系,应该采取世界性的眼光,而世界性的眼光也就是先进文化的眼光。这不同于民族主义的眼光。因为倘用后者去观察,其结果不是东方中心主义就是欧洲中心主义。国人"愈是民族的，便愈是世界的"这一流行格言，是有其弊病的。人们常爱把文化特性"国粹"与文化主体性混为一谈，在"走向世界"或"主体建构"的口号下，干些以"保存国粹"为名的消极勾当，并不清楚民族文化主体的建构乃是一种新型国际文化关系的产物，它必须进入不同思想、文化、价值的交流沟通才能最终确证其独特的本质——只有在不同之互相关系中发挥出来的、能体现一个民族的生存内容和发展意志的、独一无二的创造性，才能称之为民族文化的主体性。

鲁迅当年曾用心中一点灵明，透视当时各种学说，觉得无一可以解救"华国"出于"本根剥丧，神气旁皇——寂寞为政，天地闭矣"的黑暗之境，因为这些"学说"，都不能从根本上为"华国"立一颗生气勃勃的大心，反而以其似是而非的议论，进一步斫伤"自心"："聚今人所主张，理而察之——虽都无条贯主的，而皆灭人之自我，使之泯然不敢自别异。"这里所批评的，正是当时思想界的两大取向，即"国粹"和"西化"。五四运动之后，对摇摆于国粹西化之间，标榜"执中""融合""平衡""贯通"的"学衡派"他也不抱希望，以为独知"拼凑"，而不懂"创造"，只会从有到有，不会从有到无，再从无到有，运用神思，突入未知的要求创造的虚无之境。与"学衡"的冲突，也是以心为根据的。总之，无论是"西化"，还是"坚闭固拒""呼吸不通于今"的"国粹"或依偎其间的"学衡"，都不能投其所好而感动其心。道术将为天下裂，"神思之人"索性抛开一切"术"，直接与"道"为邻，凭其"性灵""灵明"，即凭其"心文学"，而涵泳其中，"浅人之所观察，殊莫可得其渊深"矣。鲁迅皈依文学，一则表明他的失望，二则显示他的勇气。失望于看到许多似乎是路的路，其实都走不通，不能走；勇敢即勇敢在于一片栖惶中，毅然"自别异"，离开众人，听从心的指引，在没有路的地方走出一条新（心）路来。

今天还有因为赶不上人家而抬出"东方主义""后殖民主义"以自我安慰的"国际学者"，有企图用鸵鸟政策"以震其艰深"的"国学"，有扬言要打通中西而求"一是之学说"的"新学衡"，这说明"本根剥丧，神气旁皇"的局面仍在，独立之心仍阙，崇尚自由、崇尚创造的"朕归于我"的"心文学""心艺术"还未建立。同时，也有市井之徒或自称"代表中国"的说"不"者们，似服了摇头丸，不知依恃的是"凡是敌人拥护的我们就要反对"的理路，还是民族主义的旧蠹？

中西文化的冲突表现在中国知识分子身上，往往深深陷入刻骨铭心的文化危机，然而这种危机又带来一个结论、一个可喜的发现：此种文化一经交融，正是导向世界文化的必经过程，而以东西文化为主连同其他各系文化的大整合或可以导致一次全球性的新文艺复兴。这一复兴倘不为邪恶所毁坏，世界必出现一个崭新的局面。东西文化的阴阳大互补、大撞击、大结合，无非产生生与死两种结果。生与死，人类的理智终会选择前者。东西文化是因相异而彼此互相吸引的，激荡起人类文明大发展的时代之潮，冲天狂澜，这曾是我们一个世纪的期待。

然而，由先进思想家开启的对国民精神劣根性的改造并未深入进行，亦即全民的启蒙运动还没有机会认真有序地展开，标志着人类生存理想与进步的"个人的自由发展是一切人自由发展的条件"（马克思语义），以及民主、自由、人权、科学、博爱等并非资产阶级所专有而为人类所共享的权利的真正实行尚是改革开放带来的曙光。用李锐的话来说就是："我们在世纪末所遇到的是更为无助的两难处境——自己的腐肉尚未煮完，那团窃得来的别国的火种却已经出了问题。当'德先生'生出法西斯的怪胎，'赛先生'造出核武器的灾难来的时候，我们不得不反躬自省。当现代和后现代的艺术浪潮席卷世界的时候，当结构主义、解构主义、后殖民主义种种理论把那窃得的火种变得扑朔迷离的时候，当东欧剧变、苏联解体之后，我们不得不重新体察自己这世纪性的煎熬。当西方人在那些当初被他们认定、后来也被我们所认定的真理的尸体上哀歌不已的时候，我们突然发现自己所陷入的将是一种更可悲哀的无语的叙述和无字的书写。"在社会文化领域，我们总做些夹生饭，历史也就常陷我于难言的尴尬。

二、重建现代美学的世纪期待

西方现代哲学思潮是主流派思潮。西方哲学的一个突出特点是对自律论的研究，注意分析传统哲学到现代哲学的演进脉络和嬗变机制。我们缺少哲学上的体悟，学术停留在形而下的"致用"层面，远离着玄想，亦缺乏深情远致的传达。西方音乐美学与中国音乐美学相较，一个总是变动不居，思潮与思潮、流派与流派互动，呈现的是生机是发展的图景；另一个却总以不变应万变，以霸权对异己，以正统压民间，呈现的是"雪拥蓝关马不前"的局面。

三、重建现代音乐美学的大文化背景和艺术时空

重建现代音乐美学，无论如何都应纳入人类的大文化中来思考。在当代，不能不看到人文学术的内在生命力正在萎缩、枯竭，在哲学上几乎没有真正意义上的怀疑和批判，丧失了必要的终极关怀：音乐批评界缺乏生气，批评家丧失了对批评的根本意义的确信。和整个人文学术界一样，面对艺术的发展提不出真正的问题，人们不禁产生疑问：什么样的精神传统是 21 世纪中国知识分子赖以安身立命的根本呢？一旦学术成为一种技术性而不是人文性的研究活动时，必然会导致客观上的人格萎缩，表现为精神侏儒化、犬儒化和动物化。学界呼吁，面对大众文化的高涨，人文精神亟待重建。

在一系列世界性的变革中，万花筒般的西方科学与人文学科的演进终于将高傲的

笛卡儿之理性拉下了神坛，撞开了历史的缺口，曾被认为是天经地义的东西——终于受到批判与否定；在 20 世纪，似乎没有什么是神圣不可侵犯的、不可怀疑与否定的了。也正因为这样，20 世纪的西方艺术史中，各种流派倏然而起，倏然而逝，一如海潮拍岸，涌出的泡沫交合、混合、重叠。发展到今天，由于形式逻辑清晰的走向，艺术家预感他们似无新路可走，艺评家已无新"艺"可评。因为艺术快速发展的结果使任何可能之物都成为"艺术"，反之，任何可能之物又都不是艺术。正如一本书的标题：《任何人都不是艺术家，任何人都是艺术家》，遂使艺评家的"观念之鹰"低飞在现实的地平线猎取艺术家的"形象之物"的结果沦入了怪圈。艺术的反弹就成为必然。弹向哪里？没有人能回答，于是"后现代"应运而生。

研究者说，我们中国人的文化和价值重建距离 1911 年的辛亥革命实在没走多远。这些年来，在这块精神板结的土地上，文化空转的表演愈演愈烈，人们只关心所谓的轰动效应，并不关心是否真的撒下种子，更不关心种子是否真的生了根。历史所给予的一场精神历程的双向的煎熬，在我们这里却变成了双向的误会和讽刺。

中国艺术的语境里，后现代主义目前只能是一个过渡性的、开放的、蓄意的"能指"符号，因为它的"所指"是某种延宕已久却悬而未决的集体经验的分化和组合。在那个激发想象的"后"字前面，是一部沉重的百年史，而贯穿这部历史的主题是革命、国际、大众、现代化。

中国现代性从来都具有某种与生俱来的"后现代性"，它取决于中国古代文明的巨大的连贯性和相对的自足性使中国人本能地把"现代"理解为一种阶段性的、暂时的规范。即在接受现代性洗礼的同时，中国知识分子和民间社会都会自觉不自觉地带一种对"现代之后"的想象和期待——在这个"现代之后"的世界，现代不再是外在的、异己的、强加的"时代要求"，而是多元化的生活世界的自得其所。这个把现代性无所不包的体系视为某种历史、文化和主体的异化阶段的集体无意识，把这个现代性的"自在自为"的形态同中国"后现代"视野融合在一起。这种"过去"和"未来"在"现在"的时空里交汇，它造成的历史思想构造是中国"后现代"问题的蕴涵所在。

有个形象的比方：倘若说西方艺术是一个倒金字塔，他们的现代主义和后现代主义艺术已经走到金字塔的尖端；而中国现代艺术是一个正金字塔，刚刚处于基础建设阶段。可是中国现代艺术种种问题和困境，恰恰发生在倒金字塔尖端与正金字塔基础构成的共时性尖锐冲突中——即是说中国现代主义艺术把自己置于与西方现代艺术的同步发展中了。这个交叉的剪刀差及其时代的错位，也是现代中西文化艺术冲突之源。当前中国现代艺术的困境源于它承接西方现代艺术的主流——在倒金字塔的意义上也可以说是末流，犹如一个先天不足的少年，被注入了年迈之人心力衰竭的灵魂。故而，往往错把杭州作汴州。

毋庸讳言，我们新时期的文艺起点很低。我们又经历了"现代派""先锋""前卫"

和一切关于"后"的冲击，众语喧哗，常常可以看到弄潮儿们"获得真理"的满意、"宣布真理"的自豪。但是，如果这一切最终消减了知识分子的责任和历史承担甚至本意，却在用"后现代的神话"来遮盖人生的鲜血和苦难，那么，我们将会永远被淹没在历史的阴影之中。诸多"先锋"艺术迅速地兴起和衰落，其症结也正在于仅仅"从别国窃得火来"，却又不真心地"煮自己的腐肉"，"并不认真地回答自己作为中国人的生存处境，并不认真地回答中国文化传统带给我们的挑战。于是，弄潮者很快失去前进的动力，在封闭的无序循环中堕入双重的失范和失语，在一场一场的'副本'游戏之中衰落了的不仅仅是艺术，还有玩艺术的人"。

而当世纪之交，科技的膨胀造成了对文化的压制，人文科学知识分子处于一种意义失落和话语失语的处境时，它对文化艺术带来的影响将同样是沉重的。这是个世界范围的问题，它甚至关涉着人类的命运走向。面对未来，必须以人文理性精神作为思考的基点，任何人为造神在历史和实践中都被证明是一个误区，一个永远需要正视和反思的盲点，而被不断演绎着的现代神话也不例外。在乌托邦中，呐喊已成为过去，由狂热进到冷峻的学术立场，对自己的文化、精神、价值进行彻底厘清，对自己进行一次再启蒙是全球性无法回避的课题。

现代社会的种种现实表明，产生现代性的思想资源本身不足以克服现代性在人类生活中造成的根本问题，反而有可能产生种种误导，以为现代性真正实现了人们企盼的自由。鉴于此，人们自然会到前现代的思想传统中去寻找被现代人遗忘的智慧，并加以重新阐发，从新的角度和思路思考今天人类的问题，同时也不要忘记对其负面影响的警惕。

在艺术世界，现实主义的裂变同现代主义的狂飙一如大江东去，后现代主义也在艰难地演绎。西方的大叛逆运动所期待的新文化奇迹似乎遥遥无期，但当代艺术已如脱缰的野马，后续演变成一种难以控制其实也无须控制的运动，一波一波地摧毁既有的理念与成规，促成了艺术创新可能性的无限延伸，也满足了一代代叛逆心灵对神奇形式的贪婪追求。然而价值的信念已趋支离破碎，到头来，致命的一击来临——什么是艺术？又有什么崇高不移的美学信仰值得人们去全身心地奉献？人们一片茫然。

每一项新兴的革命性的理念与诠释都面临被推翻的命运，每一个企图统合的立论都陷于遭受质疑的窘境。那么当代艺术何去何从？没有人能做出回答。

然而，历史证明，艺术一旦溢出自律的轨道，经常产生古怪的矫揉造作。它引导从业者不惜一切代价追求新奇。千万年积淀下来的传统精华和老艺术大师的简洁不再取悦于民众或者时代，它不足以刺激这些受宠的孩子被纵容的口味，这些人只能从惊讶中获得快感。"艺术当随时代"的口号，也同样可以成为现代派的口号和后现代当作旗帜挥舞的乞食袋。

20 世纪的中国，音乐理论缺乏新的建树，更少有理论体系的创立。从"跟着说"到失语症，丧失了"接着说"或"创新说"的勇气，舞台上的理论家沦为表演台词的角色，不再是有主观头脑的哲人。而在整个文化领域经历了五四新文化运动，本应薪火相传，相反，几乎都步入了同样的宿命。

20世纪我们既缺乏像嵇康《声无哀乐论》那样的惊世之作，也不见像汉斯立克那样独树风标的音乐家及其《论音乐之美——音乐美学的修改提案》（1854年）那样的学理性的旷代之作。我们缺乏完善的音乐美学体系，亦不曾对于既成的音乐美学有过彻底审视、批判和修改或重建的愿望和勇气。文化霸权的恶习容不得异己，因此它迫使美学思想单一化，它使理论丧失活力，最后连理性也丧失殆尽。故我们的音乐理论不曾在自律论与他律论的论辩中发展和派生出错综复杂的实践课题，尤其自律论及其分支"绝对音乐思想"不曾得到平等的研究，比起它在西方对其他艺术种类的创作和审美方式乃至总的艺术哲学所产生的直接或间接的影响来，不能不说是一种世纪的遗憾。

西方"和声至上"的美学思想、交响乐的兴起引起绵延上千年的传统音乐观的根本变革、自律与他律的论争，以及辩论中发展和派生出许多错综复杂的实践课题，尤其自律论及其分支"绝对音乐思想"对整个艺术创作和艺术哲学所产生的影响；哈特曼与弗洛伊德的"无意识"对音乐移情说的支持，心理学的音乐美学把音乐当作一种基于感觉的特殊"语言"来研究；依赖音乐阐释学复活的感情美学及其泛滥的乐曲解说，几乎左右了20世纪音乐批评、音乐鉴赏、音乐史研究的思维方法和写作方法；但是，它也不断地受到人们的质疑。因为作为音乐媒介的乐音，不是任何客体的标志，它是"抽象"的。在音乐的特殊性上，人们发现存在着难以解决的"二律背反"。

西方现代音乐家感到20世纪研究对位法及声学的人所面对的最艰难、最困惑的局面，也许就是怎样"逃离"调性或传统的音乐语言，转向无调性或现代音乐语言方面。想要跨越19世纪和20世纪的鸿沟是相当困难的事。一个人如何才能脱离他所熟悉的井然有序的主属音及调关系体系，而不致陷入尚未可知的表面上的混乱之中？又如何告别有条不紊的法则世界，到一个无规可循的天地之中去遨游？多数人在19世纪、20世纪和声与对位法的大海潮汐涨落中挣扎着，但一切终究被其本身的发展规律所支配。

第二次世界大战之后，音乐艺术或音乐审美形态发生了深刻巨大的变化。艺术作品进入了一个克隆的时代，即"技术复制的时代"。这状况，中国在20世纪90年代以后也同样发生了。艺术成为"市场艺术"，浓厚的商品意识和广告思维同时改变了的还有广大艺术消费者的欣赏趣味。"这无疑是对19世纪经过几代艺术家和理论家建立起来的'艺术宗教'——'为艺术而艺术'的理论的最大反叛和彻底抛弃。"与市场艺术孪生的是"政治艺术"，艺术的"政治化"在中国是个传统景观，因其不曾有过这"艺术宗教"的存在作为牵制，"政治艺术"色彩也就更为强烈和纯粹。在20世纪的艺术史上，"如同艺术从来没有达到今天的商品化一样，艺术也从来没有能够像今天这样'变质'成一种赤裸裸的政治工具。换句话说，艺术的'他律化'从来没有走到今天这样的地步。这种情况对于音乐艺术具有特殊的重要意义，因为 19 世纪的音乐美学曾经认定，音乐是否'自律'，将直接关系到音乐这种特殊的'抽象'艺术发展的生命线，任何一种'他律'如若不加控制，其对音乐的损害将会比别的艺术更为直接、更为明显"。

曾被认定是音乐生命线的"自律"，在 19 世纪与 20 世纪之交，似乎在艺术哲学中占了上风。而随之其后的"他律"的卷土重来，重新模糊了艺术同非艺术之间的分野，使之出现了前所未有的混乱不清。

以无调性音乐和序列音乐为契机的"新"潮流，将艺术音乐带到了另一个极端，音乐真正变成了"音乐游戏"，使音乐呈现出从未像今天这样几乎有着开放的无限多样性和无限可能性的面貌。如此，一方面是狂热地赢得大众，另一方面是严重地脱离大众，艺术音乐与通俗音乐的对立或音乐的雅与俗的对立，从来没有像今天这样尖锐。

西方的自律论与他律论自然消长，在中国却因将二者简单地视为唯物主义与唯心主义的分野而使后者无立身之地。正像怀疑论使思想失去前途一样，信仰又使思想失去活力。

音乐不害怕平民化，而害怕它的浅陋化的流行病。他律论的盛行又造成 20 世纪标题音乐泛滥，即使是在一部音乐中标题毫无意义，也必定弄出一个标题来。19 世纪欧洲音乐家们关于标题音乐家无论怎样不承认"绝对音乐"的存在及其概念；无论"绝对音乐"的拥护者是如何诋毁标题的意义，他们之间却无论如何也潜藏着一个共同点——绝对音乐的思想。不论音乐有没有内容，音乐本身的绝对性和独立性却不容侵犯。人们可以否认绝对音乐，但不可以否认绝对音乐的思想。"严格地说，标题音乐的理论只是一种题材的美学，绝对音乐的思想则在更根本上代表了一种审美的美学。一方面，标题音乐潜存着一种异化的危险，反音乐和反对自己的美学本质；另一方面，绝对音乐的拥护者们由于常常夸大了标题音乐可能产生的副作用，而看不到标题音乐的积极的、常常是主要的一面，因此反而站到了基于自己本质的音乐革命实践的对面，用自己的理论反对自己的实践，成了守旧者。这真是音乐史和音乐美学史上的一个极其矛盾的奇特现象，然而事实就是这样。"

倘说 19 世纪的欧洲音乐两种学理的争论促进了欧洲音乐的大发展，那么，20 世纪它在中国音乐界的重演，由于否定了绝对音乐思想的合法性，否定了音乐本身的绝对性和独立性，历史地造成了标题音乐的大泛滥以及浅陋化的流行病，先是以"革命音乐"的形态，后是以"通俗音乐"的形态，以铺天盖地的标题和歌曲，以功利主义为标榜，淹没了绝对音乐发展之路，致使音乐本体的异化接近了临界点。音乐经历了一个没有思想的时代。

人人都懂得，当说到每一种行为都有着其功利主义的起源时，不应该忘记，只有摆脱功利主义，才能使之产生飞跃。例如，感情美学曾经为解放人的感情而起过重要的历史作用，但是，因为其后来"感情语汇"的公式化、僵化之弊病已不能再适应进一步表现个性的需要，人们不再满足于去再现那种概念化的普遍的感情了，而要走向更为充满个性的、活生生的丰富细致的表现，巴洛克音乐对感情美学的突破就成为必然，在巴赫的音乐中感情美学也就形存实亡。何况，就连丹尼尔·舒巴特也不得不默认这一现实："因为每一种思想都有它自己的色调，因为从激情如火的色调到温情脉脉的玫瑰色，这之间充满了众多形形色色的明暗浓淡层次变化，所以，要听出这一切细致微妙的差别是绝不可能的，除非你能分辨出提香、卡勒乔和门格斯的作品的色彩精微处。"

非功利主义的价值，是作为文化的价值，那是潜在的、恒定的，它是人类发展过程的记录，是生命创造的结晶，是人类文化精神信息的载体。创造的功绩不仅仅在于为当代人提供了多少需求的东西，更重要的是为人生提供了多少前人未曾提供过的东西。有的学者指出，我们过去不是将艺术作为达到某种目的的工具，就是强调艺术消费属性，从改造、发展民族音乐的动机，到整个文化艺术的价值观，始终都是从功利主义出发的，而很少从超功利的文化意义上去对待。这不能不说是我们时代的一个痼疾。

四、音乐大众文化与雅文化的对峙

欧洲音乐中心论未必能使所有音乐的发展、音乐的现代化向着欧化发展，向着那个中心靠拢或聚集在其周围，或与此"中心"的音乐越来越相似，因此也无必要"铲除"欧洲音乐中心论。世界艺术原本就不是一个中心，中心是历史形成的，不是以谁的主观愿望造就的，中心需要公认，自封并不算数。当然历史和现实世界都存在不少自封的"中心"，文化领域的霸权主义是没有意义的。更何况，"中心"以内的东西未必最好，"中心"以外的东西未必不是最好。

中国音乐的口传心授、记谱法的不完善，导致音乐流传机制的脆弱，时时面临人亡艺绝的危机，决定了中国上古音乐史上几近一片音响空白。但这一缺陷，也决定了中国传统音乐不可克隆性的特点，以及在每个演奏者那里有着自我阐释的主动权，使传神、抒情被赋予了个性自由色彩和发挥的余地。如果改造、发展传统民族音乐的结晶，最终成为一种"淘汰式"的文化发展，在使旧文化为新文化取代的过程中破坏了传统文化精华部分质的内核和精神，破坏了它的体系性与完整性，使马与驴配合，生出骡子而又扼杀了马，那希冀骡子再生出马已不可能的万世遗憾会变成弥天的困扰，这种创造本身同时又是一种破坏。

"推陈出新"如果同"不破不立"相结合，原不是推动传统文化发展的科学口号，砸烂旧世界才是目的，自然界有生态破坏，人文生态破坏谁来关心？如今谁还能演奏出宫廷雅乐？谁还能奏响韶乐，绕梁三日使孔子三月不知肉味？谁还能唱出郑声为何调？但假如我们古代的音乐家就向某个邻邦借鉴了先进的记谱法，又将如何呢？

有人举例说："中西融合的唱法，实际上没有解释出中国音乐各地区性歌唱风格的发声学、语言学及东方声音'情味'美学的丰富多样性，而民族唱法则成为一种比赛的标准唱法。民族乐队组合的声学美学观念大多向西方和声体制的声学美学观念靠拢，有时常常感到水墨画的音响画面空间填满了厚重的和声油彩，那自由的线条空间被和弦的明暗透视空间所凝固，往往失去了生动气韵。中国民族乐队的发展如果没有对乐曲艺术美学的地域文化和历史作深入细致的理论研究，仅靠一些演奏感觉或他性'中国性'创作的感觉，是无法建立新的理论体系基础的。"这种状况应被视为发展中的幼稚阶段，也是不可避免的。但是，中西融合毕竟不失为一条成功之路。

从音乐长达几千年的中外交流史看，一个民族的传统主要是它的原创文化基因，即最早的因民族生活历史、环境、生存方式、初祖遗传等形成的文化因素。作为资源，它像种子中的胚胎，成为决定一个民族灵魂的最重要因素，同时也决定着后生文化形态的优劣及其生命的强弱，吸纳外部文化的能力如何。这应该是它的父本，至于其他则是次生态的。这父本可以自身繁衍，逐渐退化；可以同相近的民族结合，也可以同整个人类的文化相融，不断壮大。在人类发展史上，这是不争的事实，用不着喋喋不休地争论全盘"东化"或"西化"，历史辩证法不以人的意志而改变自身的轨迹。因为交流无时无刻不在进行，那些在人类文化进程中要强调东方西方的人，随着时间的推移，会洞然其意义与动机安在。

中国传统音乐的基因保留在我国古代音乐与现代民间谣曲里。当然在历史的长河中，中国音乐总不断发生变化，如今日的所谓民族音乐在某一时期，也曾因融入大量的夷狄之音得到丰富和发展，戎音乱华，华音盛，古人早已明白这个事实，但作为艺术的基因并没有变。

由于第一次中外音乐交流的高潮由两晋南北朝始，经历了长达3个半世纪（420—756年），是在盛唐完成的，因此，在接受外来文化上以强及弱，丝毫不觉得勉强和屈辱；而第二次音乐交流的高潮期则是主体文明衰落得无力自我康复，只得借助强势文化之火来煮自己的腐肉，窃火者虽积极主动，用火者却疑心重重，这种弱者的心态不可避免地产生戒备、防御，甚至排斥，反映在时不时以排他或矫情地说"不"为表征，掩饰自身的虚弱无力。这是自鸦片战争以来的弱国心理后遗症。

以历史的眼光看待20世纪的理论，共生互补形成了网络式的结构特点。传统论、融合论、矛盾发展论，形成了对立互补，张力共振。在进入新世纪之前，传统论在维护其传统纯洁性的同时，不免接受一点西化论；西化论和融合论在继续进行融合实践的时候，也有必要向传统作新的回归。朝自己的反面求索、渗透、摄纳，已成为非规律之规律，这或许就是历史的宿命和象限。

人们对自由的定义，往往落实在认识了必然的自为的行为原则上。其实还有一种反强制、反异化的无为而无不为的自在行为原则。它比前者更具主体价值。音乐活动是人在音乐思维的特殊性局限中自觉地运用其特殊和局限来实现自由的一种特定方式。西方的音乐哲学对服从于音乐必然律的自为自由的发展史的导引，同传统中国音乐自觉地为自己制定了一个"技近乎道"，而"道法自然"的发展限制与之形成鲜明对照。它同中国画一样致力于构成轨道的表现、运动过程的体验以及时间序列的展示，它的发展趋向纯净的审美境界和完美的形式结构，从而获取更大的涵括性和适应性。

这种涵括性和适应性由于"道"的存在，并不全然游心于物我两忘的精神王国，而同样维系着人生关怀和价值重建，是为雅文化的性质所决定。

在文学领域，遗憾的是，审美文论及其指导下的艺术实践并未真正融入审美文化的潮涌，使其在一种全新的层面上实行正常的运作。20世纪80年代末，随着人文理想主义的幻灭，在来自权力意志尤其是突发而至的商业文化的冲击下，蓦然遁入虚空失语，而让位于解构主义。这样，权力意志呼唤来的并非"主旋律"或有关传统"意义本源"的超越性信仰的回归，而是"意义虚无时代""后现代批评"的"意义"解构。它弃置了意义的表达与批评的阐释，在语言批判中发现意义的虚构性，摆脱了以"写什么"和"本质论"的纠缠，走出了人类将虚构的意义看作天经地义客观存在的古老神话，揭示了意义之自然信仰的虚妄，以及形而上学所建构的意义世界之非人性，从而使意义的自我怀疑、自我解构与批判成为可能。与此同时，历代精英文化精心构建的雅文化的大厦，在洋溢四海的大众俗文化狂澜冲击下，呼啦啦欲倾欲倒，权力话语所提倡的"高雅艺术"和"主旋律"一时被浮躁的大众挤入边缘。音乐、文学、影视大半如此，唯有美术似乎是个例外："高雅艺术"的"阳春白雪"与大众文化的"下里巴人"形成了对峙的局面。这种局面不仅是历史的反讽，也是事物发展的必然，是符合时代规律和文化目的性的，尽管在表征上有些失据、失态、浅薄和无奈，但它必然对两种文化的竞争、互补和发展提供必要的张力和动力。

五、重建现代音乐美学的基石

美学是哲学家们思辨苦海中的一叶扁舟，是灵魂索道上的一根青藤。只有凭借它，哲学家才能获得思辨的自由，才能进行自由的思辨；只有抓住它，哲学家才能寻找自由的灵魂，才能体验灵魂的自由。西方哲学大师深感"美是难的"，"美在不可言说之列"。美学危机，并不在于哲学美学本身的空疏玄奥，而在于人类对形上玄奥问题探索能量的衰竭。

思想需要振拔，美学亟待重建。

我在《中国百年乐论选》"序言"中谈到对中西美学大系的比较研究和历史观照时，曾提到具有里程碑意义的两本书：一本是《中国音乐美学史》，另一本是《现代西方音乐哲学导论》。1995年1月，蔡仲德发表了《中国音乐美学史》；2000年1月，润洋发表了《现代西方音乐哲学导论》。这两本书，无疑为音乐美学研究，尤其中西音乐美学的比较研究，提供了支点与秩序。一本在重述中国音乐美学故典，并研精剔粕，将古代散在的音乐美学思想科学地升华，使之系统化、体系化了；另一本原意不在消解现代西方音乐哲学，无意中却消解了西方哲学神话。

蔡仲德的《中国音乐美学史》，是第一部对中国音乐美学全面系统地研究总结的划时代之作。它为丰富而散乱的中国音乐美学思想探源溯流，引渠入海，对贯穿中国音乐美学史中的主要思潮与基本问题做了科学的梳理、演绎、洞察与阐发。书中研究表明，一部中国音乐美学史始终在讨论情与德（礼）的关系、声与度的关系、欲与道的关系、悲与美的关系、乐与政的关系、古与今（雅有郑）的关系，指出中国古代音乐美学思想的特征；受礼制约，追求人际关系；以"中和"—"淡和"为准则，以平和恬淡为美；不离天人关系的统一；多从哲学、伦理、政治出发论述音乐，注重研究音乐的外部关系，强调音乐与政治的联系、音乐的社会功能与教化作用，而较少深入音乐的内部，对音乐自身的规律、音乐的特殊性、音乐的美感作用审美娱乐作用重视不够，研究不够；再就是早熟而后期发展缓慢……这一切最后归结为，要通过彻底扬弃改造传统音乐美学思想，打破其体系，吸收其合理的因素，批判其礼乐思想，使音乐得到解放，重新成为人民的心声，从而建立现代音乐美学新体系。

而建立音乐美学新体系，又必须正确对待东、西两方音乐美学思想，指出二者的差异不在民族性，而在时代性。由于复杂的历史原因，造成中国现代音乐美学的停滞，缺乏像西方那样丰富多彩的音乐哲学的推荡。学习西方经验，如青主所主张，首要者不是利用其方法，吸收其技巧，而是引进其先进思想以建立先进的音乐美学，根本上改造中国音乐，使之由"礼的附庸""道的工具"变为独立的艺术，"上界的语言"，使之获得新的生命，得以自由发展。不是"中体西用"，也不是"西体中用"，而是新体新用，即现代化之体，现代化之用，因为体用本不可分。

另外，《中国音乐美学史》的作者始终关注音乐美学在寻找音乐的本质时必不可少的研究课题，即音乐艺术发展与社会文化发展的关系，也就是在更高层次上研究自律与他律的关系。当音乐美学试图回答"音乐是什么"的时候，它同时也就把自己的特殊问题跟整个艺术哲学所要回答的普遍问题"艺术是什么"贯通了起来，从而提供从音乐中发现整个艺术的本质的可能性。开放的视野和解放的思维是当代学者的素质特征，也是《中国音乐美学史》作者的思维特征。正如人们评价陈寅恪时说的，他那些精彩的观点是无法仅仅从客观的史料中必然推演出来的，其间渗透着多少这位文化人的忧患意识和对历史的大识见。这种大识见是有着深厚的世界观和哲学信念作为其指导思想的。"在史中求史识"是陈寅恪信守的法则，也是蔡仲德信守的法则。文如其人，人如其文。书中倾注着作者对生命、对音乐、对文化、对宇宙、对人生的哲学思考，对人本主义投入的彻底关注，也不乏对政治文化和意识形态的两面作用保持更多的警惕。显然，此书的问世必将有助于中国音乐美学的现代化。

《现代西方音乐哲学导论》使人想起赫胥黎（Thomas Henry Huxley），赫氏在牛津大学那篇著名的演讲"进化与伦理"（Evolution and Ethics），在出版时他加上了一篇"导论"（Prolegomena），并戏言："如果有人认为我增添到大厦上去的这个新建筑显得过于巨大，我只能这样去辩解：古代建筑师的惯例是经常把内殿设计成为庙宇最小的部分。"于润洋先生这本洋洋 42 万字的"导论"，与赫胥黎的"导论"不同，它是对现代西方音乐哲学这座宏大"庙宇"的解构、检验、分析、鉴定之后重新建构起来的独立建筑。如其后记中所说："它的目的在于通过对西方音乐思想发展的整体脉络和内涵的了解，在更高的层次上，深化对整个西方音乐文化的认识，而最终的目的还是在于通过对西方学术界对音乐本质问题的种种看法的清理和反思，使得我们能够在一种审慎和批判的前提下，使这些有关的思想资料为我们所借鉴……"我们也曾片面地吸收借鉴过这些思想，却是太功利，太偏狭。至于借鉴什么，谁来借鉴，选择的权利俱在官方而不在民间，在"需要"而不在学术。

音乐哲学就是音乐美学，只是音乐哲学的外延较宽，既包含音乐美的问题，更涵盖一系列更为宽泛的音乐艺术本质的问题。事实上，《导论》涉及的西方现代音乐哲学思潮中有关音乐美的篇幅不多，主要探讨的却是从哲学视野来审视有关音乐本质的理论问题。它包括了形式－自律论音乐哲学的确立和演进；现象学原理引入音乐哲学的尝试；释义学对音乐哲学的影响和启示；语义符号理论向音乐哲学的渗透；音乐哲学中的心理学倾向；社会学视野中的音乐哲学；音乐哲学中运用马克思主义原理的尝试等等。作者对于这些音乐思想的历史渊源、发展变化历程、理论价值及其对音乐的影响、在音乐艺术中的体现、对音乐美学学科的贡献、它们的局限性及产生缺陷的原因、面临的问题，一一进行了微观审视和宏观考察。这种条贯理析的研究突破了一般"导论"的线性思维，给人们看到的现代西方音乐哲学是一幅网络化的图景和在历史进程中互动着的星系。

智慧比知识积累更可贵，知识的本质是开放的，思潮的本质也是开放的。思想是流变的、非预设性的、不定型的、自指示或自相关的，因为一旦定型，就成了教条，就被制度化了，官僚化了，就阻断了其他可能的思想。所以哲学就是用语言把思想盘活，让思想自身难测，让其有更多的接口。高屋建瓴式的重新思考是《导论》的起点，也是落脚点。概览现代西方音乐哲学，不仅仅是要构建一个宏大叙事的框架，也并非以国内惯常的简化手段给诸家贴上标识，再设一道屏障。音乐美学在国内作为年轻的学科，从一开始就有着尖锐的问题意识，这些问题，我们在现代西方音乐哲学思想中会找到借鉴，于先生的这本书就是最好的回答。

应该说，《中国音乐美学史》和《现代西方音乐哲学导论》为我们重建音乐美学提供了两块可贵的基石。因为重建音乐美学的任务和回答音乐美学的当代问题，必须以对国内外传统音乐美学及其基本问题的彻底了解为前提，当代问题的根是生长在传统问题之中的。检验一个历史的断定，始终意味着追溯源泉。前瞻性思考的真理性往往深藏于对往昔的回顾之中。中外现代音乐不是现代人发明出来的，而是孕育在古典音乐衰竭的母体中。诗人维吉尔有句话说："一个民族经典的过去，也就是它的真正的未来。"面对世界化，但愿新的中国音乐美学会贡献一种灵犀。

参考文献：

1. 蔡仲德：《中国音乐美学史》，人民音乐出版社 1995 年版。
2. 于润洋：《现代西方音乐哲学导论》，湖南教育出版社 2000 年版。
3. ［美］彼得·斯·汉森：《20 世纪音乐概论》，人民音乐出版社 1986 年版。
4. Peter S. Hansen：*An Introduction To Twentieth Century Music*，Allyn and Bacon，Inc，Boston 1977.
5. ［奥］爱德华·汉斯立克：《论音乐的美》，人民音乐出版社 1980 年版。
6. 蒋一民：《音乐美学》，东方出版社 1991 年版。
7. 《瓦尔特·本亚明全集》，美因河畔法兰克福，1978 年版。

按：本文曾以摘要形式，提交给第 6 届全国音乐美学学会兰州会议，意在回应对蔡仲德《中国音乐的出路在于向西方乞灵》文章的曲解和非议。那时蔡和我还一起端坐在兰州会议上，然后一起去敦煌，一起欣赏鸣沙山、月牙泉。人事沧桑，如今已不可再！蔡君去了，现将拙文附在这里，权作对他的纪念。

希声·无形·意境·气韵

大音希声，大象无形，大方无隅，大成若缺，大盈若冲，大巧若拙，大白若辱，大辩若呐，大美不言，大廉不谦，大勇不歧，大道不称。——《老子》与《庄子》中这些电光石火般的思想，振聋发聩。

在矛盾的对立和转化中去观察美与艺术问题，老子首开先河。老子美学不是从美与艺术同社会伦理道德的关系来观察美和艺术，而是从"道"的自然无为的观点，从个体生命如何求得自由发展的观点来观察的。孔子那么热心专门讨论过的诗予乐的作用问题，在老子美学中毫无地位，被置之不理。它动摇了孔子关于"美与善和真必定统一""美与丑的区分是绝对的"这样一些观念，包含着一种强烈的辩论批判精神，富于大胆地揭露矛盾的辩论观念。在这方面，它发挥了远远超越儒家的具有深刻意义的思想。

老子追求的美不是外在的、表面的、易逝的、感官享受的美，而是内在的、本质的、常驻的、精神的美。真正的美是什么？只能是对人的自由生命的肯定。马克思和费尔巴哈都把人放在最高的地位，不承认在人之上还有一个更高的本质。老子把个体生命的自由发展提到了最高的位置，真正的美和真正的善就在于使个体生命得到自由的发展，高扬个体生命自由发展的老子哲学就深深地把握住了同美与艺术的本质密切相关的根本问题，做出了超越孔子美学的重大贡献。二者相较，一若东岳泰岱，一若鲁地尼丘。美的领域是个体生命获得高度自由发展的领域，是个体的自由和客观的必然性、合目的性与合规律性达到了内在高度统一的领域。在古代美学中只有老子美学孤军突起，第一次真正进入了这个领域，第一次深刻触及了美之为美的特征问题，不再停留在对美与社会伦理道德关系的认识上。在老子看来，"美"本身就包含着"善"，它无须从外在于它的"善"那里取得意义和价值，它有独立的地位。孔子以"仁"来说明"美"，老子用"道"来说明"美"，对于美的认识，孔子似是从老子汪洋中岔出去的一个港湾。

本文旨在就老庄的部分哲学美学思想对艺术精神的发生、艺术理论的发展所产生的影响做现象描述，无意构建体系，更无意扬庄抑孔，亦不作系统比较研究。这里所作不是为某一宗派或理论奠定基础，而是为艺术溯源探流。

一、大音希声与音乐美学

老子和庄子皆以"大"论"道"，以"大"喻"道"，崇尚"大美"。老子说："字之曰道，强为之名曰大。"大就是"道"。又说："大曰逝，逝曰远，远曰反。"大是深远，是运动。深且远，即无限广大的运行变化着的空间；庄子用"不同同之之谓大"解释"大"说，是指融合不同，涵容万物为大。实际上仍然是说的"道"，老、庄无二致。"大音希声""大象无形"，是老子在讲"道"的特点时提出的比喻。然而这一对原非针对音乐和绘画的专论，却对后世的音乐、文学尤其绘画的发展产生了始料不及的效应。如果说，大音希声和大象无形在老子那里还只是在朴素的形式下包裹着待发的萌芽，而在庄子那里却是以诗意的感性光辉化作艺术精神对人的身心发出的微笑。

老子美学提出的许多基本原则，为后世美学提供了认识论、方法论的理论基础。他关于崇尚自然，有无相生；美恶相依、音声相和、大音希声等的理论都直接影响了后人对美的认识和对艺术美的创造与欣赏。中国古典美学所崇尚的自然淳朴之美，追求审美对象的内在精神，创造中的"超以象外"的表现方法和丰富的艺术辩证法思想，都与老子哲学有深刻的渊源关系。

大音希声，老子本人释之为："听之不闻名曰希。"是说最美好、最理想的音乐是听不见声音的。本意在借大音作为比喻来说"道"是视听感官所不能把握的东西，"道"是无声之音，"大音"即为道本身的声音，这种声音尽管"听之不闻"，却可以派生出世间一切美的音响。任继愈将其译作"最大的声音，听来反而稀声"，不确。稀声，毕竟有声。王弼注："有声则有分，有分则不宫而商矣。分则不能统众，故有声者非大音也。"蒋孔阳说："这'希'不是说没有声音，而是说我们听不到。我们听到的只是声音的现象，它再好再美也赶不上音乐的本身。"蔡仲德指出："'大音希声'是无声之乐，是自然的……《老子》称这种音乐为'大音'不只因为它无声，而更因为无声则合乎道的无为而自然、朴素而虚静的特点，所以它与具体的'音声''乐音'不同，不会由美变丑，这是永恒的音乐美。《老子》称这种音乐为'大音'也不只因为它本身美，而还因为'天下万物生于有，有生于无'，这无声之乐'善贷且成'是一切有声之乐的本源。"济慈在《希腊古瓶歌》中说："听到的音乐是美的，听不到的音乐更美。"它与老子的大音希声只有表象的相通，而在内蕴上却一如沧海、一如沟渎了。也有人将老子的"道"混同于柏拉图的"理念"或黑格尔的"绝对精神"，或称之为神秘主义、不可知论等等，这多半出于误解。用新教条主义的套子去牢笼中国古典美学思想，就会化至理为刍狗。老庄美学中的"道"从听觉所及的"音"来说，"道"是无声之音；从视觉所及的"形"来说，"道"是"无状之状，无物之象"，"大方无隅"

"大象无形"。"道"毕竟是属于可感觉范围的对象，故可以将其喻为"形"为"音"。尽管如此，它又不是感官所能感觉得到的。它是属于感觉范围而又超越感觉的东西。如此，它就同审美对象极有类似之处。艺术审美，就都是诉诸感觉而又超感觉的，这就为老庄哲学的"道"直接通向艺术审美构建了天然的隧道。客观上"大音希声"同老子主观上要弃绝乱世统治者的一切淫乐相反，它为音乐立下了一个至高至美的标准；它作为一种理想，弥补了现实有声之乐这样那样的不足，它促使人们不断去探求音乐艺术之"道"，去探讨音乐现象之外及音乐本身的普遍规律，不断进行艺术创新，力求接近理想的境界，这不但有利于音乐艺术的发展，同时也是音乐美学思想的一大进步。它与孔子所标榜的统治阶级的庙堂之乐相比，势同鹏雀，不可同日而语。一个是僵化的、封闭的，它随着奴隶主们的灭亡而湮灭无闻了；另一个是向时间和空间无限开放的，它虽高标独立，却为音乐设下了让人追求不已又永难企及的境界，它吸引着现实音乐向内在的、空灵的、深涵韵味的方向探索。事实上，老庄崇尚自然，以朴素为美、以玄妙无声的宇宙音乐为美的音乐美学思想，对中国音乐的发展，作为一个潜在的因素，无论古今都是至为珍贵的，它不是一个历史的怪胎，也不是一个被遗忘的陈迹，它像宇宙诞生时大爆炸轰然震响后的微妙余音，至今依然在天宇在大地回荡不已，并且会永世回荡下去，闻与不闻，在于以什么去感知。

二、三籁与黄帝的《咸池之乐》

庄子继承和发展了老子哲学和美学的核心精神，同时也扬弃了老子哲学常常流露的对待人生的某种玄远感、疏离感、冷漠感，在淡泊超逸又近似怪诞的生活态度背后，蕴含着对人生的热烈的爱恋，从而使庄子哲学具有浓厚的艺术色彩和丰富的美学内容。徐复观认为，当庄子把道作为人生的体验去陈述并得到人们解悟时，便是纯粹的艺术精神，而由庄子美学引发的艺术精神所成就的艺术是为人生的艺术。庄子美学骨子里与浅表的追求相反，带有一种浪漫的激情，尘世的思虑与其说被抛弃，还不如说是得到了升华。他是面对人生而言道，不是面对艺术而言道。庄子的根本目标在于使人的生活和精神不为外物所束缚（"物物而不物于物"）所统治的绝对自由的独立境界。他从宇宙本体的高度论证人生的哲理，将人类生活放之无限的宇宙中去观察，将人类提到"与天地并生，与万物为一"的地位，以此来探求人类精神达到无限和自由之路。人类应像"道"一样，支配或顺应或融进宇宙法则，成为永恒无限自由的存在。他的本体论的旨趣始终胶着在从自然的无限和永恒上寻找人类如何达到理想之境的启示与奥秘。

马克思曾把"人和自然之间，人和人之间的矛盾的真正解决""存在和本质、对象化和自我确证、自由和必然、个体和类之间抗争的真正解决"称之为"历史之谜"①。对历史之谜的解答之一就是消除人的异化，以及个体自由和无限的实现，这也正是美之为美的本质所在。在庄子看来，人若像道那样运作，就会进入自由和无限，而自由和无限的达到即为美。道是一切美所从出的本源。

庄子超然的生活态度、生存方式带有浓郁的审美特点，因为超出眼前狭隘的功利，正是人对现实的审美感受的一个极其重要的本质特征。庄子对人生的态度转移到艺术上就成为主导中国艺术正流的内在精神，对我们民族的审美意识的发展 2 000 多年来产生过极其深远的影响。庄子美学所蕴含的对主观审美感受最为丰富深刻的考察，也是其他各美学流派所不能及的。庄子美学奠定了关于审美感受以及审美创造中审美主体的心理特征的基本理论。中国艺术的民族特色的形成无不与庄子美学的哺育有关。当代国内外学者重新研究和评价庄子思想，是对历代艺术尤其是现代艺术畸形流变的反思。

庄子深懂音乐，在《至乐》《天运》《天道》《马蹄》《齐物论》中表现了精深玄远的音乐美学思想，对礼乐的彻底批判精神贯穿其中。他崇尚的"大美""至乐""众美从之""天下莫能与之争美"，包括礼乐在内的一切世俗之乐之美都无法与之伦比。而高扬具有大美和至乐品格的道的音乐、自然的音乐就成了贯彻庄子法天贵真思想的必然肯綮。《齐物论》里的天籁、地籁就是自然的音乐现象，而人籁也不是世俗的音乐。蒋孔阳说："儒家的礼乐和现实世界的音乐，都属于人籁的范围，因此，他（庄周）都是看不起的。"这恐怕是误解了庄周，同时也抬高了礼乐。"人籁"是人吹箫管发出的声音，譬喻无主观成见的言论，"地籁"是各种窍孔所发出的声音，"天籁"是指万物包括风在内因其各己的自然状态而自鸣之声。释德清说："将要齐物论，而以三籁发端者，要人悟自己言之所出，乃天机所发。果能忘机，无心之言，如风吹窍号，又何是非之有哉！"可见三籁并无不同，它们都是天地间自然的音响。既然是齐物论，我与天地为一，人岂能外于自然？故人籁比竹之声，依然和地籁、天籁一样，同是自然之声，只是"吹万不同"而已，"天地一指也，万物一马也"。那么何谓"天籁"？历代注家亦多语焉不详，宣颖说："待风而鸣者，地籁也。而风之使窍自鸣者，即天籁也。"马其昶说："万窍怒号，非有怒之者，任其自然，即天籁也。"庄子自解："夫天籁者，吹万不同，而使其自己也，咸其自取，怒者其谁邪！"一层意思是说，风吹万物产生不同音响，音响的产生不外两个原因，一是风，二是万物自身自然条件，风能自鸣，万物亦能自鸣。"厉风济则众窍为虚，而独不见之调调之刁刁乎？"大风止后，树木不是尚在枝摇叶响吗？当万籁之声不依靠任何外力而是依赖自身和自然物之间的相互影响而形成时，即为天籁。作为道的直接显现的天籁，实际上即是"自己""自取"的地籁、人籁，并非另有一物，三籁虽有高低之分，但同属不曾为世俗礼乐所异化之音声，故庄子也不曾有过否定人籁之意。既然如此，对礼乐表现了比老子更为深恶痛绝的庄子，

---

① ［德］马克思：《1884 年经济学哲学手稿》，人民出版社 1979 年版，第 73 页。

怎么会将礼乐归"属于人籁的范围"？

庄子向往自然至道的天乐，向往无声之中独闻和的音乐，即道的音乐，向往大全至美至乐的音乐，黄帝的《咸池》之乐就近乎庄子的理想。《咸池》三章，我认为第一乐章就似"人籁"之乐；第二乐章似"地籁"之乐；第三乐章似"天籁"之乐。三个乐章合成了中国第一部交响乐。其宏伟辉煌玄远深沉，使贝多芬那样的巨匠也会望洋兴叹。

"帝张《咸池》之乐于洞庭之野"，在这样广漠的天地之间演奏具有神话色彩浪漫气息且气势恢宏的宇宙之乐，让人何等心旷神怡。

第一乐章（引文略）：是宇宙之乐的初级境界，它令人惊惧，大半是表现"人""礼义""盛衰""文武纶经""生死"等，这些人事、天地万物、阴阳四时，相互转化，变动无常，始无首卒无尾，无一可期待、可把握，它不是儒家推崇的先王之乐，也不是世人习见的人间世俗之乐，而是"人籁"之乐。

第二乐章（引文略）：由第一章的惊惧，乐曲进入了节奏明快、旋律线清晰、阴阳调和、刚柔相济、变化齐一、清新脱俗的乐段。心律逐渐恢复正常节奏，怠息神怡，寂然凝虑，神与物游，随着音乐在大地巡行，乐声盈满山谷和丘陵，悠扬激越，鬼神闻之幽隐，日月依轨道运行。演奏休止，回声却流泛无穷。听者因随变而往，进入音乐的意境而不能自己，思而不能知，望而不能见，追而不能及，茫然置身洞庭之野，倚着槁梧之琴而沉吟；由于形充空虚，则与虚空而等量；委蛇任性，故顺万境而无心，与物同化，忘智绝虑，经历了一场万籁和鸣音乐的静化，心不再追逐外物了，而呈现空明。这分明是"地籁"境域的音乐。

第三乐章（引文略）：以奏鸣曲、回旋曲、变奏曲等曲式所强调的自然、无为、朴素、恬淡的主题至此进一步升华，过渡到混沌丛生，林然共乐，而不见其形；音声广布变化莫测，悠深而远溟；此时，生死不辨，实荣难明，飘忽流逸，别调新声，听之不闻，视之不见，充满天地，包裹六极，让人无言而心悦。这种宇宙之乐，无急管繁弦之音，有可意可会之声，空间无极无垠，时间无始无终，内容无限丰富，形式变幻无穷。超越了感觉把握的范围，进入心与乐冥的"惑"之境界，这就是天乐，是"天籁"之乐，是自由而大全的音乐，是道的音乐。

庄子以极大的兴趣和热情绘声绘色地描述了《咸池》之乐的演奏，赞美向往之情溢于言表，掩饰不住外表平静而内心汹涌的浪漫情怀，真可谓道是"无情"却有情。无怪庄子除了向往天籁般的自然之乐、宇宙之乐外，还对"中纯实而反乎情"的世俗有声之乐也加以肯定。他不但法天贵真，而且第一次把音乐与人性联系起来，反对礼乐对人性的束缚，要求在解放人性的同时也解放音乐，使之自由地抒发人的至美纯真的性情。洋溢着酒神精神的庄子美学，正合乎音乐创作的特征——无拘无束的想象、自由奔放的情怀、艺术语言的宽泛性、意境的抽象性及不可言传性等等。中国有了庄子，本应该有堪与西方浪漫主义、表现主义、印象主义媲美的强大乐派，可是至今未曾出现；庄子美学对音乐的影响较之对其他艺术理应更为直接，然而事实并非如此。如果说庄子美学在绘画上结了一个无与伦比的硕果——雄踞古今的山水画之永盛不衰，而在音乐实践上只不过开了个荒花。与此相反，儒家美学思想却在音乐领域几成一统天下。这大概由于孔子一开始便有意识地以音乐艺术为人生修养之资，作为六艺之一，视为人格完成的境界。他不但就音乐本身而言音乐，并且也就音乐自身提出对音乐的要求，体认到音乐的最高境界。这样对儒家艺术精神的把握也就远较对道家艺术精神的把握直接而容易，因为礼乐成了封建统治的工具，儒家音乐被人为地置于正统的地位而千古不易。从短期效应看或许有利于音乐的发展，但从长期效应看，却窒息了中国音乐的发展，成为中国古典音乐走向衰落的内在原因之一。

魏晋时期随着艺术精神的自觉，庄子美学御玄学之风而兴盛，遂有在其精神孕育下的山水诗、山水画的出现，但终不见山水乐的诞生，这不能不说是一种历史的遗憾。当然，嵇康的《声无哀乐论》以"越名教而任自然"为旗帜，燃起了讨伐礼教的火炬，深入探求音乐的自然之理。音乐的特殊性、自律性，音乐在表现力和审美关系上的特点，已于千年之前道出了汉斯利克所论"音乐不传心情，而示心运，呈现心之舒疾、猛弱，升降之动态"。二者可谓隔千载而同调，然而嵇康的遭遇却远不如汉斯立克。他的理论远不像汉斯立克在西方音乐界那样影响之深广。加上封建制度和儒家思想的窒息，像《广陵散》的人亡艺绝一样，中断了再探索。直到明代，徐上瀛《谿山琴况》问世，一方面追求大音希声的境界，另一方面又以大雅为本，以中和为贵，变大音希声为淡和之乐，儒道交融的结果是道消儒融。及至明代市民意识的代表人物李贽，虽再倡以自然为美，以"真情""童心"说扬弃道家的"无情说"，否定"以恬淡为美"，克服了道家思想的消极面，无疑应是道家美学思想的一大突破、一大发展。但是作为思想家和文学家的李贽，其影响多落实在文学戏剧领域，而在纯音乐范围并未掀起巨澜。这可能因为其理论尚停留在社会学和经验理性阶段，对音乐创作缺乏广泛而深刻的实践性价值，中间环节脱节，又缺乏世代相继的大作曲家将道家精神物化为音乐，遂使老子、庄子、嵇康、李贽等人的理论在漫长的古代音乐发展史上成了空谷足音。它同古代画论形成鲜明的对照。绘画美学理论对道家艺术精神的把握几乎都是来自实践的体验，很少例外。美术史上最卓越的理论家同时也就是最卓越的画家，他们所把握的艺术精神不是落实在内容上，而是落实在形式美上，遂造成了中国山水画铺天盖地的大发展和历千古而不衰的生命力。

中国音乐艺术缺乏的一向不是艺术精神的追求，而是对于纯音乐自律性的研究和突破，美学家总是忽视艺术家创作实践中的心态研究和操作需求。法国物理学家彭加勒说过："科学家并不是因为大自然有用才去研究它，他研究大自然是因为他感到乐趣，而他对大自然感到乐趣是因为它的美丽，如果大自然不美，那就不值得认识，就不值得活下去。当然，我这里并不是谈那些打动感官的美、性质的美和现象的美。我并不低估这些美，而是它们与科学不相关。我的意思是，那些更深邃的美来自各部分和谐的秩序，而且它能为一种纯粹的智慧所掌握。理性的美对于自身来说是充分的，与其说是为了理解，倒不如说是为了理性美本身，科学家才献身于漫长和艰苦的劳动。"同样，艺术家也醉心于那些更深邃的美——来自各部分和谐的秩序——形式美的追求。因为每件艺术品都自然而然地蕴含着一种艺术精神，这精神就是内容，艺术家往往倾向以"形式"为艺术的基本，因为他们的使命是将生命表现于艺术形式，而哲学则往往静观领略艺术品里心灵的启示，以精神与生命的表现为艺术的价值。这就是艺术家和哲学家的分野。这个问题在绘画美学上却解决得很好。

三、大象无形与绘画美学

我以"大音希声"为题来谈音乐艺术与老庄的音乐美学思想，以"大象无形"为题来谈绘画艺术与老庄的绘画美学思想，一个诉诸听觉，另一个诉诸视觉，这不仅仅是具有符号学的意义，更是为了便于解锁先秦哲学与当代艺术的内在联系，寻找一个玄牝之门。

老子说："道之为物，惟恍惟惚，惚兮恍兮，其中有象。"道之象混沌、隐约恍惚，似有若无，那就是"大象"即最本源的"象"，这"象"人们"视之不见"，故称为"无物之象"。但世间一切物象皆它派生而出。大象无形也就揭示了最美好、最接近本源的形象是难以用视觉感知的。老子的"形"与"象"、"有"与"无"、"虚"与"静"、"空"与"寂"、"敦"与"朴"、"美"与"丑"、"巧"与"拙"等尚柔、主静、贵无、法自然的哲学思想，通过庄子的改造、深化和发扬光大，成为传统艺术美学的初始来源之一，尤其在造型艺术领域更为重要。中国画史上伟大的画家和画论家常常在艺术创造中意识到中国的纯艺术精神，实际是由老庄思想体系所导出。诸如关于无限美——大美的追求；法天贵真，对不事人工雕琢之天然美的崇尚；对丑怪之美的肯定以及美的相对性的辩证；还有审美的超功利性；以神遇而不以目视的"自见""白闻"的审美特征；身与物化的审美境界，以及"言与意""道与技"等对艺术的论述，奠定了道家美学在中国美学史上的特殊地位。

以王弼、何晏为代表的魏晋玄学发展了道家学说，远超讲实用、颂功德烦琐迷信的汉儒，促进了一种真正思辨的纯哲学的诞生。它认为"无"（无名、无形、虚无）是"有"（有名、有形、实有）的根本，是天地万物的精神本源，并提出"上及造化，下被万物，莫不贵无"的观点。此外，还提出了"言不尽意"和"得意忘象"两个命题。他继承了庄子的观点，从认识论的角度阐述了意、象、言三者的关系，指出通过"言"可以了解"象"，通过"象"可以了解"意"。"象"从"意"派生出来。因此，所存在的"象"不能穷尽"意"，"言"从"象"派生出来，"言"也不能穷尽"象"。就是说，事物的媒介不能表达尽所蕴含的真意。由"言不尽意"推及艺术表现，则若以有形的、可视的图像去表无形无限的意象，亦是难以尽意的。那么，不尽之意就要从画外去寻求。这就是中国艺术从不穷形极相地去写实，而以写意为最高境界的理论根源。王弼又进一步提出，庄子"得意忘言"的思想，只是认为认识了对象的内容后，便可把对象的媒介弃置不顾。他还指出，只有抛弃了对象的媒介才算真正认识了对象的内容。这不是"从分裂'象''意'开始，最终转向不可知论"，而是开启了艺术审美的最高法门。王弼的理论对绘画领域高扬"神似"、轻视"形似"，诗歌创作崇尚"不着一字，尽得风流""不涉理路，不落言筌"以及文艺批评倡导顿悟式的经验性评论等都产生了重大的影响。

顾恺之的"以形写神"论、谢赫的"气韵"论、宗炳的"畅神"论、司空图的"超以象外"、陈与义的"意足不求颜色似"等一系列理论中，"形"与"神"从来不曾平分秋色。"形神兼备说"不是庄子的理论，也不是顾恺之的思想。重神轻形的传神论，源于庄子形与德的思想。《庄子·德充符篇》的主旨强调破除外形残全的观念，而重视人的内在性，能体现宇宙人生的根源性与整体性的称之"德"，有德的人自然流露出一种精神的力量吸引着人，由此而启发出传神的思想。神不是来自对象的如实摹写。那自然物的原型不是艺术的原型，只有以心源开启的第二自然才是艺术的立足之地。由人物画的传神与重气韵到山水画的意境都显示了一条庄子精神影响的轨迹，而向往自然和无限的庄子精神很难在人物画里得以贯彻实现，故从魏晋时期起即开始了向山水诗尤其向山水画的大转移。以庄子思想为核心的玄学激发了魏晋南北朝文人名士的林泉高致、人和自然的亲和精神。其价值之大、透入历史文化中之深远，远非人伦品藻所能企及。时人对自然美的发现和重视成了一代风气，它必然激励创作上对自然美的寻求。何况喜爱自然、追求自由是中华民族的千古传统，远在周朝初年便开始从宗教中觉醒，出现了道德的人文精神之后，大自然中的名山巨川便由带着神秘和威压的对立气氛中解放出来，走进了与人亲和的历程。人文的觉醒，促进了艺术上人生与自然的结合。这是中国整个文化性格的一面，也是道家思想一脉相承的渊源。庄子那种由虚静之心而体验的主客一体的"物化"意境，总是以自然作象征方能表达得酣畅痛快。庄子和一切大的艺术家所追求的是一个可以使精神和生命安息与解放的世界，一个灵魂的家园。人们终于发现在自然的怀抱里能获得天真自由，对中国人来说，它远超过宗教的魅力，而山水画的创造和欣赏带给人自然山水的逼真幻觉。

南朝画家宗炳《画山水序》就写出了最深刻的体验，他把山水画的欣赏和创作看作道的外化和体现，又是畅神的好方法，在有限的画面表现无限的生气，只有利于身心，而无关乎功利。在宗炳身上，我们可以看出庄子乘物以游心超功利的艺术精神在伟大画家心灵的反映。中国山水画自宗炳之后，渐成独立画科，并且发展迅速。因为山水气象万千，有天地不言之大美，可以纳天籁、地籁、人籁于胸怀，颇能体现道的恢宏博大精深。而山水画又可破人物画技法的局限性，获得更大创作精神自由。历代画论家和画家都首先强调创造主体的身心愉悦，其愉悦之源乃是创作写意山水时可以主客一体，心与物冥。山水在中国画家眼里是有生命之物，它是有灵性的人，亦即画家自身，同时又是宇宙空间和时间，它代表着无限，它就是道本身。因此，中国山水画不重形似而重气韵，也不存在什么典型化的问题。

综上可见，重"神"轻"似"是顾恺之以来艺术流风所钟。传神与形似的对立就是要超越对象之形的局限和虚伪性，给主观以能动的自由去把握对象的神与韵。自此，即在理论和实践上奠定了中国艺术与西方艺术的区别：写意与写实的区别，表现与再现的区别，将中国艺术从一开始就自觉置于一个至高至美至大的起点上，把握住了艺术之所以为艺术的本质所在。

四、意境与气韵

庄子把审美当作物我一体、物我两忘的境界，从人与物的精神联系上去寻求美，把美看作是一种生活的境界，如庄周梦蝶，那是令人忘怀一切的特定情境。后来的意境说即由此而肇其端。

庄子"观于天地""原天地之美而达万物之理""天地有大美而不言"，始终追寻超越现实有限范围之大美的理想，触发了中国艺术对自然美的重视，师造化，重心源；人们通过对自然的观察去了解美，寻求美，表现美，而不是到冥冥的天国或某种超自然的精神世界去找美。他们从当时所生活的社会中看不到自由，但却从对自然生命的观察上看到了所梦想、所追求的自由，由此而认为这就是天地的大美之所在。无疑这是种艺术化了的现实主义精神，也是一种建立在穷观极照美学思想上的浪漫主义和表观主义精神。

由人物画的传神论，到山水画的讲究气韵和意境，是庄子美学发展的极致，也是中国艺术发展的极致。谢赫所创"六法"为中国画立下千载不易之准绳。作为六法之灵魂的"气韵"说，更是古今画家竞相追寻的最高境界——象外之象，景外之景，韵外之致，从而挣脱一切有形的、必然的束缚。这种有形的束缚既来自艺术形式，也来自艺术内容。传神、写意、意境、气韵恰是成功地挣脱了束缚而进入升华的最佳境域，从而使艺术美的欣赏和创造提升到"无形""希声"只可意会难以言传的趣味情致盎然的本源之地。

气韵说经唐人司空图等的演绎，及至宋代对"韵"的研究大大深入，且将其推尊之以为极致。苏轼云："言有尽而意无穷，天下之至言也。"姜夔云："语言含蓄，句中有余味，篇中有余意，善之善者也。"严羽云："诗之有神韵者，如空中之音，相中之色，水中之月，镜中之象""羚羊挂角，无迹可求"。范温首次将"韵"由书画推及诗文概论艺术，不但拈出"神韵论"旨趣之要领，并且为由画韵到诗韵的转换铺设了阶梯。他将韵视为"声外"之"余音"遗响，是说如闻之撞钟，大声已去，余声复来，悠扬婉转，绕梁三日而不绝。神韵说体现了大象无形、大美不言的美学价值，也体现了大音希声的美学意蕴。气韵观念之出现，是顾恺之传神思想的精密化、深刻化，绘画中气韵已是种精神意境，它同形似是相对立的。而且气韵生动应静中有动，动中有静，化美为媚，即为韵致。"巧笑倩兮，美目盼兮"，仪态万方，美而媚，生气远出。气韵理论的出现是中国画论的一大进步，庄子精神的清、虚、玄、远即是"韵"的性格和内容。作为艺术主流的山水画将气韵与笔墨融为一体，铸造了独特的艺术风格绝非偶然。

将气韵观念运用到山水画上，最早见于五代荆浩的《笔法记》，它以清为韵，以远为韵，以淡为韵，并以虚以无为韵。唐代"水晕墨章"兴起后，多从笔上论气，墨上讲韵。笔重线条，如"曹衣出水""吴带当风"；墨重写意，泼墨，以水之晕化，墨分五彩之浓淡燥润表达其清虚玄远的韵致情怀。中国画发展到山水画的不贵五彩而贵最能表达庄子精神的水晕墨章，正如音乐艺术发展至轻音乐，无标题音乐意味着艺术的一大解放，是合规律与合目的性统一发展的必然结果。至此，内容和形式、人和自然、艺术和人生都融合在一起了。在水墨大写意的山水画中，你可以体验到"惚兮恍兮，其中有象；恍兮惚兮，其中有物；窈兮冥兮，其中有精"。气韵说打开了山水艺术的"玄牝之门"。老子说："玄牝之门，是谓天地根。"山水画发展至今，冥冥中已与道合一了。庄周未曾化为蝴蝶却物化成了山水画艺术，信不信由你。遗憾的是音乐至今不曾召回庄周之魂。

行笔至此，掩卷沉思。如果说我在美术领域看到一个在山水画艺术的浑莽中踏歌而行作逍遥游的庄子其人，相反，在音乐的圣殿之外，我却看到了一个被扭曲了的庄子的幽灵在沉重地徘徊。

原载《音乐学文集》首卷，中央音乐学院学报出版社，1992 年 7 月

大音希声论

大音希声，本来是欲借音声来论道，意谓道似如最美好的声音是听不见的一样，不是靠人的感官所能感知的。"听之不闻名曰希"（出自《道德经》14 章）。老子认为世界的本源是看不见、摸不着的"道"，"道"又"强为之名曰'大'"（出自《道德经》15 章）。世界万物都是由道派生出来的，"道生一，一生二，二生三，三生万物"（出自《道德经》42 章）。"大音"即为道本身的声音，也是世上最纯粹、最美好的声音。这种声音尽管派生出世间一切美的音响，但它本身却是人所听不见的。它是心中的音乐，以心领悟的音乐。因为它是大全的音乐，若用可感知的音声表现，则非宫即商矣，其他的众多音声却被遮蔽掉了。一切可演奏的音乐的产生，几乎都是偶然性的音乐，它只是"这一个"，而不是万籁和鸣的大音。大音，又近乎庄子的真，庄子认为，真悲无声而哀，真怒未发而威，真亲未笑而和。

中国音乐和中国绘画一样，它重在韵味和境界，重在音乐和心灵的沟通、情感的抒发，以及乐境与心境的融会，视此为走向"大音希声"通幽的曲径。此时无声胜有声，与大音希声不同，但它毕竟受过大音希声的诱发及其理念的催生。它毕竟让人去深入体味那无法用音声表达的乐境，以及音声所未曾表达出的东西。它就是敞开心门，引心灵进入音乐之道的境界的入口。

一、心灵的潮声

音乐运用声音，音乐无法不放弃描绘外在形状的可能，也无法再现视觉可见的色彩，故适于音乐表现的只有内心生活。比起绘画来，音乐对它的感性材料需要进行高度的提纯和调配，需要脱胎换骨的质变，需要把花酿成蜜，把高粱酿成烧酒，把固体化作液体，把液体变成五彩云气，化为醇香。总之，把一切外在的信息积淀为心源，然后才能以符合艺术的方式把精神的内容表现出来。

黑格尔说，音乐的基本任务不是表现客观世界，而是传达内在的自我或感受无实体的内核。罗曼·罗兰在《论音乐在世界通史所占地位》一书中认为，音乐的实质，它最大的意义不就是在于纯粹地表现出人的灵魂，表现出那些在流露出来之前长久地在心中积累和动荡的内心生活和秘密吗？……音乐首先是个人的感受，是内心的体验，这种体验的产生除了灵魂和歌声之外，再不需要什么了。

音乐需要体验，就是说需要全身心的投入。因为它是心灵的潮声，需要同音乐做心的沟通，像老朋友之间的交谈，需要心心相印，才能建立起相知的关系。

冯梦龙在《俞伯牙摔琴谢知音》中说："恩德相结者，谓之知己；腹心相照者，谓之知心；声气相求者，谓之知音；总来叫作相知。"

我们要同音乐成为知己、知心、知音，就应以心去体验。这样，就好像钟子期听俞伯牙弹琴那样心意相通，听出"美哉洋洋乎，意在高山"，"善哉汤汤乎，志在流水"。

人们常用认识世界的方式认知音乐，但学了艺术之后，应知道认识世界有多种方式，而认识音乐和美术要用特殊的审美方式，除了通过身体实践、智力之外，还有一种方式即感情体验方式，更重要的是感悟方式。

一首音乐，一幅画，如果单纯着眼于它能让你认识什么，实际上这是一种不得要领的欣赏方式。另一种极端就是以为艺术就是艺术本身，与生活体验无关。我们应知道音乐一方面是一种特殊事物，与其他事物不同，音乐有它自己的特殊构成和规律；另一方面，它又同外界的某些信息有联系，但同外界信息又不构成反映和被反映的关系。弄懂音乐，首先要弄懂音乐是怎样组合起来的，不同的组合就会有不同的感受。

另外，要区分音乐的感受与非音乐的感受，比如那些实用音乐——重要点不在音乐本身，而是要借音乐之名宣传音乐之外的东西，它不是用来欣赏的音乐，如飞机起飞的音乐、汽车倒车的音乐、广告音乐、"文革"时的语录歌等，音乐在好多情况下被异化成非音乐，不再是音乐本身，而是关于别的事情。所谓"寓教于乐"的音乐只是一种实用音乐。像很多音乐是用来作为宗教仪式用的，是给人一种其他的经历、其他的教化、其他的灌输，是述说神灵……总之，它不是音乐本身。另如教小孩儿歌，其实不是在教音乐，而是在教有些好听的词。这不是音乐教育，也不是音乐体验。

我们习惯于强调艺术审美之外的其他作用，要求它们有实用价值。同样，要求音乐有音乐之外的某些体验，起码引起某些联想。有人坐在音乐厅听莫扎特的音乐，总想听出点名堂，常常习惯于这样，故听音乐时常常想到别的东西，但听音乐想什么呢？最好别想别的，应时时提醒自己从作曲引发的联想中返回到音乐来，抓住那个脱缰的野马。欣赏音乐和美术不一定都要联想，联想起来往往忘记了音乐，实际上会强迫人不去听音乐。

另有好多听众喜欢情绪的投入。有的人听古典音乐情绪能投入，他们不太喜欢现代音乐的原因，就是找不到情绪。还有听众狂热地喜欢现代音乐，尤其是现代流行歌曲、舞曲、摇滚之类，情绪高涨得不能自已。现代乐曲那光明的、狂热的特征，常让人如痴如醉，在人的心灵上产生强烈的摇撼，犹如酒神的欢宴与狂飙般的陶醉。他们在古典音乐中同样也找不到情绪。如果听众一旦通过全身心来接受音乐，这种直接主动性的体验倘若不像艾略特所说的那样："音乐从我耳边飘过，就像邮差送来了一封不属于我的信。"就确会产生一种震撼心灵的力量。不论古典音乐还是现代音乐都会有如此效果。比如柴科夫斯基的音乐，那种浪漫主义色彩浓郁的旋律会使你产生海潮飞扫过去、淹没了一切的感觉，强烈而刺激。身体所感知的某些体验是脑子所不知道的。

大家若有游黄山或其他名山大川的经历，定会对这种情绪有所体验。这种体验由于是全方位的，其强烈程度有如音乐，而把游山诉诸视觉的造型艺术反而相形见绌。因为音乐有其他艺术所没有的特点。由于音乐在时间中展开，只能听到一刹那的东西，不完整地听就不能有整体体验，只有整个的东西才有意义。所以聆听音乐，第一旋律出现时要想的是第一个旋律，训练一个非常好的音乐记忆，否则音乐就不存在了。而绘画却要感到内部本质的东西，它不太需要强烈情绪的投入。画一下子就可看到整体，而音乐却不能。

由于音乐在时间中逐一展开，全曲无法在一瞬间尽闻而获得完整的感受，故获得整体感受并非音乐欣赏的最终目的，每一乐句、每一乐段、每一乐音的过程就是审美的历程，都是一种瞬时的完美。人们欣赏时将被旋律牵引着前行，被节奏鼓荡着心潮，被和声沉迷了理智，因此，理性的我睡去了，感性的我醒着，唯感性随音乐运行，心与音乐，情与乐冥。

叔本华说："音乐不同于其他艺术，其他艺术只是观念的复写，观念不过是意志的对象而已。音乐则是意志本身的复写，这就是音乐为什么特别有力地透入人心的原因。"

黑格尔说："在音乐中，外在客观性消失了，作品与欣赏者的分离也消失了，音乐作品于是透入人心，与主体合而为一。就是这个原因，音乐成为最容易表情的艺术。"

音乐比任何其他艺术美更快、更强烈地影响我们的心情，少量的和弦即能把我们投入一种情调，音乐非凡的魅力从第一拍起就打破人们精神力量的均衡，使心情开始动荡，而一幅画必须经过不断地沉思才能达到这样的效果。乐音的影响不仅是更迅捷，而且更直接、更强烈。但是，绘画和雕塑能利用整个观念世界去左右人们的心情和意绪，而纯音乐中感情的体现并不通过思想与观念，它能够不求助于任何推理的形式，让内心与音乐的节奏、旋律一起运动，它有一种长驱直入的突袭的力量，为激动或忧郁的心情推波助澜。尤其在一些特殊的心态和情绪状况下，视觉的美感往往麻木不仁，而音乐的力量会分外强烈。

舒曼说："只要浏览一下舒伯特的《三重奏》（作品第 99 号，降 B 大调），人世间辛酸和劳苦就会退到次要地位，世界就又焕发着鲜艳夺目的光彩了。"可见音乐对人的情绪影响之大。因为这首乐曲优雅、亲切，像女性般纤美柔和，尤其柔板乐章，似在逍遥自在地遐想，联翩而来的优美情感像彩蝶般纷飞。他将千百种思绪勾勒出初步的轮廓，使我们渴望加以发展，这大概就是舒伯特的魅力所在吧。

这种效果的产生，其原因在于音乐打动的就是最深刻的主体内心生活。音乐的内容本身就是主体性的，只能寄托在主体的内心生活上显现它的存在，随生随灭，乐音所产生的印象一经出现就立即刻在心上了，声音的余韵只在灵魂最深处荡漾，灵魂在它的观念性的主体地位被乐声所掌握，并与之转入同步的运动状态。它与造型的差别在于一方面欣赏者与对象之间界线分明，而另一方面，这种主客的差别却消失了。音乐的韵律、节奏同人的思绪、情绪、心律汇流共波，同起同伏，心弦同音声一齐奏响，音声即为心声外化，客观的音声摇身变为心声的载体，或者即为心声本身——情绪、心情。

有时候人们在抑郁的心情下，听到的乐曲的形式和性质完全无关紧要。正如汉斯立克所说："无论是黯淡忧郁的柔板或明朗清快的圆舞曲，我们被它的音响所控制而不能自拔——我们感到的不是乐曲而是一些乐音本身，音乐像一股没有形态的魔力向我们全身神经激烈地进攻。"这大概就是艺术神奇的本领：可怕的东西用艺术表现出来就变成了美，痛苦伴随音律节奏，心神立刻充满了静谧的喜悦和宣泄。对于一颗苦难的心，一曲悲歌是最美好的。

玛利安娜曾对歌德说："如果你想使你的内心新春的感觉更强烈，找一个美丽的嗓子为你唱贝多芬的《致远方的爱人》那支小歌吧，我觉得那是不能再超越的。"的确，那支小歌不仅像迷人夏夜的一个愉快的梦，一股柔柔的风在轻轻抚慰着你，而又以洪涛汹涌的激情汇入人们情感的大海，从激越中获得平静，同时产生一种向往和憧憬的渴望。

音乐是一种谈不完也道不完的艺术，是一种说不明也道不白的艺术。古往今来，无数音乐家艺术家美学家都在试图解释音乐，可是没有人能把音乐说透，它总像一个躲在面纱后面的美丽的少女，那仪态万方的风姿只能领略而不能窥见，它又像浩瀚无边的宇宙，那深广奥妙，似从远古走来，似从奇妙的无际走来，将你包容，将你融化……

二、听不以耳而以心

如果说文学是历史的伴侣，音乐美术则是心灵的情感的伴侣。人类没有音乐，仿佛没有温馨旖旎的春天。同样，人类没有美术，仿佛没有了星空的灿烂、秋色的浓郁和日出的辉煌。

心灵是深广的大海，情感是心灵的浪花。《乐记》中说，感情深厚，乐曲的文采才鲜明；志气旺盛，乐曲的变化才神妙；和顺的德性蕴藏在内心，才能开出美好的音乐之花。

音乐是表达人的心灵活动的，它借以表达的特殊手段是声音，音乐本质特征是以音响形式表现人的内心活动。明代李贽认为"琴者，所以吟心"，反对"丝不如竹，竹不如肉"的成说。在先秦众多思想家、政治家中，孟子对音乐的理解更为科学，他认为音乐就是快乐，是内心欢乐之情不可抑制的自然外露，人生来就有享受音乐的欲求与能力，人对音乐有共同的美感。宋代欧阳修《赠无为军李道士》诗云："无为道士三尺琴，中有万古无穷音。音如石上泻流水，泻之不竭由源深。弹虽在指声在意，听不以耳而以心。心意既得形骸忘，天地日月愁云阴。"欧阳修揭示了音乐审美的真谛，以及心凝神释、浑然忘觉的意态。

音乐，是人对音响组合的心中感悟，懂音乐就是有了这份感悟。人皆有心，故人人都可以从音乐中获得美感，音乐永恒的价值就是这份审美感悟。培养和训练自己对音响感悟的敏感性能力，就是通向懂音乐、理解音乐的根本途径，聆听音乐，不在用耳，重在用心。

宋代大学者朱熹曾说："如水中月，须是有此水，方映得那天上月。若无此水，终无此月也。"故用耳听乐声，不过是浮光掠影，流云飞絮，只捕捉到点滴感官的快感。音乐的美感还在心悟，心悟才是欣赏音乐的最高境界。

倘能心悟，则处处皆文章，宇宙尽音乐。像我们生活的大自然，无时无刻不在万籁和鸣，倘您有心，时时处处都会听到那绝妙的音响，千古如斯振响，从不止息。天籁、地籁、人籁，宇宙间的这一片大和谐就是人间天上最伟大的乐章，若你能敞开心扉，置身境界，将自身蓬勃的生命情感与天光月影冥合无间，将生命本源提升到宇宙本体，灵魂不再感到孤单、弱小可怜而有限，你就是中天红日，你就是明月一轮，你就是大地山川，那么，置身自然，飞瀑流泉，花飞叶落，只要你把心灵之泉打开，音乐的旋律就会从你的心中淙淙流出，从生命的最深处撩拨着人的心弦。这是因为大自然的生命节律、情感节律同人的生命节律、情感节律合拍共鸣了。

但是，真正有情感负载并能让欣赏者产生类似体验的当然还是人创造的音乐。蔡仲德在他的《中国音乐美学史》中谈到音乐鉴赏时说："从主观愿望看，人们鉴赏音乐显然不是为了听物以识物，借以了解客观世界、现实生活，而是想要听心以娱心，满足审美欲求，提高精神境界；从心理活动看，它与绘画、戏剧、文学等显然不同，不是由物到心，由形到神，而是一个由情绪感应到情绪体验的过程；从实际效果看，鉴赏者体验到的感情内容既不是作曲家的，也不是演奏家的，而是他自身的，音、心之间是高度物我同一的。"作曲家借音以抒情，而鉴赏者则借他人酒杯浇自己心中块垒。音乐所能够表现的是主体对外界事物的感情反映和心理体验，这种反映和体验较之绘画、雕塑更直接、更直切、更生动，能够对人的生理、心理产生一种比美术更强的刺激力和影响力，因而就使得音乐感知和感情体验之间有一种更密切、更直接的联系，对人的感情的激发和感染也就更强烈。

托马斯·门罗说："音乐也有自己的暗示能力。例如，通过控制节拍和韵律，它可以直接使听众的神经和肌肉紧张或松弛，也可以表达具有复杂或简单结构的意象。这样一来，它就可以传达出某种心境（如昏然入梦或某种情绪上的激动），而且比纯粹用词语的表达更为生动。然而，这样一些仅从音乐中暗示出来的情绪总是模糊不清的，而且可以有许多不同的解释。……在聆听德彪西的乐曲时，任何一个读过马拉美的诗或看过同一题材的芭蕾舞剧的人所产生的视觉联想，都会比从未读过该诗或看过该剧的人更加确定，但并不一定比其他人更加强烈。"

音乐以它特殊的力量和准确性揭示了造型艺术难以达到的最隐秘的情感运动、委婉的感情，以及不可捉摸的流动的情绪。音乐史家安勃罗斯有句名言："音乐是心灵状态的最伟大的绘画家，也是一切物质的最不高明的绘画家。"

桑间濮上风景异

——历代"淫声"论评析

郑声，被历代统治阶级及其政治家、思想家们一再宣称为淫声。在2 000余年的音乐史上代代"倡雅乐、灭郑声"，代代以"复古乐、禁新声"相号召，结果，却是代变新声，禁之不绝，若秦皇尽收天下兵而兵不尽，尽焚书而书仍存一样。"焚书早种咸阳火，收铁偏遗博浪锥。"历史证明，作为"淫乐"新声的民间音乐在重重围剿和谩骂中不但赢得了生存，而且让音乐艺术史更辉煌。作为当权者提倡鼓吹的雅乐却踯躅难进，景气不起来。一部音乐史，是否应该重新写过？对待现实，我们是否真正从历史上获得了借鉴？郑卫之音作为"新声"，它不仅仅出现在郑卫，同样在奴隶崩溃时期的各诸侯国的民间兴起。《诗经》即乐经，它是各诸侯国浩如烟海的民歌选集。选者为谁并不重要，是孔子还是周乐官，他们遴选的标准则不外乎"可施于礼义"、合《韶》《武》《雅》《颂》之音者。而大量反映人民心声、情志和怨愤，疑为动摇压迫者统治专制地位的"淫邪"之作，则被玑遗珠弃。《礼记·乐记》："魏文侯曰：'敢问溺音何从出也？'子夏对曰：'郑音好滥淫志，宋音燕女溺志，卫音趋数烦志，齐音敖辟乔志，此四者皆淫于色而害于德，是以祭祀弗用也。'"

在这样一个社会转型期，旧的礼崩乐坏是必然的，新的音乐应运而生也同样不可避免。不管统治者怎样处心积虑维护旧乐的严肃地位，怎样贬斥、挞伐以郑卫为代表的新声的"淫邪"，作为当时的流行乐依然汪洋了世界。这从晋平公喜新声、魏文侯好郑之音、齐宣王好世俗之乐可以为证。人们"听郑卫之音则不知"，称"好音生于郑卫，而人皆乐之于耳"；说"若夫郑声，是声之至妙"。……既然郑音放纵，使人心志淫乱；宋音柔媚，使人心志沉溺；卫音急促，使人心志烦乱；齐音古怪，使人心志傲慢；再加上楚音近巫，更使人迷惑。可是，一切保守势力却抵挡不住它强大的生命力，终于滔滔者环山攘陵令其洋溢于四海，这种民歌新声也终于征服了王侯贵胄，纵贯了音乐史的长河。

从审美的意义上讲，雅乐早被人厌倦，故魏文侯一听雅乐就想睡觉，而对感染力极大的新声却趋之若鹜，以至后世如毛奇龄说道："雅乐虽存，但应故事，口不必协律，手不必调器，视不必浃目，听不必谐耳，尸歌偶舞，聋唱瞎和，如此而曰雅乐，雅诚亦可鄙。"于是，晋平公才不顾师旷的劝阻，甘冒"亡国""灭身"的危险，坚持听完师涓演奏的濮上之音；秦穆公"好淫乐，华阳后为之不听郑卫之音"；楚庄王喜"淫乐"，"左抱郑姬，右抱赵女，坐钟鼓之间"；卫灵公"闻鼓新声而说之"；齐景公好夷俗之乐；赵王不喜雅正之乐而好"野音"；齐宣王好世俗之乐，郑卫之声，呕吟感伤；赵烈侯好郑声而赐田于郑歌者……当然，侯王们的嗜好同人民的嗜好是两回事，但从人性上却是相通的。这也从一个侧面说明郑声之盛，颇有取雅乐而代之之势。仅从《诗经》之国风、小雅中幸存的新声看，郑、卫、齐、楚、晋、魏、申、吕、随、秦、陈、曹等各诸侯国在春秋当时已普遍流行起来，并在之后得到蓬勃发展，于是"王豹处于淇而河西善讴，緜驹处于高唐而齐右善歌"；瓠巴鼓瑟流鱼出听；伯牙鼓琴六马仰秣；韩娥鬻歌假食，去后余音绕梁三日不绝；秦青抚节悲歌，声振林木，响遏行云；齐地临淄之民无不吹竽、鼓瑟、击筑、弹琴；雍门之人性善歌哭，中山小国地薄人众，女子多鼓鸣瑟，男慷慨悲歌；郑姬赵女游艺而不远千里；秦声击瓮、叩缶、弹筝、搏髀而歌，呜呜快人耳目；楚地荆阳，虽自屋草庐，歌讴鼓琴，日给月单，朝歌暮戚；《楚辞·招魂》更生动地描绘了一幅楚宫演乐图……

我常想，当初若照此发展下来，华夏古国的音乐原不应是至今这般模样，神州的文明也不至于如此老迈，国人的文化心理情结原不会这般沉重……然而，历史却作了负面的回应。饥者不能歌其食，劳者不能歌其事，爱者不能歌其情，憎者不能言其愤，悲者不能歌其哀，怨者不能诉其恨。欲讽欲怒，欲歌欲哭，不能任其心，随其志。为什么？因为这一切都与历代的统治思想相悖，因为这一切都属于"淫声"。音乐史上为奴隶制或封建政权服务的政治家思想家对于郑声的否定如出一辙，几乎形成了统一的话语口径。在雅乐统治的时代，统治者企图通过中和之音构造一个以神设教的迷宫。但这终不是人类的精神家园，所以历史并未钟情它。这不能不引发人们从文化学上去思考，它已经不再是一个音乐的问题，而是有关人性的历史生成的艺术——文化学。统治思想总以理性控制艺术审美，而理性的一般价值观念又受制于占统治地位的伦理规范或国家意识形态，萎缩了理性的多维度及逻辑外延，使其兑化凝聚为单一官方教义的代名词。这个社会理性从不尊重每个人的生存权益和个性追求，更勿论人的个体主体性了。它习惯于以专制的手段、以外在的东西来控制人的感性，泯灭人的天性，使之变成人的心理的某种框架、规范，并以此去牢笼艺术审美，借统一的伦理规范，去塑造整个民族的文化心理结构，使之变成用官方意识形态控制的机器。

春秋时代郑声的兴起及其之后的蓬勃发展，树起了乡村文化与庙堂文化对立的旗帜。它显示了民众文化进程和民众审美活动的有效性，却不曾获得其合法性。在朝廷及其政治家和思想家为一方、人民为另一方的二元结构中，人民已不再作为沉默的一方被动地接受前者所确立的道德信念和伦理规范，而是作为一个能动的主体制造和实践自己的意识形态。它以感官享受、心志情感的宣泄、切身利益及初级关怀为主要内容，对于旧的伦理、秩序、中庸等为要义的观念体系，不仅仅是一种有力的消解，而是造就了一种历史的对抗。郑声的艺术精神无疑使人获得心灵的自由和人格的解放，他们笑傲江湖，揭露现实，嘲讽权贵，直视人生，开掘人性，宣泄渴望。他们表现了审美与生活的同一，在形式上以杂语的喧哗来对抗君临一切的说教，同时对雅乐及其主流文化意识形态权威采取了天然的冷漠态度。

但是，在长达 2 000 余年的封建社会，几乎没有哪位思想家站出来正面为郑声伸张正义，无论他们实际上是否喜好新声，而在外部态度和理论上几乎是沆瀣一气，少有例外。

把郑声排斥出音乐殿堂的最有力者首推孔子。他要求音乐"文质彬彬""尽善尽美"，形式与内容统一，而又更重视内容的善，音乐之美要进行伦理道德的转换才能成立，才被承认。孔子提出"思无邪""乐而不淫，哀而不伤"的审美准则。他"恶郑声之乱雅乐"，认为"郑声淫"，主张"乐则韶舞，放郑声"，他听韶乐，曾"三月不知肉味"。但孔子对音乐的态度绝不仅仅是个人欣赏习惯和爱好的问题，而是有关礼乐、有关风俗、有关兴亡治乱的国家大事，属于文艺方针政策问题。基于此，他致力于整理音乐，"《诗经》三百五篇，孔子皆弦歌之，以求合《韶》《武》《雅》《颂》之音"。他"由卫反鲁，然后乐正，《雅》《颂》各得其所"。《史记·孔子世家》载，鲁定公十年（公元前 500 年），齐鲁会于夹谷，齐奏四方之乐，"饬旄羽袯矛戟拨鼓噪而至"，孔子曰："吾两君为好会，夷狄之乐何为于此？请命有司！"有司却之；齐又奏宫中之乐，"优倡侏儒为戏而前"，孔子又加阻止："匹夫而营惑诸侯者罪当诛，请命有司！"有司加法，优倡手足异处；他的门生子路鼓瑟，有北鄙之声，受到他严厉的训诫，足见孔子的原则性很强，对新声简直深恶痛绝。

他对《诗经》的态度比较宽容，说"《诗》三百，一言以蔽之，曰：'思无邪。'"被后世道学家们骂了上千年的《关雎》，孔子却说："乐而不淫，哀而不伤。"是说该诗其忧虽深而不害于和，乐虽盛而不失其正。

孟子认为，"今之乐由古之乐"，态度较为暧昧与温和，表明与民同乐的观点，但在"反经""正乐"方面，崇雅乐、憎郑声与孔子是一致的。

孔孟之后，大狗叫小狗也叫。荀子认为，"凡奸声感人而逆气应之，逆气成象而乱生焉；正声感人而顺应之，顺气成象而治生焉"。这里荀子犯了两个错误，一是无限夸大了音乐的社会功用，音乐决定着乱与治，这是儒家为抬高礼乐所犯的通病；二是颠倒了艺术与社会生活的关系，到底是有什么样的社会现实才产生什么样的音乐？还是有什么样的音乐才产生什么样的社会？这是颠倒不得的。儒家和法家一起沦入了唯心主义，显然也不符合《乐记》所言——音乐的产生过程"物至—心动—情现—乐生"的规律。荀子的弟子，那个同李斯一起为秦始皇提出"息文学""燔诗书"焚书坑儒理论根据的韩非，借谈濮上之音的荒诞故事，引出新声是"靡靡之音""亡国之音"的结论。而这种荒谬，历史上一说再说，仿佛变成了真理。

吴国公子季札，早生韩非约 3 个世纪，公元前 544 年访问鲁国观周乐，曾遍评诸国之乐，似乎是个很了不起的音乐评论家，为之歌《郑》，曰："美哉！其细已甚，民弗堪也，是其先亡乎？"穆公甚至以为洪亮的钟声，也会使人因听乐而震，生"狂悖之言"，从而"出令不信，刑政放纷，动不顺时，民无据依，不知所力，各有离心"，以至"国其危哉"。春秋之后，儒家经籍、墨家学说、道家坟典，有法家的告诫，有理学家的絮叨。他们或作预言，类如巫卜；或指陈史实，牵强附会……一个旨归，都是在论述"淫乐亡国"，仿佛天下真有这等事，并把它上升为普遍真理，几乎放之四海而皆准。如《吕氏春秋》所言："亡国之主一贯。天时虽异，其事虽殊，所以亡者同。乐不适也。乐不适，则不可以存。"将音乐的适与不适拔高到国之存亡的关键问题，显然是故弄玄虚。如果像一些臣子本身并不懂音乐，为了儆诫那些冥顽不灵的主子论述的是统治者侈乐的危害，正如他们的物欲横流的祸害一样，而故意夸大艺术的社会效果，其用心可谓良苦。但作为信条来代代传扬，却贻害不浅，以至谬种流传，种子绵绵不绝，以至于今。

《吕氏春秋》有时却摆正了社会现实与艺术两者之间的大体关系："故治世之音安以乐，其政平也；乱世之音怨以怒，其政和也；亡国之音悲以哀，其政险也。凡音乐，通乎政而风乎俗者也，俗定而音乐化之矣。故有道之世，观其音而知其俗矣，观其俗而知其政矣，观其政知其主矣。"这段话第一次指出了有乱世而后才有反映乱世社会现实生活的乱世之音，有亡国之象，才有预示其国将亡的亡国之音。面对险恶的政治，人民感到痛苦悲哀，才会用音乐表达这种反抗和不满，才会呼叫，才会呐喊。也只是当音乐真正反映了社会生活，反映了人民的情绪心愿的时候，才有可能"通乎政而风乎俗"，才有可能"观其音而知其俗"，"观其俗而知其政"。否则，身处乱世，却硬要用音乐去粉饰太平，国之将亡，政治经济已经崩溃，却不让音乐去反映这种现实的悲哀，或者反过来迁怒于音乐对现实的反映，嫁祸亡国之因于音乐，或迫令音乐为腐朽的统治者歌功颂德，所以历代的统治集团要造就一批御用文人来对抗生机勃勃且富有揭露、批判、讽刺和反抗精神的民间音乐。这是中国艺术史上的悲哀，也是古典雅乐苍白无力、缺乏生气的病源。

《乐记》言，治世之音安详而快乐，是因为政治和顺，激起人心安详而快乐的感情；乱世之音怨恨而愤怒，是因为政治反动，激起人心怨恨而愤怒的感情；亡国之音哀愁而悲伤，是因为人民困苦，激起人心哀愁而悲伤的感情。可见，音乐的道理是和政治相通的。《乐记》此意采自《吕氏春秋·适音》，二者摆平了亡国之象与亡国之音的因果关系。

《乐记》对乐的强调和拔高，由于代代加码，已经进入非理化的程度："是故大人举礼乐，则天地将为昭焉。天地诉和，阴阳相得，煦姬覆育万物。然成草木茂，区萌达，羽翼奋，角骼生，蛰虫昭苏，羽者妪伏。毛者孕鬻，胎生者不赎，而卵生者不殈，则乐之道归焉耳。"大人举用了礼乐，乾坤就会大放光明，天地交感，阴阳际会，养育万物。甚至草木就茂盛了，庄稼就丰收了，鸟儿就奋飞了，兽类就活跃了，冬眠的昆虫苏醒来，雌鸟开始孵化，野兽怀胎……而这一切都要归功于乐啊！真是无以复加。那么，归功于谁的乐呢？当然是归功于大人之乐，大人之乐是先王制定的，那不是老百姓创作的，黔首之乐不但不能登大雅之堂，反而是要被禁止的。《淮南子·泰族训》云："音不调乎雅颂者，不可以为乐。"这句话的意思是声音不符合雅颂标准的，连"为乐"的资格也没有。

韩非的《十过》演绎过前代一个音乐故事，以区别"亡国之音"，《清商》与大雅之音《清徵》《清角》之不同。据说《清商》的情调悲哀苍凉，《清徵》《清角》又如何呢？演奏时不但感动了晋平公，就连动物和自然界的万物也受其感染了。如师旷奏《清徵》第 1 段时，有 16 只黑鹤从南方飞来，停在朝堂的屋脊上；弹第 2 段时，它们排成两行；弹第 3 段时，它们就伸长脖子啼鸣，舒展着翅膀跳舞，鸣声悦耳，合乎音律，直传云霄之上；当弹奏黄帝在泰山大会鬼神创作的《清角》第 1 段时，便有乌云从西方升起，弹第 2 段时，更刮起大风，大雨也随之而来，撕裂了帷幕，打碎了俎豆，毁坏了廊瓦，在座的人纷纷逃散，甚至晋国因此大旱，赤地千里，平公也得了瘫病。

如果因前者情调苍凉悲哀就属"淫声"，而比之尤甚的后者，因为是圣王君主们创作享乐的，就变成"大雅"了吗？如同西汉扬雄谈论雅乐与郑声的区别时所说过的"中正平和的就成为雅乐，复杂多变、激越奔放的就成为郑声"。可见，这评判的标准本身并不可靠。

封建统治者之所以推崇先王的雅乐，清庙琴瑟声调的舒缓、闲适、安祥中和，其原因在于"一唱而三叹，有进乎雅音者矣"，应和的人不多，却有比悦耳的音调更深的意义。可见，其对音的要求不在于悦耳的感官享受和审美，而在于主题和教化作用的意义。适中是其最理想的境域，以不至于引起人们的思想情绪的波动为限。这就把音乐驱赶到一种狭小的孤岛上去了。

迨至王充《论衡》，乃若皋日东升，力黜"传书之家载以为是，世俗观见信以为然"的虚妄之言。以为音乐不能调阴阳，也不能乱阴阳，因而不可能使晋国大旱、平公瘫病，这对传统的神秘主义音乐思想、对音乐领域中猖獗一时的"天人感应"论是沉重的一击，对长期存在的"淫乐亡国"论也是有力的驳斥。

儒法两家几视音乐为神物，不过是将其神化后作为统治工具的礼乐法宝，借教化修身以愚民。礼乐何处有真情？以此来规范人的思想，却扼杀了民众的人性，窒息了艺术美的生机。三国魏时的阮籍曾以"不拘礼教""不与世事""口不藏否人物"相标榜，行为蔑视礼教，乐论思想则很正统："礼定其象，乐平其心，礼治其外，乐化其内；礼乐正而天下平。"他一方面主张音乐体现天地自然之和，另一方面又认为郑声能使人"好勇"而"犯上"。"楚、越之风好勇，故其俗轻死；郑卫之风好淫，故其俗轻荡。轻死，故有蹈水赴火之歌；轻荡，故有桑间濮上之曲。"阮籍亦是套中人。

强调艺术适应道德规范，说到底其规范的最高标准是君王的利益。如《诗大序》所言："止乎礼义，先王之泽也。"艺术一作宣扬伦理道德的工具，艺术家就必然成为艺伎。艺术情感异化的结果，必然导向神学大厦，导向所谓"神道设教"。宋明程朱理学"穷天理而灭人欲"，人的一切正当的情感要求都被统治者扼杀，还会有什么美感的满足，只能是清心寡欲，做心如死灰的清教徒了。

但是，历史上又有多少作品遵循了这条美学法则呢？《诗经》中的国风和历代的民歌都根本不受其约束，他们要发泄就尽情地发泄，那首《关雎》就是一大代表，却被统治者者当作"淫诗"骂了几千年。而音乐毕竟不仅存在于统治者的庙堂，更多的好的音乐是生动活泼的民间音乐，是受民间音乐影响的音乐家的传世之作。与统治者的一厢情愿相反，它们在历代强权的压迫下发展、演变，以其顽强的生命力让古代音乐史更辉煌，成为中国音乐中最有价值的一部分。

唐太宗认为"悲悦非由乐"，旨在说明人的悲与喜以及政善恶不取决于音乐，是对"淫乐亡国"论的批判。在封建帝王中，他是少见的一个远见卓识者。

历史上，陈将亡之时，后主陈叔宝作了《玉树后庭花》及《金钩两臂垂》等曲；齐将亡，有人作了《伴侣曲》，这些音乐反映了当时的现实，并非音乐有使其国破家亡的魔力。不信且看《玉树后庭花》的辞这样写着："丽宇奇林对高阁，新妆艳质本倾城。映户凝娇乍不进，出帷含态笑相迎。妖姬脸似花含露，玉树流光照后庭。"这不过是平平的一支宫辞而已，哪里是什么亡国之音？兴替关时，盛衰在政，桑濮非能致乱也，丧乱先于淫僻，白居易在《复乐古器古曲》一文中说："若君政善而美，人心平而和，则虽奏今曲废古曲，而安乐之音不流失。是故和平之代虽闻桑间濮上之音，人情不淫也，不伤也；乱世之代，虽闻《咸》《護》《韶》《武》之音，人情不和也，不乐也。故臣以为销郑卫之声、复正始之音者，在乎善其政、和其情，不在乎改其器、易其曲也。""若君政和而平，人心安而乐，则虽援黄桴、击野琅，闻之者必融融泄泄矣；若君政骄而荒，人心困而怨，则虽撞大钟、伐鸣鼓，闻之者适足惨惨戚戚矣。故臣以为谐人、和风俗者，在乎善其政、欢其心，不在乎变其音、极其声也。"

有些时代、有些音乐可作为考察政治状况的依凭，而有的时代、有的音乐却不能作为依据，古代的官方音乐很难被看作政治状况的真实反映，要剥去御用艺术的层层粉饰才能见其真面目。

古诗都是咏唱的，然后依据咏唱的音调谱成乐曲，称为协律。这时的乐曲屈从于诗的依附地位，诗的心态安乐而和平，就用同样的音调咏唱它；诗的心态哀怨而悲伤，就用哀伤的音调咏唱它。历代统治者为粉饰太平，标榜盛世，即使腐败透顶，也要造雅乐，演奏雅乐，制造安乐祥和的气氛，这种虚饰是政治的需要，不是真实的反映。它远离时代特点，更远离人生，官方需要这种"导向"，戏子音乐家也就曲意奉承。所谓考察音乐可以知道政治状况云云，在政治状况极不正常的封建统治下是很不可靠的。

另一方面，乱世之音怨恨而愤怒，那么它的诗歌和心态、音调和乐曲就无不怨恨而愤怒。这往往来自非官方的或民间的音乐，较之前者有其真实的可靠性。它同官方的粉饰音乐相对立，往往道出了人民的疾苦和心声，较之官方音乐有无可比拟的价值，前者如粪土，后者若金石。无怪历代以正统自居的封建统治者和封建文人无视贬低和害怕"乱世之音"，一如他们惧怕暴露文艺一样，因历代的暴露文艺都是揭示社会弊端、黑暗统治的文艺，写真实的文艺，它揭示的是社会的矛盾、统治者的罪恶，反映的是人民的心声，具有浓郁的悲剧色彩。以此考察当时政治状况恰恰若以镜取影，统治阶级及其走卒们，如教皇英诺森十世像害怕看自己的肖像一样惧怕这种音乐，故代代贬之为"淫乐"就不足为奇了。

南朝刘勰巨著《文心雕龙》中对音乐的论述同样反映了宗经复古的保守思想，与其论诗文的态度大不相同。那种"时运交移质文代变，歌谣文理，与世推移，那种风动于上，而波震于下"的论述一到音乐竟然不适用了，怪哉。

在刘勰看来，到了东汉元帝、成帝又开始推广淫乐，正声已被世俗所恶。至于意气豪爽、才华横溢的魏太祖、高祖、烈祖则任割裂古调制作新乐，却不免音调浮靡，如《北上》等曲、《秋风》诸篇，或记述宴饮宾客，或感伤出征守边，情意不出于放，言辞离不了哀伤，都是不合《韶》《夏》的郑卫之音。

刘勰明确地将音乐中的"诗"与"歌"、"声调"与"歌辞"作了区分，指出季札是从歌辞考察了政治的得失、国家的盛衰，而不是只听声调悦耳与否。他分类的标准主要在歌辞，"好乐无邪"的晋国民歌是雅，"伊其相谑"的郑国民歌是淫，柔靡缠绵的情歌、决绝哀怨的怨诗都划入淫荡的歌辞范围。

到了唐代，人们开始把词填入曲中，不再用和声，这就将词曲的位置做了次正本清源的再颠倒，使音乐不再依附于词，而要词去俯就适应曲。这不能不说是音乐发展史上关键性的一跃。开始，唐代人填曲还大多体会曲名的含意，歌词和曲调的情绪还能相互协调。到了宋代，却不再知道或不再理会曲调有哀乐与否，以至用哀伤的曲调唱快乐的歌词，用快乐的曲调唱哀怨的歌词，近乎长歌当哭了。由于曲调和词意不相协调，无疑，应为词与曲之分道扬镳，尤其纯音乐的独立发展提供了机会，应是对音的解放。而中国的古典音乐可惜在这方面走得并不远。不像宋词那样，词的内容与词牌子只保持形式的若即若离，而实质上并无什么内在相关了，故宋词的大繁盛就是充分利用了这种解放的缘由所结出的硕果。郑樵《通志·乐略·正声序论》云："古之诗曰歌行，后之诗曰古近二体，歌行主声，二体主文。诗为声也，不为文也。浩歌长啸，而又失其歌诗之旨，所以无乐事也……作诗未有不歌者也。……主于丝竹者取音而已，不必有辞。"他讥汉儒不识风、雅、颂之声，而以义论诗也。考审于声，不在于"义"。这应是纯音乐或绝对音乐的源头吧。

回想古今"声诗之辨"，内容与形式之争，雅乐、俗乐之论，心头应是别一番滋味。

风、雅、颂之声，丝竹取音，作为乐曲本身没有提供表象基础的一般的感性范畴，它不存在具体的客观性，听者不能从乐曲获得有关现实本身什么认知，只对现实中某些现象的现实关系上发生一定的感化。音乐表达感情，却无法具体地揭示感情所赖以产生的那些根据，如果说这是它的局限性，不如说这正是它的特殊，人类的审美需要如此。

脱离于语言的音响、音调通常不再现任何实物性，然而它能够以特殊的力量和准确性揭示语言表现所不能达到的最隐秘的情感运动、委婉的感情以及不可捉摸的流动的情绪。正是靠了这强大的表现性，使得器乐成为一门同文学相并列的强有力的独立的艺术。

这应该是一切音乐（歌词不是音乐）对人产生的最本质的影响效应，郑声也不例外。它的"唯务清新""不协律吕"，它的"技巧横出，穷耳目之好"，它的"繁声促节""慷慨悲歌"，有着至味、有着实情、有着深意、有着至境。如今的音乐话语岂不都是郑声的回响，所谓的"严肃音乐""通俗音乐"岂不都是"郑声"？

雅乐、郑声，如今都成了太古绝唱，如果能扶起古人演郑声，奏雅乐，既有郑声之丝竹繁奏，又有雅乐之希声窈眇，那将何等之悦闻！诗人又会说："大雅久不作，吾衰竞谁陈。"折腾古人，意在立此存照，古人之鉴可照古人，亦可照今人，信乎哉？

原载《音乐学文集》2 卷，中央音乐学院学报出版社，1996 年 6 月

筚路蓝缕的音乐美学之旅

——我与我的音乐美学教研室的同事们

当一国的教育由于长期受苏联模式的影响，理工科大学几乎演化成为人文的弃地，文科大学成为思想板结之乡，而我们所在的艺术院校如何避免这片艺术绿洲的沙化，不至于使其变成文化的沙漠，这是个不容回避的问题。为此，自改革开放以来，我们在探索一条日新之路——力图使艺术如何重归审美，重新回归人的心灵，去藻雪精神——于是，在音乐美学学科开始了筚路蓝缕之旅，至今不管是年逾八旬的长者，还是刚过而立之年的后学，依然共同跋涉在这条满载乐趣而又是充满荆棘与泥泞之途，而且乐此不疲。

我在中央音乐学院已经度过了 35 个春秋的教学生涯，倏忽间额生沟壑，华巅积雪，垂垂老矣。当此步入"从心所欲"之年而又不能从心所欲的岁月，回首往事，"无端锦瑟五十弦，一弦一柱思华年"。我把一生最好的年华安放在音乐美学教研室这个小小环境里，埋头耕耘，无心去计较收获。在音乐美学领域，我从游离到彻底融入，步履蹒跚，一直人在旅途，心在路上。

好在，余身无蟒袍之伪饰，首无乌纱之累赘，起码在独立人格、自由思想精神领域可以用玉石筑起一座城堡，风可以进，雨可以进，友可以进，情可以进，唯独洗脑的软暴力不可以进。近君子，远小人，吾心坦荡荡。

本来，这篇文章部分已发在"于润洋八十春秋润雨成洋"研讨会的文集里，会后，于先生（已故）给我发邮件云："您总是在论述别人的成绩，从来不说自己，——这就是你。"他能这样说，我很感动，也很惭愧。尽管我也曾忝列音乐美学教研室主任多年，因我平生所学甚杂，述而不作，乏善可陈，走的是一条异乎常态之路。借用那首贯云石《清江引》所说："不是不修书，不是无才思，遶清江买不得天样纸。"在我即将告别讲台重新开启一个理想，去寻觅曾经失去或冷落的一切之际，对这个让人留恋的学术集体补缀上一点内容，算作对历史的一丝深情的怀念，一次留恋的回眸。

我于 1980 年由中央美院毕业后调入国家文物局，没去报到，随后来到中央音乐学院任教。之前，文学、美术史论研究以及绘画，曾经是我的专业。踏入美学领域是童景韩、李泽厚、王朝闻、敏泽、孙美兰等几位美学家的引导，中央美院的美学课程是他们所授，李泽厚先生的《美的历程》大致是在我们班讲学且参照历史博物馆陈列的产物，它在一定程度上影响了我对艺术美学的热衷。由于环境的变迁，促成我在学术领域不断"见异思迁"，原是一种无奈，后来却变成一种自觉。来到音院，我所在的文艺理论教研室 1981 年后改为音乐美学教研室，无疑它标志着教学与研究领域的转向与定位。当时的处境就大范围看：20 世纪 80 年代初期因思想大解放而成为半个世纪以来社会宽松的黄金时代，西方古今经典作品不再是禁区，我们自建政初期至"文革"浩劫的几十年间，由于意识形态的一边倒与闭关锁国，在音乐哲学美学领域，我们几乎不了解世界到底进展到什么境域，国外在研究什么？如何研究？直至新时期打开国门一看，人家已是数不清的主义，数不清的著作，学派林立，群星璀璨。我们只好奋起直追，不舍昼夜。新时期对于国外的研究，30 余年来我们都在补课，在关注着人家在研究什么，然后，我们跟着走，但却一直有种跟不上的感觉，我们在研究人家的研究，有些无奈。在这样一个大环境下，中国音乐美学无可奈何地把脱节的旧学科从头建成一个新学科。30 年过去，回首往事，有欣慰，有蹉跎，似乎找到了中国自己的研究之路，我们依然在瀚海跋涉。

20 世纪 80 年代，文化艺术出现了"病树前头万木春"的历史景象。美学领域尽管在国外几近消歇或成为学术常态，而在国内却产生了"美学热"。于是，中华全国美学学会应运而生，于润洋先生、赵宋光和我最早加入了这个以蔡仪、李泽厚、王朝闻等为会长的学会，成立作为大美学分支的音乐美学学会自然被提上日程。几十年下来，我们学校在这个领域的研究方面无论深度和广度都处于国内的领先地位。当初，集结在美学教研室的教师，除于润洋先生外，大都是移离故辙，初踏雷池，放下他们原来的专业，投身到美学领域。至于本人，那时对音乐美学是个地地道道的门外汉，为此，当初不胜惶恐，只好竭尽努力补课。进校后我教的是"艺术概论"，好在是轻车熟路，而剩余的时间大都用在马不停蹄地听课，恶补音乐课程。至今无人知道，我年轻时曾经痴迷过音乐与戏剧，家藏的大量唱片在"文革"中付之一炬，也曾登台演出过现代戏和古装戏，尤其对程派苍凉沉郁的唱腔情有独钟。后来，结识了美术史学者程永江老师，程砚秋先生在西四的故居就常常是我心仪的所在。幼年记忆最深的是驻军北平南苑机场的父亲回故乡带回了一把精致异常的京胡，他演奏的京剧曲牌是我所学不来的，他说自己是个票友。父亲的书房里也曾遗留给我一架无弦古琴，我将其高挂墙上，当作装饰，向无陶潜空弦抚弄的雅兴；还曾拉坏过几把板胡和二胡，以解心头之郁闷。只是为了独自怡悦，从未打算成器，消遣而已。来到音乐学院，充耳所闻满是音响，寓目所视满是音符，也就不必自为。

说心里话，我并不喜欢所教授的"艺术概论"这门苏俄理论模式影响甚深的课，而对官方的统一教科书，因为距离艺术实践甚远，对学生的创造性思维无助，学生同样不喜欢。80 年代先后从北大调入几个青年教师分担我的课，不多久，一个个都远走高飞了。我也只好另辟新途，为了弥补必修课的缺陷，几十年下来，我围绕艺术美学先后为本科生、硕士生、博士生开设过 16 门选修课、2 门必修课，力图改变音乐院校这片艺术绿洲逐渐沙化，变成人文沙漠的状况。这一努力从一开始就得到于润洋先生的支持，无论他作为系主任还是院长都是如此。因此，从80年代起音乐学院就开始鼓励教师多开选修课。长达20年的"艺术概论"的教学，我唯一的收获是写了百万字的自撰讲义，深入研究了它所涉及的8个艺术门类。每进入一门，恰如打开一个阿里巴巴大盗的宝库，处处琳琅满目，使你乐而忘返。幸运的是这些艺术类别最后都通向音乐——习以文，践于画，止于乐，天然地成为我研究与教学的路径，也由此确立了我立足美学、跨学科打通艺术诸门类的治学之路。我力图从各种视角全方位地去观察艺术，生怕陷入盲人摸象的尴尬而误人子弟。

古籍有言"齐人有一妻一妾焉"，我是齐人，也拥有一妻一妾——音乐为妻，美术为妾，文学却沦为侍女。三者都是我的专业，也都不是我的专业，想起果戈理的话："世界上三个美丽的女皇……感性的迷人的雕刻使人陶醉，绘画引起静谧的欢乐和幻想，音乐引起灵魂的激情和骚动。"我年轻时曾梦想做个百科全书似的学者，终无狄德罗之才气，时过境迁，时代也并非那个时代，国度也不是那个国度。

中国的18世纪在学术上是狐狸当道的时代，而20世纪的中国则是刺猬得势的时代。但刺猬得势而没有得道，直到世纪末，社会仍处在像等待戈多一样等待刺猬的时代。

环境的重要在学术史上时时处处得到彰显，无论古今中外，概莫能异。海外一流的大学、蔡元培领导的北大、20世纪80年代的中央美术学院与中央音乐学院，无不为学术营造过一座阻挡恶风的壁垒，营造过八面洞开而透明的象牙之塔。我们努力营造的是学术的殿堂，而不是平庸的技术与工具养成所。如果大环境不如意，理想的小环境就彰显了它的可贵价值。因为文化关乎心灵，而心灵的高远几乎没有极限，文化自由飞翔的空间本来未可限量，重要的是放手，你有多放手，文化就能飞多高。一个赛马者说过，人们知道在赛马跨越障碍的时候，最好的赛手的心态是你既不要鞭策它，也不要控制它，你要完全地信任它，你别拉紧缰绳。

20世纪80年代，文艺界有诸多诱惑，我也曾经想回归美术创作队伍，世俗以为那里起码有名利可图，之所以在音乐学系留下来，主要原因有三：一是在教学上，音乐学院给予教师充分自由的空间，不大受外界的干扰。这使刚刚从"文革"的梦魇中走出的人们倍觉可贵。独立意志与自由精神的回归使教师有了一份人格的尊严，随之而来的是对学生的责任感也为学科研究提供了自由、自觉的发展空间，使之有可能创建一个前所未有的新境域——这也为中央音乐学院的音乐美学研究成为国内先驱创造了条件。

再是，音乐美学教研室有一批为学术献身的素质甚高的音乐学人，有着极纯正的学风。他们为人大中至正，团结无间，虽各自分工，但互相关怀，互相激励，真正建立了一种非常默契的朋友与同事的情谊。尽管学术取向、理路、观点不尽一致，但始终坚持着和而不同，有评论说："他们是一批思想开阔而自由、意志独立而重创造的教师，他们人数不多，然而能量却不可限量。他们不固执所学，却愿意时时做学生，并以谦虚谨慎的态度向世界学习，从不自居。"他们没有狭隘的民族主义与民粹主义，没有假"爱国主义"扭曲之名而故步自封。世界一切有价值的文化，在这里都被视为人类共同的财富，绝不以中西之别而依附俗议。这里运行的是合乎天道与人道的多元互济，而不是一元独尊。旧传统的文人相轻、新传统的人人恶斗在这里渺无踪迹，没有谁区分我是内行、他是外行的浅薄之见，真正建立了一种非常默契的新型关系。学问与学术就是在一种无私务实而自由的氛围中探讨的，故面对社会的折腾，这些过来人已经不屑。这是个非常人性化的集体，邢维凯说他人生中最愉快的事就是听老师上课和参与教研室老师间的争论，这种快乐是无法言表的，工作忙碌了，更怀念这种氛围。因为人们的心境与外部的环境都需要这样的氛围，这是大家追求的理想。在教研室讨论学术问题时那种无须掩饰、直截了当，即使观点截然不同但友情丝毫无损的风气，令人动容。

这又是个非常人性化的集体，从系主任张洪岛先生及其后来的几届负责人，基本上实行的是无为而治——放手让教师们自为。这种可贵的精神促进了音乐学的大发展。因为它发挥了所有从业者的积极性和创造精神，而不是按照什么脱离实际的既定方针与长官意志办学与研究学术。由于实行开放式教育，有效地阻隔了教育行政化的惯性。领导者有种宽容仁厚的大气局，从业者也就必然自觉与自律。这是20世纪80年代音乐教育出现蓬蓬勃勃一派新气象的基本原因。音乐美学教研室的学风带动了整个音乐学系，乃至整个学院。因为音乐美学教研室先后为系里、为学院、为研究所、为附中输送了7名领导干部。如果健康发展，坚持人性化的教研，似会恢复教授治校的优良传统。

其实，中央音乐学院音乐美学教研室虽定名于1981年，但其音乐美学的科研及教学活动则可以追溯至20世纪的50年代，它为我国音乐美学学科的建立和发展起到了开拓者与奠基者的重要作用。30年来，在学科带头人于润洋教授的带领下，教研室教师主要包括何乾三（已故）、蔡仲德（已故）、张前、潘必新、李起敏、李大士、王次炤、杨洸、叶琼芳等，几乎平地而起，克服重重困难，筚路蓝缕以启山林，在艰难的学术研究与教学道路上不断地探索，建立起了中国音乐美学史、西方音乐美学史、西方现代音乐美学、音乐美学基础、音乐表演美学，以及具有独立学科属性的音乐心理学、中国音乐美学与其他艺术美学综合研究等在内的具有中国特色的音乐美学学科的基本体系，并获得了多项引人瞩目的成果。于润洋的《现代西方音乐哲学导论》、蔡仲德的《中国音乐美学史》、何乾三的《西方音乐美学史稿》、张前同青年教师王次炤合著的《音乐美学基础》、张前教授的《音乐欣赏心理分析》、张前主编的《音乐美学教程》、王次炤主编的《音乐美学》等教材，以及多部国外有影响的音乐美学著作的翻译出版等，都在国内产生了广泛而深刻的学术影响。其中，许多著作、教材和论文获得国家级和省部级科研成果奖，一些课程列入国家级和北京市精品课程。由我院教师主讲的数门音乐美学课和艺术史论课、艺术鉴赏课也先后列入电视大学和远程教育的主修课程，在全国范围内产生了广泛的影响。鉴于我院音乐美学教学集体在教学、科研中所做出的贡献，于1993年获教育部全国普通高校优秀教学成果国家级一等奖。

图 1　自左至右：王次炤、蔡仲德、于润洋、李起敏、张前、潘必新、何乾三、袁静芳、钟子林

　　音乐美学的骄人成绩来自学术梯队的合理构建。自 20 世纪 80 年代初期起，中央音乐学院音乐美学学者群就是个学术共同体，它对内不但有共同的志向，对外又将该学科视为一个无限开放的体系。除了音乐美学本体研究之外，它还涉及整个文化学、艺术学的研究。如此，学术视野既深入又广阔，方能成就一个完整的体系的构建。

　　音乐学院音乐学系，1959 年发表《音乐美学概论》提纲（草案），1977 年成立文艺理论教研室，1981 年更名为音乐美学教研室。1980 年教研室从业教师有于润洋、何乾三、张前、潘必新、李起敏。1983 年蔡仲德从附中调入，王次炤本科毕业留校，当时，教研室还配有两位翻译家：叶琼芳翻译英语书籍，是《证见》（即《肖斯塔科维奇回忆录》）的译者），我在美院时就被叶先生的音乐译文所吸进，那本《回忆录》美院的研究生本科生几乎人手一册。《从贝多芬到肖斯塔科维奇》未刊稿是何乾三老师介绍给我的；杨洸专攻俄语，最早把茵加尔顿介绍到中国大陆，底本是苏联外国文学出版社 1962 年版《美学研究》第 2 卷。后来，他翻译符号学，在系里开过讲座。此外，还有李大士老师，英文极好，因病常年病休在家，可是每年春节，我们都在他那里聚会，他与美院国画系主任姚有多关系甚好，而姚又是我的挚友，大家在一起其乐融融。这些先生一直以学术共同体的方式参与学科建设，经过数十年的努力，形成比较科学的教学科研模式，在理论研究、教材建设及人才培养方面都做出了重要的贡献，同时也形成了特定的学术格局。

　　之后陆续是苗建华、周海宏、邢维凯、宋瑾毕业留校，这些新毕业的博士逐步成为教学与科研的中坚力量。进入 21 世纪，李晓冬、柯扬、何宽钊、程乾毕业留校，新的青年一代补充进来，成为学术新锐。我同于润洋先生谈到这些年轻的同事的未来发展，于先生说："就看他们自己的造化了。"如今看来，他们都在努力造化自己，团结起国内外同人，在一个更加宏阔的平台上，万籁和鸣，定能雏凤清于老凤声。

一、何乾三

图 2　何乾三（左）与迈尔（右）

　　中央音乐学院音乐美学之所以在全国曾经产生举足轻重的影响，当然是人的因素。回顾历史，应该说在中国音乐美学领域，何乾三、于润洋是两位先行者。而何乾三在这个领域无疑是第一推动者，于润洋始终是学科带头人。潘必新把音乐美学的教学集体比作一艘航船，何乾三是发动机，于润洋是舵手，大家是船上的兄弟姐妹。何乾三是一个眼光远大、事业心很强的人，她较早地认识到在中国建设音乐美学学科的必要性和紧迫性，并且身体力行，以极大的热情全身心地投入到这项事业之中。

　　1980 年，何乾三发表《什么是音乐美学——音乐美学的对象问题初探》，从理论的角度提出，把研究音乐的特殊性作为总出发点，并从哲学、心理学、社会学角度研究音乐艺术。

　　音乐美学史的研究对象和范畴界定是建构这个学科的前提和基础，何乾三认为，音乐美学史的对象和范围有广义和狭义之分。广义上，应包括音乐作品中体现出来的对象、规律与社会生活，特别是音乐生活方面所体现出来的音乐审美意识的发展史，以及同这种审美意识相适应的音乐美学理论的发展史。狭义的对象，则只是包括那些已经上升为理论形态的音乐美学思想的发展。这是 1984 年以来，何乾三在中央音乐学院开设"西方音乐美学史"课程的讲稿中对西方音乐美学史的对象和范围的界定，这个界定对后来中国音乐美学学科关于音乐美学史的对象和范围之界定产生了深远的影响。

　　新时期，她致力于西方音乐美学史的教学与研究。1986—1988 年及 1993—1994年，她以带病之身两次赴美考察、进修，在当代著名音乐美学家伦纳德·迈尔教授的亲自指导下，对国外音乐美学研究的最新成果进行了比较深入的学习和探讨，并且花了几年时间，认真、细致地把具有重大国际影响的迈尔的名著《音乐的情感与意义》译成中文出版。她在开设"西方音乐美学史"大课的同时，还对一些重点人物进行了深入的研究，写出多篇专题论文，如《黑格尔的音乐美学思想》《卢梭的音乐美学思想》《音乐的情感初探——再读汉斯立克的〈论音乐的美〉》《〈从贝多芬到肖斯塔科维奇——作曲心理过程〉述评》等。由于历史的原因，我们在西方音乐美学史方面的学术积累十分薄弱，特别缺乏第一手资料，因此何乾三在这方面的工作具有开拓性和奠基性的意义。她从美国带回的大量资料还没来得及整理，竟被病魔夺走了生命——1996去世，享年64岁。她以其人格魅力和学术价值赢得了大家的尊敬与爱戴。音乐美学教研室在何乾三这个发动机的推动下，从1982年开始举行音乐美学系列讲座，几乎成为传统课目，她对音乐美学学科的建设与推动全国音乐美学的发展功不可没。

在她逝世后，由她的学生修子建整理出版了一部厚重的《何乾三音乐美学文稿》，其中的一些重要论文和长达525页的"西方音乐美学史"遗稿中，不难看出她为此所作的巨大努力。这些凝结着她的辛劳与智慧的研究成果为后来者提供了许多有价值的思想资料。何乾三的《西方音乐美学史》虽然是未完成稿，但说它是中国第一部西方音乐美学史著作是当之无愧的。所幸的是，这部手稿最近经过钟子林教授的进一步整理，已由中央音乐学院出版社作为单行本出版。可惜何先生过早地故去，带走了无尽遗憾。

二、于润洋

图3　于润洋

2006年6月30日，在我主持的纪念何乾三、蔡仲德学术研讨会上，我曾经说：何、蔡两位逝者，他们灵魂中可贵的精神、无法用文字记录的东西永远被带走了；然而纪念死者是为了鼓励生者。我们更应该关注已进入了耄耋之年的老教授，我们要在他们生前关注他们、研究他们，少一些历史的遗憾。之后，教研室开始将于润洋先生的学术研究纳入日程。随之，列为全院的学术活动而展开。

新时期以来，于润洋先生在现代西方音乐美学思潮、学派和方法的推介与研究方面厚积薄发且多有发明，形成了视野宏阔、多元胸襟、同行视角、批判意识、三维结合、形式特色、实践品格等特色鲜明的研究风格，不但在我国当代音乐美学研究领域独树一帜，而且还为我国当代音乐美学的系统化构建叩开创新之门（居其宏语），为这一学科的基础理论建设做出了重要贡献，他的一系列著作为中国新兴的音乐美学奠定了基石，并在高层设计方面预设了理想架构。

在我国西方音乐美学和西方音乐史这两个研究领域，于润洋是一个学养深厚、成果卓著的旗帜性学者。早年就读于中央音乐学院作曲系，后来又到波兰随著名音乐美学家索菲亚·丽萨研习音乐美学，其音乐本体基本功、文史哲学素养、外语能力（英/德/波）全面而扎实，他视野开阔，思维缜密，学风严谨，对西方诸多哲学和美学流派深有涉猎。新时期以来，为了及时使国内学人尽快了解并把握久已隔膜的西方学术动态与学术状况，他将音乐美学研究的主要精力集中在西方音乐美学思潮、学派和方法论的推介和研究方面，几十年下来，孜孜以求，硕果累累且多有发明，提出了许多学术创见而独树一帜，并形成自身特色鲜明的研究风格，对这一学科的基础理论建设做出了重要贡献。他以宏阔视野环顾世界，对现代西方音乐哲学的研究由点到面、逐渐拓展，最终形成恢宏规模，从而构建起自身宏富的对象世界。

1981年，于润洋发表《对一种自律论音乐美学的剖析——评汉斯利克的〈论音乐的美〉》一文，伴随汉斯立克一书在我国的首次出版发行，开始其形式－自律论美学的推介和评析活动，并成为其西方音乐哲学研究历程的起点。

于润洋的《符号、语义理论与现代音乐美学》对符号学、语义学的评析也是独到的，他指出音乐美学是一门同其他精神文化领域发生深广接触的学科。历史和现实都证明，它常常是在同诸如哲学、社会学、历史学、艺术学、心理学乃至自然科学等相接壤的边缘地带得到发展，并从这些学科中得到有益的渗透和启示。这当中，20世纪以来发展起来的符号学、语义学对音乐美学的研究也产生了重要影响。在当时资料并不充分的条件下，他所作的评述为国内音乐美学的建设积累了必要的思想资料。

他的《释义学与现代音乐美学》也意在介绍西方音乐美学的一门显学——现代哲学释义学的兴起。狄尔泰是近代西方释义学的最后一个代表。20世纪初，世界史进入现代以后，西方的释义学曾经沉寂了一个时期。在音乐美学领域里，克莱兹玛尔以后，释义学观念已很少被关注了。这种情况的出现可能与西方哲学思想领域正在矛盾中寻找出路，自然科学发展基础上形成的科学主义思潮的冲击及艺术的实践，与理论领域里形式主义潮流的发展有关。但是到了50—60年代，沉寂了几十年的释义学这门学科开始了复兴，即以伽达默尔为代表的现代哲学释义学兴起。与此同时，19 世纪的释义学思想也又重新引起人们的注意，形成了某种相互对立的情势。

2000 年，其著作《现代西方音乐哲学导论》的出版无疑为音乐美学研究，尤其中西音乐美学的比较研究，提供了支点与秩序。我在香港中文大学《二十一世纪》学刊为之所作书评，主要内容如下：

它原意不在消解现代西方音乐哲学，无意中却消解了西方哲学神话。《现代西方音乐哲学导论》使人想起赫胥黎（Thomas Henry Huxley），赫氏在牛津大学那篇著名的演讲 "进化与伦理"（Evolution and Ethics），在出版时他加上了一篇 "导论"（Prolegomena），并戏言："如果有人认为我增添到大厦上去的这个新建筑显得过于巨大，我只能这样去辩解：古代建筑师的惯例是经常把内殿设计成为庙宇最小的部分。" 于润洋先生这本洋洋 42 万字的 "导论"，与赫胥黎的 "导论" 不同，它是对现代西方音乐哲学这座宏大的 "庙宇" 进行解构、检验、分析、鉴定之后重新建构起来的独立建筑。如其后记中所说："它的目的在于通过对西方音乐思想发展的整体脉络和内涵的了解，在更高的层次上，深化对整个西方音乐文化的认识，而最终的目的还是在于通过对西方学术界对音乐本质问题的种种看法的清理和反思，使得我们能够在一种审慎和批判的前提下，使这些有关的思想资料为我们所借鉴……" 我们也曾片面地吸收借鉴过这些思想，却是太功利，太偏狭。至于借鉴什么，谁来借鉴，选择的权利俱在官方而不在民间，在 "需要" 而不在学术。

音乐哲学就是音乐美学，只是音乐哲学的外延较宽，既包含音乐美的问题，更涵盖一系列更为宽泛的音乐艺术本质的问题。事实上，《导论》涉及的西方现代音乐哲学思潮有关音乐美的篇幅不多，而主要探讨的却是从哲学视野来审视有关音乐本质的理论问题。它包括了形式 - 自律论音乐哲学的确立和演进；现象学原理引入音乐哲学的尝试；释义学对音乐哲学的影响和启示；语义符号理论向音乐哲学的渗透；音乐哲学中的心理学倾向；社会学视野中的音乐哲学；音乐哲学中运用马克思主义原理的尝试等等。作者对于这些音乐思想的历史渊源、发展变化历程、理论价值及其对音乐的影响、在音乐艺术中的体现、对音乐美学学科的贡献、它们的局限性以及产生缺陷的原因、面临的问题，一一进行了微观审视和宏观考察。这种条贯理析的研究，突破了一般 "导论" 的线性思维，给人们看到的现代西方音乐哲学是一幅网络化的图景和在历史进程中互动着的星系。

智慧比知识积累更可贵，知识的本质是开放的，思潮的本质也是开放的。思想是流变的、非预设性的、不定型的、自指示或自相关的，因为一旦定型，就成了教条，就被制度化了，官僚化了，就阻断了其他可能的思想，所以哲学就是用语言把思想盘活，让思想自身难测，让其有更多的接口。高屋建瓴式的重新思考是《导论》的起点，也是落脚点。概览现代西方音乐哲学，不仅仅是要构建一个宏大叙事的框架，也并非以国内惯常的简化手段给诸家贴上标识，再设一道屏障。音乐美学在国内作为年轻的学科，从一开始就有着尖锐的问题意识，这些问题，我们在现代西方音乐哲学思想中会找到借鉴，于先生的这本书就是最好的回答。①

于润洋教授的论文《罗曼·茵加尔顿的现象学音乐哲学述评》（《中央音乐学院学报》1988年第1期）认为茵格尔顿的音乐美学之所以为"现象学音乐哲学"，是因为茵格尔顿的思想中所侧重的现象学哲学的内容。茵加尔顿认为，存在着两种对象，一个是不依人的意识为转移的客观实在对象，另一个则是依附于人的意识的意向性对象。这两种对象之间的界限是严格的、清晰的，二者不是同一的，不应相互混同。艺术作品属于后一个范畴，即意向性对象，而音乐作品就其本质、存在方式而言，则是一种更加纯粹的意向性对象。这是茵加尔顿音乐哲学思想的核心。他在《音乐作品及其同一性问题》一书中对音乐一书所做的种种探讨，最终都是引向这个核心结论的。于润洋先生还对茵加尔顿现象学音乐美学的哲学思想及其局限作出自己的评价。于先生的这篇文章对20世纪80年代末的中国音乐美学的研究进展产生了积极的影响。

于润洋关于我国音乐学学科建设的思想曾经专门著文陈述，认为一个国家、民族的建设和发展离不开自然科学和人文社会科学两个方面。音乐学作为人文学科的组成部分，任务就是在理论和历史等各个层面上对音乐这门艺术进行多方位、多侧面的思考和探究。中国音乐学是一门年轻的学科，从长远的建设上来看应注意以下三个方面：一是扩大学科的学术视野；二是加强理论与历史的相互融合和渗透；三是注重对音乐本体的研究。

2004年，蔡仲德先生作古，按照他的遗愿，我把他的学生和课程接了过来。于润洋先生和我商量：一是把老蔡的课题深入研究下去，并希望把中国音乐美学与史的研究领域扩而大之，延伸为中国音乐美学与其他艺术美学的综合研究，这无疑是他希望将其理念落实在教学与科研方面的举措之一。此后，这一决定就反映在我招收的博士生简章中，并成功地进行着实践。

此外，于润洋先生一直在关心联系其他相关学科的交叉研究。从广阔的文化学的角度观察音乐美学，因为它的发展本来就与整个文化及其他艺术学科息息相关。古代的艺术家往往为诸多学科的专家，古代的音乐美学家往往都是史学家、哲学家、音乐家、诗人、画家、文学家、书法家，因此，借助哲学史、文学史、美术史、艺术美学史甚至宗教学史等学科的成果，参考他们的方法，会给音乐美学史带来新的面貌，在学科的交叉点上取得新的进展。总之，有了文化学的视角，音乐美学的研究才可能深入。如此，在音乐学研究的方法论上构建出美学－历史－音乐本体分析铁三角三层浇灌的楼阁，或称为三维向度体系。

---

① 编者注：本页虽有部分与第71—72页重复，但为保持本文的完整体，特此保留。

古今中外的大学问家、思想家、艺术家，尤其那些堪称大师的人物，无不在诸多文化领域有着广泛的修为，于润洋先生具备了成为一代大师的必备条件，他的过去、现在与将来的学术实践会做出最好的回答。在中国音乐美学这条筚路蓝缕的道路上，他的思想之灯始终在队伍的最前面闪亮着。

三、蔡仲德

图4　蔡仲德

中国音乐美学史与西方音乐美学史，是音乐美学史学科的两大支柱。前者已有几位先生在做，按照于润洋先生的设想，后者就落在了蔡先生肩上。当初，我本来打算协助他一起整理古典文献资料，由于本人所涉领域庞杂，一时不能进入单一的研究状态，只好止步。

仲德兄应教学需要从进入美学教研室起，按规划就开始了他的中国音乐美学史的破冰之旅。在这个领域，他具有得天独厚的优越条件——除本校图书资料外，北大图书馆以及冯友兰先生丰富的家藏典籍提供了可供开采的富矿，他本身又有深厚的文学功底与音乐理论素养。而中国美学史料重要的是古典时期，他以极大的精力去梳理浩如烟海的经史子集，抽绎出有关音乐的论述，一条条进行再注释，并一一纠正前人的舛误，出版了近百万言的《中国音乐美学史资料注释》，在此基础上撰写的《中国音乐美学史》一书有着扎实的功底，为中国音乐美学史的研究奠定了不可撼动的基石。

中国音乐美学的重心在古典乐论，近代中国音乐美学的研究者、开拓者面对丰富而芜杂、遮蔽与散在的音乐美学传统资料时，筚路蓝缕中深感如蹒跚在古道烟雨中的行者。这也算中国音乐美学的特色了——如资料的散在性：在中国传统经籍里，美学思想往往散散见于哲学家、文学家、音乐家、戏剧家、杂家甚至政治家的典籍与文章里。有的自成系统，有的只言片语，但其重要程度却不取决于文字的多寡。

再是音乐美学与音乐思想、音乐史料的胶着性与美学思想的依附性——音乐思想往往是从普遍性的带有哲学性质的概念抽绎出来的。例如，公元前775年，周太史伯提出"和实生物，同则不济""以他平他谓之和"（《国语·郑语》）的命题，认为不同事物之间的"和谐"能产生万物或使生命繁衍，相同的事物只有在数量上的叠加而不能使事物产生变化。这个命题经过单穆公、伶州鸠等人的改造，形成了以"和（谐）"为美，以"平和"为审美标准的"平和"审美观。在这种审美观笼罩之下衍生出"节"与"度"、"中"与"淫"、"哀"与"乐"、"理"与"欲"、"虚"与"实"、"刚"与"柔"等互相吸收、互存互动的音乐审美范畴。又如老子的大音希声，虽本是在借音言道，但却深蕴着音乐思想内涵，并深刻影响了中国音乐美学的发展及体系的形成。

"平和"审美观影响了包括季扎、子产、郤缺等奴隶主贵族思想家们对于音乐美的认识及其价值评判。这种审美观对生命的关注也影响了包括医和、伶州鸠、晏婴等人对于音乐与养生的基本看法。如伶州鸠认为，平和之声能使人心安，心安就快乐，快乐才会使人的寿命长久；声不平和，会使人心不安，人心不安就会生病，生病就不能使寿命长久（见《国语·周语下》），认识到"音"与"心"的关系，认为审美客体之"音"对审美主体之"心"能够产生影响与反作用。

关于中国音乐美学史的研究，经历了资料汇总—断代史整合—思想史厘清—再提炼出具有美学意义或价值的流变历程，最后集结成为《中国音乐美学史》一部巨著。蔡仲德1994年发表的《关于中国音乐美学史的若干问题》一文，该文把中国古代音乐美学思想归为五大特征：（1）要求音乐受礼制约，成为礼乐；（2）以"中和"－"淡和"为准则，以平和、恬淡为美；（3）追求"天人合和"，追求人际关系、天人关系的统一；（4）多从哲学、伦理、政治出发论述音乐，注重研究音乐的外部关系，强调音乐与政治的联系、音乐的社会功能与教化作用，而较少深入音乐的内部，对音乐自身的规律、音乐的特殊性、音乐的美感作用及娱乐作用重视不够，研究不够；（5）早熟而后期发展缓慢。该文的发表使学术界对中国古代音乐美学的总体特征有了一个较为明晰的认识。

蔡仲德1995年出版的《中国音乐美学史》，是第一部对中国音乐美学全面系统地研究总结的划时代之作。它为丰富而散乱的中国音乐美学思想探源溯流，引渠入海，对贯穿中国音乐美学史中的主要思潮与基本问题做了科学的梳理、演绎、洞察与阐发。书中研究表明，一部中国音乐美学史始终在讨论情与德（礼）的关系、声与度的关系、欲与道的关系、悲与美的关系、乐与政的关系、古与今（雅与郑）的关系。这一切最后归结为，要通过彻底扬弃改造传统音乐美学思想，打破其体系，吸收其合理的因素，批判其礼乐思想，使音乐得到解放，重新成为人民的心声，从而建立现代音乐美学新体系。

而建立音乐美学新体系，又必须正确对待东、西方音乐美学思想，指出二者的差异不在民族性，而在时代性。由于复杂的历史原因，造成中国现代音乐美学的停滞，缺乏像西方那样丰富多彩的音乐哲学的推荡。学习西方经验，如青主所主张，首要者不是利用其方法，吸收其技巧，而是引进其先进思想以建立先进的音乐美学，根本上改造中国音乐，使之由"礼的附庸""道的工具"变为独立的艺术、"上界的语言"，使之获得新的生命，得以自由发展。不是"中体西用"，也不是"西体中用"，而是新体新用，即现代化之体，现代化之用，因为体用本不可分。

另外，《中国音乐美学史》的作者始终关注音乐美学在寻找音乐的本质时必不可少的研究课题，即音乐艺术发展与社会文化发展的关系，也就是在更高层次上研究自律与他律的关系。当音乐美学试图回答"音乐是什么"的时候，它同时也就把自己的特殊问题跟整个艺术哲学所要回答的普遍问题"艺术是什么"贯通了起来，从而提供从音乐中发现整个艺术的本质的可能性。开放的视野和解放的思维是当代学者的素质特征，也是《中国音乐美学史》作者的思维特征。正如人们评价陈寅恪时说的，他那些精彩的观点是无法仅仅从客观的史料中必然推演出来的，其间渗透着多少这位文化人的忧患意识和对历史的大识见。这种大识见，是有着深厚的世界观和哲学信念作为其指导思想的。"在史中求史识"是陈寅恪信守的法则，也是蔡仲德信守的法则。文如其人，人如其文。书中倾注着作者的生命，对音乐、对文化、对宇宙、对人生的哲学思考，对人本主义投入的彻底关注，也不乏对政治文化和意识形态的两面作用保持更多的警惕。显然，此书的问世必将有助于中国音乐美学的现代化。①

蔡先生认为，中国音乐美学史的对象不是中国古代音乐作品、音乐生活中表现为感性形态的一般音乐审美意识，而是中国古代见于文献记载，表现为理论形态的音乐审美意识，即中国古代的音乐美学理论、中国古代的音乐美学范畴、命题及思想体系。以中国音乐美学史为依据，他归结出 105 个中国音乐美学范畴，为范畴学开辟了一个新的园林。

音乐美学毕竟是研究人类音乐审美活动的一门超经验性质的理论学科。音乐审美活动包含两个方面的内容，一是音乐审美经验，二是音乐审美观念。研究音乐审美经验的是音乐美学史，它以时间为线索，展示在音乐审美历史上有过哪些音乐美学家，提出过哪些音乐美学理论。音乐美学的历史是要在广阔的文化背景上描述音乐美学演变的历程。音乐美学史应当以音乐美学为本位，而不是以音乐为本位。当然，音乐审

---

① 编者注：此部分内容虽与第 70 页有所重复，但为保持李起敏先生本文的完整性，特此保留。

美是音乐美学必然要涉及的范畴，恰恰是音乐审美上升到理论或哲学范畴，才会产生音乐美学，才可能研究它的发展演变史。音乐美学必须注重美学自身的特性。但这不等于说不接触音乐与音乐家本身，尤其是音乐美学家本身。再是，音乐美学史也须关注社会思潮、美学思潮对音乐美学的影响。

音乐美学史属于史学的范畴，撰写音乐美学史应当有史学的思维方式，注意史的脉络，清晰地描绘出传承流变的过程。重在描述，不重在评价。描述重在说明情况、倾向、特点等等，并说明其产生的根源、得失、原因与作用，以及变化的前因后果等。描述与评价是两种不同的思维，但它不排斥评价。史要探求史的规律，厘清其自然的脉络。

蔡仲德关于中国音乐美学史的研究和著作，开辟了中国传统音乐美学思想研究前进的道路，为后人的学习和继续研究奠定了坚实的基础，并使他成为一代音乐学人的杰出代表。他的音乐美学论文集《音乐之道的探求》记录了他对中国音乐现状的关怀之情和他对一些问题的思考。他对青主音乐美学思想的辨析集中反映了他对发展中国音乐的浩然与大度，是学如渊海者的廓然大公，他的批判精神，特别是他对音乐美学史之外所做的研究，浸透了更多对现实与历史的理解，也是他向民粹主义的最后一击。或有人批评说："他总研究糟粕"，那是尚未读懂他的深意。即便研究糟粕，也只是为了寻出精华。精华于糟粕的关系，正如酒糟与酒的关系。

蔡仲德不仅仅是位中国音乐美学史学的学者，他的价值还在于他又远远地溢出了音乐美学学术的范围，而升华为一个人本主义的思想家，并由一个思想家来观照音乐美学，他的目光不能不投向未来。前瞻的结果可归结为两个方面：其一，对古代音乐美学史文献的解读与研究不是一成不变的，解读与研究本身也将随着学科的发展与研究理论方法及视角的改变而改变，学术研究应该是在前人研究成果的基础上有所超越或有所进步，乃所谓"批判地继承"，而不是绕开前人经验，推翻重来。学科的建构并非一人一时的努力成就能够达成，中国音乐美学史学科的建构与完善也是如此。其二，未来仍需要溯源开流，而新时代的音乐应从礼的附庸的地位解放出来，获得独立的艺术品格，这是一个思想者的大智慧。

总之，20世纪中国古代音乐美学文献搜集、整理等方面的成就，为中国古代音乐美学研究奠定了一定的基础。这些成就的取得经历了十分艰难的过程，特别是蔡仲德先生所做出的努力为学界所瞩目。但从中国音乐美学古代部分的研究工作及其现状来看，就现存史料搜集整理过程中的取舍、新材料的挖掘及史料注译与研究等方面，还有很多的工作可做。故20世纪的学者们对于古代音乐美学文献扎实而有效的学习与研究是本学科取得辉煌成就的基础，而进入21世纪之后，这部分工作仍然需要更进一步的深入与发展。

四、张前

图 5　张前

　　张前先生在音乐美学领域以音乐美学基础理论、音乐史学为基础，进入音乐心理学以及表演心理学的研究。1981 年发表的《音乐心理学》一文，系统地介绍了音乐心理学的学科性质、发展脉络、研究对象，以及该学科与其他学科相结合的发展趋势。在学习日语初期，就着手翻译野村良雄的《改订音乐美学》；1983 年出版的《音乐欣赏心理分析》是自 1949 年以来国内最早的音乐心理学论著，书中对音乐结构，声、情、意的分析和心理结构感知，对感情体验欣赏中的音乐感知、感情体验、情景想象与联想、理解认识的对应，对感知、体验诸因素心理规律的揭示等等，做了详尽的分析，并概括为音乐欣赏是多种心理要素综合运动过程的结论。1984 年末，在于润洋副院长的安排下，应日本国立音乐大学学长（即校长）、著名音乐学家海老泽敏邀请，张前赴东瀛访学。其间，他一边学习，一边进行学术交流，给日本人讲授中国音乐。回国后又译出渡边护的《音乐美的构成》、野村良雄的《音乐美学》（与金文达合译），随后在其音乐基础理论课讲义的基础上与王次炤合作，出版了《音乐美学基础》，同时主编了《音乐美学教程》。30 年来，其研究对象之广泛及其所关注学科与其他音乐学科相结合的研究取向，以及他在国内音乐美学元理论的研究与音乐心理学学科构建中做出的成绩，使其成为音乐美学元理论的奠基者之一，其在音乐表演美学学科体系建立和中日音乐文化交流史领域的开创性研究成果，被学界称为当之无愧的多学科的开拓者。其专著《音乐二度创作的美学思考》较集中地展现了他在音乐表演美学方面的独特思考。所谓音乐表演学，实际上就是关于音乐表演艺术的理论研究，它是一门以音乐表演艺术为对象，综合运用美学、心理学、工艺学（即表演方法）及教育学的原理和方法，对表演艺术的本质、规律和表现方法等问题进行理论研究的学问。现代音乐美学研究，如现象学、释义学等，在构建新的音乐美学体系的同时，也对音乐表演艺术给予了极大的关注，强调音乐表演不仅是再现的艺术，更是一种创造性的艺术，它参与音乐意义的生成，填充和丰富音乐的内涵，从而赋予音乐作品以新的生命。音乐表演者为此必须具有历史视界与现时视界的融合，既要对音乐作品的历史意义与内涵有深刻的理解与体验，又要在音乐表演中更大限度地融入当代人的审美感受，使音乐作品通过当代人的表演不断焕发出新的光彩。上述文章既有对音乐表演艺术美学的宏观架构，也有对具体表演美学问题的微观透视，对于音乐表演美学的研究以及音乐表演的实践都有启发意义。此前，还不见有人对此领域给予美学关注，张前的研究填补了这个空白。

张前在中央音乐学院的教学涉及三种不同类型的授课任务：指导博士生、硕士生的毕业论文；音乐学系的音乐美学、音乐心理学等课程；其他表演系学生的音乐表演美学课等。这三个方向的教学与科研的齐头并进，以及开创性的探索，都为后续研究提供了参照的模式与引用的典范。在重读他的诸多成果时，人们感到他的著作体现了美学与心理学的交融与互动、逻辑与实证的统一、历史感与辩证思维之结合等研究特色。兼收并蓄的心态与朴实、平和、简约的文风让人读来亲切动人，如朋友之倾谈。

出版专著《音乐欣赏心理分析》（人民音乐出版社，1983）；《音乐美学基础》［合著，人民音乐出版社，1992，该书系统地讲述了音乐本质、音乐本体、音乐实践（创作、表演、欣赏）、音乐功能、音乐审美及音乐美学史等方面的问题，阐明了音乐形式的存在方式、音乐内容的基本含义及两者之间的关系等理论问题，既有理论深度，又通俗易懂］；《中日音乐交流史》（人民音乐出版社，1999）等。出版译著《改订音乐美学》（［日］野村良雄著，合译，人民音乐出版社，1991）；《音乐美的构成》（［日］渡边护著，人民音乐出版社，1996）；《古典名曲评介专集（一）》（［日］小沼纯一等著，合译，台湾世界文物出版社，1998）；《古典名盘评介专集（二）》（［日］仓林靖等著，台湾世界文物出版社，1998）等。1985—1987年、1993—1995年，张前两度赴日本国立音乐大学讲学，任客席讲师、教授，讲授"中国音乐史""中国音乐名作"与"中国古代音乐思想"，并受聘为日本学术振兴会特约研究员，专门从事乐交流史的研究与写作。

五、潘必新

图 6　潘必新

　　潘必新先生从 20 世纪八九十年代开始直到他退休，都是音乐美学教研室主任，为组织教学与科研付出了诸多心血。

　　他在文艺理论方面建树颇高，在国内哲学美学界也颇有影响。原来主要教马列文论，新时期另辟新途，开始讲授《1844 年经济学－哲学手稿》（下文简称《手稿》），这是马克思在年轻时代为总结自己的思想和弄清思考的问题而写的一部未完成的手稿，在"异化劳动"和"共产主义"两个部分里包含着丰富而深刻的美学思想，因此，在马克思主义美学史上占有极重要的地位。《手稿》第一次从生产劳动实践的观点来阐述美和美感的起源，为美学的研究开辟了一条新的道路，在这个意义上说，《手稿》是马克思主义美学的光辉起点。《手稿》引起了西方人研究马克思主义的转向，即不断从政治学和经济学转向哲学，促使了我们称之为西方马克思主义的诞生。国内由于极"左"思潮的非难，那个时期很少有人在大学课堂上讲述相关内容。同时，他还开设了"美学原理""康德黑格尔美学研究"等课程，出版专著《艺术学概论》等，在《哲学研究》《文学评论》等刊物发表诸多论文。80 年代，他、我与王次炤开始围绕音乐美学从海量的典籍中搜寻有关论述，编辑出版了《音乐家·文艺家·美学家论音乐与其他艺术之比较》一书，并依此开设了一门共同课。

　　实践证明，一个学术共同体需要广阔的学术背景的支撑，并非单一的孤军奋战所能奏效。潘必新和我，以及后来转入文化研究领域的蔡仲德，我们所开设的一系列课程，甚至我的"国学概览"与"西学大观"，还有翻译家们的译作都在围绕音乐美学本体的航船上，都是为之补台，各司其职，在学术上形成了一个有机的整体。

六、王次炤

图7　王次炤

次炤作为"文革"后第一批本科生于1983年毕业留校，现已过而立之年。83届毕业生多为出类拔萃的一代。他留在音乐美学教研室，参加新启动仅仅三年多的音乐美学的学科研究与教学，继而攻读于润洋导师的硕士，是他的幸运。后来他全职去做院长，依然不曾脱离教学与研究，并不断有新作品出来，可见其勤奋异常。如今他的头衔已经不可胜数，但对一个学者来说，那些虚幻的光环并不能遮蔽他在学术方面的成就，我们更期待他作为年轻一代的学科带头人而名世。对他做出全面评价为时尚早，也非我的能力所及。

王次炤教授课程主要有："音乐美学基础""音乐美学""中国传统音乐与传统音乐思想""音乐与各门艺术比较""音乐与文学比较研究"等。

王次炤主要学术成果有：《音乐的结构和功能》《价值论的音乐美学探讨》《论音乐传统的多层结构》《中国传统音乐文化中的人文精神》《论音乐与文学》等40余篇论文；发表音乐学其他各类文章及评论文章百余篇；以及《音乐美学基础》（与张前合著）；《音乐美学》（主编）；《音乐美学新论》；《歌剧艺术的改革者》；《含着眼泪的歌唱》；《音乐家、文艺家、美学家论音乐与各门艺术之比较》（资料集，与他人合编）；《蒙特威尔第一牧歌》（与常罡合译）等著作。

王次炤在院长这个平台上，在国内外进行了无数的学术交流，为学院的建设做出了杰出的贡献。

七、音乐美学与音乐美学史的教学问题

中央音乐学院是新时期最早设立博士点的大学之一，多年来，由教学集体带头在我国高等音乐院校建设从本科到硕士、博士研究生的音乐美学专业教学体系，这与于润洋主政有直接关系。在他当院长期间，曾经花大力气考察过欧美的教育状况。实践证明，音乐学院的教育显示了教授治校的优越性。

于润洋的博士生韩锺恩当年曾说："真正能够拉动学科进程的教学，主要在研究生教学。"确是如此。从某种意义上说，对硕士生尤其博士生的教学是学科建设的结构保障。正是通过音乐美学高层次人才梯队的搭建，进一步推进与提升音乐美学自身的学科建设，是一条大学教育的必经之路。其中学科布局、开设课程、学位论文取向要求、论题的前沿性与前瞻性、创新性、立异性、发现与发明等等，关系着整个学科的发展与生机。30 多年来，我们为全国培养了一大批从事音乐美学研究和教学的人才，如周海宏、邢维凯、韩锺恩、宋瑾、谢嘉幸、苗建华、叶明春、何艳珊、李晓冬、雷美琴、柯扬、黄宗权、程乾等博士，他们目前已成为我国音乐、美学界的中坚力量。近年来，随着李晓冬、柯扬、高拂晓、何宽钊、程乾等几位有较强研究能力的音乐美学方向的博士留校工作，进一步充实了这个学术梯队。

毫无疑问，和一般学科建设的状况类似，音乐美学学科要想在现有条件下取得长足的进步，同样也要在学科基地、人才队伍、科学研究、学术活动、教学范围等方面，不断明确建设目标，对博士生与硕士生研究什么新问题，怎样研究，理论研究的前沿的状态如何，理论信息通畅与否，就成为我们必须关切的问题。我们要求，硕士生要向"大士"努力：大视野、大跨度、大深度、大识见、大觉大悟，为成为博士生做好准备；博士生一定要成为渊博的学人，有思想的学者。这不仅要依托一个可靠的常态体制，而且，要依靠一个可行的长效机制，集中老中青的智慧。

进入 90 年代以后，音乐美学教研室逐渐减员，何乾三、蔡仲德先后故去。八个成员先后有六人离开去担任学校领导职务，又有老教授次第退休下来。好在无一脱离教学岗位，即便何、蔡两位已故先生的课也由后继者延续了下来。当然，元气大伤是不可避免的。为了重振学术风气，开拓未来，凝聚实力，焕发精神，在于润洋教授的提议下，中央音乐学院音乐美学研究中心于 2011 年 10 月 20 日正式成立。成立音乐美学研究中心对于保持这个具有全国影响的教学集体的优良传统，继续发挥它的学术带头作用具有重要意义。

为了走出学术视野日渐狭窄化，拓宽中国音乐美学研究的视域，多年来我们致力于中国音乐美学与其他艺术美学的综合研究，并以之作为博士生、硕士生的主攻方向，

鼓励博士生进行跨学科的博览与探索。基于此，中国音乐美学及音乐美学史要关心联系其他相关学科的交叉研究，从广阔的文化学的角度观察音乐美学。另外，从整体的认识方式出发，对人与自然、艺术形式在情感上的内在的相通性也应该扩展到西方的艺术美学领域，因为无论中外，先哲们都在思考人类的"终极关怀"问题，而在文化艺术形式的表现上，又以音乐为主要代表形式。在希腊，毕达哥拉斯和谐的"天体的音乐"就试图抗拒音乐倾向的绝对政治化，而寻求一种天然的自由与审美。他俨然是个古希腊的庄子。走出学术分工视野上日渐狭隘的三峡，在同源共生的大海再次相遇是我们的愿望。不同艺术门类之间的相互影响——互渗、互补、互动，定然可以相互促进，它们所形成的合力，曾经在中外艺术史上出现过一道道靓丽的风景线。

对于国外的研究，我们长期以来在关注着人家在研究什么（这当然需要，因为人家领先），我们在想，能不能另辟蹊径，有一天，也会让人家关注我们在研究什么，跟着我们走，或者携起手来走，岂不更好?! 同时，艺术也许可以同源重组，开启一个崭新的未来。让我们努力将音乐美学建设成一个无限开放的学科。

同时，我们也意识到，中央音院的美学研究还远没有达到理想的境界，时时要向全国的同行学习，以他们为师，应该成为一种自觉。

2015 年 5 月 5 日修订

同东贤西哲结伴，与天地精神往来

——致于润洋教授的信

于先生雅鉴：

不知您远行的路上，能否想到我还会给您写信。你我同事已达36年之久，当我初来美学教研室任教时，你中年，我青年。如今您先自去了，余亦华巅积雪，年逾古稀。前年你80岁寿诞时，我撰写了个条幅"春雨润物，学海成洋"作为您学术研讨会的主题。之后我们约定，等你90高寿时，我们再以"同东贤西哲结伴，与天地精神往来"为题回顾您的治学之路。可是，可是，可是，您失约了！

知道你渐行渐远，也知道您人在旅途定会一步三回首，留恋着您曾一生献身于它的学府，舍不下您的朋友与门生学子。而对于您，我们更是不舍啊！

那天，于淏和宽钊发来短信："于老师走了……"我呆立终日，无语凝噎。家人说："你想哭就哭出来吧！"眼泪撞开了闸门，以致号啕声哑。晚上，院里要我撰写挽联，提起笔来，那笔竟如灌铅般沉重。刘彦和有云："富于万言，贫于一字。"信哉！一句之得，或能如石韫玉而山辉；一字之失，或竟使璧微瑕而价损。仓促间不知怎样来概括您景行景止的一生，也不知如何将埋幽之文畅述宗风。

> 乐学史学哲学美学学殖渊海
> 为人教人育人树人人生无憾
>
> 杏坛演乐泽润中外三千弟子祭宗师
> 学海连洋血灌史哲八三岁月赋华章
>
> 创新说论悲情探学理孜孜以求
> 树校风立规范写导论洋洋大观
> ……

如此这般一路写来，勉为其难，不能表达万一。

记得20世纪80年代初，为了治学，您毅然回避了成为呼声甚高的原文化部部长的人选，甘心终老于您的母校；曾记得为了调整课程，请您去听我的课，作为院系领导，您带领同仁，像学生一样记笔记。课下征询我对音乐学院的感觉如何？我问让说真话吗？您坦率地说："当然！"我也坦率地回答："除去专业尚好，一片文化沙漠。"不料，您却频频点头称是！接着问："怎么改变？"我回答："要使学生通经明道，经，是中外经典，不是四书五经；道，含着价值观的尊严；术，传递的是人文智慧与知识。文化关乎心灵，而心灵的高远几乎没有极限，文化自由飞翔的空间本来未可限量，应该让学生多读专业以外的书，多开选修课。"于是，为改变学生的知识结构，您热情地支持我开设一系列的选修课，三十几年下来，我开出了18门必修课与选修课，这完全是您在背后的支撑，对一个像我这样人微言轻的年轻教师的话却当真，在我心中树起的不仅仅是一个学长的尊严，同时有人格的魅力、友情的温暖，您为这个优秀的学术集体注入了磁石般凝聚的力量。音乐学院的教师讲什么，怎样讲，教师完全有自主权，尊重教师的自觉、自尊、自律，这是在您主政时期形成的优良院风。人们赞誉您十年治校颇有蔡元培先生的遗风，兼蓄并包，无论中西，在学术上倡导的是独立精神、自由思想。

您应记得，1983年我们在厦门参加中华全国美学学会年会的长谈，海阔天空，从学术谈到人生，而更多的是音乐美学的前景与学校的教育。那时，教研室研究西方音乐美学的力量很强，而对中国音乐美学尤其古代部分，尚没人系统研究，没人开课。您忽然说："你来准备？"我那时哪里敢啊，虽然读通古文献没问题，但是，我还在恶补音乐课，我还有自知之明。同年，蔡仲德先生遂由附中调入，实在是学科之幸。十年后，他出版了皇皇巨著《中国音乐美学史》。您更是在西方音乐史学、音乐美学领域大作连篇，成为国内音乐学界的执牛耳者。您将哲学、史学、美学熔为一炉，以哲学的高屋建瓴、史学的求真客观、美学的情意体验把深邃的理性思辨与对音乐本体的深切感悟和谐辩证地统一起来，独树一帜，成一家之言。您大中至正的高尚人格不仅成就了一位音乐史学与音乐美学学科领域的一流学者，而且超越音乐界，成就了一位中西融通的人文学科的一代名家。你们二人的成就，奠定了重建中国音乐美学的基石。

您掌校十年，是我院变革的十年，是教学体制完备的十年，是一个有别于其他院校而避免了功利化的十年，是艺术教育形成开放型体系的十年，是这片日趋沙化的绿洲重新焕发益然生机的十年。你遍访世界名校，汲取先进教学经验与体制构建，割除弊端，率先实行了学分制。专业课程设置不断完备，不断科学化、系统化，并影响带动了其他兄弟院校。综观80年代以来，我们曾经努力在营造一个音乐学术的桃花源。毫无疑问，和一般学科建设的状况类似，音乐美学学科要想在现有条件下取得长足的进步，同样也要在学科基地、人才队伍、科学研究、学术活动、教学范围等方面，不断明确建设目标，对博士生与硕士生研究什么新问题，怎样研究，理论研究的前沿的状态如何，理论信息通畅与否，就成为必需关切的问题。理想的要求是：硕士生要向"大士"努力：大视野、大跨度、大深度、大识见、大觉大悟，为成为博士生做好准备；博士生一定要成为渊博的学人，有思想的学者。这不仅要依托一个可靠的常态体制，而且，要依靠一个可行的长效机制，集中老中青的智慧。①古代学者，尚且能"大其心，容天下之物；虚其心，受天下之善；平其心，论天下之事；潜其心，观天下之理；定其心，应天下之变。"（唐·施肩吾）何况现代学人。老子讲"爱以身为天下故可托天下，贵以身为天下故可寄天下"，坚持独立思考，坚持思想自由，坚持为国家民族前途命运负责任是现代优秀学者的基本要求。

新时期以来，您在现代西方音乐美学思潮、学派和方法的推介和研究方面厚积薄发且多有发明，形成了视野宏阔、多元胸襟、同行视角、批判意识、三维结合、形式特色、实践品格等特色鲜明的研究风格，不但在我国当代音乐美学研究领域独树一帜，而且为我国当代音乐美学的系统化构建叩开创新之门（居其宏语），为这一学科的基础理论建设做出了重要贡献，您的一系列著作为中国新兴的音乐美学做出了表率，并在高层设计方面预设了理想架构。在中国音乐美学这条筚路蓝缕的道路上，您的思想之灯始终在队伍的最前面闪亮着。

另外，在您的努力下，使艺术学这一曾经长期屈居文学下的二级学科上升为一级学科。之后，您又锲而不舍地深入艺术学科下的艺术理论、艺术史学、音乐学、美术学、戏剧学、电影学、电视艺术学、舞蹈学、设计学领域调研，召开座谈会，群策群力，八方奔走，四处游说，为适应新的历史环境和时代语境，建议把艺术学升格为学科目录的一个门类。您为此呕心沥血，十余年矢志不渝，2013年国务院学位委员会正式批准艺术学升格为学科目录的第13个门类，使艺术学取得正名与独立。

我知道，在人们看来，您的一生做出的成绩已足以骄人，足以名标青史。可是您真的无憾吗？我相信您定然带着无量的遗憾离开这个世界，因为您还有诸多计划没来得及实施，还有大量的著述没有完成。就说您手下正在进行的肖邦研究吧，尽管出版了《悲情肖邦》，仍然意犹未尽，您正在进行的肖邦研究终成残稿。我常想，到了晚年，以您对西方音乐宏富的研究视野，最后的聚焦为何不在巴赫的肃穆、莫扎特的热烈、贝多芬的沉雄、柴科夫斯基的凄绝美艳、李斯特的磅礴、瓦格纳的丰富与浪漫、德彪西的意象飘忽……而对肖邦情有独钟？对悲情，对悲剧如此关注，如此动情？我考虑的结果是：世界史上，凡一个伟大的文化学者，他到最后都会从他的研究领域溢出，宏观他所处的世界，他所处的人生。他毕生的感悟必然使其不期而然地走向人类的终极关怀，而这关怀又必是以他所生活的脚下（社会现实）为基础的。而你我生活的文化语境是什么呢？我想到李白的《古风》："大雅久不作，吾衰竟谁陈……正声何微茫，哀怨起骚人。"汉魏六朝时，奏乐以生悲为好音，听乐则以能悲为知音，成为时尚。如嵇康《琴赋》所述："称其材干，则以危苦为上；赋其声音，则以悲哀为主；美

---

① 编者注：此段文字虽有部分与第115页第5自然段重复，但为保持作者李起敏先生这封信的完整性，特此保留。

其感化，则以重涕为贵。"所谓好音以悲哀为主，不仅仅是指那种如泣如诉的乐曲，而是包括一切悦耳之乐。但在欢悦的乐声、歌声中，却总免不了渗透着悲哀。肖邦的音乐也是如此，李斯特曾经有如下描述："这首葬歌虽然十分悲哀，但是充满了非常动人的柔情，让人觉得此曲只应天上有。它的声音遥远而且明朗，给人一种崇高的虔诚之感，好似声音是由天使们歌唱出来的，声音好像在高处绕着神的宝座飞翔。"《管锥编》引心理学谓："人感受美物，辄觉胸隐然痛，心怦然跃，背如冷水浇，眶有热泪滋等种反应。"

我们这个民族不是缺少悲剧，更不缺少悲情，而是缺乏悲剧精神。到了现代，我们常误认为悲剧艺术的核心价值必然是对社会的批判，是一种负效应，而不是正能量。故而文艺畅行的是大团圆的喜剧、庸俗的小品、土豪的虚骄、虚拟的壮烈、奢华的歌舞与轻飘飘的颂歌，看惯了"一片笑声连鼓吹，六街灯火丽升平"。唯独远离高贵的单纯、静穆的伟大与悲剧的崇高。殊不知实行社会批判，是现实主义与浪漫主义的题中之义，是改革社会的利器，是沉郁的宣泄、正气的张扬，是地地道道的正能量！悲剧的力量，善莫大焉。

通行的艺术理论都认为艺术的本质特征应该是否定性，艺术是对现实世界的否定性认识，这是由于艺术是对尚未存在的东西的把握，现代艺术追求的是那种尚不存在的东西，是理想国。从而，艺术是对现实世界的疏离和否定，是对完满的感性外观的扬弃。在阿多诺看来，现代的庸俗艺术充满了欺骗性、商品拜物性和意识形态性。他认为，艺术正日益进入大众的消费领域，而艺术生产也日益受到商品生产的整合和支配，这种现象的原因就在于大众受到文化工业与意识形态的愚弄，因而具有了追求时尚和声誉的消费心理。在这种情况下，造成的恶果就是艺术变成了迎合消费者的文化商品，丧失了自律性和纯粹性，艺术开始变得非实体化。虽然，可以从某种程度上说，艺术和观众之间的距离被拉近了，但是艺术本身却被毁坏和异化了。在阿多诺看来，艺术的商品化并不仅仅是艺术自律性丧失的反映，更是社会的非人性化的反映。因为艺术的自律性取决于人道的思想，由于社会变得缺乏人性，因而"那些充满人文理想的艺术构成要素便失去了力量"。而且"艺术的社会性主要因为它站在社会的对立面"，而"这种具有对立性的艺术只有在它成为自律的东西时才会出现"。这都说明，艺术的自律性和社会的他律性始终是辩证地联系在一起的，艺术的自律往往要通过对社会的否定表现出来，而这种否定就表明了艺术与社会已经纠缠在了一起。不知您研究肖邦的潜在意蕴是否如此？我只能揣测了。

悲剧是艺术美学上的皇冠，美是皇冠上的明珠。80岁的黑泽明上台领取奥斯卡终身成就奖时说："我一生中都在寻找电影之美。"稍停顿，他接着说"对不起，我没找到。"美学家的终极关怀在于寻求美，实现美，探索美的规律，创造美的艺术，营造美的人生，打造美的社会。美是大道，美是神秘，美是真与善的极致，美是不可抗拒的力量。

在中国音乐美学这条筚路蓝缕的道路上，您的思想之灯始终点燃着前进的火炬鼓舞着队伍的激情。苏格拉底有句话："我们与世界相遇，我们与世界相蚀，我们必不辱使命，得以与众生相遇。"

前排从左至右为：程乾、李起敏、潘必新、王次炤、苗建华
后排从左至右为：李晓冬、邢维凯、周海宏、高拂晓、何宽钊、柯杨

您的辞世，震动了教育界，震动了海内外，多日来悼念的文章如雪片，互联网不断地刷屏，人们痛失一个杰出的教育家，一个艺术美学的开创者，一个音乐史学的拓荒人。您的教育思想、办学模式，塑造了中央音乐学院与现代文明接轨的公共治校的思想灵魂，以及超前的法律和规则意识。您在治校治学方面的领导能力，您淡泊超然的权力意识，对上尊重而不媚权的风骨，对下宽厚而不失原则的态度，您对学生的大爱无疆，对晚辈的恂恂长者之风，对同事的团结无间，您的科学严谨的治学方法，随着你的离去，甚或结束了一个时代，但您对音乐学的贡献将彪炳史册，您的学术成就与精神将光照后生。

敬爱的先生，我随信附上一帧美学教研室的近照，以释挂怀。您可看到在我与潘老师周围，都是你的学生。

这批青年学者，风华正茂，他们已经各自有成，前途不可限量，足可告慰先生。

今天是重阳节，岁岁重阳，今又重阳。校庆在即，我们教研室几位老人，何乾三去了，蔡仲德去了，如今您也随他们去了。"遥知兄弟登高处，遍插茱萸少'三'人。"幽冥相隔，岂止万重幕帏，只能敬一觞菊花酒浇洒校园，遥祭先生们安息。

2015 年 10 月 21 日（农历九月初九）

蔡仲德的学术立场与人物品藻

——兼及他的《陈寅恪论》

一、蔡仲德的学术立场与人物品藻

蔡仲德教授辞世十周年了，宗璞感慨地咏叹"十年生死两茫茫"。他只生存了 67 载，如果再假以 10 年的寿命，我想他会像他的老泰山冯友兰重写《中国哲学史新编》那样重写就他的《中国音乐美学史新编》，他更会在文化领域提出诸多振聋发聩的新见解，来促进中国社会文化的转型。蔡先生生前同诸多学者有过很多辩论与商榷，他死后也有人辩驳他的论点，这说明他的影响是一直存在的，人们没有忘记他。但对他的思想，他的文章也有诸多误读，这都很自然。我所关注的是，蔡仲德洞察历史事物与人事的独特视角首先应该被人理解。

从蔡仲德的学术历程上看，在他生命的后期，从音乐美学史的研究阶段逐渐把重心移向广泛的文化领域，转向人文关怀，这是一个人本主义学者的必然归宿。就其时代环境来看，一个甲子以来，中国的大学出现精神疲软，由于体制与教育思想出现问题，所以，他一再呼吁，让"教育回到蔡元培"，这也是对钱学森之问的回应。这不是走回头路，而是呼唤蔡元培精神的回归。蔡元培所处的时代环境尽管早已星移斗转，但他的前瞻性、现代型的教育思想和大学理念，却历久常新，充满活力。尽力恢复和弘扬这种理念，正是今日重建大学精神、争创世界一流大学的基础和关键。它所含大学之为大的主要内容是什么？实质上应该有四个方面：学术研究的崇高性质之为大；学术思想的自由宽容之为大；学术大师的地位影响之为大；学术通识的广博通达之为大。

复旦大学校长说："教师必须真正崇尚学术，崇尚真理，对国家、民族乃至全人类负责，当社会出现失范时，大学应该出来发出警示之声。故教育需要精神的回归与坚守，它担负着培养一代精英的责任。这些精英以后的素养如何，决定国家的走向，民族的命运，甚至决定世界的安宁。"这话是不错的。二战之前，哲学家罗素曾经担心，德国与日本的法西斯教育会使世界变得很危险，后来果然如此！时至如今，民族的文化脊梁需要重塑，故有在蔡仲德的倡议下中央音乐学院"士人格"课的开设，以及他对当前社会文化热点的关注。就其个人原因来看，在他的《中国音乐美学史》等一系列有关音乐学方面的研究告一段落之后，他感到在这个领域该说的话已经基本说完，他能做的事情基本上都已经做完。他的视界除了课堂之外，始终关心着整个文化领域的风云变幻，因为它系结着国家民族的前途和命运。

人和文化互为因果。蔡仲德的研究志在是否有利于学术文化的发展，有利于现代人格的形成。如他对冯友兰学术历程个案的长期研究梳理过程中，涉及了中国近现代文化历程的诸多问题。因此，才有了对五四运动的历史分析，才有了对民国以来一些代表人物的研究，其中就包括王国维与陈寅恪。他对研究对象长期形成了一个独特的视角，一个标准，一个尺度，那就是以人本主义的尺度为基准，将旧文化与新文化、民主性的精华与封建性的糟粕做了清晰的切割与划分，并以社会发展进步的目的性为参照，以前现代与现代为准绳，对社会文化及其承载其文化的个人进行批判性的研究与论定，毫不含糊地将研究对象加以类分。蔡先生无论对中国古代音乐美学思想的研究还是对社会人物的品评都是充满了批判精神的，进得去而能出得来，高屋建瓴，有扬弃，有取舍，在深入研究的基础上做出自己的价值判断，这也是其学术研究的鲜明特色。以此研究儒家音乐美学思想，研究五四运动，蔡先生都得出了卓越的见解。

概括起来，他站在世界音乐发展史的高度，而不是民粹主义的狭隘视野，得出以下结论：传统音乐及其儒家音乐美学将乐视为礼的附庸，为了中国新音乐的发展，我辈应脱开陈腐的羁绊，发出解放音乐的呐喊。冀望新的音乐由"礼的附庸""道的工具"变为独立的艺术，这独立的艺术，无疑是为人生的。

以此研究五四运动，面对时下国内学者对五四运动的误读，经他全面厘清五四通盘资料与前后的历史进程，得出的结论是：对于五四，他认为要分清两个五四，一个是文化的、渐进的、宽容的五四，另一个是政治的、激进的、排他的五四。前者的主要代表是蔡元培，后者在陈独秀身上比较突出。五四运动激进的一面确实存在，1919年以前就有，1920年以后越来越突出，后来导致所谓"兴无灭资"，直到"文革"。这才是激进主义的源与流问题。影响"文革"的不是五四的主流和整体，而是其中政治的、激进的、排他的那一面，"文革"是那一面的恶性发展。不做分析，笼统地把五四归结为激进主义是简单化的做法。他的这一论断逐渐被大家所接受。

蔡以此研究王国维，则认为他是个新文化的启蒙者与旧文化、旧制度的殉葬者，赞赏其接受西方新思潮、借新方法研究古文化批判中国旧文化的一面、启蒙的一面。他不同意陈寅恪认为王国维单纯是殉文化而自尽，认为实是殉清而殒命。此说与陈说不仅不冲突，而且还包容陈说，因为在王国维心目中，清室就是旧文化的象征、旧文化的载体。这也不是研究者结论的矛盾，而是人物思想性格与身世的矛盾。因为王国维与陈寅恪们所期待的新文化与社会现实呈现的新文化是矛盾的，与其一生安身立命的传统是格格不入的，与其理想与主张大相径庭，使其既不能融入，又无所归宿，只好回归旧垒，即是殉葬也在所不惜。王国维与梁漱溟之父梁济①可以互映，梁济与王国维同代，亦自杀，其遗书明言："梁济之死，系殉清朝而死也。吾因身值清朝之末，故曰殉清。其实非以清朝为本位，而以幼年所学为本位。吾国数千年先圣之诗礼纲常，……此主义深印于吾脑中，即以此主义为本位，故不容不殉。"这有助于理解王国维之死。他与王国维也是无独有偶，都是既殉清又殉旧文化。

以此研究冯友兰，则将冯友兰的一生分"实现自我""失落自我"和"回归自我"三个阶段，这在当代知识分子中是个典型的存在。研究陈寅恪也是如此，在肯定其价值与学识外也指出了他的局限性，尤其陈寅恪一生坚守的"独立精神、自由思想"也同样与现代的学术人格与追求，有着本质上的差异。

但是，陈寅恪生活的特定的社会环境与学术语境里，他的为人、为学、为师，毕竟始终保持着人格的尊严，正如苏格拉底的名言："宁愿与整个世界为敌，也要与自身保持一致。"论者说陈寅恪，学问是其生命的另一面，终生秉持独立自由并以之安身立命，其治学如暗夜秉烛，同时他也是暗夜一烛。喧嚣白昼之后的盲者，端坐旧藤椅，午夜抚史，目光如炬，洞彻史实和现实。好友王国维自杀时，陈寅恪仿佛也死过一回，但靠"独立之精神，自由之思想"一直活下来。他以德式研究的缜密穷究东方文化的博大沉雄，纸中夹着故国百万雄兵。先生远去，却在《柳如是别传》中留下身影，那个反清复明的风尘女子便是风云女子。彪炳千秋的不是威权，是威权下弱弱的不屈、默默的抗争——无论对旧威权，还是新威权。陈寅恪作为近代一个无人比肩的一流历史学家，长时间被边缘化，不能进行正常的学术研究，最后不得不去研究一个风尘女子，并通过她来折射历史、现实与人生，其本身就是一个时代的悲剧。

二、关于有争议的《陈寅恪论》

"在史中求史识"是陈寅恪信守的法则，也是蔡仲德信守的法则。

有人在讨论《陈寅恪论》的文章里竟然说蔡"对人本主义的基本概念尚不清楚，也说明作者对儒家文化缺乏了解"。呵呵！这种说法很滑稽，想不到北大年轻学人竟然如此误读前辈的文章。我想起一个公案，话说药山禅师正在看佛经，弟子问："师父平常不准我们看佛经，为何您在看呢？"药山答："我只是用它来遮遮眼睛。"弟子不甘心："那我也拿来遮遮，可以吗？"药山答道："如果是你，必须先去把牛皮看穿！"这是说，师父生怕弟子为书的表象所迷惑，而看不透佛经后面潜在的东西。庄子早就在《轮扁斫轮》一篇中说过，古人的书与话语中的精华往往藏于书外，而写出与说出的往

① 梁济（1858—1918），清末官员、学者。字巨川，一字孟匡，别号桂岭劳人，以字行，广西桂林人，北大哲学教授梁漱溟之父。光绪间举人。历官内阁中书、教养局总办委员、民政部主事、京师高等实业学堂斋务提调，清亡后投水自尽。

往是糟粕。故禅宗不立文字，教外别传，我想也有此番意思。蔡仲德恰恰做了一个20世纪看穿牛皮的人。也有人说，蔡研究的是中国音乐美学的"糟粕"，如果真是这样的话，那他也是为了找出精华！

蔡认为，"陈寅恪的人格具有巨大魅力"，"陈寅恪的学问足以令人仰慕"，而陈寅恪却把人与文化的关系颠倒过来，规定人必须坚持某种文化而不许变革创新，这就不是以人为本位，而是以文化为本位，不是文化为人而存在，而是要人为文化而存在，这种文化取向与文化思想是陈寅恪的根本局限，这一根本局限既决定了他的人生必然具有悲剧色彩，也决定了他的著作必然具有消极意义。所以他尽管既有渊博的学养学识，又有坚定的独立精神，却不能成为"猫头鹰"，为人类社会与文化指出发展的方向。

由此可见，陈寅恪否定五四新文化、反对中国文化由前现代向现代转型的态度极为鲜明，也就可见，陈寅恪的文化取向与文化思想不仅不能为人类社会与文化指出发展的方向，而且是与人类社会与文化的发展方向背道而驰的。

由此观之，若说以"人本主义者"为墓志铭的蔡仲德"对人本主义的基本概念尚不清楚"岂不荒唐？

在有关儒学的论辩，对陈寅恪先生的思想所进行的考察中，蔡仲德并非没有偏颇之处。但蔡先生所要强调的是，自由主义的核心价值是自由、自主和个性发展，而陈寅恪所追求的儒家理想是强调秩序和整体的，因此不是人本主义和普世性的。

我认为，在近代西学的冲击下，儒学曾经一度"崩盘"，但儒学中有诸多成分仍然是合理的、有价值的，是可以继承和发展的，由此，陈寅恪主张保存民族文化，在文化和政治上坚持民族独立和自尊是完全正确的。

从以上几个方面来看，蔡先生和他的辩论者的主张都无可非议。但是，当他们试图将自由主义与儒家文化进行比较性考察时，他们对相关的概念以及概念与概念之间的关联，似乎都有混淆之处，所以才会出现貌似各执一词、公婆都有理的现象。这里，有几个最为核心的概念需要提出来：自由主义、人本主义、文化多元主义、文化保守主义、民族主义，文化本位主义……首先需要提出的一个概念是人本主义，在文艺复兴和启蒙运动之后逐渐发展起来的自由主义思想，主张了一种"人本主义"。人本主义认为，人是文化的创造者，是文化的主人，所以应该是文化为人而存在，而不是人为文化而存在。人之所以创造文化，则是为了改善自己的存在，更好地生活。这是文化的目的，也是文化的动力，所以人要不断地向前发展，也就要不断地突破原有文化的束缚，以创造新的文化，而不能作茧自缚，固守原有文化的特性。如若固守，原本是人所创造的文化就会异化，人就必然成为非人。

孔孟的儒家也主张一种"人本主义"（在民本中似乎也含有人本），但是，人本主义在这两种语境中却具有完全不同的含义，西方自由主义所主张的人本主义是从每一个平等的个体出发的，尤其是主张个体的自由和个性发展，反对任何政府或个人以集体或以善的名义对个人自主和自由的侵犯。因此，自由主义的另一个核心主张是反对"家长主义"，而儒家的民本或人本主义则是"家长主义"，是一种自上而下的"施恩"。最重要的表现是就是统治者往往打着以"人文""人本"的旗号实施"仁政"，以巩固统治和秩序；普通个体的独特声音得不到体现，个体也无从选择自己的生活。因为通过所谓的人本主义或"仁爱"思想并不能够弥合自由主义与儒家之间的紧张。蔡仲德意识到了这一点，他认为，仅仅从对儒学的继承这一方面来看，陈寅恪先生不是一个真正的自由主义者，这是合理的判断。在这一方面，有人提出了一个不令人信服的论证，即认为，"'安民'和'平天下'，也就是尊重、珍视生命，使得人人能够安生和生活幸福，天下太平，正是儒家的最高政治理想，因而它与自由主义无本质上的矛盾"。恰如上面所分析的，儒家所倡导的仁爱和人本主义同自由主义所倡导的人本主义和正义感是完全不同的。西方自由主义在本体论上是"个人主义"的，而儒家的人本主义在本体论上是"整体主义"。

对文化多元主义的分析可以进一步深化我们对自由主义和儒家思想的理解。文化多元主义是自由主义的一个核心主张之一，自由主义认为，在当今这样一个信仰多元、文化多元的世界里，应该尊重不同的文化，但前提是，任何的文化形态都不应该侵犯个人的基本人权，并且，国家和政府也不应该宣称某一种文化的绝对合理性。儒学如果仅仅作为一种文化形态，只要不与最为基本的人权相冲突，就是合理的，有些内容具有普世价值，是可以被继承的，故西方有向中国哲学寻求智慧救世之说；但中国几千年来的实践却是，儒学不仅仅是一种文化形态，而且是一种政治形态，自汉代独尊儒术以来，它被专制政府视为唯一的官方文化，这就违背了文化多元主义的理念，更剥夺了大部分人自主选择其他文化的可能性和自由权。在今天，儒学已经不再是一种政治性的存在了，这是合理的。陈寅恪先生以及其他的儒学家如果仅仅是主张和维护文化儒学，而不是制度儒学或政治儒学，或者说，如果他们不再试图在国家政治层面宣扬儒学，而仅仅是在文化和学术层面继承发展儒学，那么，他们就是在做有意义的事情。自由主义、人本主义包容甚至鼓励这类文化性的事业。如果蔡仲德先生在这种意义上称陈寅恪先生不是一个自由主义者，而是一个文化保守主义者，那么，蔡仲德先生就是没有厘清自由主义同文化多元主义、文化保守主义等概念之间的关系。

类似的分析同样可以用来解释民族主义同自由主义之间的关系，在西方政治哲学中，一些民族主义者同样可以是自由主义者，某些自由主义者同样也是民族主义者，自由主义者不会完全抹杀国家和民族的伦理含义和道德含义；他们仅仅是反对某些极端的民族主义，尤其是那些以民族或国家之名而对个体人权进行系统性侵犯的行为和主张，例如纳粹的种族主义。

在世界纷纭的主义交叉中，还有一个学术立场和文化立场问题，以及学术、文化与政治的问题。文化一旦和政治需要扯在一起，辩论双方往往会偏离问题正道，而把背后的目的掩藏起来，是非与真理也会无可奈何地被扭曲，这样的论辩也就从科学与学术的轨道上脱轨了。这应该是我们在纪念蔡仲德先生和研究传统音乐美学时应该记取的。

陈寅恪把王国维的死看作是一个学者追求和保持自己的"独立自由之意志"之举："来世不可知者也。先生之著述，或有时而不彰。先生之学说，或有时而可商。唯此独立之精神，自由之思想，历千万祀，与天壤而同久，共三光而永光。"

蔡仲德也是遵循着这样的精神为人处世和治学的。他的学术研究不为时俗所左右，不为威权所趋同，不唯古圣马首是瞻，他的处世不为时宜所迁就，为了理想，明知不可为而为之。

回顾蔡仲德的学术生涯，令人深深感佩。我曾经在罗小平、冯长春的《访谈录》结尾处对其一生做过简单归结：他是位具有文化人的忧患意识和历史大识见的史学家；他的《中国音乐美学史》为我国的音乐学奠基并树立起一块丰碑；他是一个能够纵观全局贯通中西的思想家；他是位治学严谨、孜孜不倦探求中国音乐之道的音乐美学家、音乐教育家。在这三个领域，他都是个创造型的学者，而他所有成绩的取得又都仰仗于他的人本主义思想及其傲岸不屈的人格。蔡先生的思想和态度代表了有良知的知识分子对国家、社会进步发展的自觉承担，尤其是对独立意志自由思想的渴求。蔡先生无论是教书，还是在文化研究领域，都是一个高瞻远瞩的思想斗士，鹤立于当代新儒和旧儒之上。从思想尊严到独立人格，他都属于现代！他是个出现在缺乏思想的年代，立足大地又能昂望星空的思想家，是鼓舞人们前进的动力。我想，越来越多的人会理解他，赞同他，他的文化主张、艺术主张，会影响一代中国有志改革开放的文化人，尤其青年学者们，在思想家缺席的时代，蔡仲德从未停止过思想的脚步，他的一系列论著，让人感到天在峰峦缺处明的豁亮。

2014 年 6 月

人本主义者——蔡仲德

—— 罗小平、冯长春就《乐之道》一书有关蔡仲德部分
对李起敏教授的访谈

访谈者按： 蔡仲德（1937—2004），浙江绍兴人。音乐美学家、人本主义者，中央音乐学院教授、博士生导师。1992 年获国务院颁发的政府特殊津贴。

蔡仲德先生是学界公认的研究中国古代音乐美学史的大家，他的《中国古代音乐美学史论》《中国古代音乐美学史资料注译》《中国音乐美学史》《音乐之道的探求——论中国音乐美学史及其他》《音乐与文化的人本主义思考》等论著已成为中国音乐美学研究的奠基性成果，这些著作中对人本主义的呼唤尤为引人关注。其中，《中国音乐美学史》一书还先后获中央音乐学院教材一等奖、中国图书奖、北京市精品教材等奖项。

作为一个访谈与对话性质的课题，失去了访谈对象委实让这一工作变得难以完成甚至不能完成。但是，人已去，精神在。蔡仲德先生去世 6 年多来，学界并没有忘记他。相反，人们通过撰写纪念文章等方式表达着对他的缅怀之情，蔡仲德先生的学术成就与思想遗产依然在激励着后学。感谢李起敏先生接受我们的访谈，为读者展现蔡仲德丰富的学术人生。

冯长春（以下简称冯）：李老师，您与蔡先生一样原本都不是学习音乐出身，后来又同在美学教研室共事 20 余年，你们之间应该更有共同话题。您说蔡先生是您在音乐学院交流最多的同仁和朋友，他去世后将"士人格研究"这门课托付给您并延续至今。你们在一起聊得最多的话题是什么？

李起敏（以下简称李）：当然一是教学，二是治学，三是社会。以前二者居多。比如我认为一个哲学或美学教授与一个哲学、美学家的不同则在于他是否是一个思想家。一个思想家的标志在于他是否具有独立的意志、自由的思想。本来每个教授都应该是思想家，很遗憾，莫名其妙的是，教授们大多没被安装独立思想的程序和表达的自由，只有定向思维的自由。故一百个遵照教科书宣讲的教授，也抵不上一个思想家。

冯： 您的感受也令我们感慨。越来越多的知识分子被这个时代收买了。民国时期"城头变幻大王旗"乃至国破家亡的时代却也是一个大师与思想家频出的时代，而今歌舞升平反而只能生产职称和学历了。

李：蔡先生是认同我的上述观点的，并体现在他的学术实践中，他的那部《中国音乐美学史》就是在他独立精神贯穿下的研究，唯其如此，才将宏富多彩而又支离的音乐美学资料系统化在一条顺流而下的河道里，并以其独立思想的烛光，洞照出它作为"礼的附庸"的实质与处境，发出解放音乐的呐喊。有人说"大陆学术时尚之一是思想家淡出、学问家凸显，王国维、陈寅恪、吴宓被抬上天"，比起以往把官员政客抬上天，这当然很好，是一种社会的进步！但"陈独秀、胡适、鲁迅则'退居二线'"，这未必是好事！思想家的缺席预期着社会的僵化，遗憾的是我们的思想家曾经失语，竟然视失语为常态。

冯：其实还不仅仅是失语的问题，当知识分子只会"与时俱进"进而学会向时代献媚的时候，这比失语、无语更可怕。

李：是啊。李泽厚曾总结说，最近二三十年中国社会有过四热：美学热、文化热、国学热、西学热。如果我们作一粗疏划分，前两热可以归属思想，关心现实；后两者大致偏重学问，旁观时局。而时下更为重要的则是，无论思想、学术，大众根本已是冷眼相看的，现在，经济收入、物质生活才是主流了。文化英雄，于此绝迹。

冯：文化的作用大抵是为经济搭台唱戏了。您与蔡先生平时聊的这些话题在音乐这个行当里听起来多少有点儿不食当代人间之烟火了。我们由此也明白了为什么蔡先生在去世前把"士人格研究"这门课托付给您继续开下去的原因了，您是可以托付之人。

李：我和蔡先生都认为，音乐学院不能只是艺术的绿洲，却是文化的沙漠。因此，蔡先生的"士人格研究课"也是基于此而开设的。我接手后就将此课名为"士人格与文化研究"。开这门课的另一个动因是因为，长期以来，受极"左"思潮与意识形态的影响，经过历次政治运动的戕害，中国知识分子的人格无可奈何地被扭曲与异化。直士为保护自己学会了明哲保身，诚者不得不相信谎言。传统的高风亮节已经难再，像十年浩劫那样黄钟失声、瓦釜雷鸣终究不是一个民族的幸事。假如国人都衍变成为双重性格，那将是民族万劫不复的悲哀。我们终究不能效法花剌子模吧？我们如何去救赎人格的异化？答案只有一个，即用我们传统文化以及人类文化中具有普世价值的思想来作为永恒的风标，以那些光照千古的人物的高尚品格为榜样，以现代公民的意识为坐标，重塑中国知识分子的道德人格。

冯：也就是通过"士人格研究"这样一门课去挖掘传统文化中可以与人类文化中的普世价值相对接的内容，去干预社会，重塑知识分子的人格操守与社会良心。

李：譬如君子自强不息的精神，孟子所提倡的"养我浩然之气""富贵不能淫，贫贱不能移，威武不能屈"的大丈夫精神等等。以此确认为天地立心，为生民立命，为往圣继绝学，为万世开太平的道义担当的精神；提倡独立精神、自由思想的公民意识和"己所不欲，勿施于人"的原则……重塑知识分子代表民族的良心、民族的脊梁的形象。

冯：是的，希望李老师与蔡先生所传递的这种士人格薪火能够成为当代知识分子烛照心灵的光芒。

蔡先生对中国古代音乐美学思想的研究是充满了批判精神的，进得去也能出得来，有取舍有扬弃，在深入研究的基础上做出自己的价值判断，这也是他的学术研究的鲜明特色。《中国音乐美学史》一书至今仍是音乐美学和中国古代音乐史研究的必读书目，从出版至今受其惠者无数，目前还没有任何一本同类著作可以超越它。李老师同意我们的观点吗？

李：是的。蔡仲德的《中国音乐美学史》是第一部对中国音乐美学做全面系统研究总结的划时代之作，它为丰富而散乱的中国音乐美学思想探源溯流、引渠入海，对贯穿中国音乐美学史中的主要思潮与基本问题（即研究范畴）做了科学的梳理、演绎、洞察与阐发。蔡先生的研究表明，一部中国音乐美学史始终在讨论情与德（礼）的关系、声与度的关系、欲与道的关系、悲与美的关系、乐与政的关系、古与今（雅有郑）的关系。蔡先生为中国古代音乐美学思想总结出以下几个主要特征：受礼制约，追求人际关系；以"中和"–"淡和"为准则，以平和恬淡为美；不离天人关系的统一；多从哲学、伦理、政治出发论述音乐，注重研究音乐的外部关系，强调音乐与政治的联系、音乐的社会功能与教化作用，而较少深入音乐的内部，对音乐自身的规律、音乐的特殊性、音乐的美感作用和审美娱乐作用重视不够，研究不够；再就是早熟而后期发展缓慢……这一切最后归结为：要通过彻底扬弃、改造传统音乐美学思想，打破其体系，吸收其合理的因素，批判其礼乐思想，使音乐得到解放，重新成为人民的心声，从而建立现代音乐美学新体系。

冯：蔡先生对中国古代音乐美学思想的批判，对青主音乐美学思想的充分肯定，对人本主义和现代精神的呼唤，都是为了一个根本目的——建立新的音乐美学体系，使现代中国音乐真正成为"灵魂的语言"。

李：而建立音乐美学新体系，又必须正确对待东、西两方音乐美学思想，指出二者的差异不仅仅在民族性，而在时代性。由于复杂的历史原因，造成中国现代音乐美学的停滞，缺乏像西方那样丰富多彩的音乐哲学的推荡。学习西方经验，如青主所主张，首要者不是利用其方法，吸收其技巧（在这方面我们做得差强人意），而是引进其先进思想以建立先进的音乐美学，从根本上改造中国音乐，使之由"礼的附庸""道的工具"变为独立的艺术、"上界的语言"、灵魂的语言，使之获得新的生命，得以自由发展。这不是"中体西用"，也不是"西体中用"，而是新体新用，即现代化之体，现代化之用，因为体用本不可分。有人说蔡仲德研究的是中国音乐的糟粕，故得出的结论往往是否定的。但是，不容忽视，这些糟粕恰恰是历代音乐思想的主流话语、官方意识，它左右了音乐的发展史，成为中国音乐发展的最大障碍。蔡仲德抓住了这条线为研究的切入点，无疑抓住了肯綮。即便研究的是糟粕，也是为了找出精华。他发现并正视这一历史现象，看清了历代官方的导向，所谓倡雅抑俗，把音乐捆绑在政治的车驾上，导致本应该发民之心声的音乐无奈地成为婢女，成为附庸的历史命运。正像鲁迅在历史的字里行间掘出"吃人"的隐藏一样。

冯： 中国没有像西方近代以来那样出现音乐大师云集以及浩如烟海而风格多样的经典作品，这与中国传统音乐文化中的那些"主流话语"有着极大的关系。蔡先生的《中国音乐美学史》出版后得到了学界的广泛好评，有学者将其称为"一部倾注生命的学术著作"，这种评价一点儿也不为过。

李： 蔡先生始终关注音乐美学在寻找音乐的本质时必不可少的研究课题、音乐艺术发展与社会文化发展的关系，也就是在更高层次上研究自律与他律的关系。当音乐美学试图回答"音乐是什么"的时候，它同时也就把自己的特殊问题跟整个艺术哲学所要回答的普遍问题"艺术是什么"贯通了起来，从而提供从音乐中发现整个艺术的本质的可能性。"在史中求史识"是陈寅恪信守的法则，也是蔡仲德信守的法则。《中国音乐美学史》倾注着作者的生命和对音乐、对文化、对宇宙、对人生的哲学思考，对人本主义投入的彻底关注，也不乏对政治文化和意识形态的两面作用保持更多的警惕。显然，此书的问世必将有助于中国音乐美学的现代化。

冯： 蔡先生认为，中国音乐美学史的对象不是中国古代音乐作品、音乐生活中表现为感性形态的一般音乐审美意识，而是中国古代见于文献记载、表现为理论形态的音乐审美意识，即中国古代的音乐美学理论、音乐美学范畴、命题、思想体系的发展变化历程。据我们所知，对于蔡先生的这种观点学界也有不赞同的观点。你是如何看待中国古代音乐美学史的研究对象问题？

李： 我赞成叶明春的意见："中国古代音乐美学史的研究对象与中国音乐美学史的对象是有区别的，学界对蔡先生的非难大致是因为未能弄清蔡先生所指。"

实际上，蔡先生所从事的研究如果不是真正意义上的中国音乐美学，那就是中国音乐思想史的研究。他是在说本课题存在如何深入解读阐释古代美学文献并将其与历史音乐文化加以融会，以及传统的音乐美学理论能否与遗存的传统音乐的形态分析加以对接。音乐思想与音乐美学有着千丝万缕的联系，但却不全是一回事。但由于中国的音乐美学原资料的散在性、不连贯性、不系统性，结构一部系统的"史"学几乎难于在参、商星际之间架设一条天线。而音乐思想，却是条贯有序的。具体来说，音乐思想大部分记载于文献中，而音乐美学在很大程度上渗透在表演中。而古代的表演何处寻？古代的音乐实践又存下了几多可再现的文本？有学者指出，蔡先生的《中国音乐美学史》以历代文献中的音乐部分为研究对象，对实践中的审美（如中国音乐特有的对气、韵、生、动的追求）却很少顾及，而这一部分却是中国音乐美学的精华。这其中一个不可忽视的缘由是音乐史上具体作品的稀缺不无关系。

冯： 文献典籍中的音乐思想和丰富多彩的中国传统音乐总是存在着某种程度的"隔膜"，音乐美学理论和音乐实践本身大抵也是如此，因为音乐话语的书写不是卑贱的乐工所完成的。如何结合中国古代、传统音乐的实践与形态，更为深入地探究中国音乐的美学特征，其实是一个值得学界共同努力攻关的课题。其中的主要瓶颈是西方经典的音乐美学理论是建立在欧洲古典主义音乐、浪漫主义音乐的实践基础上的，中国音乐美学的研究似乎在考虑音乐内部因素方面显得过于薄弱了，这又涉及了中国古代音乐或传统音乐的传承与保存问题。

李：汉代人已经感叹"故自公卿大夫观听者，但闻铿锵，不晓其意，而欲以风谕众庶，其道无由"了。历代音乐文献基本上由儒家文人或统治阶级编写，他们的思想观点基本上将审美置于末位，无限扩大了教化功能则是为了满足统治者的需要，这一部分的糟粕要大于精华。以这一部分作为研究对象，自然会对中国传统音乐美学得出否定性居多的结论，有人因此说"蔡仲德是把中国传统音乐思想中的糟粕拿来研究"，也有人认为"蔡仲德不懂音乐"——音乐界典型的出身论！徐天祥先生直陈："这种说法如果成立，这不成了一个笑话了么？一个搞了一辈子音乐研究的中国音乐美学学会理事竟然不懂音乐？这大概是就他以前不是专门从事音乐而言的吧！"

冯：大概在一些人眼里，懂音乐就是自己会弄出一些音声吧。这种"小技"与"大道"之类的问题其实大可不必理会。

李：这一点蔡先生自己曾说："我不是搞音乐出身的，这是我的局限。"可是谁又没有局限呢？蔡仲德不是从小学音乐就是音乐的局外人？实际上，从专业角度讲，内行充其量也就从大学本科算起，（实际上我们在中学期间对音乐也是在懵懵懂懂）加上研究生的 6 年，到博士生也就 10 年的学习时间。而他却用 30 年的时间补课！出身论不过是偏狭的排他思想在作怪，美学家蒋孔阳也遇到过同样的尴尬，对此，蒋先生有过极好的回答，大家可以去看看他的《先秦音乐美学思想论稿》一书的序言。

我曾在文章中说过，蔡先生的这部著作是重建中国音乐美学的重要基石之一。对此或有异议，但是有一点是肯定的，在未来的研究中，它定然可超而不可越，以后研究中国音乐美学史的人很难绕过它或无视它的存在。"人或加讪，心无疵兮。"

关于首开"士人格"研究

冯：20 世纪 90 年代初，蔡先生开始了他的"士人格"研究，并最终将其作为一门研究生选修的讨论课纳入学院的研究生教学中。李老师，您作为蔡先生多年的同事和学术诤友，对蔡先生有着非常深刻的了解。由您主编的《蔡仲德纪念文集》成为我们深入了解蔡先生做人、治学的重要参考。尤其是您写的《岂止文章惊海内》一文，感人至深，您的文章与蔡先生的文章一样深有风骨而立意高远。您认为士人格研究在蔡先生的学术研究中具有怎样的地位和意义？

李：士人格研究是他文化研究的重要环节，蔡先生对这门课的重视，远远超过了他开设的其他课程。当一系列有关音乐美学方面的研究完成之后，蔡仲德认为在这个领域，他能做的事情基本上都已经做完。他的视界除了课堂之外始终关心着整个文化领域的风云变幻，因为它关系着国家的前途和命运。大学教育的对象，是决定着未来文化发展和国家命运与前途的人。人和文化互为因果。① 在撰写冯友兰先生年谱的过程中，更直接涉及士文化的问题。其中涉猎的很多资料使他深深感觉到，冯友兰先生的一生典型地反映了中国现代文化和现代知识分子的心路历程。在中国这个特殊环境下，不能不把他引入士文化问题的研究。他从孔孟商韩老庄讲起，到屈原与司马迁，以及汉魏晋时期的诸葛亮、阮籍、嵇康、陶渊明；从唐、宋时期的白居易、苏东坡、岳飞、文天祥，讲到明清时期的王阳明、李贽和曾国藩。这些都是中国古代社会各种士大夫的典型。他们的人格及其所传承的文化无疑产生过或依然产生着深刻的影响。

冯： 受不同思想精神的影响，"士人格"在古代知识分子中有着不同的内涵和表现。蔡先生对此也是有着不同评价的。在您看来，蔡先生最为肯定和批判的中国古代知识分子的"士人格"中都有哪些基本内容？

李： 中国古代的传统人格资源有优有劣，整体看，他对儒家文化批判较多，但儒家"仁为己任"的抱负、"杀身成仁"的入世精神、"乐在其中"的境界，在今天仍有着人文价值。庄子"法天贵真"，反异化、求解放、求自由的精神，今天更有着积极的意义。司马迁的文化使命感，也是后人缺乏的。法家顺应时代而进行变革的精神是可取的，但法家根本的精神不是进取，而是维护专制独裁。法家认为法律为"帝王之具"，与现代保护人权、约束权力的精神背道而驰。有识见的法学家认为，一个重道德的民族走向法制并不十分困难，而一个崇拜权力的民族如不转换观念，则几乎没有实现法制的可能。而崇拜权力，必然导致政客横行，暴力肆虐，市侩猖獗，文痞流行，艺术沦为附庸。

冯： 蔡先生是一位从知、行两个方面努力追求和力图实现其"士人格"的学者，李老师能为我们具体谈谈蔡先生在生活和学术研究中是怎样自觉地以"士人格"修身的吗？

李： 王国维曾明确提出，学术本身应该作为目的，也就是要为学术而学术。他反对学术有另外的目的。他甚至提出："学术之发达，存乎其独立而已。"现代学术一个非常重要的特征就是学术独立，在传统社会里面，学术是不独立的，政教合一是传统社会的特点。而现代学术开始以后，学术界、学人有了追求学术独立的自觉性。如此，学术才能为真理而存，学者才能操正义和真理，不失人格的尊严去参与社会的改革，促进社会的发展。陈寅恪把王国维的死看作是一个学者追求和保持自己的"独立自由之意志"之举："来世不可知者也。先生之著述，或有时而不彰。先生之学说，或有时

---

① 编者注：此段文字虽有部分与第 123 页重复，但为保持李起敏先生此篇访谈的完整性，特此保留。

而可商。惟此独立之精神，自由之思想，历千万祀，与天壤而同久，共三光而永光。"①

蔡仲德是遵循着这样的精神为人处世和治学的。他的学术研究不为时俗所左右，不为权威所趋同，不唯古圣马首是瞻；他的处世不为时宜所迁就，为了理想，明知不可为而为之。例如在西城区人代会上，明知在现有体制下竞选市人大代表不可为，他却认真地做了竞选报告，竟然获得了百名代表的赞同。他的举动在旁观者看来，似乎像一个当代的堂吉诃德，充满执着，虽有点迂，却迂得可爱。

冯：把这门课的精神和精髓运用到自己的学术人生中，才是领受了这门课的真意。蔡先生在"士人格研究"讲义中最后的"三个自觉"的总结，可以视为是他本人对开设这门课程的最终理想的追求：对文化与人的自觉；对"士"的自觉（文化使命、人间情怀及其统一）；对士人格的自觉。在当今这个所谓文化崛起的时代，中国当代的知识分子却越来越受到民众的质疑。学术腐败、垂青权力、文化搭台经济唱戏，甚至各种打着学问的幌子做着各种非学术交易等现象已是司空见惯。在这样一个士人格失落、知识分子也不免群体浮躁的时代，您认为蔡先生的士人格研究具有怎样的现实意义和长远意义？

李：身处乱世，大浪淘沙。传统士人格中有甘作奴仆的御用者的卑劣，也有绝世而独立的英烈。积极的东西应该继承，消极的东西应该批判。蔡仲德的研究重点在近现代部分，即王国维、蔡元培、陈独秀、胡适、冯友兰、顾准。士的使命是传承文化，创造文化，士的人格的伟岸代表着一个民族的脊梁和良心。它富贵不淫，贫贱不移，威武不屈！现在谈这些，似乎很奢侈。但恰恰因为如此，才应该花大力气唤起。

北大燕园的三松堂是冯友兰的故居，也是蔡仲德和宗璞的寓所，他的书房亦名曰"风庐"或"铁箫斋"，"风庐"尚保持着松风的高洁、松涛的澎湃、风入松的诗意；那"铁箫"依然有越人悲壮的倾诉。

冯：蔡先生将"士人格研究"开设为一门课程，是盼望中国士人格中优秀的部分能够传承和发扬下去，因此，将士人格与教育联系起来就进一步显示出其远大的历史意义。

李：教育要培养创造型人才，不是臣子奴才和工具，要培养有独立见解的学生；要培养真正的知识分子，而不是假的知识分子。鲁迅说过："真的知识阶级是不顾利害的，如想到种种利害就是假的、冒充的。"知识分子是智慧和正义的传播者，知识分子是社会的良心。

冯：西方对知识分子的界定认为，知识分子主要是指能够超越自己的专业领域而在公共领域发表言论者，因此这些知识分子又被称为"公共知识分子"。一些虽然受过

---

① 编者注：此段文字虽有部分与第127页第1自然段重复，但为保持作者李起敏先生此篇访谈的完整性，特此保留。

高等教育、掌握了专业知识者，比如医生、会计、计算机专家等等，他们不属于公共知识分子，公共知识分子是要有社会舆论影响力的知识分子。公共知识分子在西方有着强有力的社会影响，中国社会拥有最强有力影响的大概是权力和金钱，中国社会缺少像蔡仲德这样的公共知识分子。

关于重估五四运动

冯：我们发现，在蔡先生的学术研究中，他使中国古代知识分子的"士人格"和五四时期知识分子所追求的民主、自由精神得到了古今的贯通；在强调音乐的主体性，音乐应成为灵魂的语言时，蔡先生肯定了以明代李贽为代表的主情思潮。蔡先生甚至在1994年完成的《青主音乐美学思想述评》一文最后特别表明：谨以此文纪念青主逝世35周年，五四新文化运动75周年。此外，蔡先生还专门撰写了一系列论述五四的重要文章。因此，我们可以发现，在蔡先生的内心深处有着一种难以割舍的五四情结。您如何解读这一现象？

李：蔡仲德因为准备"士人格研究"的讲义，涉及王国维、陈寅恪、蔡元培，陈独秀、胡适等众多五四时期的文化人，开始详尽地研究五四运动前后的大量史料。他发现过去的说法大谬不然，又因为五四运动涉及中国新文化的走向，而他长期居住在北大那个曾经的新文化的策源地，同时，身边有个冯友兰这样一个绝代的哲人，他对历史高屋建瓴的洞察无疑为蔡仲德的认识与思考产生了积极的影响。当新时期，一批对五四运动一知半解的文化人开涮五四运动的时候，不能不激起他的探求历史真相、拨乱反正的决心。人们知道，五四所开启的文化启蒙因救亡而中途夭折，它的反封建的任务远没有完成，更毋庸说彻底。由于外敌的入侵，延迟了中国社会的发展何止百年。当时，国人对于未来国体的选择谈不上理性和从容，它未经大规模地实地考察和研究，来不及参照与对比，它尚未达成全民的共识，多半是依了少数人的热情。

中国文化在20世纪曾历尽坎坷，五四提出的价值在数十年中曾面临灭绝之境，受过五四新文化洗礼、理应成为社会良心的整整一代知识分子曾在种种社会罪恶面前保持沉默，这一切触目惊心地表明中国文化由前现代向现代的转型是多么艰难。中国有根深蒂固的专制主义传统，中国知识分子历来缺乏自由意志、独立人格，因此，出现上述情况是必然的，中国文化转型的艰难也是必然的。

冯：王元化先生在20世纪80年代曾指出，五四运动包括两个方面：一方面是指1919年在北京发生的学生运动，另一方面是指在1916年开始发生的思想运动。前者为救亡运动，后者为新文化运动。两者有着密切的关联，都具有要求民主、要求科学的反帝反封建性质。蔡先生对五四运动的重估则进一步指出，五四运动的领袖人物应该是蔡元培，指出我们应该更看重文化上的五四运动而非政治上的"五四"。蔡先生对五四运动的研究引起了学界的广泛重视。您认为他对五四运动的重估具有怎样的历史意义？

李：对于五四运动的众语喧哗，尘埃落定之后，人们之所以基本认同了蔡仲德的观点，原因在于他研究五四运动是从历史事实出发，是从五四运动时期所有文献和人物的实事求是的研究出发，既不是想当然，更不是随波逐流者辈所能梦见。

重估五四运动，是现实的需要，也是未来的需要。"文革"在中国发生，它的根源在哪里？怎样才能避免它再次发生？这是蔡仲德生前近 20 年来反复思考的问题。他曾经准备开一个讲座，叫《反省与反思："文化大革命"30 年祭》，但因故未讲成。20 世纪 80 年代出现"文化热"，在他看来是历史的必然。尽管有不少人对它持否定态度，把它也归结为激进主义或者归结为全盘西化。他认为，五四运动提出的问题没有解决，所以 80 年代才要重新讨论中西文化问题。经过八九十年代之交国际国内一系列重大事变，对中西文化怎么看的问题，中国文化向何处去的问题，对五四运动怎么认识的问题，又一次被提了出来。这几个问题是密切相关的。

1992 年 9 月蔡仲德接受丁东的采访时，比较简明扼要地阐明了他对五四的认识（参见蔡仲德《士人格：一个世纪的回顾——与丁东的对话》）：

我认为，整个五四运动，从思想意义上，身为北京大学校长的蔡元培才是主帅，而陈独秀、胡适是先锋。早在陈独秀办《新青年》前三年，蔡元培就已开始宣传民主、科学原则且始终贯彻，从不动摇；担任教育总长时提出超越正常政治而独立、使教育对象发展能力完成人格、使受教育者德智体美全面发展、学术自由兼容并包、教授治校五项原则，为中国现代教育奠定基础；改造北京大学，使之由官僚养成所变为中国现代文化发源地和中国民主摇篮；创建并领导"中央研究院"，改变封建时代忽视科研的状况，网罗全国各学科一流人才，为中国现代科学事业奠定了基础；他主张以人权、民主、科学、自由、平等、博爱为价值标准，以公开而受监督、为全民谋福利、保障个人自由、促进个性发展为原则，以教育为途径，以社会改良、和平渐进为方法。他的思想在今天仍具有重要意义，他才是中国现代文化的奠基人。但近半个世纪以来，人们对蔡元培表面上是尊崇的，实际上并没有真正认识到他的地位和作用。以他为代表的思想，在历次"兴无灭资"运动中，实际上是批判对象。今天有必要重新认识和估价蔡元培，让他的思想在今后的文化建设中发挥作用。

冯：20 世纪 90 年代，文化界不少人开始批判五四运动的激进主义，这在音乐界也有影响，而且一度声音很大，甚至出现了对五四运动时期新音乐的贬低与否定，对西方音乐的简单化批判，仿佛五四运动是个原罪。今天回头再看世纪末情绪的喧哗，不难发现其中理性的缺失。

李：90 年代从批判"全盘西化论"和弘扬传统文化出发，掀起了一股所谓"国学热"。在我看来，这不过是对应 80 年代"文化热"的反驳，原无须怪。但是，一些人把五四说成是激进主义，他们认为要清算激进主义，实现文化保守主义，才能走向未来，才能显示中国文化的伟大，才能增强民族的凝聚力，才是爱国主义。试问，难道中国文化的宏阔和包容的博大胸怀，真的变得如此小家子气吗？真的屏弱到一提接纳异质文化就是"全盘西化"吗？至于如此心虚吗？蔡仲德则认为，"对五四运动到底应该怎么看？这确实是当前的一个突出问题"。他明确地认为要分清两个五四运动，一个是文化的、渐进的、宽容的五四运动，另一个是政治的、激进的、排他的五四运动。前者的主要代表是蔡元培，后者在陈独秀身上比较突出。五四运动激进的一面确实存在，1919 年以前就有，1920 年以后越来越突出，后来导致所谓"兴无灭资"，直到"文革"，横扫一切"封资修"文化，尤其是对国学的摧残，这才是激进主义的源与流问题。影响"文革"的不是五四运动的主流和整体，而是其中政治的、激进的、排他的那一面，"文革"是那一面的恶性发展，权力支配下对一种文化的打击，是平民运动所无法比拟的。不做分析，笼统地把五四运动归结为激进主义，是简单化的做法。这个问题，几年来他一直在思考，如同骨鲠在喉，不吐不快，所以写了《"五四"的重估与中国文化的未来》这篇文章。

冯：我有一个从事教育学研究的朋友，有一次我们聊起当代大学教育问题，谈到蔡元培精神时，他不无激愤地说，现在很多人根本不配谈蔡元培，很多大学校长、教育官员、教授们的思想认识远远没有达到五四时期前人的水平。对他的话我是赞同的，其中也不排除不少人一方面是"我自清醒"但同时"难得糊涂"。我们可以发现，蔡仲德对蔡元培的研究并非单纯的学术研究，而是强调要继承和发扬蔡元培精神、五四精神。

李：中国的知识阶层对很多现代文明的基本观点都茫无所知，说得不客气一点，当今中国知识阶层不少人有关人文和社会科学的认识，总体上恐怕还没有达到 20 世纪二三十年代本国前辈的水平。近年喜欢评论新文化运动的人很多，但是不少人没有认真研究历史文献。他们对五四运动的论断，往往与历史实际不符。五四新文化运动不仅仅是一次爱国主义运动，而且还是一次自由主义的思想运动。它提出的口号最初三年多是人权与科学，1919 年开始改为民主与科学，但其基本精神都是自由、法治，民主、理性，即追求独立自由的精神和相应的制度保障，培育具有独立自由精神的现代公民，为向现代社会转型奠立牢固基础。中外历次启蒙运动没有错。五四运动无论哪个派别，其出发点都是基于爱国主义。

冯：有人曾指出我们现在只记得"德先生"和"赛先生"，但却忘记了"费小姐"——自由。其实只要真正有"德先生"的保障，"费小姐"的存在才是水到渠成的事情。

李：在蔡元培主校政的北大，各派人士都受到尊重，所以，蔡仲德之所以说五四运动的旗手应该是蔡元培，因为思想主流应该是蔡元培的"兼容并包、学术自由"的思想，这样看回归五四运动，不是回到陈独秀、李大钊，当然他们也有贡献，他们的贡献是把马克思主义介绍到中国来，但是，实际上，这个更大的背景不光是马克思主义来了，还包括现在能够重新评价市场经济、重新评价资产阶级民主政治，这些都不是陈独秀、李大钊的思想，而是在蔡元培的思想体系之下的东西。所以，蔡先生把五四运动的精神归结到蔡元培的思想，蔡元培是五四运动的主帅，这是一个了不起的创见，现在评价五四运动都慢慢倾向于蔡仲德先生的这个评价。

黎巴嫩的一个诗人叫纪伯伦，他有一句诗，说："我们走得太远，以至于让我们忘记了为什么而出发。"

冯：在这个行走的过程中，近百年前的那些闪光的精神并没有被发扬起来，蔡先生的研究在提醒我们"为什么而出发"。

在论及中国音乐的出路问题时，蔡先生曾一再指出要"回到青主去"，在谈及教育问题时，又提出"教育回到蔡元培去"。这都是对五四运动启蒙话语的眷顾。记得曾经读过一篇文章，题目好像是《世上已无蔡元培》。蔡仲德之所以对蔡元培给予了极高的历史评价，除了前面我们谈到的蔡元培是五四运动时期的领袖人物、代表人物之外，具体到教育思想上来，对于中国的高等教育而言，蔡元培的教育主张已然成为今天的知识分子一再向往和吁求的理想。我想这也是作为人本主义者的蔡先生提出教育回到蔡元培的重要原因。

李：邓小平曾经说过："我们最失败的是教育。"2005年，时任国务院总理的温家宝在看望著名物理学家钱学森时，钱老曾发出这样的感慨：回过头来看，这么多年培养的学生里，还没有哪一个的学术成就能跟民国时期培养的大师相比！钱学森认为，现在中国没有完全发展起来，一个重要原因是没有一所大学能够按照培养科学技术发明创造人才的模式去办学，没有自己独特的、创新的东西，老是"冒"不出杰出人才。

时隔不久，温家宝带着这样的问题询问六位大学校长和教育专家。令人遗憾的是他们个个隔靴搔痒，答非所问。在这样一些官僚化的大学校长的领导下，难怪啊——教育！是他们抓不到中国教育弊病的肯綮？还是另有苦衷，只好王顾左右而言他？人们不得而知。但是我们根本问题在于教育体制，那是路人皆知的啊。一个世界一流的现代大学无非应该具备如下的条件：一个科学的、完美的适合学生自由健康个性发展的办学思想指导下的办学方针；一个既是学者又懂得教育的非官僚化的独立的大学校长；一批一流的具有创造精神的教授，在文科则必须是个思想家；一套健全、合理有特点的开放性课程设置；一个干练的办事机构，加上一流的教学设备，一个先进的图书馆。其他，都是次要的了。

冯：梅贻琦讲过一句名言："所谓大学者，非谓有大楼之谓也，有大师之谓也。"这些年国内大学城一处处拔地而起，教育部督导下的高校评估更是轰轰烈烈，其中不少院校甚至不得不以大量造假应对检查。看到这些，总令人想起梅贻琦的这句话。

李："知政失者在草野，知屋漏者在宇下。"不客气地说，那些像水泥一样固定附加在大学甚至艺术学院必修课表上一再重复设置的官派课程，那些适合于培养政治家或训练官员所设的课程，真有必要让所有学子都去花费青春四分之一的学时去读吗？效果又如何，谁人知晓？学生们到底有多少感兴趣？为什么不能改变这种苏式教育，把这些课统统设为选修课呢？尊重学生的选择不是比强加给他们效果更佳？学校不是应以学生为主体吗？

举例说，国家最高科学技术奖自2000年设立以来，共有14位科学家获奖，其中就有11个是1951年前大学毕业的。这个现象说明什么问题？值得反思啊。信力健说："我们整个教育是一个不断产出失败者的教育。"文化，是一种魂魄合一的东西，是一个整体，不能切得鸡零狗碎。

冯：所以蔡仲德先生一再强调现代知识分子应该具备当年蔡元培提出的超越精神、干预精神和独立意志、自由人格。这在当下中国有着重要的现实意义。可是这种声音仍然处于被半遮蔽的处境。在许多问题上，智者的民间呼吁在官方昏者的机制运行下只能是一种极度边缘化的存在。

李：由上述情况看来，人们不由得想起20世纪的教育家蔡元培，他任北大校长以来，大力革新，实行"兼容并包、学术自由"，聘任陈独秀、李大钊、胡适、鲁迅等，为五四运动准备了思想与人才——1923年1月，为抗议教育总长彭允彝投靠军阀、蹂躏人权，蔡元培辞去北大校长一职；7月第四次赴欧留学，并研究、著述；1926年回国，为争取教育独立，创议设大学院，1927年任大学院院长，受阻，失败，从此与国民党保持距离，辞去党政各职；1928年起创设"中央研究院"并任院长，直至1940年去世；30年代组织中国民权保障同盟，反对蒋介石专制独裁，争取思想、言论、集会、出版自由，曾先后营救罗隆基、胡也频、邓演达、杨开慧、史良、陈独秀、许德珩、廖承志、罗章龙、丁玲、潘梓年、范文澜等。他是全力为民主、科学、人权，为中国教育、科学、政治乃至整个文化的现代化而奋斗。

罗家伦称之为全民族的"文化的导师、人格的典型"，说："千百年后，先生的人格精神，还是人类想望的境界。……先生的精神无穷地广则弥漫在文化的宇宙间，深则憩息在人们的内心深处。"

冯：您和蔡仲德先生对蔡元培的高度评价都是建立在令人敬佩的事实基础上的。这些史实和精神应该在大学中向当代学子传播，遗憾的是，现在的大学生们不得不以大量的精力去应对您所说的"花费青春四分之一"的学时的那些课程。大学是培养眼界高远、胸怀理想的栋梁之材的地方。在这里，学子们应该远离世俗，有时间去思考那些关乎人类与文化发展的问题。高等教育不仅仅在于向学生传授一点技能和知识，更应该传递一种大学精神。可现实是，正如一位名牌大学校长所说的那样，大学现在也是一个庸俗不堪的地方。这也是人们越来越呼唤蔡元培精神的重要原因。

李：蔡元培不仅是北大精神之父，而且是中国现代型大学理念的奠基人。虽然，百年来我国的高等教育经历了极大的曲折，蔡元培所处的时代环境也早已星移斗转，但他的前瞻性、现代型的教育思想和大学理念，却历久常新，充满活力。尽力恢复和弘扬这种理念，正是今日重建大学精神、争创世界一流大学的基础和关键。那么，它所含大学之为大的主要内容是什么呢？我理解有四个方面：学术研究的崇高性质之为大；学术思想的自由宽容之为大；学术大师的地位影响之为大；学术通识的广博通达之为大。

这些卓尔不群的见解虽然并不尽合时宜，但凡所系所念，都与民族命运、国家前途、民主理念息息相关。作为一家之言，其心之热诚与坦荡，在习惯了吞吞吐吐的年代几成绝响。中国的教育界需要蔡元培的精神和思想。

冯：您在蔡先生的学术纪念会上曾说过，蔡先生的所有著述有一个非常重要的核心，那就是他对中国文化革故鼎新的终极关怀，对人文精神、人本主义、人性、民主、自由、平等、人权、个性解放和独立人格的关注。这些核心思想贯穿于他的整个学术人生当中。蔡先生的思想和态度代表了有良知的知识分子对国家、社会进步发展的自觉承担，尤其对独立意志自由思想的渴望。您对蔡先生的总结感人至深。蔡先生的这些追求代表了多数知识分子和国人的心声，其意义已不在于蔡先生个人。

李：蔡仲德为当代一切正直的学人做了一个表率。有目共睹，他所关怀的视野已是世界文化的潮流，是中国绝大多数先进的知识分子的共同关怀，也是改革开放后现政府为之努力的目标。只是一小撮极左派在企图拉历史的倒车。中国一切善良的知识分子，他们以天下为己任，天下乃天下人的天下，天下为公，一切权力部门无一不是国民的公器，不是任何势力的私有物。善良的愿望，作为无权的知识分子，尽管未必能够像政府行为，能够破釜沉舟地推行，但他的思想魅力却是无穷尽的。

冯：令人感慨的是，直到今天，五四运动时期所倡导的诸多现代文明精神仍然是一个远大的理想。近年来，传统文化与国学热似乎日渐升温，各种媒体都参与到宣扬民族文化的潮流中来，大有全民普及国学的阵势，孔子学院也在海外一所一所地成立起来，中国俨然已成为东方文明的输出国了。但是，作为一个现代文明社会应该具有的许多精神，我们依然缺失。

李：发热即发烧，总是体质不正常或是步入老年的衰弱。国人有时像得了疟疾，爱患时冷时热病。潮退潮起，浮在上面的是尘埃，沉在下面的是金子。国学热中不同的人带着不同的目的，被卷了进来。它像海水一样，深处基本是平静的，大浪排空只是海面与浅滩。于是，那些善于赶潮者呼啦啦或上讲坛，或出书籍，有趁风而起的风汉，有哗众取宠的说书人，有沉渣泛起的封建遗绪，还有不知所云的江湖好汉……细听其鼓噪，终不知国学为何物，却涌起一批超男、超女，尤有不知天高地厚者号称"国学大师"。殊不知在当代号称"大师"者徒，不管是自封的、官推的，不是挂牌的，无非是些文化侏儒的别名。文字都没读通，何谈精神？！如果连糟粕和精华都没分清，那么我们该弘扬什么，扬弃什么呢？如果本来是不符合时代发展要求的糟粕，硬以果皮箱的外衣、金汁场的美名加以包装，去糊弄人，结果将会如何？无论何种目的，他们都打着弘扬国粹的旗号，潜台词是爱国主义吧？！而且还弘扬到外国去，建起诸多孔子学院。我只有一句话：慎重，先把什么是国学弄通了再出去弘扬不迟。否则，因为你的无知让外人曲解了我们的国学，那可真的难以挽回的啊！我疑惑那些孔子学院有几个懂得国学的学者？如果商业目的与政治目的结盟，而打着学术的旗号，结果又如何？我真担心以其热心的无知让世界误读了中国文化的光辉灿烂！

冯：您的这种担忧不是多余的。我看很多所谓弘扬国学者醉翁之意皆不在酒。

李：因此，我才拍案而起，也开始给博士生开设"国学概览"与"西学大观"，以6学年为一轮，以正视听。

关于"冯学"研究

冯：蔡先生将冯友兰的一生总结为"实现自我""失落自我"和"回归自我"三个阶段，并将其称为"冯友兰现象"。蔡先生是将冯友兰置于20世纪文化历史的发展中来加以审视的，认为冯友兰现象的典型意义在于，冯友兰的一生是中国现代知识分子苦难历程的缩影，是中国现代学术文化曲折历程的缩影。这样的总结对于冯友兰那一代知识分子具有普遍的概括作用，同时赋予了冯友兰现象以深刻的社会历史内涵。

李：蔡仲德的总结非常深刻，甚至深刻得有点残酷。实际上，蔡仲德是在通过冯友兰的思想历程透视中国知识分子这百年的思想历程和转变。他是一个典型，通过他这个典型，透视了百年来中国知识分子艰苦的历程，甚至折射了中国5 000年的文明历程。所以，蔡仲德的许多新思想都可以在这样一个框架中重新发现和挖掘。

冯：我读到蔡先生的这种总结时曾经想过，当代知识分子是否还经常会独自仰望星空，思考什么是真实的自我？有多少人真正实现了自我？有多少人为自我的迷失而反思，又有多少人能真正回归本真的自我？

李：身处一个不正常的时代（"文革"为极致），在一种盲目崇拜、虚幻理想、政治大潮淫威的追逐下，群体性的茫然失措转变为集体无意识，相率为伪，没有人能够幸免于难。冯友兰那一代人，仿佛只存一个被边缘化的梁漱溟，后辈只有一个顾准尚能不屈不挠而已。历史说明，当学术不能独立、学者不能自由思想的时候，那将是学术的灾难，也是民族文化的灾难。无论是身临其境者，还是后来人，人们会从心里发出这般同马克斯·韦伯相似的质问："这个世界还会不会让人迷恋？"这也是我们实行改革开放的推力和背景心态，这本身不是闲愁，而是国忧。

冯：就三个"自我"的概括而言，也不难发现蔡先生对"自我"价值、主体自由的肯定。蔡先生的学术人生中是否强烈地反映出他对"自我"价值的追求？这个自我包含了哪些丰富的实践内容？

李：自然，他不人云亦云。他与成说辩，与权威辩，势必辩出一个是非，辩出一个真理。为《乐记》辩作者，为"郑声"辩淫声，与蒋孔阳辩道家音乐，与李曙明辩"心音对映"与"声无哀乐"，与李泽厚辩"音乐美学"，与钱钟书辩《管锥编》，与对象恍惚的群体辩音乐出路……

任何时代的思想家都是寂寞的，或默然而沉思，或荷戟而彷徨。但是，他们仍我行我素，不以时迁，不以权媚。蔡仲德学习先贤而践行，他晚年的块垒无以浇除，使我有时想起荒原一株独立支撑的橡树，任凭风雨而萧然。

冯：作为冯友兰的女婿，蔡先生对冯友兰的了解和研究有着常人所不具备的条件，有人曾谓"知翁莫若婿"。但蔡先生却并没有因为与冯友兰的这种特殊关系而妨碍了他对"冯学"的客观求是的研究。

李：是这样的。蔡仲德认为，"与其称冯先生为现代新儒家，不如称冯先生为有儒家倾向的中国现代哲学家"。蔡先生以亲属论长辈，始终采取的是一个研究者的客观态度，有阐释，有分析，有异议，也有批评，从不为长者讳。譬如冯友兰等老一辈对群体与个体、国家与个人的矛盾问题往往放弃知识分子的独立思考与独立人格，他对老一辈的迂腐和无奈采取了毫不容情的批判态度。

冯：从蔡先生的研究中可以看出，冯友兰先生的哲学研究和学术人生对蔡先生的学术观、人生观、价值观也有着很深的影响，比如关于中西文化的关系、中国传统文化与现代文化的关系等问题的观点。

李：蔡仲德从编撰冯友兰年谱和编纂《三松堂全集》，以及对冯友兰现象的提出和对冯友兰思想的研究，可以说是继承了冯友兰思想的精髓和文化使命感，并把它发扬光大。冯友兰先生的"旧邦新命"说在"抽象继承"的方法论下对待"旧邦"，采取"释古"以打通儒、墨、道、玄、禅的界限，为"辅新命"而打通中西的界限，为中国文化由前现代向现代转型疏通了理路。冯友兰20世纪30年代从"新理学"体系"别共殊"的观点出发比较中西文化，他认为，一般人心目所有之中西之分，大部分都是古今之异……西洋文化之所以是优越的，并不是因为它是西洋的，而是因为它是近代的或现代的。我们近百年来之所以到处吃亏，并不是因为我们的文化是中国的，而是因为我们的文化是中古的。蔡仲德认为，以此观点处理中西文化关系，处理中国传统文化与现代化的关系，便应认识中国文化的任务是由前现代文化向现代文化转型，而西方文化已完成这一转型，故应向西方学习。但所学应是西方文化中对现代化具有普遍意义的东西，而不是西方文化的民族性，故其中与现代化相关的主要部分是我们需要吸取的，与现代化无关的偶然部分是我们不必吸取的。同理，中国传统文化中与现代化相冲突的部分是我们应当改变的，与现代化不相冲突的部分是我们不须改变的；就与现代化相冲突者均须改变而言，这种改变是全盘的；就与现代化不相冲突者均不须改变、只改变文化类型而不改变民族性而言，这种改变又是中国本位的。

冯：国人似乎有一种强大的集体无意识，总是会把文化与爱国这等事关民族气节的政治因素联系起来，其实盲目的民族主义是害人的，有时大张旗鼓地弘扬民族文化之际往往也是附带着沉渣泛起，对借文化之名而达非文化之目的的举动还是要保持清醒的警惕性。

李：这里的问题是，我们如何对待人类文化？是以一个狭隘的民族主义，像清朝政府的腐朽官员一样，表面上是虚弱的天朝情结，而内心却是阿Q式的叫花子精神？像个混混一样在那里晃着货郎鼓似的脑袋"说不"？还是怀着伟大民族的自信，以一个大国的风仪为发展自己也有益他人而海纳百川呢？蔡仲德继冯友兰的回答无疑是后者。一如顾准，"几乎言必称希腊，其实所言并非希腊，正如言不及中国，其实所言全在中国"。难道不比那些小儒高明？

关于一个真正的人本主义知识分子

冯：马克思在《1844年经济学－哲学手稿》中认为，彻底的自然主义或曰人本主义是有别于唯心主义和唯物主义并将这二者统一起来的真理，共产主义是作为完成了的自然主义，等于人本主义，作为完成了的人本主义，等于自然主义。蔡先生在马克思主义学说中找到了人本主义的源头，并结合卡西尔《人论》中的人本主义思想将它引入到音乐文化的追求当中。蔡先生认为，人是音乐文化的创造者，人的本质在于自由，音乐创作应充分表现人的内心世界，充分尊重人的主体价值，确立人的主体地位。音乐的主体性原则即是人本主义在音乐实践中的体现。从音乐的自由到人的自由，蔡先生在音乐与人本主义的本质之间找到了一个很好的契合点。他笔下的人本主义是近代以来人类所共同追求的带有普世性价值的共同的社会理想。

李：蔡仲德把一生做学问的心得自我归结为人本主义。在多元的人本主义和中国的特定环境下，蔡仲德演绎着不同的人本主义内涵，他把以人为本落实在作为个体存在的个人身上，不再是虚拟的符号。

再者，他的人本主义更主要的是以本国的历史批判为背景的。我们整个封建专制时代奉行的是皇权主义、官本位。民本位或叫民本主义在战国时代的孟子那里就已出现，所谓"民为贵，君为轻，社稷次之"。单此一说，就足以奠定孟子在世界思想史上的伟大地位。如果真正得以贯彻，中国社会将会比现代世界先进起码一两千年。可惜，这一代表新兴地主阶级的先进思想竟被历代的帝王及其宫廷内外的走卒们打入冷宫或悬置高阁，成为虚设的幌子。历史一直是本末倒置，而且任何理念一到中国官场，就会被政客的实用主义脱胎换骨异化得面目全非。于是，孟子的"民为贵，君为轻，社稷次之"就转化为"君为贵，民为轻，社稷私有"，社稷已经同君融为一体，朕即国家社稷。民成为子民，成为社稷的被统治者，只能匍匐在皇权及其走卒们的淫威之下，三呼万岁。民本主义被皇权专制颠倒，正如人民被利用一样，民与人民赫然成为被虚拟的符号。民本主义已经失却了当代的积极意义，只能为人本主义无可置疑地代替。由于民本主义的历久空置，民主精神匮乏，以人为本的人本主义尽管已经是社会共识，真正实行起来，却由于习惯势力的阻挠而困难重重，只能蹒跚而步。

冯：到现在不是还有很多人抱着"为民做主"之类的思想吗？这充其量是民本主义的遗存。为民做主的口号也只有残留在一个民主与法制薄弱的国度里，人民得不到体制的公正保护，就寄希望于"包青天"的庇护，这是人治社会思想的遗留。人本主义是贯穿蔡先生学术研究的一根红线。当下社会时髦谈"以人为本"，然而真正能够达到蔡先生精神中"以人为本"的深刻境界者就很难说了，至于将"以人为本"庸俗化或是借"以人为本"的幌子而做着并不以人为本的大量社会现象更是令人无可奈何。如何看待人本主义思想在当下的社会学意义是一个问题。

李：人本主义的架构是对个人生存权利的肯定，对人的尊严的肯定，对道德价值的肯定，对自由的肯定，以及因此对开放的心灵和开放的社会之趋进。无论在西方还是中国，细究起来，人本主义都存在着深厚的传统资源。这并不奇怪，因为任何社会的核心都是人。不是抽象的人，而是社会人。

"立党为公"是现执政党确立的执政理念。这里的"为公"就是人本理念的体现。也很显然，人本的理念也符合近代以来从西方传入的社会主义的概念。社会主义就其本意来说就是一种人本主义。

在中国，无论从历史的角度还是从改革开放以来的实践来说，除了人本主义，还看不出其他任何主义能够扮演这样一个角色。人本主义不能确立，政治改革会继续缺失方向，继续缺失支持力量。有支持力量而不加以重视和利用，旷日持久，这份改革开放的资源很可能流失殆尽。

冯：回到音乐问题上来看，蔡先生所批判的"礼本主义""音乐作为道的工具"的思想和音乐现象在20世纪中国音乐发展中也从来没有销声匿迹过。抛却社会政治因素不谈，从音乐家和音乐实践的角度看，中国的音乐家应首先具有清醒的意识并有相应的自觉行为。

李：中国传统文化只有从传统观念的束缚下解放出来，从各种人身依附关系中解放出来，每个人作为独立的人充分展示他的个性和才能，才有可能实现艺术领域里的"天人合一"境界、人本主义音乐的境界，创造使世界轰动狂欢的东方新音乐，而不再是任何附庸的音乐。

历史学家和哲学史家说，历史上我们立国的精神没有"天赋人权"，即使最英明的人物，一旦尝到权力的乐趣，就很难分清领导和统治的区别。领导是以思想取得民众拥护，统治是以暴力迫使民众就范，从而演绎出另一命题，即国家应该保护个人的自由，个人当然拥有争取自由的权利。这就是进入现代文明的出发点。音乐家有表达的自由，他不必惟上司的意见左右或马首是瞻。官员不再有权力指手画脚，干涉他不应染指的艺术创作。何时能消除集体抹杀个人的现象或个体都具有集体的神性，有特色的社会主义艺术就有希望了。

冯：其实音乐所能起到的社会功能是有很多前提条件的，强行赋予音乐以它所难以承载的作用最终徒劳无益。

李：这的确值得思考。音乐真的能像教堂的唱诗班让人进入祷告的灵境吗？如果你相信能，那么说教与颂词加上音韵也能使人对政治的絮语感同身受吗？

冯：欧·亨利的小说《警察与赞美诗》中的小偷被教堂里传出的基督教音乐感化得准备重新做人的时候，其实感化他的更多的是基督教的教义。

李：郝胥黎曾言，整齐划一是丑恶事物的一个丑恶名词——我们必须努力来保存文化的多彩多姿，并且从而助长它。

冯：鲁迅先生在《文艺与革命》一文中曾说过："一切文艺，是宣传……用于革命，作为工具的一种，自然也是可以的。"但他同时也指出："但我以为一切文艺固是宣传，而一切宣传却并非全是文艺……革命之所以于口号、标语、布告、电报、教科书……之外，要用文艺者，就因为它是文艺。"我们经常看到有人引用鲁迅这话的前半部分，但却有意无意地忽略了后半部分，其实其中的深意恰恰是在后半部分。

李：在目前的世界，经济发展和技术竞走既成主调，整齐划一成了"时代精神"。可是那是指的工业品和商品啊，不是人！如果在这一"时代精神"的压力之下，个人变成泡沫，个性成为稀世之宝，使人也异化为商品或工业品，文化的多彩多姿成为土产礼品。人，沦为街头蠕动的蚁族。在这样的时代，人本主义强调个人的特殊品质，强调文化的多彩多姿，可谓众醉独醒，在对人醍醐灌顶。唱什么歌，本来是个人自由，不管是悲歌还是喜歌，但现在偶见异化现象。

冯：这是人的可悲的异化，而且那么多人甘于被异化。

李：可是，人类绝不会愿意看到或让自己的异化继续下去。实际上，我们要进一步追问：这个异化的"异"是相对于什么而言的呢？相对于一种理想的人（或称真正的人、高大的人、自由的人等等）背离理想而去，就叫作异化。然而，又正因为有对理想的种种不同追求，因而在对异化的理解和克服上也有种种的不同，各种剖析和反对异化的理论纷纷出现。

参与这一行列来的，有思想家、哲学家、政治家、教育家……在哲学这个领域，又有各种主义的发生，人本主义亦应运而生。把人本主义局限于科学主义的相对面来理解，是一种狭义的理解。实际上，它也相对于自然主义、物质主义、神权以及社会本位主义，相对于异化人的思潮。不仅逻辑证明了这一点，更重要的是历史证明了这一过程。

冯：蔡先生也是您所说的这一行列中的一员。蔡先生秉承五四精神，认为充分尊重个体的价值、个体的解放才真正是人的解放。只有人的解放才会有音乐的解放。

李："每个人的自由发展是一切人自由发展的条件。"马克思将作为社会人的个人的全面自由发展视为条件，同时，在人类发展中也将其作为目的看待。这就是人的解放必须落实到每个个体身上才会是人的真正解放。五四承载着这种精神，并与自由主义共生开始了在中国的苦旅。它催生了五四以来新文艺的勃发生机，奠定了 20 世纪上半叶文化艺术繁荣气象的根基。无疑，它也为当下提供了可以触摸到的借鉴。经济的高速发展，假如不能相应地出现文艺环境的改善，又有什么可以遏制人的异化、精神的沙漠化？

冯：您与蔡先生这么多年相知故交，一起共事，您的学术研究有没有受到蔡先生的影响？

李：这不大容易说清。因为思想交流，相互影响是潜移默化的过程，由于彼此坦荡真诚，实事求是，做真人拒做假人成为共同的做人底线，无论观点的同与异，最后都能在和而不同的状况下统一起来。这种私下的切磋不仅仅是我和蔡仲德之间的事，也是美学教研室这个高格调的群体的传统作风。在这个群体里，学术共享，思想坦荡，各尽所学，互补互励，有相互尊重之美德，无文人相轻之陋习。钱钟书说过："大抵学问是荒江野老屋中，二三素心人商量培养之事，朝市之显学必成俗学。"我赞赏此说，当然，我们没有钱先生的逍遥与超脱，不容易像钱先生那样能够下意识地回避骆宾王讨武檄文一类的激扬，又同样下意识地略过王勃《滕王阁序》那样的华章。学术领域，要争论、要商榷、要辩驳的问题太多太多。蔡先生只要发现，定要辩个水落石出；而才疏学浅的我几乎与世无争，大概受乡贤孔老夫子的影响——述而不作，更不愿与人辩论（起码在音乐领域如此）。我也曾经有意向蔡兄学习，可是终究学不来。

冯：我们之所以选择您作为访谈对象，就是因为您的学识与胆识与蔡先生是非常一致的，令人敬佩。最后，您能用最简要的文字为我们概括一下蔡先生及其思想在中国知识界的影响和意义吗？

李：蔡仲德是位具有文化人的忧患意识和历史大识见的史学家；是一个能够纵观全局贯通中西的思想家；是位治学严谨孜孜不倦探求中国音乐之道的音乐美学家、音乐教育家。在这三个领域，他都是个创造型的学者，而他所有成绩的取得又都仰仗于他的人本主义思想以及他傲岸不屈的人格。蔡先生的思想和态度代表了有良知的知识分子对国家、社会进步发展的自觉承担，尤其是对独立意志、自由思想的渴求。蔡先生无论是教书，还是在文化研究领域，都是一个高瞻远瞩的思想斗士，鹤立于当代新儒和旧儒之上。从思想尊严到独立人格，他都属于现代！① 雨果在哀悼巴尔扎克的时候说过："从今以后，众目仰望的不是统治者，而是思想家。"出现在缺乏思想的年代，立足大地又能昂望星空的思想家，是鼓舞人们前进的动力。我想，越来越多的人会理

---

① 编者注：此段文字虽有部分与第 127 页第 4 自然段重复，但为保持作者李起敏先生此篇访谈的完整性，特此保留。

解他，赞同他，他的文化主张、艺术主张，会影响中国有志改革开放的一代文化人，尤其青年学者们，未来伴着中国文化的世界化，他们会摆脱一切沉滞猥劣的羁绊高唱凯歌而前行。

冯：谢谢李老师对蔡先生的深刻解读！就让我们以您为蔡先生撰写的一副挽联结束本篇有关蔡先生的访谈吧——

文章惊海内先生归来学界尚有山林待启
松鹤鸣九皋仲德去矣风庐犹存空谷足音

中国音乐美学与美学史研究现状

——在台湾艺术大学的讲座

一、古道烟雨——丰富与芜杂、渊深而支离

近代中国音乐美学的研究者、开拓者面对丰富而芜杂、遮蔽与散在的音乐美学传统资料时，筚路蓝缕中深感如蹒跚在古道烟雨中的行者。

（一）中国音乐美学资料的散在性

在中国传统经籍里，美学思想往往散见于哲学家、文学家、音乐家、杂家甚至政治家的文字里。有的自成系统，有的只言片语，但其重要程度却不取决于文字的多寡。

这些文字包括：

1. 思想自成体系的音乐美学专论专著：《乐记》、《声无哀乐论》、《溪山琴况》、荀子的《乐论》和阮籍的《乐论》等。

2. 不成体系类：诸如子书及后世文集中的有关论述——《国语》中的"和""同"、伶州鸠的"乐从和，和从平"，以及《左传》《尚书·尧典》《周礼》《礼记·春官·大司乐》和《白虎通·礼乐》等典籍中有关于音乐美学的论述。

3. 儒家经典及其他典籍中的有关论述：《史记》之《乐书》与《律书》、《汉书》之《律历志》与《乐志》《隋书·音乐志》《宋史·乐志》等。

4. 西汉以后的音乐诸赋：王褒的《洞箫赋》、傅毅的《舞赋》、马融的《长笛赋》、嵇康的《琴赋》、成公绥的《啸赋》及吕温的《乐出虚赋》等。

5. 宋元以后的琴论、唱论（含曲论）：《琴史》《琴书大全》《闲情偶寄》《乐府传声》《溪山琴况》《衡曲麈谭》等。

（二）音乐美学与音乐思想、音乐史料的胶着性与美学思想的依附性

音乐思想往往是从普遍性的带有哲学性质的概念抽绎出来的。例如，公元前775年，周太史伯提出"和实生物，同则不继""以他平他谓之和"（《国语·郑语》）的命

题，认为不同事物之间的"和谐"能产生万物或使生命繁衍，相同的事物只有在数量上的叠加而不能使事物产生变化。这个命题经过单穆公、伶州鸠等人的改造，形成了以"和（谐）"为美，以"平和"为审美标准的"平和"审美观。在这种审美观笼罩之下衍生出"节"与"度"、"中"与"淫"、"哀"与"乐"、"理"与"欲"、"虚"与"实"、"刚"与"柔"等互相吸收、互存互动的音乐审美范畴。

又如老子的大音希声，虽本是在借音言道，但却深蕴着音乐思想内涵，并深刻影响了中国音乐美学的发展及体系的形成。

"平和"审美观影响了包括季扎、子产、郤缺等贵族思想家们对于音乐美的认识及其价值评判。这种审美观对生命的关注也影响了包括医和、伶州鸠、晏婴等人对于音乐与养生的基本看法，如伶州鸠认为，平和之声能使人心安，心安就快乐，快乐才会使人的寿命长久；声不平和，会使人心不安，人心不安就会生病，生病就不能使寿命长久（《国语·周语下》），他认识到"音"与"心"的关系，认为审美客体之"音"对审美主体之"心"能够产生影响与反作用。（这是不是音心对映，需要深入研究。）

（三）中国音乐美学思想的总体特征

1. 以"平和""中和""淡和"为审美准则；
2. "无听之以耳，而听之以心"，强调音乐教化功能的"心性"修持；
3. "发乎情，止乎礼义"，要求音乐的思想感情合乎礼制，成为礼乐；
4. 雅乐审美与俗乐审美的矛盾和冲突；
5. 中国音乐美学思想早熟而后期发展缓慢；
6. 中国古代音乐美学思想是中国农耕文明的产物；
7. 20 世纪中国音乐美学思想的多元化特征，主要包括：
（1）功利性逐渐减弱，学术性不断加强；
（2）肤浅到深刻；
（3）研究队伍不断壮大；
（4）哲学基础不一。

二、脱胎蜕变——从西风东渐中苏醒的中国音乐美学——从美学思想到美学史

蔡仲德 1994 年发表的《关于中国音乐美学史的若干问题》一文，该文把中国古代音乐美学思想归为五大特征：
1. 要求音乐受礼制约，成为礼乐；
2. 以"中和"-"淡和"为准则，以平和恬淡为美；

3. 追求"天人合一"，追求人际关系、天人关系的统一；

4. 多从哲学、伦理、政治出发论述音乐，注重研究音乐的外部关系，强调音乐与政治的联系、音乐的社会功能与教化作用，而较少深入音乐的内部，对音乐自身的规律、音乐的特殊性、音乐的美感作用娱乐作用重视不够，研究不够；

5. 早熟而后起发展缓慢。

该文的发表使学术界对中国古代音乐美学的总体特征有了一个较为系统而明晰的认识。①

而新时代的音乐应从礼的附庸的地位解放出来，获得独立的艺术品格。

中国音乐美学的重心在古典乐论。20世纪中国音乐美学古代部分的研究是在西方音乐美学传入中国之后逐渐形成和发展起来的。20世纪上半叶，中国古代音乐美学的研究有两大特点，一是运用西方音乐美学原理来分析研究古代各家音乐美学思想，另一个特点则是延续中国古代音乐美学思想，并对现实音乐进行评价。

音乐美学学科传入中国正值新文化运动，那时以学习西方为主要思潮。从研究人员的知识结构和文化身份看，基本上是中西结合的。这就决定了20世纪中国音乐美学的思维是在中西关系的格局中进行的。这是一个特色，也是一个问题。

这期间，其成果主要集中在先秦、两汉和宋明道学音乐美学思想的研究，涉及先秦音乐美学研究的论文数量约20篇，这些论文的相继发表标志了近现代意义上中国音乐美学学科研究的萌芽，其研究深度尚浅，广度还未能充分展开。但某些论文对后世的影响比较大，如青主在《乐话》中提出了"音乐是上界的语言"的命题，并从艺术的本质、音乐的特殊性、音乐的功用等方面对这一命题展开了论述，其影响深远。后来，这一命题甚至长时间受到不切实际的批判，尤其50年代以后。

郭沫若1943年发表的《公孙尼子与其音乐理论》一文引发了学术界关于《乐记》作者与成书年代的论争。是公孙尼子还是汉代的河间献王刘德？对此问题至今未尝达成共识。

20世纪下半叶，除"文革"（在音乐美学领域是个缺席失语的年代）时期是大陆地区一度中断其研究之外，中国音乐美学古代部分的研究触角从先秦逐步扩展到古代音乐史的各个时段，这个时期研究成果逐渐增多，研究水平逐步提高。据叶明春、李浩两位青年学者统计（参见其《20世纪中国音乐美学研究综述》），到2007年12月底为止，在大陆及港台地区，已发表有较高质量的论文约1 329篇，专著36部，涉及中国音乐美学古代部分问题研究的著作约有20多部。

---

① 编者注：这部分文字与第108页第3自然段虽有重复，但为保持作者李起敏先生此篇在台湾艺术大学讲座讲稿的完整性，特此保留。

（一）音乐美学与音乐美学史

中国音乐美学史的研究，经历了资料总汇—断代史整合—思想史厘清—再提炼出具有美学意义或价值的流变历程，最后集结成为《中国音乐美学史》一部巨著。①

（二）20世纪中国音乐美学史的物件和范畴问题研究状况

音乐美学史的物件和范畴界定是建构这个学科的前提和基础，据我的同事何乾三的研究，"音乐美学史的物件和范围有广义和狭义之分。广义上，应包括音乐作品中体现出来的物件、规律与社会生活，特别是音乐生活方面所体现出来的音乐审美意识的发展史，以及同这种审美意识相适应的音乐美学理论的发展史。狭义的物件，则只是包括那些已经上升为理论形态的音乐美学思想的发展"。这是1984年以来，何乾三在中央音乐学院开设"西方音乐美学史"课程的讲稿中对西方音乐美学史的物件和范围的界定，这个界定对后来中国音乐美学学科关于音乐美学史的物件和范围界定产生了深远的影响。②

1995年，蔡仲德在《中国音乐美学史》一书的"绪论"中说："中国音乐美学史的物件不是中国古代音乐作品、音乐生活中表现为感性形态的一般音乐审美意识，而是中国古代见于文献记载，表现为理论形态的音乐审美意识，即中国古代的音乐美学理论，中国古代的音乐美学范畴、命题、思想体系。"

2003年修海林发表《关于中国音乐美学史研究物件的思考》，该文明确反对蔡仲德关于中国音乐美学史的物件的界定，提出文献记录是"研究的依据，而非科学意义上的研究物件"的看法，指出"以文字记述的、作为理论形态而存在的音乐美学思想，并不是音乐美学史研究的全部内容"。他认为，中国音乐美学史研究物件的认识不应该产生"重抽象的哲学思辨而轻'实践实感'的论证倾向"，现有成果缺乏"人类学实践哲学的视野"，"导致在研究物件的选择上，习惯于在认识论的框架中来关注美学的研究物件和本体论问题"，从而得出"无法从人类学实践哲学角度、从构成文化整体存在的'三要素（行为、观念、形态）'视角来认识人的立美审美实践"，提出"研究依据"不能等同"研究物件"的观点，并认为，研究中国音乐美学史不能抛开"对历史上曾经存在的音乐美的实践的研究"，提出"不能因基础理论的薄弱和认识的失误而导致学科理论本身的严重缺憾"。

---

① 编者注：此段文字虽有部分与第108页第3自然段重复，但为保持作者李起敏先生此篇在台湾艺术大学讲座讲稿的完整性，特此保留。

② 编者注：此段文字虽有部分与第102页倒数第3自然段重复，但为保持作者李起敏先生此篇在台湾艺术大学讲座讲稿的完整性，特此保留。

修海林关于中国音乐美学史研究物件的认识，提出音乐美学思想研究与审美实践研究并行的观点无疑是正确的，其企图通过整合多学科研究视角，用所谓"人类学实践哲学的视野"来观照中国音乐美学史的研究物件，对于学科的进一步发展也是有所帮助的。但是在其论著里，对于中国音乐美学史的物件的认识及全书所采用的音乐美学史料，却完全没有超越蔡仲德对学科研究物件所界定的范围，相反却矛盾时见，因为古人的音乐实践已无法复原。

在我看来，蔡仲德在《中国音乐美学史》一书中将中国音乐美学史的物件分为六大类别，已经基本涵盖了现存中国音乐美学古代部分文字史料的全部。中国古代音乐美学的存在也正是依托这些现存的中国古代文献，我们很难想象脱离这些文献，甚至脱离历代的考古发掘材料，妄谈中国音乐美学史的物件与范围的问题。古代音乐美学史文献的解读与研究不是一成不变的，解读与研究本身也将随着学科的发展与研究理论、方法及视角的改变而改变，学术研究应该是在前人研究成果的基础上有所超越或有所进步，乃所谓"批判的继承"，而不是绕开前人经验，推翻重来。学科的建构并非一人一时的努力成就能够达成，中国音乐美学史学科的建构与完善也是如此。

三、边缘岁月——美学缺席失语的年代

1942 年以来，即自毛泽东的一篇《在延安文艺座谈会上的讲话》对于延安整风运动之后，有关艺术原理的研究、美学规律的探索，以及音乐批评、音乐美学的实践等都成为纲领性、法规性的必须遵循的准则，自然，音乐美学也不例外。其间，苏式影响一直笼罩着我们文艺界，自不待言。

（一）音乐批评与音乐大批判中的美学观点

1. 反对胡风的文章

音乐界对此问题或保持沉默，或一边倒——如王晋的《反对音乐工作中的唯心主义思想》（1955）等即是。每逢"运动"兴起，总会产生一批应景文章跟风。

2. 关于"音乐技术"的争论

贺绿汀《论音乐的创作与批评》（1954）集中在"技术""民族""风格"和"抒情"等问题上引起争鸣。尽管贺文再三强调技术是为表现思想服务的，并认为必须借助外国"进步的音乐技术"来发展民族音乐，"抒情"不等于"小资产阶级"，注重曲

体学不等于形式主义，应吸取外国的经验来发展自己的新歌剧，学习苏联也应该联系自己的国情，但还是受到批评。

3. 围绕"中西并存"间的争论

孟文涛的《"中西并存"一解》（1956）认为风格上中西不可能并存，只能创作中国风格的音乐。但是民族乐器和唱法、西洋乐器和唱法可以并存，可以"井水不犯河水"地各自独立发展。陆华柏的《音乐艺术"中西并存"的问题》（1956）指责孟文模糊了民族音乐与西洋音乐的界限，在实际上取消或模糊了音乐艺术的民族特征。关于民族化问题的争鸣文章，还有李焕之针对李凌文论而写的《音乐民族化的理论与实践》等，该文认为学习西方不应该模仿，应该用民族形式来表现社会主义内容，音乐的民族形式指的是整个"音乐语言"。以上讨论是和反对将音乐看作是"世界语言""共同语言"的美学思想联系在一起的。

1949 年以后的 17 年，中国音乐美学古代部分的研究主要集中在两个方面：一方面是注重对古代音乐文献的整理、注释与研究，另一方面是出现大量借鉴西方音乐美学学理做进一步研究的论文和专著。20 世纪 70 年代，为了政治的需要，出版了一批群众参与的史料整理。"文革"之后，对古文献的整理方兴未艾，不同的是转入研究机构与专门家所从事。

总体来看，从 20 世纪 50 年代至 80 年代初，学术界对于中国古代音乐文献的搜集、整理、注译比较零散，其工作重心虽未着重于中国音乐美学，但已注意到音乐史料搜集、整理工作的重要性。换句话说，学术界对中国音乐美学文献的认知是在对音乐史料工作的整理中附带出来的。这个时期，收录音乐史料最广的是原中央音乐学院中国音乐研究所吴钊、赵宽仁、伊鸿书、古宗智等学者于 1961 年编选的《中国古代乐论选辑》，这部著作绝大部分都只收原文，不附译注，作为内部资料发行。1981 年，该书由原文化部中国艺术研究院音乐研究所吉联抗重新修订，所录资料从先秦至明清分为先秦、两汉、魏晋南北朝、隋唐、宋元、明清六个部分，现在看来还有大量音乐史料仍未收录。这些史料的整理工作无疑对当时中国古代音乐理论、音乐美学和音乐史工作者提供了诸多方便。

四、重整河山再理弦索——新时期美学传统的回归

这一时期的音乐美学研究是在改革开放的形势下、学术氛围日益宽松自由的条件下进行的。围绕中国音乐美学学会的七次学术研讨会议题，大致可以分为两类：

（一）学科基本问题研究

包括对音乐美学学科的界定，哲学层面的音乐美学研究，音乐美学中自律与他律观点的专门研究，音乐的内容与形式问题的专门研究，音乐实践（创作、表演和欣赏）的美学和心理学研究，中国古代音乐美学思想研究，西方现代音乐哲学美学思想介绍与研究，对西方现代以来音乐现象和思潮的研究，对中国当代音乐美学研究的梳理与研究等等。

（二）自律与他律及内容与形式问题研究

20世纪下半叶，中国古代音乐美学研究有两大特点，一是出现多学科、多角度及多种研究方法的整合，成果累累；二是作为一个全新的音乐学学科，在20世纪的最后20年已基本建立起来。

附：

1979年，郭乃安发表《一个有待开发的宝库——中国音乐美学遗产》一文，呼吁音乐理论界开展对"中国音乐美学"（古代部分）的研究，这篇文章最早提出把"中国音乐美学"作为一个学科来进行研究。随后，大量学者投入对"中国音乐美学"（古代部分）的研究工作，比较重要的论文有蒋孔阳《阴阳五行与春秋时期的音乐美学思想》（1979）、田青《中国音乐的线性思维》（1986）等。这个时期，蔡仲德发表了64篇学科研究论文，其中，《关于中国音乐美学史的若干问题》一文（1994）对"中国音乐美学史的物件""中国音乐美学史的分期""中国音乐美学史中的儒道两家思想""中国音乐美学史中始终讨论的几个问题""中国古代音乐美学思想的特征""研究古代音乐美学思想与建立现代音乐美学体系的关系"等问题做了高度的归纳，在学界产生了重大影响。该文的发表和其专著《中国音乐美学史》一书的出版（1993台湾版、1995大陆版、2003修订版）标志中国音乐美学史学科的基本建立。

除此之外，有大批学者一直关注中国音乐美学古代部分的研究，发表相关论文1 270多篇，有代表性的论文有：李明忠的《中国传统哲学与中国琴学》（1995）、李平的《中国古代乐论的〈易〉学渊源》（1996）、王东涛的《禅宗美学思想对中国传统音乐文化的影响》（1996）、韩锺恩的《中国音乐美学研究的话语系统与叙事结构》（1996）和《礼乐作为人文制度，并由此标示古典与今典》（1997）。

中国音乐美学古代部分的研究专著是从 20 世纪 60 年开始出现的，截至 2007 年 12 月，出版专著约 36 部，其中代表性的著作有：

20 世纪 60 年代，伍康妮的《春秋战国时代儒、墨、道三家在音乐思想上的斗争》（1960）；黄友棣的《中国音乐思想批判》（台湾，1965）。

20 世纪 70 年代，台湾有张玉柱的《中国音乐哲学之研究》（1975）、大陆有江天等著的《批判孔老二的反动音乐思想》（论文集）（1975）；"中央五七艺术大学音乐学院"理论组与部队理论组联名出版的《商鞅荀况韩非音乐论述评述》（1975）和《〈乐记〉批注》（1976）。上述著作无疑打上了深刻的特殊时代烙印。

20 世纪 80 年代，陆续出版了人民音乐出版社编辑的《〈乐记〉论辩》（1983）；张玉柱的《中国音乐哲学》（台湾，1985）；崔光宙的《先秦儒家礼乐教化思想在现代教育上的涵义与实施》（台湾，1985）；蒋孔阳的《先秦音乐美学思想论稿》（1986）；蔡仲德的《中国音乐美学史论》（1988）；林安弘的《儒家礼乐之道德思想》（1988）；修海林的《古乐的沉浮·古代音乐审美意识探微》（1989）。

20 世纪 90 年代，出版了蔡仲德的《中国音乐美学史资料注译》（上、下册）（1990，2004 增订）；张蕙慧的《中国古代乐教思想论集》（台湾，1991）；叶明媚的《古琴音乐艺术》（香港，1991）；苏志宏的《秦汉礼乐教化论》（1991）；蔡仲德的《中国音乐美学史》；吕骥的《乐记理论探新》（1993）；梁渡的《东方美学和大宇宙存在哲学整体理论译释论》（1993）；李祥霆的《唐代古琴演奏美学及音乐思想研究》（台湾，1993）；张节末的《嵇康美学》（1994）；张蕙慧的《嵇康音乐美学思想探究》（台湾，1997）；蔡仲德的《〈乐记〉〈声无哀乐论〉注译与研究》（1997）。

进入 21 世纪之后，陆续出版了李美燕的《琴道与美学》（2002）、蔡仲德的《音乐之道的探求——论中国音乐美学史及其他》（2003）、修海林的《中国古代音乐美学》（2004）、祁海文《儒家乐教论》（2004）、杜洪泉的《中国古代音乐美学概论》（2005）、易存国的《太音希声·中华古琴文化》（2005）、苗建华的《古琴美学思想研究》（2006）、胡郁青的《中国古代音乐美学简论》（2006）、叶明春的《中国古代音乐审美观研究》（2007）等等。

引文均为叶明春、李浩二君提供，谨致谢意

上述已出版的专著中，包括对中国音乐美学史（古代部分）的物件、分期与特征的研究；对音乐美学发展历程的研究；对古代音乐美学思想与建立现代音乐美学体系之间的关系等方面的研究，我的同事蔡仲德做出了学术界所公认的杰出贡献。蔡仲德从 1980 年编录《历代乐论选》油印本在中央音乐学院内部使用，到 1990 年注译《中国音乐美学史资料注译》（1990 年初版、2004 年增订版）正式出版，为学科的建立和发展奠定了坚实的资料基础；蔡仲德从 1988 年出版《中国音乐美学史论》，到 1995 年出版《中国音乐美学史》（1995 年初版、2003 年修订版），1997 年出版《〈乐记〉〈声无哀乐论〉注释与研究》等论著，标志中国音乐美学史学科体系的逐渐建立和不断完善。

迄今为止，在已出版的学科专著中，其总体论述并未超越蔡仲德为学科建立所开辟的道路。其他相关出版物除在音乐美学思想或观念与音乐实践之间的关系的研究做出相应进展之外，其研究成果还未完全超越蔡仲德等老一辈学者建构的基本框架，所采用的文献材料也未有重大突破。

五、溯源开流

这个时期，一些出土文献也为先秦时期音乐美学研究提供了新的材料，如 1973 年长沙马王堆出土的帛书《老子》甲乙写本等著作，又如，1993 年湖北荆门郭店出土的楚简中包含的儒道两家的著作，其中儒家著作一共 11 种 14 篇，即《缁衣》《鲁穆公问子思》《穷达以时》《五行》《唐虞之道》《忠信之道》《成之闻之》《尊德义》《性自命出》《六德》《语丛》（4 篇）；道家著作包括《老子》简甲、乙、丙三组，共存简 71 枚，其中，甲组存简 39 枚，乙组存简 18 枚，丙组存简 14 枚。这些出土古貌原色文献为中国先秦和两汉儒道两家音乐美学研究开阔了新的视野。

此外，学术界对于佛家音乐史料的整理与研究，也为中国古代音乐美学文献整理与研究进一步拓展提供了可能，如 2002 年王昆吾、何剑平编著的《汉文佛经中的音乐史料》一书所涉及的内容，包括佛国世界的音乐、音声中的哲学、早期佛教与俗乐供养佛僧的音乐、佛教音乐传入中土、中土佛教音乐、唱诵音乐等佛教经典文献，涉及古代佛教音乐美学文献整理与研究的内容。

* 所涉及古代的音乐美学范畴与命题

1999 年，蔡仲德曾据《中国音乐美学史》教学需要，为中央音乐学院研究生编撰了《中国音乐美学史范畴命题的出处、今译及美学意义》油印稿，提供了 105 个中国音乐美学范畴和命题的出处、今译及美学意义，其时段跨越先秦至清末。其中，萌芽时期和百家争鸣时期的范畴和命题有："和""声一无听""新声""修礼以节乐""耳所不及、非钟声也""乐从和，和从平""声不和平，非宗官之所司也""省风以作乐""无礼不乐，所由判也""中声""淫声""德音""哀有哭泣，乐有歌舞""思无邪""乐而不淫，哀而不伤"

"尽善尽美""文之以礼乐""乐则《韶》、舞,放郑声""君子学道则爱人,小人学道则易使也""乐云,乐云,钟鼓云乎哉""移风易俗,莫善于乐""非乐""察九有之所以亡者,徒从饰乐也""今之乐由古之乐也""与民同乐""耳之于声也,有同听焉""五音令人耳聋""大音希声""法天贵真""天籁""心斋""坐忘""无声之中独闻和""中纯实而反乎情,乐也""乐者乐也""审一定和""中和""礼乐""以道制欲""美善相乐""乐以道乐""濮上之音""亡国之音""靡靡之乐""悲""乐本于太一""乐,天地之和,阴阳之调也""以适听适则和矣""凡音乐通乎政"等49个。

两汉时期的音乐美学范畴和命题有:"无声之乐""意""持文王之声,知文王之为人""感于物而动,故形于声""乐者,德之华也""乐者,心之动也""声者,乐之象也""礼外乐内""乐者,天地之和也""举礼乐则天地将为昭焉""德成而上,艺成而下""德音之谓乐""发乎情,止乎礼义""中正则雅,多哇则郑""琴德最优""琴者,禁也,所以禁止淫邪,正人心也""移情"等17个。

魏晋时期的音乐美学范畴和命题:"声无哀乐""音声有自然之和,而无系于人情""躁静者,声之功也""声音以平和为体""声能使人欢放而欲惬""和声无象,音声无常""音声可以……导养神气,宣和情志""但识琴中趣,何劳弦上声""丝不如竹,竹不如肉,渐近自然"等9个。

隋唐时期的音乐美学范畴和命题有:"悲悦在于人心,非由乐也""乐在人和,不由音调""水乐""不得其平则鸣""有非象之象,生无际之际""正始之音""此时无声胜有声""唱歌兼唱情""天乐"等8个。

宋元明清时期有:"淡和""淡则欲心平,和则躁心释""发于情性,由乎自然""以自然之为美""有是格便有是调""诉心中之不平""天下之至文未有不出于童心焉者也""琴者,心也,琴者,吟也,所以吟其心也""论其诗不如听其声""人,情种也""以痴情为歌咏,声音而歌咏,声音止矣""借男女之真情,发名教之伪药""以音之精义而应乎意之深微""求之弦中如不足,得之弦外则有余""声争而媚也者,时也,音淡而会心者,古也""不入歌舞场中,不杂丝竹伴内""必具超逸之品,自发超逸之音""藉琴以明心见性""希声""无促韵,无繁声,无足以悦耳,则诚淡也""惟其淡也,而和亦至焉矣""丝胜于竹,竹胜于肉,……和盘托出不若使人想象与无穷"等22个范畴和命题。

除以上对中国古代音乐美学范畴、命题的分别研究外,杨赛的《中国音乐美学范畴研究论纲》(2007)一文是目前发表的有关于中国音乐美学范畴研究的专论(2009年该文作为他上海音乐学院博士后流动站出站报告成书)。该书提出,中国音乐美学的历史，也应该是一部范畴演变和发展的历史。从研究中国音乐美学的范畴史入手，去揭示和把握中国音乐美学思想的内在逻辑和客观规律，开创中国音乐美学研究的新局面，加速中国音乐美学史研究的现代化进程，促进中西音乐美学的交流，是当前中国音乐美学研究的迫切要求。① 作者还认为，研究中国音乐美学范畴，至少有五个方面的意义：（1）研究中国音乐美学范畴，是揭示中国音乐美学思想发展内在逻辑和客观规律的根本途径。（2）研究中国音乐美学范畴，是突显中国音乐美学学科特征的基本途径。（3）研究中国音乐美学范畴史，是研究中国文化不可缺少的重要方面。（4）研究中国音乐美学概念、范畴，是揭示中国音乐美学特点的重要方法。（5）研究中国音乐美学概念、范畴，是实现中西音乐美学思想交流与共用的重要途径。

　　总之，20 世纪中国古代音乐美学文献搜集、整理等方面的成就，为中国古代音乐美学研究奠定了一定的基础。这些成就的取得经历了十分艰难的过程，特别是蔡仲德先生所做出的努力为学界所瞩目。但从中国音乐美学古代部分的研究工作及其现状来看，就现存史料搜集整理过程中的取舍、新材料的挖掘，以及史料注译与研究方面，还有很多的工作可做。故 20 世纪的学者们对于古代音乐美学文献扎实而有效的学习与研究是本学科取得辉煌成就的基础，而进入 21 世纪之后，这部分工作仍然需要更进一步的深入与发展。②

六、热点聚焦——学界集中讨论的热点问题

　　20 世纪，本学科有许多精彩的学术争鸣事件，如《乐记》作者与成书年代论争；"音心对映论""和律论"论争；关于"大音希声""郑声"释义论争；关于"声无哀乐论"的讨论；关于青主的音乐美学思想；关于"中国音乐出路"问题等等，这些论争对中国音乐美学的研究产生了深远的影响。

1. 关于郑声

有关"郑声""淫声""郑卫之音"，约有 30 篇文章论及。

在中国音乐史上，自孔子"放郑声，郑声淫"以来，2 000 余年被称为"靡靡之音""亡国之音"……新时期以来，诸多学者致力于为"郑声"正名，厘清郑声与殷商之乐的关系；郑声与雅乐的关系；民间音乐——新声的生命力；"淫声"的含义——新音阶、新艺术技巧、繁声促节、多有哀思之音、音调高亢激越、演唱男女混合……不过，突破的是礼制的束缚，其强大的生命力和影响远过雅乐。它的美学意义在情与德、

---

　　① 杨赛：《中国音乐美学范畴研究论纲》，《交响（西安音乐学院学报）》2007 年第 2 期。
　　② 编者注：此段文字虽与第 110 页第 5 自然段出现重复，但为保持作者李起敏先生此篇在台湾艺术大学讲座讲稿的完整性，特此保留。

声与度、欲与道、悲与美、乐与政等方面无不具有时代的进步性。

2. 关于大音希声

"大音希声" 35 篇，成为老子音乐美学的一个热点，有些哲学家（像蒋孔阳等）也参与了进来。

蒋在《评老子"大音希声"和庄周"至乐无乐"的音乐美学思想》一文中提出，道家"是以形而上学的观点来探讨礼乐"，"以消极的态度来否定取消礼乐"，并言及道家对后世的影响"极其恶劣"等见解。他认为"希声"就是"稀声"，不是没有声音，而是人听不见，此观点引起音乐界学者的质疑。

"大音" 35 章称为"大象"，形容它的特点是"视之不足见，听之不足闻"；14 章形容"道"的特点为"视之不见名曰夷，听之不闻名曰希"，故"大音希声"与"大象无形"都是就道而言。二者互释，本言道充斥在整个时间和空间。再者，"希声"还是"稀声"？应该都是"无声"。不管河上公还是王弼，都作"无声"解。此为理想的绝对而永恒的音乐美。它是一切有声之乐的本源。它不同于白居易涉及虚实关系的"此时无声胜有声"人为乐境。大音希声的提出会不断促进人们进行艺术创新，力求接近理想的境界，有利于音乐的发展。老子以自然为美，以朴素为美，对后世的影响是积极的，绝不是"消极的""恶劣的"。

"听之不闻名曰希"（《道德经》14 章），意谓最美好的声音是听不见的，老子认为世界的本源是看不见、摸不着的"道"，"道"又"强为之名曰'大'"（《道德经》15 章）。世界万物都是由道派生出来的，"道生一，一生二，二生三，三生万物"（《道德经》42 章）。"大音"即为表征道本身的音，也是世上最纯粹、最美好的声音。这种声音尽管派生出世间一切美的音响，但它本身却是人所"听之不闻"的。它是心中的音乐，以心领悟的音乐。大音，又近乎庄子的真，庄子认为，真悲无声而哀，真怒未发而威，真亲未笑而和。

中国音乐和中国绘画一样，它重在韵味和境界，重在音乐和心灵的沟通、情感的抒发，以及乐境与心境的融会。若是无声胜有声，就是进入了音乐之道的境界。

附：

大象无形：意谓最美好的、最接近本源的形象是看不见的。（吴世常《新编美学辞典》）。老子认为，世界的本源是"道"，"道之为物，惟恍惟惚。恍兮惚兮，其中有象"。（《道德经》21 章）道是隐隐约约的东西，在道中蕴涵着"大象"，即最本源的"象"，这种"象"人们"视之不见"（《道德经》14 章），故称之为"无物之象"，但人间一切物象皆由它派生而出。

大象无形在中国画中的表现就是气韵，就是气象，就是情韵，就是意境。不是表面吸引眼球的东西，而是内在感动情怀与心灵的东西，它抽象之中恍有具象，它无形而有大象，那是审美的至高境界。

《淮南子》论无形与无声：夫无形者，物之大祖也。无音者，声之大宗也。……所谓无形者，一之谓也。所谓一者，无匹合于天下者也。卓然独立，决然独处；上通九天，下贯九野；员不中规，方不中矩；大浑而为一，叶累而无根；怀囊天地，为道关门；穆忞隐闵，纯德独存；布施而不既，用之而不勤。是故视之不见其形，听之不闻其声，循之不得其身；无形而有形生焉，无声而五音鸣焉，无味而五味形焉，无色而五色成焉。是故有生于无，实出于虚，天下为之圈，则名实同居。音之数不过五，而五音之变，不可胜听也；味之和不过五，而五味之化，不可胜尝也；色之数不过五，而五色之变，不可胜观也。故音者，宫立而五音形矣；味者，甘立而五味亭矣；色者，白立而五色而矣；道者，一立而万物生矣。

视于无形，则得其所见矣。听于无声，则得其所闻矣。至味不慊，至言不文，至乐不笑，至音不叫；大匠不斲，大庖不豆，大勇不斗。……听有音之音者聋，听无音之音者聪。不聋不聪，与神明通。故萧条者，形之君；而寂寞者，音之主也。

3. 关于《乐记》作者与时代

郭沫若的《公孙尼子与其音乐理论》一文引发了20世纪关于《乐记》作者与成书年代的论争。郭的主张基本被否定，郭氏所据有关公孙尼子说的史料系梁代的沈约与后来的《隋书》及玄宗时的《史记正义》，此三者皆无据；而且《汉书·艺文志》所记河间献王刘德与毛氏既早于前者500年，又有种种可靠性的证据，故汉武帝时河间献王刘德之说基本被学界认可。（参见蔡仲德《中国音乐美学史》）

4. 关于青主的音乐美学思想

青主（1893—1959，原名廖尚果），其音乐美学专著《乐话》（1930）和《音乐通论》（1933年）的影响持续了半个多世纪。他是20世纪上半叶唯一一位以音乐美学研究为突出贡献的音乐家及音乐美学家，发表了《什么是音乐》（1930）、《音乐的好尚》（1930）、《论音乐的音乐》（1930）、《论音乐的功能》（1930）、《论诗意与乐艺的独立生命》（1930）、《音乐当作服务的艺术》（1934）等专著和论文，这些论文论著展示了青主的音乐美学思想。

青主关于"音乐是上界的语言"的论述强调人的主观能动性，即强调人的不同于其他动物的本质力量，认为人在认识世界、改造世界的活动中建立了主观世界，而艺术就是这一主观世界的产物，突出了艺术的主体性；青主关于"音乐是上界的语言"的论述又强调音乐物质手段的特殊性，认为只有音乐能完全摆脱外在物质形体的束缚，直接而充分地表现人的内心世界、感情生活，突出了音乐的主体性。他还认为要从根本上改变中国古代音乐美学以"礼"为本的思想，必须向西方学习。① 青主的音乐美学思想直到今天也仍然具有启发与借鉴的意义。

5．音乐形象问题

中央音乐学院音乐学系举行过《有关音乐形象的几个问题的讨论》（1959）。这些问题的研究以辩证唯物主义哲学的"反映论"为思想基础，即认为音乐是现实的反映，在美学上则以"情感论"为主旨，即认为音乐直接表达情感，并认为它通过感情体验的表达来反映现实生活，"形象性"本身则浸透了"革命性""民族性""阶级性""时代性""典型性"，以及"世界观""立场""态度"等当时历史阶段的典型概念和观念。

中央音乐学院音乐学系的《〈音乐美学概论〉提纲（草案）》（1959）具有上述所有特点的代表性，内容包括"音乐是社会生活的反映""音乐是阶级斗争与生产斗争的武器""音乐是属于人民的""音乐的民族传统""音乐艺术通过音乐形象来反映生活""革命现实主义与革命浪漫主义相结合"等。在"音乐评论"部分中明确采用毛泽东制定的评论标准，即"政治标准是第一的，技术标准是第二的"。

其实，我是不赞成这种形象论的，因为它无视音乐的有关"象"的特殊性。我很欣赏唐代吕温《乐出虚论》所言："乐之象为'有非象之象，生无际之际'。"其中若有象，也必是"惟恍惟惚"。音乐之象毕竟不同其他艺术形象，它具有神秘性，唯有用道家、禅宗惯用的负的方法，不说它是什么，而说它不是什么，才能道出它的特征。

音乐形象，不是音乐艺术的本质特征，不是音乐艺术内容的核心，也不能作为评价音乐作品的标志，因而也不是音乐美学的重要范畴，进而提出"应该摆脱五六十年代苏联美学理论模式的束缚"的观点。蔡仲德《形象、意象、动象——关于'音乐形象'问题的思考》（1986）一文则认为应该从音乐本身特点出发来思考问题，提出音乐之"象"是"动象"的概念等等。

6．关于《声无哀乐论》

研究"声无哀乐"的9篇论文中较具代表性的有：吴毓清的《论嵇康音乐美学思想的主要方面——关于"声无哀乐"论的几个问题的辨析》（1984）、蔡仲德的《"躁静者，声之功也"——再论"声无哀乐"论的美学意义兼与李曙明君商榷》（1988）、李业道的《"声无哀乐"幺?》（2001）、丁同俊的《"声无哀乐"之我见——从嵇康的音乐美学思想谈起》（2004）、刘晖的《"声无哀乐论"与嵇康的音乐美学思想》

---

① 参见蔡仲德《青主音乐美学思想述评》，《中国音乐学》1995 年第 3 期。

（2005）等。

　　嵇康认为，人的哀乐情感表现于人的内心，音乐的平和精神表现于外，音乐只有善恶之分，而与人的哀乐无关；哀乐是内心所故有，一受感染才能表现出来，与声音无关。他说："心之与声明为二物。"他又说："声之与心殊途异轨，不相经纬。"（《声无哀乐论》）音乐与人心是两种不同的东西，音乐本身除了"平和"的精神之外，并不包含哀乐，也不能唤起哀乐。

　　嵇康说，音乐是随曲调渲染的情绪而终止于和的境界，然而人之感情各不相同，每一个人都依据自己对乐曲的理解，各自抒发早就存在于心的情怀。如果人心平和，既没有哀，又没有乐，也就不会存在原先怀有的感情需要抒发。因此，音乐的功能最后只留下"躁""静"可言了。如果感情一定要有所抒发，那么感情必事先来源于人之内心，与音乐的平和精神本身无关，不能因为音乐躁静而说哀乐是由音乐引起的。[①] 也就是说，音乐的快、慢、强、弱只能引起人的情绪波动，而不能引起哀乐，人的哀乐情感不是音乐本身的哀乐情感，而是欣赏者自己内心里的哀乐情感。嵇康虽然否定音乐能使人产生哀乐之情，但却肯定音乐之"声"给人以美的享受。

　　嵇康认为，如果按照清静无为的"道"的特性（《声无哀乐论》称之为"理"）治理天下，崇简易之教，行无为之治，就会天地交泰，百姓安逸，人们就自然顺道而行，心情平和；这种平和的心情充实于内部，就会有平和的气氛表现于外部，于是就产生了平和的音乐。所谓"平和"，就是哀乐正等，就是没有或哀或乐的倾向，也就是没有哀乐。嵇康认为，在理想时代，天下清净无为，人心就自然平和，没什么哀，也就无所谓乐。平和而无哀乐本来既是"道"的特性，又是"道"赋予人的自然情性，也就是音乐的本质特性。具备这种特性就是好的音乐，不具备这种特性可能是坏的音乐，因此说"声音以平和为体"（此处"体"是根"本"的意思）。嵇康是从本体论的角度来看待"道"的平淡无为和音乐审美的。

　　嵇康明言"非汤、武而薄周孔"，"轻贱唐虞而笑大禹"（《与山巨源绝交书》），提出"越名教而任自然"（《释私论》），并以"声无哀乐论"反对以《乐记》为代表的儒家礼乐思想。

　　嵇康的《声无哀乐论》在一定程度上揭示了音乐的特质，其本质不是表现人的感情，而是它自身的和谐。嵇康一方面认为音乐只有和谐的形式美，而没有表现的物件，不表现什么内容；另一方面，又认为它含有一种"平和"的精神。不过，这"平和"的精神并不是什么表现物件和具体的内容。李泽厚、刘纲纪所著《中国美学史》认为《声无哀乐论》说音乐有"自然之和"就是以"和"为音乐的本体，这是一种误解。

　　似与情感论发生了龃龉，因为情感论一向认为音乐是表现情感的艺术。而又沿着情感论推衍下去，又有诸多非音乐内容的东西附加给了音乐。

----

　　① 　参见嵇康：《声无哀乐论》。

有关《声无哀乐论》的争论，因为其本身的复杂性涉及的问题甚多。在蔡仲德的《中国音乐美学史》中竟有 30 多页论述这一问题。20 世纪 80 年代曾在中央音乐学院以音乐美学教研室为主体，就这一问题召开过一次全国性的专题研讨会。

7. 有关音心对映论

1984 年发表《音心对映论——〈乐记〉"和律论"音乐美学初探》，李曙明以《乐记》"比音而乐"应读为"比音而乐（le）"为依据，得出音乐必须经过欣赏过程才算完成，必须感受到音响运动后才能存在，这也就是"音心对映"的"和律论"，并认为它比西方自律论、他律论音乐美学都全面、都科学。

问题是我们能否将"比音而乐"读为"比音而乐（lè）"？显然不能！这是关键。"乐者，心之动"才是蕴含"心音对映"思想的，故"乐"只能读为乐（yuè）而不可读为（le）。（其实，应该读为 luò，同"洛"。）

接着有牛龙菲的《"音心对映论"评析》（1985），批评李文"凭空添了一份混乱"，以及蔡仲德的《"音心对映论"质疑》（1986）、李曙明的《再论"音心对映"——兼析牛龙菲君的"乐心对映"》（1986）、李曙明的《东西方音乐美学之比较研究——兼答蒋一民与蔡仲德等诸君》（1990）、蔡仲德的《"和律论"再质疑》（1991）、李曙明的《"和律论"再研究》（1992）和《"对映"之再界说》（1993）等文的讨论。

实际上，音心对映论并非李曙明的发明，它来自《乐记》："凡音之起，由人心生也。人心之动，物使之然也。感于物而动，故形于声""情动于中，故形于声。"而重要的并非"比音而乐"，而是"乐者，心之动"，以及"其哀心感者，其声噍以杀；其乐心感者，其声啴以缓；……"（乐本）"志微噍杀（jiào shà，声音急促）之音作，而民思忧；啴谐慢易繁文简节之音作，而民康乐；……"（《乐言》）指出了音乐既是声音的艺术，又是情感的艺术；进而提出了"音心对映论"，指出了一定之"心"可作出相应之音；一定之"音"又可引起相应之"心"。作为艺术表现手段的声音需经过"文采节奏"之饰的艺术加工，用来表现人心之动，成为有意味的形式，成为有"意"之"象"，所以它具有艺术之象的本质特征，带有艺术之象的意义。《乐记》关于音乐之"象"的论述抓住了音乐的物质手段"声"在时间中运动的特征，抓住了"声"与心在运动中同态同构的关系，抓住了音乐以声动表现心动的特征，蕴涵着音乐是表情的艺术，但不是直接表现感情，而是直接表现其动态这样的思想。

引起争论的原因是李曙明的论据，并由此推出的"和律论"的结论并不可靠。这有待人类学、心理学与大量科学实验数据来证明，而不单是理性的推导所能完成。

作者按：本文资料引述均为叶明春、李浩二君提供，谨致谢意。

论书法的音乐性

——无声之中独闻和焉

古人常用音乐来比喻书法，妙喻连珠，二者若轻拂溪流的柳丝，撩之荡之，疏之近之，若即若离，使人审美的意绪穿梭于书与乐之间，虽扑朔迷离，恍兮惚兮，却神领目成，霍然洞开于心了。

> 如彼音乐，干戚舞旄……乃备风雅，如聆管弦。——张怀瓘：《书断》
> 鼓瑟纶音，妙响随意而生。——虞世南：《笔髓论》
> 譬之抚弦在琴，妙音随指而发。——项穆：《书法雅言》
> 皇象书如歌声绕梁，琴人舍徽。——袁昂：《古今书评》

音乐是心灵的潮声，书法是心灵的花结和律动，二者都是精神、意绪、性情、灵魂、人生感怀的载体，亦是情绪的象征和簇拥。

从目的美感到耳的美感，二者相通又相异。目接受书法美是闪电似的射入，熠然、灿然、辉耀夺目且陶性怡情；而耳接受音乐之美，则音响若山泉流入，渗入心田，润而情动；美色是清晰明朗的美感，秀色可餐，思之心动；美音则朦胧含蓄，让你梦绕魂牵，随之神飞魂扬，与音之流动同步升华；书法虽无色，而有画图之灿烂；无声，而有音乐之和谐。和谐，是一种乐感，使人心畅神怡。张怀瓘《书议》云："夫翰墨及文章至妙者，皆有深意以见其志，览之即了然。……非有独闻之听，独见之明，不可议无声之音，无形之相。"中国古典美学早已洞见书法的"大象无形"之美与音乐的"大音希声"之美。而这"无形""希声"之美又都有可会之意，得之于心，故音乐和书法都可称之为心灵的艺术。

丹纳说："过去贝多芬、门德尔松、弗伯，便是向这个心灵说话；如今迈伊贝尔、柏辽兹、威尔第，便是为这个心灵写作；音乐的对象便是这个心灵的微妙与过敏的感觉，渺茫而漫无限制的期望。音乐正适合这个任务，没有一种艺术像它这样胜任的了。……因为组成音乐的成分多少近于叫喊，而叫喊是情感的天然、直接、完全的表现，能震撼我们的肉体，立刻引起我们不由自主的同情，甚至整个神经系统的灵敏之极的感觉，都能在音乐中找到刺激、共鸣和出路。"①

一、演奏艺术与书法艺术的特征

作为演奏艺术的音乐与书写艺术的书法，都极度重视创造主体在操作过程中的审美与情感抒发。书法家借水墨线条，音乐家靠音响流动的旋律，去表达无拘无束的想象、自由奔放的情怀，其创造过程中获得的强烈的激动和愉悦远胜于欣赏者客观的审美。正因如此，这激励着创造主体毕生乐此不疲，陶醉于酒神般的创作心境之中，借以表达百般思绪，万千柔情，传达那些任何词句也无法表达的最神秘的心灵状态和混沌印象。正是这两种艺术语言所具有的宽泛性、意境的抽象性、不可言传性与难以确指性的特征，恰恰适应着心灵感性的需求，使其能沿着勉强可寻的途径向心灵挺进。

书法的主导方面是表现性，它决定了书法艺术的本质。这种"达其性情，形其哀乐"的表现性同样具有主观性和不确定性的特征，同音乐的特征相合。书法是在抽象意趣指导下，用意象思维的方法通过汉字的点、画千变万化的组合排列，直接表达人们的精神感受。在字体形质呈现出来的生动气韵中，表达创作者的审美观点、内心情怀。

音乐与书法的表情方式不是由物到心、由形到神，而是一个由情绪感应到情感体验的过程。音乐通过乐音的运动形态和感情的运动形态之间的类比关系来表达感情。心理学家认为，人的感情是一种心理活动，这种心理活动的基本特性是一种时间性的运动过程，在运动形态上主要表现为力度的强弱和节奏的张弛。而音乐恰恰具有类似的特性，使之能够通过声音在时间中的运动、力度的强弱和节奏的张弛，来表现相应的感情运动。这就造成音乐感知与感情体验之间有一层更直接而密切的联系，因而音乐对人的感情的激发和感染也就表现得更直接、更强烈。同样，书家在书写挥运中，力度的强弱、线条的韵律、节奏的张弛与心理活动产生共振共鸣的效应。创作主体身心喻悦的根源，就在于创作时主客一体，心与物冥。文字和音符在书家和音乐家心里都成了有生命之物，是有灵性的人，亦即书家和音乐家自身。

书法题写的内容、书写者的宗旨、表现在充满灵性的笔画中的精神、性情等都宣示着书法家的内心的自由，具有鲜明的创造个性。因为汉字组合的独特结构曲尽变化，而每个字又取决于书法字的技艺及其风格、审美倾向。书法和音乐一样，归根结底是要表现人的内心世界、感情及其与大自然、宇宙的关系，反映生命的律动，故刘熙载说："书，如也，如其学，如其才，如其志，总之曰：如其人而已。"

---

① ［法］丹纳：《艺术哲学》，人民文学出版社1963年版，第62页。

音乐家认为，在纯音乐中感情的体现并不通过思想。它表现感情要比其他艺术优越，人可以通过音乐传达自己的心灵所体验的印象。音乐的这种优越性主要因为它有一种最高的性能，无须任何理性的参与而复制出任何内心运动来，既表达了感情的内容，又表达了感情的强度。"它是具体化的、可以感觉得到的我们心灵的实质；它可以感觉得到地渗入我们的内心，它充实了我们的心灵……音乐不假任何外力，即直接沁人心脾的最纯的火焰；它是从口吸入的空气，它是生命的血管中流着的血液……感情在音乐中独立存在，放射光芒，既不凭借'比喻'的外壳，也不依靠情节和思想的媒介。在这里感情已不再是泉源、起因、动力或起指导和鼓舞作用的基本原则，而是不通过任何媒介的坦率无间的、极其完整的倾诉。"①

音乐被人称为最崇高的艺术，书法同样曾在中国艺术史中处于崇高的地位。因为它最集中、最有代表性地体现了东方人的追求、东方人的精神和东方艺术的特征。它是最精纯、最充分地表现人生的艺术，甚至被称为东方艺术的精髓、核心、灵魂。这是因为它以一种音乐精神——自由和开放的又是内在的艺术精神，最适宜表现人类的精神气质、崇高情怀，最适宜表现主观感受、意趣、情绪和心境。同时，书法又像音乐那样直接，无须什么中间音环节的转换，它的充满力感和流动的情态，一下子就同心情产生共振、共鸣。它和音乐一样，影响感情的方式很特殊——强烈而快速。

音乐具有摄魂制魄的力量，一个旋律的片段、一个乐句，就可以扰动我们的心绪，使之骚动不宁，它能唤醒沉睡在心底的意识，召回被岁月冲淡的美好记忆。一个声音在人的灵魂上震响、绕梁三日荡气回肠，引起无限遐思与感觉的颤动。这是其他艺术难望其项背的。果戈理对此曾做过精辟的比较："世界上三个美丽的女皇，怎样把你们作比较呢？感性的、迷人的雕塑使人陶醉，绘画引起静谧的欢乐和幻想，音乐引起灵魂的激情和骚动。欣赏一件大理石雕刻作品时，灵魂不由自主地沉醉于其中；欣赏一幅绘画作品时，灵魂变成了观察；欣赏音乐时，灵魂就变成了病态的号叫，似乎是被脱出躯体这个唯一的愿望所控制。"

音乐少量的和弦就能把我们引入一种情调，无须解说和沉思。尤其当人们处于激动和忧郁的心情状态下，会强烈地感到音乐对我们心情的特殊力量。在痛苦的心绪下去倾听音乐、演奏音乐，定会使你起伏的心潮掀起狂澜。此时，乐曲的形式和性质就完全无关紧要，无论是黯淡忧郁的柔板或明朗轻快的圆舞曲都一样，向整个宇宙开放着的听觉器官感到的不是乐曲，而是一些乐音本身。音乐像一股没有形态的魔力向全身的神经袭来，以至欣赏者被其音响控制而难以自拔。此时，倘你铺纸挥毫，激动和忧伤的情怀定会获得一种抚慰和宣泄。

文字作为一种音韵符号，聚声、意、韵、形于一体，在书写过程中和观赏中获得

---

① ［匈］李斯特：《李斯特论柏辽兹与舒曼》，张洪岛、张洪模、张宁译，人民音乐出版社 1979 年版，第 26—27 页。

喜悦，同音乐由音符组合成美妙的音响在聆听过程中获得一种心灵上的惊喜是一样的。文字是一种传达思想情感的符号，当以艺术形态出现之时，书写者主观精神的介入，心灵就成为主宰，作者的主观精神与文字本身客观存在的形式美相契合，即形成了千姿百态的美的创造。

二、音乐与书法的动态美

谢林认为，音乐由于再现了纯粹的运动，在一切其他艺术中，尤其可以称之为没有形体的艺术。音本身所展示的是一系列构成因素的变动和运动。音乐有时也含有来自现实的运动现象和音响现象，不过，它只能表现这些现象的某些特征，其中主要是运动特征，某种能为被感受到的人类心理体验的运动特征。再通过它，让人以间接的方式意会内视觉因素所构成的幻境。而这种内视觉因素在这里不是提供眼前可见的情景，而是触发听者的联觉和想象。对音乐运动的感受能使我们构想出这些音乐本身所不能直接提供的东西。丽萨说："音运动的特性，即旋律和声，特别是节拍、节奏、配器、力度和各种类型，使听众能够将运动具体化，也即将这种音运动同某种视觉—空间的表象联系起来。"①

而书法在这方面表现出同样的特征，书法以一种特殊的方式在现实中汲取自己的审美内容和形式，它将外部世界的感触化作带有韵律感的气势、神采的水墨线条及形体姿态。书法之"形"，除了运化着对立发展着的结构之外，主要是运动的线条。它远离了客观事物，不追求再现外部世界，只追求主体感受中的运动变化。通过线的动态结合即可自由地直抒胸臆，将冷抽象、热抽象结合一起与宇宙之运动法则冥合，达到纵情随意，从心所欲。阴与阳之美、刚与柔之美、力与气之美，在艺术哲学的至高境界里意象化了。

中国书法的美和音乐一样，最本质的是动态的美，它是协调各种力量的一个生动的概念。书法线条的时间上的有序绵延和空间逻辑上的顾盼承接传递，构成了形式美领域的动态美。它像音符一样，时时在感官上化静为动，这种动态构成和内在字义上的相继浮现，组合成为带有韵律感的语义场，自构成一个开放而又闭合的动态宇宙。在这里，文义与心意同步运行，字态与心绪交相辉映，词义与情感若即若离，线条的挥运才是抒情的聚焦点，在顿、挫中谱写节奏与旋律。就每一个字和每一个音来说，它们是闭合的，又是运动中开放的，它们盼着与异质搭起同构的桥，结成新的织体，建起新的国度。正像行星之于银河系，银河系之于大宇宙，每一种成功的组合都会产生轰然共振的巨响，更新着人类对宇宙的旧感知。

---

① ［波］卓菲娅·丽萨：《论音乐的特殊性》，于润洋译，上海文艺出版社 1980 年版，第 27 页。

书法作为一种抽象美，它的意象又寓于形式之内或隐于形式之后。无论如何，那意象都天生地被赋予了动态美。传晋代卫夫人《笔阵图》有七妙：横如千里阵云，隐隐然其实有形；点如高峰坠石；撇如陆断犀象；剔如百钧弩发；竖若万岁枯藤；捺若崩浪雷奔；钩若劲弩筋节。孙过庭《书谱》也将书法的动势美作了形象的比喻："观乎悬针垂露之异，奔雷坠石之奇，鸿飞兽骇之资，鸾舞蛇惊之态，绝岸颓峰之势，临危据槁之形，或重若崩云，或轻若蝉翼，导之则泉注，顿之则山安……一画之间，变起伏于锋杪，一点之内，殊顿挫于毫芒。"这一切都体现出运动过程中已经发生和即将发生的各种律动的价值。由于书法的线条之间的构成完全取决于过程，它的呼应参差全靠挥运过程来体现，故它的重运笔同音乐的重演奏具有同等价值。姜白石《续书谱》也说："余尝历观古之名书，无不点划振动，如见其挥运之时。"书法时间上展开、延续，使创作过程与效果同步，颇类于音乐。另外，从既成的作品线条、构架可以去回溯创作过程，甚至可追想古人的创作情态。而研究古代音乐家的创作情态在唱片和录音机发明之前，只能根据乐谱的再创造始可见其仿佛，而在无记谱法之前却只能人亡艺绝，成为千古遗憾。

三、音乐与书法将一切再现化为表现

一切艺术都"外师造化，中得心源"，都从客观现实和主观内心两个世界汲取自己的审美内容和形式，但每一种艺术所汲取的方式和方面各不相同，这正是人类文明发展历程中产生的艺术多样性的社会意义。

艺术从社会化分工中分到的主要是审美。人类文明发展程度越高，艺术以审美为最高标准的需求就越精纯，实用和功利就越淡化，这是艺术发展的历史规律。人们一向认为，美要以其善为前提。而庄子已提出，美中原就包含了真与善，它无须真与善的转换。所谓真善美的统一，就艺术来说，是在艺术美中的统一，或真与善原就统一在美之中。自由自觉的美的需求，自由自觉的美的创造，音乐与书法形式美中凝结了造化的勃勃生机与意态，灌注了人们心灵的情感和智慧。

书法艺术以书法本体的独立存在为前提。张怀瓘称书法为"无物之象"，作为审美对象，它不具备直接认识生活或反映生活的功能，它只能曲折传达书者的性情、灵感、意趣、气质、情韵。书法家不能满足于文字内容的表达，只能是感情充沛地投入创造，去表现高度昂扬的主观精神世界。在这点上它同音乐的创造和演出形式上是何等相似，而在内在的艺术特征上又是如此息息相通。音乐具有瞬发的情绪感染力，而书法则具有对深层心理潜移默化的情感魅力。演奏是在挥运中抒情，书写亦在挥运中传意。

欣赏音乐，倘无歌词或舞台因素去规定音乐的含义，听众通过作品只能感知音乐结构的总体本身、作曲家在某些因素影响下心理上产生的感情总体，以及听众曾在一些非音乐因素的帮助下已经了解到的产生感情的基础。它同欣赏文学作品完全不同，属于另一范畴。而同欣赏书法颇为近似，因为从音乐中所能了解到的只是没有提供表象基础的一般的感情范畴，它不存在具体的客观性，听众不能从音乐中获得有关现实本身的什么知识，只对现实中某些现象的感情关系上发生一定的感化。音乐表达感情，却无法具体地提示感情所赖以产生的那些根据，如果说是它的局限性，不如说正是它的特殊性，人类的审美需要如此。

脱离于语言的音响、音调通常不再现任何实物性，然而它能够以特殊的力量和准确性提示语言表现所不能达到的最隐秘的情感运动、委婉的感情及不可捉摸的流动的情绪。正是靠着这强大的表现性，使得器乐成为一门同文学相并列的强有力的独立的艺术。柴科夫斯基说："你怎样能够表现当你在写一部器乐曲（它本身没有什么一定的主题）时掠过脑际的一些漠然的感觉呢？这纯粹是一种抒情的过程，是灵魂在音乐上的一种自白，而且充满了生活中的所有经验，通过乐音倾泻出来，恰如抒情诗人用诗句把它倾泻出来似的。分别在于：音乐是无可比拟地更巧妙、更有力的语言，更可以表现精神生活的万千不同色调的契机。"[1]

由于音乐建筑在各种声音的关系之上，而这些声音并不着意模仿具体的事物，只像一个没有形体的心灵所经历的梦境，尤其在器乐中。所以，19世纪的音乐往往表现飘忽不定的思想，没有定型的梦，无目标、无止境的欲望，表现人的惶惶不安，表现人的一种又痛苦又壮烈的混乱心情，样样想占有而又觉得一切无聊。正因如此，当时正当民主制度引起骚乱、不满和希望的时候，音乐走出它的本乡，普及了整个欧洲。

中国的书法在初始阶段就已完成了由文字向审美的转移。商时期的古文字在字形、体势、线条形式都比较单纯的唯美主义发展中，有众多优秀作品出现。除了文字符号体系标准规范之外，就是爱美的天性使先民在极有限的形式之内，倾注了无限的美感意蕴，文学美和观念上的审美移情一直是早期中国书法的主要构成因素。书法喜欢强调内在的体验和愉悦、主观上的感觉及所倾注的意念，接近于道的范畴。

商代青铜器铭文线条流动性强，直、曲变换鲜明，随意自然，实有节奏感，有着顺乎自然性情的特点。或兴之所至，或心血来潮，从容潇洒，进退自如，悠闲大度，若行云流水。其抒情散文般的写意自然轻松不着痕迹，表现了一种心无挂碍、物我为一的至高境界。其字形的耸拔大跨度地强调其修短变化，好像即兴弹奏的乐曲，气氛活跃而畅快。这些都来自过人的胆识和雄健的笔力合成的风流气骨。此种书法的抒情写意性，正如音乐一响即能动人以情一样，书法只要一下笔，就能觉察出来，所谓

---

① C.波汶、B.冯·梅克编：《柴科夫斯基致梅克夫人》，陈原译引自《我的音乐生活——柴科夫斯基与梅克夫人通讯集》，人民音乐出版社1982年版，第116页。

"波澜之际，已浚发于灵台"。笔歌墨舞，一点一划，都是心情的自然流露。

就在书法的线条、韵律、形体等书迹之中，包含着非概念、非语言、非思辨的、非符号所能替代传达穷尽的东西——那是些意识的或无意识的意味，这些"有意味的形式"朦胧而丰富，隐现于自身的结构、气势、力度和矛盾运动之中。它是创作者内心秩序的全部展露——喜怒窘穷，忧悲欢快，怨恨思幕，酣醉无聊不平……

四、音乐对景物的抽象模拟、感应或象征性暗示

对待美的景物，画家描绘，诗人表达，作曲家往往只能向人暗示。一部音乐作为依靠这暗示给想象以翅膀，飞向不确定的意境（这时，欣赏者的想象力和理解力不受特定的景物所束缚，可以最大限度地投身到音乐中去，沉浸于音乐中"我"与"非我"的境界）。汉斯立克说："没有可以给音乐作样本的自然美的事物……自然界没有奏鸣曲、序曲或回旋曲，但却有山水、世态风俗、田园景色、悲剧事件等。亚里士多德关于艺术模仿自然的命题早已得到纠正，艺术不能呆板地模仿自然，它得把自然改造过来。"[1] 柯克也说："音乐只能表现少数的物质对象或者模糊地象征其他少数的物质对象。它根本不能明确地描绘任何事物。"[2]

德彪西的《牧神的午后》尽管受到马拉美同名诗的启发，但他并不想也不曾通过音乐的形式将原诗所描写的情节刻板地复述出来，而只是描绘了牧神梦见他与仙女的相遇，是相遇中一种白日梦幻般的感受。其中对牧神只是以缥缈的笛声来象征和暗示了这位林间神灵的出现。在茫然若失的情绪中，他将走向那隐晦的消失的梦境，音乐渲染了难以捉摸的微妙感情、一种若隐若现的色调和虚无缥缈的默想。

舒曼的《在夜晚》是《幻想》套曲中的一首，他写完之后发现同描绘希罗和里安得的一幅画的情景相合，画中的希罗是侍奉爱神阿芙洛蒂得的侍女，里安得每夕渡河与之相会，后里安得溺死，希罗也投海殉情。乐曲中波翻浪涌，似有人在游泳，时被浪涛浮起，时被吞没、挣扎、呼救、奋游，更加黝黑的浪涛卷土重来，前后颠簸，水中或岸上的人喊声不断，最后，黑夜吞没了一切……同一支曲子又可被视为一个希腊传奇或一个月神神话。罗斯金听过此曲之后获得的印象却是月亮穿过乌云时隐时现，偶尔一片青光从云隙间君临大地，凄凉而短暂，最后光亮完全熄灭，暴风雨压倒了一切。大概不同的听众还会生出千百种不同的确定的或不确定的想象，这一切都取决于欣赏主体的感觉。

如果需要音乐表达既没有声音又没有回音的事物，该怎么办呢？例如，怎样来描

---

① ［奥］汉斯立克：《论音乐的美——音乐美学的修改刍议》，杨业治译，人民音乐出版社 1980 年版，第 104 页。

② ［英］柯克：《音乐语言》，茅于润译，人民音乐出版社 1981 年版，第 17 页。

写密林、清新的田野、月亮的升落等等现象呢？拉谢佩德回答说："描写所有这些所引起的感觉。"否则，即使将自然界的可闻音响直接仿造出来，也不能为音乐的再现和模仿提供辩护。例如海顿《四季》里的鸡啼、施波尔《乐音的奉献》和贝多芬《田园交响曲》中的布谷鸟、夜莺和鹌鹑的鸣声。即便我们听到了这种模拟，然而在一首作品中它没有音乐的意义，而只有"诗"的意义。鸟鸣和鸡啼就这样不是作为美的音乐或根本不是作为音乐来表演的，而只是要在听众的记忆中唤起与这一自然现象相联系的印象来。汉斯立克说："世界上所有的自然声调合起来也不能产生出一个主题来，正因为自然声调不是音乐。"①

因此，音乐中偶尔出现的对自然景物的抽象模拟，只是为了引起心理感受。贝多芬说："田园交响曲不是绘画，而是表达乡间的乐趣在人心里引起的感受，因而是描写农村生活的一些感受。"② 音乐在其中存在并发展的领域，乃是人类的思维所开辟并被称为抽象的领域，在这个领域里有意地抛开具体的实际的观察，以便试图加以概括。音乐只表现人的思想感情的变化过程，在这里，这种空间形象只能加以想象。而书法呢？

五、书法是对现实万象存在形式的抽象

书法的笔画本身无意义可言，而又可以被赋予诸多含义。或与字的本义有关，或多半与字的本义无关——无关乎意义，只关乎意念；不关乎形象，只关乎意趣；不关乎表象，只关乎气势；不关乎再现，只关乎表现。故文义之美同书写运行中的线条之美并不一致，而潜层次上却是双轨运行，正如电影中音、画的异步展开，却相辅相成，矛盾而又统一。

书法不能直接表达现实的形象，只能间接象征什么，同时，这种象征也正是通过联想的再创造才能实现，正如名山夜行，四周景象之美是模糊朦胧的，而主观感触靠想象却变得诗意，它比实景别具一番情致。人们欣赏书法时以全方位的整体形象为审美完型，多半集中精力在单个字的挥运轨迹的跟踪，像对每个音符以弹奏引发乐音的共响一样，从而完成审美。

在现有的6万多汉字中，仅有300个左右有象形因素。随着文字的演化，仅有的一部分象形字的原始象形因素，或被忘却，或被忽视，或已被简化、抽象成了线条符号，只可表意而不能象形了。作为书法艺术的文字表意性亦降格为潜在的固有功能，而主宰着书法本质生命的是与文字的原始意若即若离或根本风马牛不相及的意象表征和性情抒发。如此这般，文字已成为表达激情的适用材料，借以表达生命最深处难以言状

---

① ［奥］汉斯立克：《论音乐的美——音乐美学的修改刍议》，杨业治译，人民音乐出版社1980年版，第107页。

② 季子译：《贝多芬札记》，引自《音乐译丛》第四辑，音乐出版社1962年版，第149页。

的律动，它同无标题音乐的旋律线一样，与客观事物的特征相距是那样遥远，引发的视觉印象和联想是如此恍惚、动荡而不定。如果说音乐是一种热抽象，使创造者和欣赏者意荡神怡，心生向往，萌动酒神的狂热；而书法则属于一种冷抽象，萌动的更多是理性的怡悦与日神般冷峻的崇高感。比起音乐来，它表现个性因素的力度则更为强烈。

客观物象只是作为往昔的回忆或平素自然输入于潜意识层的信息作用于书法家，它已经转化成了心源溪流上漂浮的花朵，不会直接作用于书体的变化，甚至在书写过程中连意象的启示也无从给予，它已转化为代表作者整体生命的道或气呈现出来，书法表现出的风格气象是人格而不是点画再现的物象。

诚然，无论书法或音乐，大都经历过从天地自然之象到人心营构之象的发展过程。经历代艺术家与哲人的努力，最终营构出的是通向无限的音象和书象。张怀瓘《书断》序中说："尔其初之微也，盖因象以瞳眬，眇不知其变化。范围无体，应会无方，考冲漠以立形，齐万殊而一贯。合冥契，吸至精。资运动于风神，颐浩然于润色。"是书论，岂不亦是乐论，由实入虚，从自然之实象，到人心之"心画""心象"，亦即张璪所言"外师造化，中得心源"。

怀素尝与颜真卿论书，言及云纹变化无常，姿态百出，书画家通过观察，常将夏云变幻多端的形势，巧妙地运用到书法中去，开创种种新奇的造型和体势。张旭曾自称："始闻公主与担夫争道而得笔法，后观公孙大娘舞剑而入妙。"又云："孤蓬自振，惊砂坐飞，余自是得奇怪。"

宋代文同，学草书凡十年，终未得古人用笔相传之法，后因见道上斗蛇，遂得其妙。雷简夫曾云："余偶昼卧，闻江涨声，想其波涛翻翻，迅駃掀搕，高下蹙逐，奔去之状，无物可寄其情，遽起作书，则心之所想，尽在笔下矣。"这是书法家在音声的激荡下，将涛声浪态化入书法的一例，它像上述诸例一样，客观物象本身并没变成书法形象，只是它们的态势由外部观感到心中感悟，再转化为笔势神采，方可成为书法艺术。这大概就是李阳冰所说的"书以自然为师，而备万物之情状"的真解。

六、乐论书评曲径通幽殊途同归

关于欣赏书法，陆机在《文赋》中这样说："课虚无以责有，叩寂寞而求音。"书法被称为书道，是说文字的书写一旦进入道的境界，方可称其为书法，否则只是毛笔字而已。老子云："道之为物，惟恍惟惚，惚兮恍兮，其中有象，恍兮惚兮，其中有物。窈兮冥兮，其中有精，其精甚真，其中有信。"书道和乐道最终所追求的应是与万物为一的混沌境界，又是独立的、自成的、无限丰富的小宇宙，看似虚无，实则应有尽有。老子说的"大音希声""大象无形"用于音乐与书法，是为二者的艺术美树立了

172

一个至高无上的标准；而孟子的"充实之谓美，充实之有光辉之谓大，大而化之谓圣，圣而不可知之之谓神"是从实到虚的发展，并非在追求一无所有的虚无，而是在追求最高等级的充实，即对"无限""本原"的追求，终极目的在于寻求解脱物质的有形束缚、通达艺术创造的自由境界——"大音""大象"的境界。

书论家喜欢用自然界各种物象来形容书法。张怀瓘《书断》称卫铄之书为"碎玉壶之冰，澜瑶台之月，宛然芳树，穆若清风"；梁武帝评王献之为"大鹏搏风，飞鲸喷浪，悬崖坠石，惊电遗光"；评索靖书，有若"山形中裂，水势悬流，雪岭孤峰，冰河危石"；唐代吕总《续书评》认为李邕真行书如"华岳三峰，黄河一曲"，亟言用笔奇崛，气度雄阔；韩愈《石鼓歌》称李斯篆法如"残雪滴溜，映朱槛而垂冰"；评欧阳率更书如"金刚怒目，大士挥拳"；评赵佶《掠水燕翎团扇》上书法潇洒俊逸，"备具星辰错落之美"；《穠芳依翠萼诗帖》"行间如幽兰丛竹，泠泠作风雨声"；评赵孟頫书《苏题烟江叠嶂诗卷》"信笔直书，意态奔放，遂有大舸破浪之势"；评郑板桥书"有似银河溅天，珠泉泻地，乱石铺街"……总之，或"长松挂剑"，或"磐石卧虎"，或"龙跳天门"，或"惊蛇入草"，都是概言书法的意态、气势、趣味给人的感觉的借喻，而非实象描绘；是从原本抽象的书法形势，意会出异常生动而多彩的意态和意象感，它于文字的内容无关，也同书家从现实中汲取的客观因素少涉，它无从再现客观的有形，却体现了心曲。其强劲的运动态势，给人音乐般的轰然震撼。

诸多传统书评并非具体而写实的描摹书象，因为进入"众妙之门"的书法无法以精确逻辑的方法加以描述，一筹莫展之余最好的办法就是以经验审美方式进入模糊描述，而其结果却将书法的欣赏推上了审美的极高境界。或用人品来隐喻作品的风神，或用音乐来比拟书法，尽管隔了一层，但读者却能与论者心领神会，反觉丰赡而真切。繁星映月，邻树连理，种种比喻虽同书法表象毫无确似之处，却又似曾相识，两者分得愈开，模糊之后反而愈加确切清晰，是一种信息转换，还是灵犀相通？这一切都在说明抽象的书法由于其丰富的审美内涵，其"情状"是难以透彻"言状"的，历来只好以"印象"主义的方法论述其印象而已，然而这"写意"似的论法也就够了。审美者毕竟是心灵，心领神会足矣，何必把话说白了，而索然失却好多风味。这一切岂不恰恰又同音乐审美殊途而同归吗？！

七、书法与音乐的形式美

书法，作为艺术的一般形式，点线的断连、粗细、长短、急缓、枯润、间架、结构、行气、运笔等形成的艺术效果，像音乐一样具有生动的节奏与韵律。音乐的音响与书法的点线都不能简单地归于自然声音的摹拟与自然形象的写实。抽象的形式感、不可逆转的时间特征、强烈的抒情是二者极为相似的地方。

书法表象的特征渐少，抽象的点线结构成为审美的核心内容，构筑了书法艺术的乐章。统一、和谐的点线交织——这些美的表现形式和规律，是其作为独立艺术的本质特征。

书法的线作为表情动作的轨迹，是人的本质力量和心理状态的显现，书法的形体结构及运动形式存在着同构、同步、同势的关系，线条中渗透了人的"个性因素""体质因素"和"意识因素"。通过线条的变化组合同音符的组合变化一样，展现了虚实的空间与情绪波动递变的时间，形成了优美的意境和氛围。

书法的线条是活生生的、流动的、富有乐感的、有生命的暗示和表现力的有意味的形式，讲究违而不犯，和而不同。数画并施，其形各异；众点并列，为体互乖。一点成一字之规，一字乃终篇之准。字中各种线条及其交错配合，应是第一笔的形式、意趣、规则的延长和生发；它同音乐的初始动机相似，这动机决定了音乐的发展，主旋律的显示、展开、变奏……似乎音乐家在解方程式。从主调走出去展开，最后再从属调上走回来结束，如七宝楼台、基石、镶板、栏杆、游廊、顶端，满目璀璨。这种形式美在音乐中表现在各种曲式里，而在书法中，则每一个字都是一支回旋曲，而一幅书法则是一部交响乐了。其刚柔、高下、短长、疾徐、周疏诸因素的"相济"和谐、完美一致，更体现了其形式的多样变化、鳞羽参差、气象风采及各部殊异的相对独立性。

音乐形式因素的相对独立性比起其他艺术要强烈得多。音乐中的形式因素作为一种表现手段，它的可变性和变化的速度比文字、诗歌大得多，也比书法大得多。因为书法对前人创造的传统形式的依赖性比音乐大得多，唯独草书是个例外。一部音乐史比起一部文学史和书法史，其中总是包含着更多涉及形式、风格的复杂变革的部分。其中根本原因在于外在事物的形式，从来不是音乐要去遵守和仿造的现成形式。音乐方面关于形式的规律性和必然性全都限于声音本身的范围里，而声音与它所含蓄的内容并不那么紧密地联系在一起，所以在声音的运用上，音乐家主体创作自由有尽量发挥作用的余地和可能。

音乐也不能按照作曲家情绪的自然迸发方式去表现情感，而是要凭丰富的敏感把灵魂形成一定声音比例关系的响声，把表现纳入一种由艺术专门为这种表现而创造出的媒介里，使单纯的自然呼声变成一系列的乐音，形成一个运动过程，而这过程的曲折变化和进展是由和声来节制，按照旋律的方式去达到尽善尽美的。它同书法艺术形式美的规律相互辉映。

八、标题音乐、歌词与书法的文字因素

黑格尔说："作曲家的活动范围就是人类的心胸或心灵的情调，而乐曲作为出自内心的纯粹声响，就是音乐所特有的最深灵魂。因为声音只有通过把一种情感纳入它里

面去而又由它鸣出来，才成其为真正的意味深入的表现。"①

音响是人的体验的直接表现者，语言则表达了这种体验的内涵。人在叫喊、欢笑、哭泣、呼吁中就已经是在表现自己。情感的自然呼声，如惊恐的叫声、哀伤的呻吟或狂喜的欢呼，就已极富表现力。但是，音乐却不能停留在这种单纯的自然状态上面。

同样，语言成为人表达思想和交际的最细腻的工具，语言的音调就成了情感的载体，它经过中介，同音乐的音调协调，构成带有歌词的声乐。声乐之中含有诸多文学因素，文学因素要变成音乐要有一定的前提。一首歌，不管是先有曲子后填词，还是先有一首美妙的诗，后被谱上曲子，都是诗与音乐的结合。在歌曲中，歌词，作为一件独立的艺术品的价值便被瓦解了。它的词句、声音、意义、短语及其描写的形象也随之变成了音乐的元素。苏珊·朗格曾说："在一首千锤百炼的歌曲中，其歌词是完完全全被音乐吞没了的，在其中简直就找不到任何有关歌词的蛛丝马迹……歌词已经被音乐所利用，并进入了一种全新的结构之中，从而使原来那独立的诗句完全消失在歌曲之中了。"②

歌词不是音乐的内容，只是音乐的伴侣或附丽之物，它将语言的音调的表情作用同音乐结合，强化了感情色彩；音乐不能传达语言的意念，但能比语言更有力地传达语言音调的情绪。音乐所能表达的感觉，比歌词所能表达的要多。歌曲中，音乐从不重复词的意义，而比词所能渗透的领域深远得多。比如，它能使我们对黑暗之后光明降临，产生词的表达所不能奏效的感觉。

音乐的作用是先从感官的刺激、神经的游戏开始，经过情感的激动，最后才到达精神的领域。至于诗与歌词，它开始唤起概念，通过要领影响情感，最后在感官的参与下，达到完善或堕落的最后阶段。格里尔巴策认为，两者的途径是相反的，其一是物质的精神化，另一是精神的物质化。

在音乐中，诗词毕竟要依赖于音乐精神，而音乐本身却无需形象和概念。歌词语言丝毫不能说出音乐在最高一般性和普遍有效性中未曾说出的东西，也不能把音乐的世界象征表现出来，它作为表达现象的符号，不能将音乐的至深内容加以披露。尤其那些后填词的歌曲，当语言试图模仿音乐时，它同音乐只能形成一种外表的接触而无法向音乐的至深内容靠拢。

至于标题音乐中的标题，则同音乐的至深内容多半更加遥远。标题是将听众引向音乐以外的转移的一个有力诱惑。它在音乐家那里原是为了补救人们领会参照性音乐内涵或心境的困难而提供的一种导游性信息，为音乐中出现的心境和意境之间提供某种因果联系。比如贝多芬的《艾格蒙特》乐曲、柏辽兹的《李尔王》、门德尔松的《梅露西娜》……标题到底对音乐本身有多少意义？如果说标题注明了一种素材或题材

---

① ［德］黑格尔：《美学》第三卷上册，商务印书馆 1979 年版，第 388 页。

② ［美］苏珊·朗格：《艺术问题》，滕守尧、朱疆源译，中国社会科学院出版社 1983 年版，第 79 页。

的话，那最多只是提供了些微诗意的启发。因为艾格蒙特的形象、事迹、经历和性情、思想不是贝多芬乐曲的内容；柏辽兹阴郁的序曲，跟"李尔王"的观念没有什么关系，正如施特劳斯的圆舞曲跟"李尔王"没有关系一样。贝多芬《艾格蒙特》序曲的内容是一些乐音的排列："作曲家是完全自由地按照音乐的思维规律把这些乐音排列从自己胸中创造出来。从审美学的角度看，它们是独立的，跟'艾格蒙特'这个观念没有关系的事物。仅仅作曲家诗意的幻想力把它们跟这个观念联系在一起，或者因为这个观念不可究诘地是使他想出这些乐音排列的种子，或者因为他事后觉得这个观念与他的题材很符合。这种联系是非常松弛和任意性的，以致人们听到乐曲时，假如作者没有特地标明题目，事先强使我们的幻想力走着一定的方向，那人们就不会想到这首乐曲的所谓题材的。"①

倘某一明确的标题促使我们把乐曲和一个外在的题材比较，或者要我们按照标题去到乐曲中按图索骥般寻求意义，那无异于要人们用一个非音乐的尺度来衡量乐曲。倘若一定要对某些标题音乐作品提出这种要求，也只能涉及某些特征方面：这部音乐应该是欢快明朗的或崇高的，或奔放的，或典雅精致纤丽可爱的，或阴郁悲凉的，从肃穆的开篇发展到悲壮的结局的等等。因此，人们有理由想象贝多芬的《艾格蒙特》序曲同样可以标题为《威廉·退尔》或《贞德》，而《命运交响曲》中的所谓"命运的敲门声"换种音色用口哨吹来却近乎子规的啼鸣。

德彪西的《牧神午后》是对马拉美"原诗大概的印象，但它并不是标题音乐"，他曾声明，并没想用音乐去综合谈诗的内容，倒是有点像是在"描绘牧神因爱午间酷热而引起的一系列希冀和梦想"。马拉美认为，音乐刻画出我诗里的情绪，而且为它涂上了一层更为热情的底色而不是色彩。任何一个读过马拉美的诗或看过同一题材的芭蕾舞剧的人所产生的意境和视觉联想，都会比从未读过该诗或看过该剧的人更加确定，但并不一定比其他人更为强烈。

音乐史上也有些音乐家试图用音乐描绘"肖像"，将标题音乐挤进更为狭窄的巷通。例如舒曼在《狂欢节》中提供的那些音乐"肖像"——奇阿丽娜（即克拉拉·维克）、帕格尼尼、肖邦等，这种描绘的方式是很可怜的。如：描绘克拉拉时采用轻盈、灵活的曲调线及幽雅、委婉的音乐动机，这些方式无法描绘出肖像般的个性，连类型化也谈不到。这些手段本可描绘许多女性，而恰恰不能描绘单个女性的"这一个"；描绘帕格尼尼和肖邦时，唯一可用的就是利用了近似于这两位作曲家的音乐风格，即利用以特殊方式将这两位作曲家与之联系在一起的某些听觉现象，把这些听觉现象当作是这两位作曲家自己的作品，进而使人联想起作曲家本身。实际上这所谓的"肖像"同客体间毫无相似性，倘不知标题，对人物的某些"特征"的描写便不能为识别那个

---

① ［奥］汉斯立克：《论音乐的美——音乐美学的修改刍议》，杨业治译，人民音乐出版社1980年版，第105页。

关于个性的个体提供足够的基础。故"音乐肖像"这个概念和"形象"一样，不过是一种借用，此外并不意味着音乐真具备这种功能。

穆索尔斯基的《图画展览会》，可谓标题音乐中借用非音乐因素满足音乐的绘画性的最典型的例子。它对画面的表现模拟也只是某些事物的外在信息以及动作形体的特征，而这些属性也同样可以被解释成其他事物。只有在作曲家加上标题之后，对它们才有了近乎"确指"的解释。在非音乐的事物原形与用音乐手段所形成的音象之间，往往只有一个文字上或图画上的约定。这种约定，有利于表现质的定性。标题或歌词使迸发于音调的那种主体因素得到较明确的充实。

但是，这种借助文字来表达观念的情感的方式，音乐所抽象的表现的内心生活固然得到一种较清楚而明确的展现，可是由于音乐这样构成的却不是观念本身及其符合艺术的形式，而是观念所伴随的内心生活，更何况音乐也经常抛弃与文字的结合，以便无拘无碍地在自己所有的音调领域里自由自在地发展，其结果，那"画"的展现仍是模棱两可的。

书法中的文字因素处于歌曲中的歌词、标题音乐中标题的相似地位。满载情感流的书写挥运过程和线条演变同含有固定意义的文字因素有时是和谐互补的，有时是各行其是的，有时是双轨运行的，有时又是南其辕而此其辙的。

孙过庭《书谱》论及王羲之："写《乐毅》则情多怫郁，书《画赞》则意涉瑰奇，《黄庭经》则怡怿虚无，《太师箴》则纵横争析。暨乎《兰亭》兴集，思逸神超；私门戒誓，情拘志惨。所谓涉乐方笑，言哀亦叹。"孙过庭从整幅作品的抒情气氛上把握书意，看到的是"情""意""神""志""哀""乐"。王羲之的上述书艺是"无心作书书自成"的范例，有关文意与审美，作者与评者的着眼点是不同的。他也不同于后世书家有意受文字意境或其他意义的影响，往往使文字内容的美注入笔端者。另一些书法家重视文字形式是否有助书法表现，他们不愿局限于文字内容提供的既定的情绪范围，创作一开始，字义内容便被排斥于创作活动之外。因为线条本身的抽象性同音响的抽象性一样，不具备文字的意义的确定性，二者有限的沟通必须在线条的抽象语言相对明确而文字内容相对朦胧的情况下产生，最终落脚于某种气氛，而这种"气氛"又是难以言喻的。当人们真正认识了音乐与书法对象的本质属性之后，自然对其非本质的、附加的内容日益失去兴趣。书法欣赏者会像音乐欣赏者着意在音乐本身一样认识到，线条本身的结构、质地、运动感，蕴藏了比诗或散文更丰富、更动人、更值得潜心品味的表现力，绝不会让这种抽象的、无限的审美升华局限在文字内容具体的、有限的天地内。

十、不论形质、唯观神采的草书与无标题音乐

南齐书法家王僧虔以"神采"论书，深得中国艺术之精髓："书之妙道，神采为上，形质次之……必使心忘于笔，手忘于书，心手达情，书不忘想，是谓求之不得，

考之即彰。"(《笔意赞》引言)

　　唐代虞世南《笔髓论》中说："书道玄妙，必资神遇，不可力求。机巧必须心悟，不可以目取也。字形者，如目之视也。……假笔传心，妙非毫端之妙，必在澄心运思至微妙之间，神应思彻。"意在神采超越形质；李世民说："字以神为精魄，神若不和，则字无态度也。"重神轻形的写意精神在初唐萌发并成为一种趋势，这种精神为日后书法的高标极致埋下了因子。同时，由于对王羲之书派研究高度理论化、日趋完美的总结和规范，形、法之束缚也随之出现。然而，时代艺术的大潮总是不会停滞于某种"最佳境域"的，就连古典主义书法形质美的总结者孙过庭也重视篆、隶、草、章"凛之以风神"。时至盛唐张怀瓘的"遗貌取神""唯观神采"，则为书论划了一个新时代。他高倡"风神骨气者居上，妍美功用者居下。""深识书者，唯观神彩，不见字形。"张怀瓘的出现，无异于音乐家嵇康的出现，书论的形、神之争，较之音乐无疑推迟了一个时代。张推许王献之的"逸气纵横""遒拔""气势生乎流变，精魄出于锋芒"，意在高扬挺然秀出的写意书风，确立"唯观神采"的美学标准。如果说嵇康在音乐上寻求个性的解放在先，而张怀瓘在书法上寻求个性解放则继之于后。如果说"声无哀乐论"是嵇康树起的越名教而任自然的大旗，而张怀瓘则以草书这个直通心灵的形式，将书法的艺术审美价值推向纯美的境界。因草书"无籍因循""从意适便""情驰神纵"，系"笔法体势中最为风流者"。草书不像真书那样，"字终意亦终，草则行尽势未尽。或烟收雾合，或电激星流，以风骨为体，以变化为用"。

　　中唐狂草的出现，无疑将书法艺术推上了顶峰，它以其强烈的抒情性、用笔的多变性、运动的节律性、意象的丰富性，显示了东方艺术典范的自由奔放的辉煌。赵秉文在《草书韵会》贴序中说："夫其徘徊闲雅之容，飞走流注之势，惊悚峭拔之气，卓荦跌宕之态，矫若游龙，疾若惊蛇，似斜而复直，欲断而还连，千态万状，不可端倪……"观张旭、怀素之草书，其点画长短互殊，偃仰异势；其结体或高低凹凸，或大小开合；其章法长短参差，牝牡相迎，似欹反正，钩环盘行，或数字相连，纠结难解，或一笔直下，贯串数字，如同一部交响乐，旋律节奏音色变化万千。在心手交畅的创作过程中，墨逸神飞，意到神随，随着情感的运动，如风行水上，自成文章。人们从点划的运动轨迹是可想见临案挥运之状，感受到心旌摇荡的情感激流。

　　正是狂草线条强烈的运动感造成的生命意味，使书法作品获得了无限丰富的表现力。书法家根据草书艺术"变""动"的特征，在天地事物之变中找到两者的契合点。草书的结构与章法表现的正是天地事物"变""动"的体势。深层蕴含着书道变化的法则秘密。那鼓之以雷霆、润之以风雨的狂草，其中蕴含了宇宙无极变化之道，它那具有丰富形式感的点画系统，运用阴阳互补对立统一规律，反映着事物的矛盾运动所深藏的美，它具有概括宇宙万事万物的构造和运动规律的普遍品格。如孟子所说的"上下与天地同流"，是宇宙普遍形式和规律的情感同构。笔痕墨迹经过情感的融冶而凝固，又经过感情的激励而飞扬流动。光怪陆离、千变万幻的草势显示了书道（尤其草书）微妙壮观的矛盾之美。盛唐的狂草就淋漓尽致地表现了中国哲学的神韵，那阴阳不测的神韵气势同音乐尤其是无标题音乐的旋律线条有着异曲同工之妙蒂。

无标题音乐并非"绝对音乐"，也有别于"纯音乐"，它是指任何标题都无法概括其无限丰富的意蕴、情致和美感的音乐，它本身具有伟大的独立性、完整性、逻辑和构筑性。它并不依存于类似富有诗意的理念那种音乐之外的要素，然而又蕴含着不尽的诗意素质。它是近代音乐当中最重要的庞大形式的奏鸣曲。海顿、莫扎特、贝多芬、舒伯特、舒曼、勃拉姆斯等人的许多卓越的交响曲就正是按照这种奏鸣曲形式写成的。正如草书在书法艺术中的崇高地位一样，在音乐史上，同时在近代文化史上也是一件伟大的业绩。其影响之广泛，受千百万人赞赏之热烈，几乎是无可比拟的。依靠奏鸣曲形式，近代音乐开辟了前人没有达到过的纯音乐境界，在莫扎特、贝多芬、布鲁克纳和塞扎尔·弗兰克等人的纯器乐中，已经达到了任何其他艺术所未曾达到过的精神上的高度与深度。这种自由的创造又获得了高度的创造自由的境界，只有中国的草书可以与之并美。尽管奏鸣曲这种无标题音乐，必须按纯音乐性质来聆听它们和理解它们。但是作为近代音乐最高成就的无标题音乐，绝不是单以形式为目的。它如草书一样，恰恰是通过无拘无束的自由形式与心灵相契合，表达了精神上最为深邃的东西。王羲之写《丧乱帖》写到"号慕摧绝""哀毒益深"以后时，几痛不欲书，意不在字了，忘却了楷书的法则，恣意写去，其过人之处就在于"唯观神采，不在形质"。同一封信，情不自禁处，由行到草，取决于情绪的变化。只有草书的抒情，才能达到真正自由的化境。《丧乱帖》证明，草书出于浓郁勃发之情，奔涌豪放之思，像王羲之那样情深之人，悲摧切割，呼天抢地，痛不欲生不能自胜之时，书之化境方能偶一逢之。正像贝多芬的《第九交响乐》，壮丽与辉煌，绝望的悲歌与爱的倾诉，青春自由的欢呼，人类团结友爱的号召，这一切都化作《欢乐颂》，将标题与无标题、声乐与器乐都混合一起了，完美地综合了最深刻的哲学和艺术，形质和神采合一了。

总之，无论音乐还是书法，在其衍化过程中，最后都终于从实象中完全挣扎出来，它们凌驾于实与虚之上、造化与心源之上，独立于万象之表！无论音乐与书法，它的至高境界无不进入了一种意识与生命的合流，以及哲理与艺术的合流。性情的升华与解脱，书法家所企慕的"真魂"，音乐家所向往的"神韵"，老庄的"大音希声""大象无形"及"众妙之门""玄牝之门"，其在此，唯在此。

1996 年 8 月写于北京

本文被收入中国书协《当代中国书法论文选》（荣宝斋出版社），并获得书协二等奖

艺术本体价值与艺术市场

艺术本体价值与艺术市场

——答《中国艺术市场》杂志问

一、关于书画市场问题之一

近现代书画市场行情高涨，尽管有社会、文化、经济等方面的原因，但其中最根本的还是涉及艺术本质、关涉现代人审美情趣和价值标准的原因，因为拍卖市场上近现代一些杰出书画家在 20 世纪曾经有过非凡的业绩。他们的名字或风靡全国，或具有世界影响，他们多半是开宗立派的人物，他们的审美取向是现代的，他们的创作又影响和塑造了现代人的审美心理。因此，他们作品的审美价值、审美观念与时代保持了同步，自然深受现代人的欢迎。

另一方面，现代书画几经变革已进入一个重视审美的时代，其内在表现力的增广在它历时性的发展中所致力的情感传递方式的丰富性，都使国画的形式美得到极大张扬。同时，近现代画家同现代人一起经历了长期的忧患和战乱，百年来时世维艰，对艺术那种"眷念的失落"情绪及风雨故人来的渴望，面对现代艺术得到了补偿。

再者，对当代艺术的喜爱历来如此，并非近现代的独特现象。每个朝代仅举一些例子即可说明，东晋的顾恺之，唐代的吴道子，五代的董源，两宋的郭熙、马远，元代的赵孟頫，明代的唐伯虎，清代的郑板桥……无不受到同代人的追捧。

二、齐白石和傅抱石——关于艺术市场问题之二

仅以齐白石和傅抱石来说，南北两石有着不同的个性，也有着相似的特点。被称为北石的齐白石，其艺术贡献在于把从吴昌硕那里继承来的文人画遗绪作了民间通俗化意趣化的阐释，推演出一种雅俗共赏且可把玩的新艺术。而他带有乡村牧歌式的自由挥洒、特有的笔墨幽默赢得了人们广泛的喜爱。它是一种多数人可揽怀亲近的艺术。

而一直在拍卖市场创下领先价位的傅抱石，他的自由挥洒、他的创造精神、他在画界的历史地位，同齐白石有着共同之处。而他的高尚人格、他强烈的个性特征、他

在山水和人物画领域所达到的境界，有着齐白石等未曾有过的气象。我是说那种喷薄的气象，那种坦荡的胸怀，那种人性张扬的气质……另外，他有比齐、黄、潘、李、陆远为丰富的阅历和文史哲的修养与撰述。如果说与他齐肩的画家们在传统的法度内完成了自己的风格与建树的话，又不免局限于自己创造设置的法度的窠臼；而他则自由出入于无法乃至法的状态。他的"抱石皴"实则不是一种法度，而是写意的一种极致，源于他对山水的一种彻悟，是造物者同自然的和谐。他用笔自由挥洒的无意识状态，在创作者是一种愉悦，在欣赏者同样是一种愉悦。如果一种艺术制作同修长城一样艰难，无论作者还是观众都是一种苦难。中国艺术（尤其书画）思维的真髓、美学的核心，毕竟是意象与写意，这是自原始人刻石、绘制彩陶就形成的审美习惯和传统。它是把握客观世界生生不息的运动变化并与心灵息息相通的不二法门。傅抱石是一个同天籁倾情的性情中人，有着宋元君时解衣槃薄的画史的性格传承。他画中的瀑泉雨景背后蕴涵着千古风流的壮怀激烈，那是风雨江山外一个古老民族的悲壮情怀，有着厚重的历史积淀、文化积淀、人文色彩和诗意昂然的民族情绪。我曾说，一个山水画家能否意识到风雨江山外有万不得已者在，是一个平庸画匠和文人画家的根本区别。那些风雨江山外的不得已者是文心，是词心，是画境，具体到它的人格载体是老庄，是孔孟，是屈原，是司马迁，是诸葛亮，是李白，是杜甫，是黄巢，是岳飞……是他们所代表的民族精神。在傅抱石的笔下，无论山水还是人物，都承载着这种精神。在傅抱石的画前，只可仰观，不可亵玩；它可激发热血男儿的奋进，也可引动纯洁少女的留恋，更能博得广大学人的品味与沉思。

三、关于一些人画价走低——关于艺术市场问题之三

至于有些现代画家没出现惊人的高价，有多种原因。当然，学术性问题是一方面，主要还是画家和作品本身的因素在起作用，学术性也在其中，再就是藏家和市场尚待成熟。如吴昌硕，他是旧时代最后一个画家，也是新时代最初一个画家。他的画品位很高，而他的艺术基本上是旧文人画给20世纪的历史遗孤，故有人称其为文人画庙堂里最后一炷香烟，他的艺术趣味依然还属于旧传统。中国画在20世纪之初，虽不乏奇才异能之士，率意远思，但最终还要看其是否出其旧范围，表达新意境，给人新美感，能否沟通日益复杂的现代生活和普通人的情感。吴氏格调虽高，但画路终嫌狭窄，远不如任伯年雅俗共赏；钱松嵒，画格平平，自然价格也就平平；吴作人，单就其国画来讲，有着油画家转画国画共同存在的问题，画路窄不说，往往不能精致到无可挑剔。徐悲鸿画马是个例外，题材上他的马承载着特殊时代的自由民主精神，再就是他的马画出了新意，画到了极致。把吴作人的牦牛、熊猫和金鱼同徐悲鸿作比较，就看出缺什么来了。但他画中高迈的境界、笔墨的纯净，随着市场的成熟，将会显示其更高的

价值；何海霞，在张大千的阴影中，受到负面影响。而张大千在其高价拍出的作品中也有不少粗粝之作，缺乏个性，晚年的泼彩才成就了他。黄宾虹，格调虽高，个性也强，笔墨一流，但其墨团团如高悬空中的白云，与时流有所隔膜，要赢得大众欣赏，尚有俟时日。

近现代画家及其作品毕竟同现代人一同在 20 世纪的硝烟和没有硝烟的惊恐中走过，同过命运，共过呼吸，熟稔而亲切，如袍泽、乡情、故友、亲朋般引起牵念。又似一首童年的老歌，那旋律常萦绕心头，比起陌生的韶乐与燕舞更能撞击当代人的情怀。若硬将古代作品与近现代作品以经济价值比对，无疑令骏马与骆驼竞技，山鹰与喜鹊换巢，则使价格错位。因其价值本不是以美元和人民币为标准的。近现代作品市场价格一路飙升，应该！古代作品的潜在价值价值连城，更应该。故宫不是就以天价收回了章草书《出师颂》吗？至于古代作品一时尚不在当代人浮躁喧哗的视域里，那是另一回事。

古人留下的优秀文化遗产，论价值是无价的，拍到什么价位都是应该的。因为那是些国之瑰宝，是东方审美创造的极品，更重要的是无法再生产。它的稀有性，它的时间的久远，它的历史价值、文化艺术价值，同现代艺术作品没有可比性。所以说，两者的市场价值也应该是各就各位。近现代一些画家的高价位难免有炒作的成分，但其实质应该不是，艺术品的高价位是世界潮流，不是一时的泡沫，只要没有战争，只要经济发展，艺术市场就必会繁荣。因为人类物资与精神两大需求各占半壁江山。至于古代和近现代画家在市场应该谁的价位高的问题，我的回答是，没有应该不应该的问题，这既决定于按市场规律运转的那只看不见的手，更取决于全民审美素质的提高。

历史文化古都的现代化

——应邀在昆明"全国城市建设与规划研讨会"上的演讲

　　北京，已经有建城 3 000 年，建都 800 年的历史。它是个移民城市，容纳着天南海北的人群，山顶洞人的后代已经杳无踪迹。20 世纪之初，北京应该举行建城 3 000 年的纪念活动。当今世界上任何一个国家的国都，在历史的久远和文化底蕴上都无法同北京相比。像巴黎，也只有 2 100 余年的历史；巴比伦之类的古王国首都，虽然始建于公元前 3000 年，但早已灰飞烟灭。而在国内，除了曲阜、西安、徐州等少数历史名城堪与其比肩外，北京同样也是国内最古老的城市之一。这是北京人的骄傲，中国人的自豪，也是世界珍贵的文化遗产。纪念北京建城 3 000 年，不仅是 3 000 年建城史的博物展示、古城传统文化的接续、各民族之间以及国际间文化交流的源远流长的回溯，也是对现代化建设成就的讴歌，它不仅会促进旅游事业的发展，也会给北京承办奥运会带来积极的影响，更是对中华文化负责。

　　世界不可忘记，自公元前 11 世纪初期起，作为真正意义上的城市——蓟城，已在北方崛起，成为北方地区唯一的中心城市。它是西周王朝诸侯国蓟国的都城。蓟国，据说是黄帝后裔的封地，它的诞生和成长成为北京城历史长河的滥觞。

　　春秋战国时期，蓟是"富冠天下"的燕都名城，"华区锦市，聚万国之珍异。歌棚舞榭，选九州之浓芬"；秦代，从都城咸阳修筑的驰道直达蓟城；汉初，是"渤海、碣石间一大都会"；隋唐时期，以军事重镇闻名天下；接着是辽之陪都南京；金之中都，并从此，开始了它作为封建王朝统治中心的历史；1260 年，忽必烈决定在这里建立元大都，马可·波罗称其"世界莫能与比"。15 世纪，北京一度成为世界第一大都会。除了 17 世纪的短期内，亚格拉、君士坦丁和德里曾向其地位挑战外，它一直是世界最大的城市，直到公元 1800 年，伦敦才超过它。

　　人类历史上创造了不计其数的世界名城，有的已经在地球上存在了数百年甚至上千年，它们成为时空中"凝固的音乐"或"历史的缩影"；有的已经变成了一片废墟或连遗址也难找到。这些城市建筑的物质性和相对永恒性，在一定程度上造成了社会文化的稳定性和可继承性，这是一个古老城市作为传统文化象征的价值所在。试想，北京若没有了故宫、北海、颐和园、古老的寺庙、残存的四合院（而不是大杂院），以及形影相吊的德胜门、前门、广渠门城楼，那将是什么风韵？巴黎若没有了卢浮宫、圣母院、埃菲尔铁塔，雅典若没有了雅典神庙、卫城和露天环形剧场，那将是何等的苍白？

然而，未来的建筑趋向一种"非物质化"和"暂栖化"。"非物质化"就是趋向轻型化、透明化，"暂栖化"就是许多名建筑师的作品就像时髦服饰一样，过几年就淘汰一次，为新的样态所取代。人们不禁浩叹，城市的文明史将向何处去寻索？对于历史悠久的文化古都，这尤其是个有待哲学家和建筑学家沉思的问题。

建筑史表明，每当建筑技术出现一种飞跃，就会在建筑艺术和文化概念中出现一种"国际化"的热潮。拒绝由于科学技术的进步带来的不可避免的"国际化"是愚蠢的，同时贸然否定民族或地区文化的生存价值或适应能力同样是不明智的。20世纪以来不断发展的一种文化趋势，它力图打破国界、地界，消除文化差异，在人际关系中造成更大的透明度、开放性和认同性，这可以说是现代主义的一个核心思想。在资本主义发达的城市，二三十年代就出现了众多"钢加玻璃"的方盒子形摩天大楼，曼哈顿的双子楼最为代表。时至四五十年代，以"国际风格"风靡世界。在许多建筑师的思想中，这种方盒子建筑完全可以取代那些无功能作用的民族风格建筑。中国曾一度用"社会主义的内容，民族的形式"力图保存或显示其"特色"，但对旧城市的改造一经打开缺口，也就"破"你没商量地抹去古城的旧貌而换新颜，那个虚拟的口号也就没有多少实际意义。当中国建筑转向现代主义的几何建筑时，西方国家却以后现代主义宣布了现代主义的"淡出"，又反回来提倡历史，提倡文脉，注重装饰。接着，20世纪末又出现了高技派、解构派、新理性派、新古典派等等，进入了一个多元化时期，已很少有人愿意始终皈依于一种创作流派。这样，一个世纪来演变的结果不可避免地造就了一批批无特点的"平庸城市"。建筑学家指出，我国现在许多城市所提出的"现代化""国际化"，其实就是这种"平庸化"。北京所谓"古都风貌"的口号看来似乎在抵抗，但实际还是走的"平庸化"的路子，所不同的只不过是在建筑"大排档"中加了些类似中国宫殿式的大屋顶和小亭子作为调味品而已，此外古城风貌又在哪里？建筑家到底从精神上而不是在表皮上融进了多少中国"特色"？

当然，我们对待建筑文化不能回避文化的目的性，城市建筑的进步是为了造福于市民。那种存在即合理的冷漠观念，是不合乎文化目的论的。人类的整个文化史是追求有意义的完美生活的历史，人不断否定和告别过去，就意味着文化创造今非昔比的优良生活的不断产生。为此，人们有理由依照文化目的对不同文化的存在加以比较和判断，且不必有所顾虑地提出好坏优劣的评价、明确的质量意义，足以使人们明辨哪种活法更适合于人类，并以此为据来调整未来的行动。当一个专制文化和一个民主文化同样摆在面前时，没有价值判断的局外人的超然姿态无关其切身利益的痛痒，不管其理论多么冠冕堂皇亦不足取；而对于局内人文化观念的正确与否，直接关联着行为的选择和调整，决定着生活质量，关涉到社会生活内在的需要，这才是至关重要的。

这同样也是我们选择什么建筑来构建我们城市的前提。基于此，那些不适于现代人生存、有碍于现代人生活质量提高的建筑文化样态，不管其"民族性"多么强烈，在新的设计与构想中也是需要扬弃而不必重复的。

同样基于此，北京城市的现代化和对名胜古迹包括旧文化遗迹的保护，必是城市发展和建设的两翼，缺一不可。但是，这还远远不够，每一个时代都需要有计划地恢复和重建一些具有纪念碑性质或意义的古建或景点，以作为文脉之延续。比如，旧燕京八景的再现；元大都土城遗址的维护；莲花池旧蓟城发祥地的纪念性建筑；被英、法联军轰毁的黄亭子的重建；唐代大诗人陈子昂写下千古绝唱的蓟北楼——幽州台（它同黄鹤楼、滕王阁、凤凰台等具有同样价值）的再造——时至今日，随着国际化大都市的崛起，作为旧意义的北京已从地球上隐去（那最具特征的故宫，也因用了进口的颜料，使宫墙由庄严典雅的暗红变成了浅薄轻佻的桃色）。人们期待着中国的建筑师能为北京创造出具有个性的、富有民族精神风采的、以人为本原的不失文化目的性的国际化建筑，那不但会使历代北京一切优秀的风韵蕴含其下，也将会把世界大都会的美妙尽收其中。

在北京的诸多现代建筑中，以军委大楼最为优秀。其优秀在于它的庄严与伟岸并没有故意凸显民族气派还是现代气派，而是自自然然融汇成一种中国自己的现代风格，那种具有悠远历史的大国格调，那种具有文化传统的现代风韵，那种稳稳立足大地的固若金汤的姿态，避免了双子楼的脆弱，也避免了太和殿的笨重与虚矫，那简直是一首国风颂。

一个典范的城市建筑，本身应该是一件艺术品，而在整个城市建筑格局上更应该是这个棋盘上灵动的棋子，是这个乐章里既富亲和力又具个性色彩的和谐音符。就艺术品而言，一个成功的主楼还应以环绕它的园林的营造为不可或缺的组成部分。还以军委大楼为例，在它的大楼前按原设计左右两边规整地栽了两片小树林，看上去似乎要表现规整的方阵，但同大楼的气势极不相称。因为那些小树，充其量不过是两个加强连的建制。另外，原设计中的庭园雕塑也不适宜，因为没有任何雕塑可以同这座建筑相匹配。经过修订的设计，主要在于观念上的改变：两边的树林不再象征卫士，而应该是一部兵书。它不是形式上的兵书，而是按照兵法的运筹法则布置林木之间的对应关系。它所用的树种是燕山的苍松翠柏，代替雕塑的是北方浑朴如山的巨石，它们对大楼形成一种拱卫之势，营造的是自然、自信、和平、安宁的气氛。如此，它将成为长安街上大气磅礴的景观。

一个街区还应以合理配置其间的林苑为人提供休憩场所，这种苑林不仅要达到合理的人均面积，而且要以宜人为标准，形成各具风采的城市中的大自然，即便身处室内，临窗望去，亦是满目葱郁。这是东方园林的特色，因为它更符合人性回归自然的潜意识和本能。城中林苑不在大小，而在能否令人产生濠濮间想，能如此，则如魏简文帝游华林苑所说："会心处原不在远。"为此，林苑的建设取材也应因地制宜，视建筑功能和环境而有区别，不以华贵为标的。历史上北京的宫殿建筑以当地盛产的汉白玉石为材质，青砖、黄瓦、红墙、白石，高雅、富丽、大方，是千古成功之作，建筑史上的大手笔。然而，像宋代花石纲般的劳民伤财则不可重演，不足为训。城市绿地，不宜妨碍通行功能；金属雕塑、玻璃墙屏、汽车拥塞、锣鼓声喧等所造成的眩光污染、噪声污染、水污染、沙尘污染，严重影响着人们的安居。

城市建设提出以人为本的口号，是重视人文的一大进步。但是，人们对此口号的认识却有偏颇与误解。因为以人为本，不仅仅是以现代人为本，还要为后代人，甚至为古代人着想，将三者都包括在以人为本的范畴里才是以人为本的全部内涵。如此，方能在改造旧城市的进程中，把眼光放得远些，再远些。如此，也方能将城市的文化遗产给以精心地爱护和保存，使城市的文脉香烟永续。否则，有损于一个历史文化名城的现代化建设和发展。尊重古迹、尊重文物，尊重一切文化遗产，是现代人留给千秋万代的馈赠。当然，历史总是要改写的，无论是纸上的还是地上的。那地上无言的历史就是建筑，它凝定着人类几个时代的文化、生活、创造、智慧、情感和心血。一旦逝去，只能残留在人们的记忆里。而记忆是短暂又片面的，它往往被遗忘或压缩成了一些片段，因此，历史往往被简化成权力、伟人、大事件的缩写。那最好最平民化的历史就是建筑，反映时代风情、风物和世俗的建筑，代表着悠久文化的建筑，保留着城市社会生活变迁史的建筑。尤其是那些文化含金量甚高的建筑物，比如西安的大雁塔、杭州的雷峰塔、苏州的虎丘塔与寒山寺、南京的石头城与凤凰台、北京的幽州台、武昌的黄鹤楼、岳阳的岳阳楼、蒲州的鹳雀楼、昆明的大观楼、南昌的滕王阁、拉萨的大昭寺、成都的杜甫草堂、扬州的平山堂、长沙的岳麓书院、宁波的天一阁……试想，假如缺少或失去了这些明星建筑的灿烂，那些城市会黯然失色，有它们则给城市笼罩上浓重的历史感、书卷气、豪气和传奇色彩，不仅仅是为其镶嵌上耀眼的明珠和璀璨的宝石。据我国文物界的披露，中国改革开放20年来，以建设的名义对旧城的破坏超过了以往的100年。在传统的保护与城市发展的冲突中，牺牲的往往是前者。破坏旧有的城市风貌和格局，盲目使用现代化、高科技的造景手段，与周边环境格格不入，造成北京城市特有景观及人性化的丧失，是值得汲取的教训。

城市雕塑，是古今建筑的奇观，也是建筑本身的组成部分。关于城市雕塑，应该有两层含义：其一是说，大都会的重要建筑，包括它的一木一石都应该做到艺术雕塑般的完美，而不是建成后就成为城市的赘疣。遗憾的是在古都新貌中这种令人遗憾的大建筑触目可见。另外，悉尼的歌剧院、卢浮宫及其前面的玻璃"金字塔"、紫禁城边的国家剧院是否也给国人带来回味与思索？城市雕塑的另外一层含义当然是指城雕艺术。半个世纪以来，全国城市雕塑出现了一定数量的好作品，有的甚至可作为某个城市的城标。可是城雕艺术的无序化管理与大环境意识的淡薄，致使现代城雕喜忧参半。综观可见，足以传世的作品如钻石般稀少，轻飘飘的粗制滥造品则如一地鸡毛，而污染城市的垃圾雕塑也不少见，如某些饭店门前塑一僵尸般的清朝遗老作为京味标志，以效仿肯德基快餐店门前的雕塑，结果却是东施效颦。如此如此，不一而足，似当代泛滥的清朝电视剧一样无聊。

城市的现代化，尤其是历史文化古都的现代化，一个可记取的旧与新、破与立的临界点是不能将一个一流的古典名城弄成一个三流的平庸的准"现代化"城市。它要求我们汲取世界历史文化名城发展过程中的经验和教训，保持并恢复历史固有的亮点，建设现代化堪为世界典范的新亮点，并使之成为城市的眼睛、世界的明灯。

近几年来，我接手编修《北京志》，深深感到北京的古老文化在北京人和全国人心头有如此不可承受之重，又有如此不可承受之轻。在当代，超级现代化的大都会多如牛毛，是淹没其中还是凸显其上，是个值得考虑的问题。北京现代化过程中不能丧失以浓重的历史感以及东方文化韵味骄人的本色。因此，出于责任和愿望，我将上述拙见呈之于北京市政府及全国城市建设研讨会。

诗人维吉尔诗中有句："一个民族经典的过去，也就是它的真正的未来。"

2000 年 3 月初稿，2002 年 5 月再修订

东方审美风景线上的油画

——观李秀实油画近作《精华遗韵》系列

　　尽管世界艺术的主义多变，从躁动、癫狂、蜕变、断裂，直至消解与颠覆，它所产生的弥散性影响也曾强劲地走进国人的文化视野，激起不同寻常的感悟与沉思，但中国画坛的主流派已然是固守着审美文化的一翼，依然将真善美视为一条永恒的金带，并以其独特的话语，阐释着一个独特的语境，营造着一种常出常新的景观。

　　李秀实是油画界一位颇具实力而又风格多变的画家。他于 1961 年毕业于中央美术学院油画系，在冰天雪地的黑龙江"冰冻"了 28 年。在 60 余年的蹉跎岁月和文化苦旅生涯中，他走过写实路，也走过写意的路，受过苏派的训练，也倾心于西方现代诸流派。但是这一切都是"为了淋漓尽致地表达自己的感受，为了直抒胸臆，记录自己某时某地的心态"，他说："不论刻画入微的山林古迹，还是大笔横飞的色彩、线条，其中总是包容着我对中国古老文化精华和东方精深内涵的探索。"

　　是的，人们大半熟悉他以前的作品，从历次全国美展或学术刊物都可见到他坚实、深沉的画风。而引起同行们关注的是他近期一次破釜沉舟的变革，以及因此而产生的名为《京华遗韵》的系列作品。此次变革，使他终于找到纯然属于自己的画法，以及迥异于别人也迥异于自己的风格，并为今后的创作设定了一个里程碑似的坐标。是否可以预见对 20 世纪油画的回顾与前瞻将会有一番冲击或启示也未可知。

　　解析李秀实的《京华遗韵》系列及其创作道路和心路历程，对中国油画界似乎有着一个典型的意义。

　　50 年代的中央美院，苏派画法几乎是定于一尊。李秀实一方面要学马克西莫夫，另一方面又不满足于模式化的银灰调子。他努力拓宽视野，尤其醉心于印象派得之于主观感受的色彩运用，而使他在意识精神上受益最深的还是以探索油画民族化著称的董希文先生。学生时期一些因重主观感受不断受批判的习作，却会得到董先生的欣赏和鼓励。董先生在技法上的不断尝试、董先生的独创精神，在李秀实身上得到继承光大。改革开放以来，西方名画不断来华展出，顿使国内画家大开眼界。诸如"韩默藏画展""波士顿博物馆美国名画原作展览""法国风景画展"……每一次画展之后，李秀实在表现技法上都有更上一层楼的感觉，都会产生一批根据当时的感受画出的作品，他戏称为"现买现卖"，于是就有了《太阳岛上》《黑龙江金秋》《北京秋暖》《白夜》《长城》《悻存》等作品问世。

社会生活的变迁、内心情怀的激荡，李秀实深感写实技法的局限。他如渴骥奔泉，北饮大泽，南汲咸池，义无反顾踏上艺术变革的路。当他画干陵那些无头石雕的时候，借鉴过达利和超现实主义；他在黑龙江画《白夜》《除夕》《北疆极光》时想到的是他喜爱的波洛克和抽象表现主义；他画《古刹池影》，自有莫奈《莲池》的影响；他画《雪晴》，流露出塞尚的韵味。当赵无极的画展在北京展出后，看到人家在这条路上已经走得很远，使他意识到自己不能再这样走，于是改辙更张，开始另觅他途。

受齐白石篆刻的启发，李秀实决定向古代文化找出路，于是有了《金石梦语》《青铜断想》《甲骨遐思》《汉隶残踪》等系列创作的产生。自然，在这条路上，老祖宗的遗产如清风明月，取之不尽，用之不竭，但最适合自己的是什么？经过多年的实践，他最终发现中国文人画的写意精神和充满意象色彩的书法线条才是他最需要的。二者不仅仅是"有意味的形式"和"情感符号"，而且也是中国古老文化数千年积淀的精华。它那畅神抒情的韵味一旦和印象派的色彩组合，顿然出现了一种全新的生动莫名的效应。用它表现风景畅快淋漓，得心应手。出现在画面的不再是浅薄的勾线平涂，不再像呆板的大年画，而是地道的中国风韵、中国气派的油画。

倘说印象派像中国写意山水画一样摆脱了以题材为中心的创作方法的束缚，注重主观感受，研究物象形色之变，在风景画努力探索一种更直接的方法来描绘灿烂的光和色，那么它和中国的写意山水显然在精神上的相通相融就成为可能。这一点无疑被李秀实牢牢地把握住了，于是才有了他的《京华遗韵》系列风景画的成功。

"阶下几点飞翠落红，收拾来无非诗料。窗前一片浮青映白，悟人处尽是禅机。"《京华遗韵》所画尽是画家在窗前举目可见的景色，那默然鹤立于四合院上的皇家楼台、古代园林，尽管"乌衣巷口夕阳斜"，但作为古文化的一种象征，那绝响遗韵依然震荡着画家的心，牵动着画家的意绪。同时，那红墙、绿瓦、黄琉璃，极适于油画的弄色；那小桥、流水、废园，也极适于挥线写意。如此这般，内容与体裁、载体与内容化作同一意象，浑化无迹了。

中国人视自然中处处充满了线、游丝、柳丝、菟丝、藤萝、长城、流云、日出日落的光芒、大漠的孤烟、极目远望的地平线、划破夜空的陨星、水纹、沙纹、蛛网、芦苇、青竹、草木，甚至长江大河，甚至花、鸟、鱼、蛙、饕餮都在原始彩陶中被抽象为线条纹样……

中国伏羲时代的八卦以线条即可演化出天事人事，万事万物。线条间不同的排列组合包含着不同的意蕴，线条成为表意的符号。卦象即万物之象，是万物形象的抽象化；卦象自身含有意义，而且含有多种意义。卦象可以交合变化，即代表阴阳的线条具有作为基本构件的组合和变异功能，八卦的卦象就是原始意象，那么线条就当然成为组成意象的有意味的符号。

中国人将大自然中的物象抽象为意象化的线条，不但是表意的符号，同时又是表情的符号，使其本身具备了丰富的形式美感，如游丝描、铁线描、兰花描、折芦描、行云流水描、枣核描、竹叶描……当代画家面对这些丰厚的艺术资源，面对纵横交错的艺术语言符号、意义经纬织成的历史文化潜意识网络，积淀着特有的历史内涵，即使是那些语言符号的碎片作为生命的基因，也布满了历史文化的苔藓和吸附，这些都足以为创造现代文明提供无价的选择。而绝不像世界流行的广告和大众通俗文化，是一些"本身已变得再也无法穿透的术语"，就像那些依附于商品的标签一样，以其干瘪，使得作为意义载体的语言"降格为失去质量的符号"。从这个意义上说，中国富有的传统艺术资源宝库，作为无尽的宝藏，又永远向现代和未来敞开着。

严羽主张诗要有"妙悟"，就是要超越语言文字的规范，透过意象使读者获得属于内心世界的抽象化的情绪、意绪的直接感悟。这种"妙悟"的意象是一种近乎抽象的具象，而线条在书法和绘画中也是亦抽象、非具体非抽象的意象形式。如书法，汉字本身作为表意符号的抽象性，而只能运用线条的笔法、笔势抽象地表现一种态势。线条本身善于表达一种高度虚化了的写意性的形象，即"无象之象"，此乃画中用线向诗和书敞开的一维。其次，尚有向西方"后现代"艺术敞开的另一维——"葱头模式"的东方形态。

西方的后现代艺术模式——"葱头模式"，近乎中国的书法艺术模式。中国书法艺术作为用文字书写并具有审美价值的艺术形式，它以点、画线条的变化运动传达书法家的思想感情。书法兼备造型和表现两种功能，用来表现绘画的静态美，它无色而具图画的灿烂；用来表现音乐的旋律美，无声而有音乐的和谐；它的写意性功能所营造出的意象，由于接近绘画、雕刻而发展为近似于音乐和舞蹈的抽象化意象，成为一种最含蓄又最富有表现力的意象形式。尤其是草书，内容与形式已没有先后、主次、轻重之分，其形式与审美内容融合为一，相互生成，不分彼此。书法意象，是通过"形"表现出来的千姿万态的富有生命感的"象"，它既有生活美，又有自然美；既有静态美，也有动态美；它既有阴柔美，也有阳刚美；既有行动美，也有心态美；既是具象的，又是抽象的；既是个别的，又是概括的。他"点如坠石，画如夏云，钩如屈铁，戈如发弩，纵横有象，低昂有态"。书法意象之"意"，不在文字本身内容，而在于作者的主观心态，而书法的线条又是一种饱含诗的神韵美的意象形式，李秀实拿来用在他的油画创作上，无疑是一种成功之举。

中国画对用笔、用线的讲究是无以复加的，用笔讲究骨法，笔法与线法总是关联在一起，若用笔不当，就会产生失误。中国画中若无线条之美，即谓之无笔、有笔有墨才堪称中国画。中国画线与墨色天然和谐，万变不离其笔墨，无非在黑白阴阳二极间营造无极无限的画境。而在油画中怎样以国画精到的用笔和多变的线条使之产生一种别开生面的表现力，即为李秀实用力之所在。

如《京华遗韵》那无处不在的线，同印象派闪烁跳跃的色彩，造成两种艺术因素的对话，而不是独白，更不是自说自话。它是一个再创造和重新建构的过程，它所指向的是颠覆与破碎之后的整合。它没有出现拼贴式的疏离，有的只是同弹协奏，色、线共舞。他试图在现代语境下建立一套既是自己的又是能够与世界沟通的"画语"。这是一种蒙太奇式的组合，它产生的是全新的意义。

绘画是人生愉悦的满足，不论创造主体还是欣赏者，不论创作过程还是欣赏过程，畅神与愉悦本是艺术为人生的价值所在，其画中顺畅无滞、通达洒脱并带有鲜明个性的线条，呈现了弥散于这些线条中的酣畅尽兴的挥洒风致，呈现了中国传统艺术潜蕴的无穷活力。

因此，需要重新审视写意线条的生命活力，尤其当其进入油画以后。在《京华遗韵》诸画中，线的冲击立即迫使画面改观——线的阳刚的挺入，引起了色彩的"震憾"和"骚动不安"，或"惊喜"，或"躲闪"，或"跳荡"，或"退隐"……线与色块的撞击、骚动、平息、再卷土重来，甚至偃旗息鼓，并不比蚊子的骚扰更有规律，这要全凭感觉去把握，凭理性去调整，不该"轻视偶然能够出生怪物的威力"，不能以印象派的常规画法规范色调，因为画面上线成为强势，色要顺应线的运动，像围棋那样设防布阵，而最后呈现出的结局是生动和谐，非关胜败。

故此，线条的进攻性、驱动性、弹性张力、冲击力、意象性、体积感、重量感、形式美感一旦进入油画，线与色相克相融的矛盾就成了画家首先要解决的问题。

总之，写意之线是作者情绪、意绪的瞬间捕捉，而不是对静止事物象的凝神观照，写意画家在恣意挥洒过程中就不自觉地进入了一个角色，一个类似造物者的角色，一个与物象对话的角色，一个同物象相恋相融的角色。

在当代油画中张扬线的韵律而在中国画中不注重"笔墨"的有吴冠中先生；在油画中揉进中国画泼墨、泼彩意境而志在抽象的有刘迅先生；在油画中执意追求东方诗情和梦境的有朱乃正先生；力求以发挥线的巨大潜力，以中国画的"笔墨"韵味为阳，注重骨法用笔，以印象派油画色彩为阴的阴阳互补为作为努力方向的则有李秀实。已经有过40余年油画实践的李秀实在这方面似有独到的心解。

《京华遗韵》系列有一种散文小品般的轻灵淡远，不狂躁，不造作，不矫情，不装高古之腔，不做时髦之势，不做阿世之态，不现媚俗之象；自由自在，澄心味道，不失真我，有理智的清明，有直抒胸臆的畅快，浓烈跃动的色彩深藏着画家挚爱的情怀，是油画中少有的见性情之作。

尽管《京华遗韵》并不尽善尽美，但它无疑昭示了一种方向，昭示了油画民族化的一种内在轨迹和文化逻辑、一种艺术发展与精神流向。在这批新作中，通过色与线的欢歌共舞，这门外来艺术像当年的佛教艺术一样已完全中国化了。它恍如对华夏文明融汇改造外来文明的伟力做了一次载歌载舞的礼赞。

油画的民族化是中国油画家们的普遍情结，一个世纪的努力，从拿来主义，经体用论辩，到中国题材—西洋技法，再到中国题材—中国技法—中国韵味—中国诗情意境……一个充满艰辛也充满成就的轨迹，勾勒出中国艺术家的智慧的胸怀，说明中国油画家是一个大有希望的群体。

时值世纪末，对 20 世纪文化艺术进行回顾、检讨、总结或者重估，都是为前瞻设定一个更高也更坚实的视点，中国艺术已经无法不面对世界，无法不把本国的艺术运作放在世界文化的坐标上作为独立主动的一维去考虑。

传统艺术是现代人不可穷尽的思想资源和再创资源，这些资源最终能否转化为现实艺术的有机组成，在于现代人对于这些资源潜在的功能的运用程度，以民族传统的精髓的艺术语言去激活最富生命力的艺术语言，就是促成现代性转化的契机。

如果说历史是可以抹去旧迹而书写新字的羊皮纸，而文化却渗透着过去、现代和未来。如果说历史是一个不断解释而且被解释的螺旋体，是一种既连续又断裂的认识和反思，是传统积淀的变体，那么只有具有当代的视点，才能对历史的意义作重新解释。这样来看，历史既充满机遇，也充满新的可能性契机。历史上出现的一切，尤其艺术就更是如此，当代正是重新激活一切可用艺术资源，改造外来文明，升华本土文化，变弱势为强势的时代，我们不能错过历史的机遇和可能性契机。

中国传统绘画是否还具备"应对"现代性问题的能力和可能性？取决于中国传统美学的生命活力。中国美学来自天人合一且相关相照的凝聚，只要天（大自然）尚存，人尚在，中国美学的活力就会永存。时至今日，"天不变道亦不变"的古训早已进化为"天变道亦变"的时论。应变的能力是一个古老民族的本能和天性，也是东方文明上万年的延续不断的根由，面对逼近的后现代文化，中国艺术怎样前瞻？遥望天际，那分明的一道地平线难道就是大地的终端？不，只要往前走，那地平线就会退延到无限。

艺术不仅仅只是一种审美娱乐，还是人类一种近乎本能的精神需求，一种根本意义上的存在方式，一种人类生命活动辉煌灿烂的景观。

李秀实曾极度地写实，如今又极度地写意，而且畅快无比，另创一种通幽的曲径，犹如音乐多调性的重叠，既是传统的又是现代的，且富有生机勃勃的气象和无拘无束的情趣。然而，他的创作本身远没有他的创作指向所蕴含的潜在意义和引申意义更具有实践理性价值也是显然的。

人在旅途，道路在途中，愿李秀实踏破荆莽，走出一条大路来。

原载《美术》1997 年第 1 期

画家与绘画史研究

靳尚谊艺术传略

——为中国油画打基础的第三代学人

一、生于蔡 学于燕——北饮大泽——艺海苦旅

1. 故乡

靳尚谊，1934年11月10日生于河南省焦作市。焦作，位于太行山南麓，黄河之北，丘陵起伏，沟壑纵横，地势险要。古代属于诸侯国蔡，城西4公里即为周代的山阳城故址。周武王灭商后将其弟度封于蔡，称为蔡叔度。山阳有蔡城，或称蔡叔邑。蔡叔、管叔、霍叔为周初监殷的三监。后来，武王死，成王年幼，周公旦摄政，三兄弟不服，联合殷君武庚和东方夷族反叛，被周公放逐。秦代的长信侯曾经居住在这里。东汉后，曹丕灭汉为晋，封汉献帝于山阳城，山阳遂成为汉帝王最终销声匿迹之地。在历史上，这里曾经有过深厚的文化沉积。焦作原来只是个小镇，近代因为地下产煤，逐渐发展起来成为著名的煤炭工业城市。因此，山阳城应该是焦作2 000年前的前身。

靳尚谊在焦作度过童年，那正是如火如荼的抗日战争时期。1937年，日本人侵占了焦作，1940年，靳尚谊进入小学读书，日本人的奴化教育反而激发起师生们强烈的爱国主义情感。在小学读书期间，他对日语不感兴趣，对历史、地理、图画情有独钟，特别是对朝代变迁、重要历史事件、重要历史人物兴致颇浓；在图画课上表现出极好的天赋，比起其他学生来，他不但画得像，而且画得准。他兴致所致地临摹了好多历史故事和小说题材的连环画，画上的古代英雄侠士、人物肖像很受小同学们的喜爱。那时，他对自己未来的艺术生涯还茫然不知，而这一爱好却冥冥中为他一生的事业埋下了伏笔。当1983年靳尚谊重回故乡举办画展和讲学的时候，已是名满天下的大画家了。

靳尚谊祖上家境殷富，属于"大地主"吧，不然也不会握有焦作煤矿的股份。不过到他父辈，已经是江河日下，好景不再。1946年"土改"时被抄家、扫地出门。当时他们家占有的土地其实并不多，约20余亩（13 333平方米左右），有一座虽称不上豪华却很宽敞的宅院，因为地下挖煤在20世纪60年代也被拆掉了。命运注定了靳尚谊要背负新的希望去寻求第二故乡。

1946 年，靳尚谊的父亲靳允之先生去世。靳允之是北京大学的毕业生，原学法语，但喜爱中文。毕业后回到焦作老家任煤矿董事，后来又当过中学教员，此时的靳家已经家道中落。父亲的去世，对家庭来说无疑是失去了中流砥柱。1947 年，为让靳尚谊继续求学，母亲吴佩兰送他来到住在北平的外婆家。北平遂成为他的终生栖身之地。《山海经·海外北经》说："夸父与日逐走，入日。渴欲得饮，饮于河、渭。河、渭不足，北饮大泽。"靳尚谊也如"北饮大泽"的夸父一样开始了他的艺海苦旅。这一年他考上了私立九三中学，中学的美术老师是个女老师，姓张，毕业于北平国立艺专，不但画得好，还能歌善舞，她既教美术又教音乐，很受学生崇拜。由于美术老师对有绘画天赋的学生的青睐，靳尚谊也就很愿意上美术课。

历来家境贫寒者不敢奢望学习艺术，因为那大半是富家子弟的事。至于靳尚谊中学毕业后终于报考了美术院校，在当时是出乎所料的事。一来因为那几十年兵燹战火，民族多难，国家贫弱，年轻人当时多存实业救国的决心，认为学工学医才是正道。那时有顺口溜说："男学工，女学医，花花公子学文艺。"可见当时社会对艺术这一行评价不高。二来因为他们家在父亲谢世后，离乡背井，几经变故，生活并不宽裕，不可能上收费学校。可是后来知道恰恰是北平国立艺专既有公费，又有助学金，而且父亲生前的一个朋友和同学沈宝玑（艺专秘书长）还在那里教书，一个亲戚是该校的学生。真是天缘，就这样，在他们的鼓励下，他报了名。文化科目考试没大问题，而一向不知素描为何物的他，却是靠了临阵磨枪的一张石膏像的写生练习为基础，然后不无忐忑地走进考场去应试，没想到结果榜上有名。在考生中素描有 20 名是甲等，他是甲等倒数第一名。就这样，1949 年的金秋，靳尚谊踏进了赫赫有名的北平艺术专科学校的校园。从此，他的生活、他的命运发生了决定性的变化，他将在这里生活、工作、奋斗一生，开始他的艺术苦旅，这里成为他创造的基地，即渴饮的大泽。在这里，他创造出卓越的业绩，成就了他在中国油画界的地位及其在中国美术界的大名。

2. 北平艺术专科学校

靳尚谊考进的这所学校，是中国现代第一所国立高等艺术院校，1918 年 4 月创立于北京。起初，学校名为北京美术学校，第一任校长为郑锦，主要以培养美术师资、实用美术人才、提倡美育为办学目的，初设中等部及师范班。

1922 年，学校改名北京美术专门学校，招收中国画、西画、图案三系本科生，并停办中等部及师范班。1925 年 8 月，学校改名国立艺术专门学校，增设音乐、戏剧两个系，由刘伯昭任校长，翌年林风眠为校长。1927 年，学校并入北京大学，停办音乐、戏剧两个系，改称北京大学美术专门部，刘庄为部主任。

1928 年，学校改名北平大学艺术学院，设中国画、西画、实用美术、音乐、戏剧、建筑六系。1929 年 9 月，由蔡元培推荐，徐悲鸿受聘担任院长，并亲自聘请齐白石为该院教授。1930 年春，学校改名艺术职业专科学校，同年秋定名为艺术专科学校。

1934 年由严智开任校长，设绘画科（分中国画、西画组）；雕塑科（分雕刻、塑造组）；图工科（分图案、图工组）。1936 年，由赵畸任校长。翌年，抗日战争爆发，迁校于江西牯岭，1938 年，南京沦陷后，与杭州艺术专科学校合并迁湖南沅陵，改名国立艺术专科学校，由腾固任校长。翌年，南迁至昆明。

1941 年，学校迁至四川璧山，校长为吕凤子。1943 年迁校于重庆，校长为陈之佛。1945 年由潘天寿任校长。

抗日战争期间，学校南迁后，留在北平的该校部分师生仍沿用原校名办学。抗日战争胜利后，这一部分被改称为北平临时大学补习班第八分班，由邓以蛰为主任。1946 年 8 月 1 日，重建国立北平艺术专科学校，聘徐悲鸿任校长，设绘画、雕塑、图案、陶瓷、音乐五个专业。徐悲鸿到校后努力于该校教学改革，重视严格的基本功训练，规定素描为各系必修课程，倡导师法造化，描写人民生活，开辟中国画的新途，并为此与传统的观点展开了激烈的论争。该校历时 30 余年，数遇变故、六迁其址而坚持办学，为社会培养了大量美术人才。1950 年 4 月 1 日，与华北联合大学文艺学院美术系合并，并在此基础上建立了中央美术学院。原有的音乐系分离出来，成为中央音乐学院的组成部分。

3. 中央美术学院

中央美术学院，是中国美术领域的最高学府。这里集中着 20 世纪以来全国最著名的教授和绘画名家，有多位被尊称为大师级的人物。建院初期，为满足国家对美术人才的需求，着重培养能掌握造型能力的通材，专业只设绘画、图案、雕塑、陶瓷四系，学制三年。1950 年，杭州艺术专科学校成为中央美术学院华东分院，1958 年后，学校改称浙江美术学院，1994 年 3 月改称中国美术学院。1953 年，开始招五年制学生，1956 年将绘画系的油画、彩墨画、版画科扩建为系（原彩墨画系改称中国画系），将图案、陶瓷科与华东分院的实用美术系组建为实用美术系（1956 年后独立成中央工艺美术学院），各系学制均为五年。同年又建立了绘画研究所（后改称民族美术研究所，即现在的中国艺术研究院美术研究所前身）和附属中等美术学校。1956 年设美术史系。1961 年，在教学上实施了一些新的措施，在中国画系实行人物画、山水画、花鸟画分科教学。油画系、版画系实行画室制，油画系吴作人、董希文、罗工柳，版画系李桦、古元、黄永玉等人都曾领衔主持过画室的教学工作。1955 年，学校聘请苏联画家马克西莫夫来院举办油画训练班，其教学方法在当时及稍后一段时间影响颇大。"文革"期间，正常的教学秩序遭到破坏，学院处于瘫痪状态，并曾一度被划入当时成立的"中央五七艺术大学"，1977 年恢复现名，1978 年开始重新招收本科生和研究生。1981 年增设连环画、年画系（后改为民间美术系，现为民间美术研究室）和壁画研究室（现改为壁画系）。同年，油画系、版画系恢复画室制，版画系设立石版、铜版、木刻和丝网四个工作室。该院现设油画、中国画、版画、雕塑、美术史、民间美术、壁画七个系，为学士、硕士、博士学位授予单位。学制本科四年（雕塑系五年）、研究生两年至三年，同时还招收一定数量的进修生、专科生和外国留学生。历任院长有徐悲鸿、江丰、吴作人、古元、靳尚谊、潘公凯。

4. 与徐悲鸿的接触

徐悲鸿曾是中央美院的艺术灵魂，是中国美术界的一面旗帜，他的教育思想、他的美学主张，乃至他的创造精神影响了一个世纪。从 1946 年到 1953 年病逝，他筚路蓝缕领导着这个学院的草创与开拓。若从他受聘美院的前身北京大学艺术学院院长算起，他与这个学校竟有四分之一世纪的渊源。靳尚谊读本科的时候，正值徐先生晚年多病之秋，他已很少能亲自上课。在靳尚谊的记忆里，只听过徐先生在操场上给全校师生讲的一次美术史课，但他对学生学习的关心和教诲使靳尚谊终生难忘。还有一次直接的接触，就是班里的素描课评定分数。每次素描作业完成后，都是先由班上评分，再由课代表尚沪生按成绩顺序排出，摆在教室里，然后再由老师审阅。靳尚谊的作业经常被选在前头，有一次徐院长来到教室，同学们簇拥在他周围，等待他批评。他认真地审视了一遍，只见他顺手把靳尚谊的素描拿到中间去，把金宝升那张原来是排在中间位置的排到他前面。靳尚谊当时受到的震动很大，可是过后想来，徐院长虽然一句话没讲，对照一下他调换的两张素描即可以看出，徐悲鸿对素描的要求重在整体性、大关系、大效果、大块面，要有绘画性和艺术性，重在绘画的味道，即生动的气韵。他向学生提出"宁方勿圆，宁拙勿巧，宁脏勿洁"的要求，而靳尚谊的那张画细致、准确有加，生动不足。

徐悲鸿一生画素描 2 000 余件，可见他在艺术上的成功在很大程度上得益于素描。故在他的教学体系中，素描成为一切造型艺术的基础。他在素描教学中要求学生眯缝起眼睛看对象，首先看整体，看主要的东西。作画时要求突出主体，次要的东西要依次减弱，以至消失。徐悲鸿善于分析一个整体中几个变形的平面，也善于归纳几个变形的平面于一个形，使他塑造的形体达到整体与局部统一。远看醒目、惊人，近看明确、具体、耐人寻味。同时他提倡写实主义，将其作为补救中国绘画衰落的重要手段，这是他观乎国情、立足于实践的产物。1932 年，他在《画苑·序》提出"新七法"，即位置得宜，比例准确，黑白分明，动作或姿态天然，轻重和谐，性格毕现，传神阿堵。这虽不是单就素描而言，却也应该是画好素描的标准，也是他提倡"尽精微，致广大"的注脚。徐悲鸿爱才如渴，亲自培养了一批有成就的美术家，如吴作人、艾中信、韦其美、侯一民、李天祥、靳尚谊、詹建俊等。当时，徐悲鸿不曾想到继他之后，他的学生中又有二人同他一样成为中央美院院长和中国美术家协会主席，那就是吴作人和靳尚谊。

与徐先生唯一的一次接触对靳尚谊影响至深，他由此总结出当时自己素描的缺点在于：虽画得准，注意了形似问题，但很容易死；画得细，也就容易腻，缺乏灵气往来。那一次，金宝生的确画得生动、概括、块面整体感强。靳尚谊善于发现别人的长处，发现自己的不足，谦虚谨慎是他日后大成的性格原因之一。

5. 名师高徒

除了徐悲鸿以外，教授过靳尚谊的先生还有孙宗慰、李瑞年、戴泽、李宗津、董希文等。靳尚谊是中央美院建院后的第一批本科生。在此之前，他在国立艺专已经有一年的学历。他的素描启蒙老师孙宗慰（1912—1979），毕业于中央大学艺术系，也是徐悲鸿的学生。孙擅长油画，亦作中国画，并对石窟艺术有浓厚兴趣。油画多作风景、静物和人物肖像，画风朴厚写实，传世作品有《塞上行》等。其教学的认真态度曾让靳尚谊深深感怀。

继其后，是李瑞年和戴泽。那时班上还可以看到徐悲鸿、吴作人先生的素描作品，但不多。两年时间，靳尚谊画了约80张素描。1951年，美院实行了一年多素描"民族化"的教学实验，结果并不成功。由于体积感画不出来，只好又恢复原来的强调明暗和体积感的素描教学，要求轮廓准确，有空间感、质感、量感、光感及"三大面五调子"。

二年级的素描教师是李宗津，他是个很受同学喜欢的画家。同年，见到留苏同学寄回来的苏联学生们画的素描，精妙生动，所以中央美院决定以后就学习他们的办法，改用铅笔画素描了，这样就比原来用木炭画精细了许多。

三年级的素描老师是董希文。董希文（1914—1973）曾从林风眠、常书鸿学油画，临摹、研究过敦煌壁画。油画强调固有色，减弱条件色，吸收传统壁画手法，富有装饰风。恰是他开始教靳尚谊的这一年完成了《开国大典》的创作。他的《开国大典》《春到西藏》影响很大。无论教学还是创作，都表现了他深厚的学识和修养。他的画吸收了中国传统绘画和壁画的因素，也吸收了西方古典绘画、印象派和现代主义的因素，从而形成了自己独特的风格。他的艺术成就对学生的影响自然很深。靳尚谊成为研究生时，教他素描的指导老师依然是董希文。这样一本，从本科生到研究生，靳尚谊先后跟随董希文学习了3年，而董先生的《开国大典》由于特殊的原因后来在靳尚谊的笔下重新改画过二次。这也是师生之缘吧，此乃后话。

6. 红五月创作运动与采风

美院的构图课改为创作课，在于锤炼学生的创造能力。于是，1950年5月要求全校学生都要创作，并要反映生活，反映时代，强调主题性、重大题材及政治意义。受董希文老师那幅《开国大典》的启发，靳尚谊也试着画一幅《开国大典》，他画的是升旗和乐队吹奏的场面，画出来像是宣传画，结果没有成功。当时教创作课的老师不少，有李琦、林岗、冯真、伍必端，他们都有在解放区搞创作的经验，可其创作形式不外乎年画、连环画和宣传画。接着，二年级由版画家李桦教连环画，他对创作规律、创作方法很有研究。在他指导下，靳尚谊成功地画出了一套反映"三反""五反"运动的连环画，这算是红五月的收获吧！

接着，下工厂、去农村体验生活，可算是那个时代美院学生艺术实践的流行方式，也是学生接触社会的好机会，学生们一般都因环境新鲜而感到兴奋。在浦镇火车机车厂体验生活，在天津马厂的物资交流展览会布展，去石景山发电厂劳动，到太行山农村画速写——这些点点滴滴的积累一方面加深了对社会的认识，同时也为日后的创作准备了素材。采风与酿蜜渐渐挂起钩来。

也就在第二课堂的实践中，靳尚谊画了两幅画，一幅是油画，另一幅是年画。那油画是他当时为机车厂画的毛泽东主席肖像，作为美院送给工厂的实习纪念。那是他画的第一张油画肖像，他尽管还没学过油画，却很想过把瘾。于是就和高班的靳之林同学一起顺利绘制完成了。因为素描功底扎实，造型准确，足可传神，但色彩不行，这应该是靳尚谊日后成为一个杰出油画家的牛刀初试，尽管它还不能算是创作。

靳尚谊真正踏上创造之路始于本科毕业创作，那是一幅情节性绘画，画的题目是《互助组来帮忙》，他自己觉得形象塑造还可以，尤其是画中一个淳朴的农民的确是形神兼备，因为毕竟先后画了5年的素描，但他感到如何处理情节实在不易。可以看出，一开始他似乎在潜意识里就不大喜欢情节性绘画，所以这类画作在他一生的作品中所占比重也极少。

7. 研究生班·油画训练班·马克西莫夫

研究生由本科毕业生直接选定预留，是中华人民共和国成立初期考试制度不健全的暂行办法。1953年美院留校做研究生的除了靳尚谊外，还有詹建俊、蔡亮、汪志杰、葛维墨、庞涛、刘勃舒、赵有萍、邵晶坤等十几人。

在此期间，最值得一书的是靳尚谊第一次见到欧洲油画"原作"（后来知道有些只是临品）。1954年在北京举办的"苏联经济文化成就展览会"上展出了苏联画家的美术作品，主要有约干松的《在老乌拉尔工厂》、拉克吉扬诺夫的《前线来信》，还有马克西莫夫的《铁尔皮果列夫院士像》等，当时由于历史的无奈，国内艺术界基本处于封闭状态，开向苏联的窗口几乎是唯一的对外窗口。虽说俄罗斯绘画是整个西方绘画的一个组成部分，但也只是19世纪法国学院派和印象派的一个支流而非本源。他们最优秀的画家同西欧大师相比，也是难望其项背的。尽管如此，看到这样一个展览，学生们自然还是觉得大开眼界。展览期间，大家争先恐后去临画。靳尚谊选择了马克西莫夫那幅穿白衣服的《铁尔皮果列夫院士像》，显然，他喜欢那幅画的雅洁洗练，它给日后靳尚谊的油画生涯产生了微妙的影响。如今这幅临摹的画已是美院陈列馆收藏中很有历史意义的藏品了。事有凑巧，画过《铁尔皮果列夫院士像》的马克西莫夫后来竟被请到中央美院油画训练班，成了靳尚谊的老师。

美院油画训练班在当时相当于油画博士生班，因为招收的是大学的青年教师和创作人员，研究生毕业的较多。油画训练班是为我国高等美术院校培养师资和提高油画创作人才的水平而开设的，它为美院50年代中期油画系的建立打下了基础，聘请苏联教师则在于能够较为直接地让学生了解西方的造型体系、色彩体系和创作方法。

马克西莫夫是当时苏联著名油画家、肖像画家，苏里科夫美术学院的教授，画过一系列科学家的肖像，他继承了俄罗斯优良的绘画传统，他的教学自然也不乏西方油画教学体系的严谨。无论徐悲鸿、马克西莫夫或契斯恰科夫讲述的实际上都是西方造型艺术的基本原理——不但要讲人体的透视面组成，而且要体现出结构。马克西莫夫常给学生们改画，靳尚谊从马克西莫夫的改画中悟出要从本质、从内在的结构来画明暗，分块面。颜色要吃进去，肌肉骨骼都联结起来，才能画得结实。

在色彩上，马克西莫夫教的单色油画解决了从素描到油画的过渡问题，再就是画写生，包括室内肖像、人体还有阳光作业，主要研究光对色彩的作用。西方色彩体系要求色彩的真实，它通过光呈现出色彩感觉，这是西方从古典主义时期到19世纪以至印象派形成的一种独特的注重光源色即条件色的色彩体系。在一个统一的光源下，各种颜色形成一种调子，把握不同色彩之间的关系，使之达到统一，就能使色调体现一种和谐的美。油画训练班的教学教会了靳尚谊如何认识和观察色彩，如何改变传统的色彩观念。

油训班的创作课有两个内容，一是油画人物肖像，二是毕业创作。靳尚谊选择了周总理在万隆会议上讲话的题材，画成了一幅肖像画《在和平讲台上》。这是他第一张进行油画创作，自然画得很吃力，也比较粗糙，他自己不太满意。

毕业创作要求情节性绘画，起先他选择了毛主席视察黄河和农民谈话了解河道情况的情景，背景是黄河和黄土高原的群山，几经反复，终不理想，最终还是被马克西莫夫否了。《登上慕士塔格峰》是靳尚谊仓促间选定的毕业创作题材。通过这幅情节性绘画的创作，使初涉油画创作的画家了解了现实主义创作的标准和要求，同时也掌握了油画艺术的特点——不但要完成人物环境的写生，还要处理好色彩关系、空间关系，把人物组织在一起，把人物和环境协调在一起，使之浑然一体，并和谐、自然、生动，有氛围，有意境。

1957年夏，油训班毕业展览开幕，这是国内第一次大规模的现实主义风格的油画创作展览，出版了画册，朱德委员长来美院参观了展览。很多作品印成了单幅画，其中包括靳尚谊的《登上慕士塔格峰》。这在当时整个国家的文化生活中是很轰动的一件事，也因为它是中国众多青年油画家的第一次集体亮相，无疑在中国油画史上具有特殊的意义和影响。

8. 气贯古今淡然成

靳尚谊的毕业创作尽管得到马克西莫夫的期许，他也给靳尚谊改画过画面的山石。而他自己并不满意，他感到有些力不从心。尤其董希文先生在画展上的一句话如醍醐灌顶："你这张画气不贯。"董先生的批评切中肯綮，这张画造型、色彩以及画面处理、人物之间的关系、神采呼应不十分和谐统一，内在的张力不强。没想到，日后他为这句话有意识或无意识地奋斗了 30 年，方使画面气韵贯通。中国艺术很讲究气，不论美术还是文学。至于什么是气？宇宙间许多事是言之所不能论，意之所不能察致的。因为它难于用简单的语言说明白，只能在画面去慢慢寻索。美学家说，艺术家主观的气经过物态化的创作过程，凝结在艺术形象中，就成为艺术作品的重要审美内容。纵观靳尚谊现在的艺术风格，如书法《兰亭序》的风采，志气平和，不激不厉，大美不言。这种蕴含于艺术作品中的气，是作品美感力量的本源。曹丕说："文以气为主。"唐代李德裕《文章论》说："气不可不贯，不贯则虽有美词丽藻如编珠缀玉，不得为全璞之宝矣。"强调文章内容充实，气势连贯。气，文章的气势，气象，也指作家的精神力量。强调文章内容不但要充实，气势还要连贯。否则，就像散在的珠玉不能成为一件完美的艺术品。韩愈又将其比喻作水："气，水也，言，浮物也，水大而物之浮者大小毕浮。气之与言犹是也，气盛则言之短长与声之高下皆宜。"（《答李翊书》）他们虽然说的是文气，应该对绘画也有参考意义。苏辙说："文者气之所形。"他们说的"气"指的是艺术家的主观审美心理因素。而董希文所说的"气"是指整个画面的结构、人物之间的关系、景物的安排、画面的统一是否产生了一种气势、一种张力，是否贯穿着内在的和谐。

20 世纪 80 年代中期，靳尚谊的创作已经进入成熟阶段，他的一系列作品给美术界带起了一股清新的画风。他对理想美的追求代表着中国油画的自觉，代表着油画界对艺术本体和审美意识的体认，他与时俱进，永不疲倦地向古今求索，方使作品面貌"苟日新，日日新"。

当诸如《塔吉克新娘》《青年歌手》《蓝衣少女》《果实》《高原情》等作品出现在画坛后，顿时引起强烈的反响。一个观者对靳尚谊说："你的画气很贯通，气韵很足。"言者无心，听者有意，这普通的一句话对靳尚谊来说感触良深。只可惜董希文先生早逝，若先生健在，看到靳尚谊如今的绘画也会欣慰地作如上的评说。想起当年对《登上慕士塔格峰》毕业创作的批评"你的这张画气不贯"言犹在耳，他没忘这句话，回首走过的路，为了董先生的教诲，从"气不贯"到"气韵贯通"，他竟然奋斗拼搏了30 年，方气贯古今淡然成，载入画史，可谓画坛一段佳话。若中国画家都有这种精神，当使世界刮目相看。

9. 结缡杨淑卿

1955 年，靳尚谊研究生毕业，进了油画训练班。这一年，有个比他低一届的雕塑系的同学杨淑卿走进了他的生活视野。杨淑卿，祖籍台湾，1948 年随父亲来上海。其父杨树荫，后来成为上海颇有影响的整形外科医生，一直在上海行医，直到"文革"前去世。生有 7 个子女，杨淑卿为长女，人很贞静、朴实、善良，喜欢绘画，考入美院后，她们那一届报雕塑专业的女生少，她被动员去学雕塑。毕业后留校在雕塑艺术创作室工作，后来那里改叫雕塑工厂。人们记得 1963 年有一家大报发表了杨淑卿的作品《夏》，是一个农村姑娘扛着一把锄头站在田野上的形象，位置在王朝闻的文章的中间，很引人注目。她在雕塑方面的代表作有《夏》和《姐妹》。《姐妹》表现的是其同在台湾分别几十年的二妹相见的情景，小中见大，很有象征意味。

1957 年，他们工作之后才结婚，我曾追问靳先生他和夫人杨淑卿年轻时候的逸事，他坦然说并没什么浪漫曲折故事，只是同学间经常相见，比较谈得来，开始亲密接触，恋爱起来。结婚后，相互支持，生活平静，波澜不兴。他们相互热爱彼此的专业，也在各自的艺术中能看到对方的影子，一个在三维空间塑造实体，另一个在二维空间塑造三维幻象。靳尚谊说他从夫人那里学到很多东西，因为对雕塑的认识和理解对于油画造型很有意义。他们是个互补互励的艺术之家，十几年前我介绍电影演员林芳兵去他家里，请靳先生为其画像时，杨老师也搬个凳子陪着画，那时就给我留下了深深的印象——好一幅琴瑟和鸣、妇随夫唱图！

1975 年，靳尚谊为夫人画了一幅肖像，发表时叫作《雕塑家杨淑卿》，这大概是她为先生做模特的作品发表出来的唯一的一次，也或许是靳先生从来不重复自己、也很少有时间画一个人的缘故吧。画中的她神态端凝，落落大方，眼神与嘴角有一丝隐隐的冷峻，又掩不住一个艺术家的激情，柔中有刚，属于内慧外秀的形象。衣饰简洁，体现了人物性格的洒脱，素朴。可以看出，靳先生是蘸着激情的色彩在描绘夫人。

二、成于京

1. 执教版画系

从 1957 年到 1962 年，靳尚谊在版画系教了 5 年素描，直到送走 57 届本科毕业生。执教期间，他将在油画训练班提高的眼界、提高的认识、获得的新道理拿来付诸实践，教出了一批在版画界成绩斐然的画家，如郑爽、何韵兰、谭权书、尹国光、阎祝石、姚振寰、曹文汉等。在教书的同时，他进一步进修，画了大量头像和人体习作，解决了结构与画面的关系问题、"画形不画颜色"的问题——如何把深浅、明暗的颜色转化为形与形体，表现在素描上尽量涂得少一点，强化用线表现结构的能力。线不只是勾画轮廓，而是和体积、空间结合，去其浮在表面不能深刻表现形体结构的纯色彩，使其更简洁、更本质。他的努力在那时所画的人体和 1963 年在渭南的头像写生已经逐渐体现出来，不但简洁、明快，还丰富、有体积、有厚度、有空间感。

美院的教学和创作总是双轨进行。1959 年，靳尚谊接受了为中国革命博物馆创作历史画的任务，题材是红军在第五次反围剿失败后被迫做战略转移的历史事件，定名为《送别》。画面是黎明时分红军队伍由武阳镇出发跨越武阳河的情景：军民正依依惜别，天色阴沉，气氛肃穆、悲壮，令人想起杜甫的《兵车行》和那首江西民歌《十送红军》，其意境、情调颇为一致，应该说《送别》达到了预期的效果，是成功的。这幅很见功力的大画，本来要在1959年7月1日开馆时展出，不料没有通过审查。靳尚谊和罗工柳等人的一批画也被定为"黑画"，展览暂停，原定国庆十周年开馆的中国革命博物馆也没开成，那些历史画自然就此被封杀。只是到了1967年上半年，有人想办一个"黑画展"，《送别》作为"黑画"展出过一次，之后就再也不知其下落了。

《送别》夭折后，1960年他和伍必端合作画了一幅很时尚的画，内容是毛主席接见亚非拉朋友，是一幅装饰风的水粉画，流传较广，影响较大。接着，他又受委托参与历史画《十二月会议》的创作，内容是1947年转战陕北时在米脂杨家沟召开的会议上，毛泽东作《目前形势和我们的任务》报告的情景。人物设计为举臂挥进，既符合毛泽东的神态、性情，也体现了那个时代和会议的氛围，王朝闻评价这幅画时说："形象处理、时代感、气氛都很好。"他自己却觉得造型处理上还有好多生涩、不成熟的地方。

《毛主席在十二月会议上》的意义，对靳尚谊来说最大收获在于对肖像画的认识、心得和体会，即肖像画除了要求酷似外，人物的个性、精神状态要鲜明传神；构图要洗练有力，画面应该符合造型美的要求，背景要为整体形象服务。艺术语言要简练、朴素，富有表现力。总之，这次肖像画的选择对他未来的艺术道路的走向产生了重要影响。

2. 吴作人工作室

在美院，不同的工作室代表着教授风格、流派的不同和教学方法、特点与倾向的差异。1962年，靳尚谊由版画系调入油画系吴作人工作室，这个工作室里除了吴作人、艾中信外，还有韦其美、戴泽及刚毕业留校的潘世勋和王征骅。该工作室以吴作人、艾中信为代表，继承了北欧比利时油画传统格调，体现的是抒情油画风格——淡雅、和谐。色彩灰灰的，清幽典雅，很适合靳尚谊的审美趣味，同他的画风也很接近。

这期间，靳尚谊开始创作《踏遍青山》（后名《长征》）。该画是借助毛泽东的一首《清平乐》词（"东方欲晓，莫道君行早。踏遍青山人未老，风景这边独好……"）来表现一种精神的。为此，1963年他曾到井冈山体验生活，搜集资料，画了一些写生。这幅画于1964年完成，距离毛泽东写作《清平乐》恰值30周年。1934年，正是革命低潮期，作品深刻地表现了领袖人物坚定、沉着、对胜利充满信心的英雄本色。为了突出人物，画面压低视平线，身穿灰色军服的毛泽东刚从山坡小路走上山头，背景是辽阔的天空，乌云密布，动荡而深远，很成功地表达了时代氛围和诗的境界。《踏遍青山》完成后在"第三届全国美展"展出，以显著的位置挂在中国美术馆圆厅，好评如潮。好多杂志原准备发表，最后除两家报刊外，都没能发表，据说是因为作品的情调有点低沉云云。

3. 从政治性绘画淡出

政治是个变数——正确的与错误的，进步的与落后的，革命的与反动的——它虽然与艺术同属于一定经济基础的上层建筑，因为艺术的本质属性是审美，它不像政治那样涉及人与人之间直接的利害关系，所以它是更高地悬浮于经济基础之上的意识形态，它具有自身独立的稳定性。政治不能决定艺术，因为一种意识形态不能决定另一种意识形态，它充其量只是众多中介中的一个。因此，政治要求艺术成为单纯为其服务的工具是不正常的，是违背逻辑的，是历史唯心主义的观点。一种艺术如果在其时代的经济基础中有着深刻的根源和力量，则是任何一种政治也不能将其消灭的。这样一条马克思主义的道理，几经历史的曲折才被人理解接受，甚至付出了血的代价。

靳尚谊和他的同时代人迫于形势，为一时的政治倾向服务的作品大部分被掩埋在政治的断层中。而长期的艺术实践，尤其是进入改革开放的转型期，他在艺术观念上逐渐成熟，他在艺术上发现了什么最适合自身的条件和特点，并开始能够把握自己，走向了艺术的自觉。他终于找到了适合自己素质和特点的艺术语言。他的肖像画无疑也确立了他在中国油画界乃至世界油画界的历史地位。他说："我之所以画肖像画，完全是听其自然的发展，对于各式各样的人，我很喜欢。人是社会的中心，人的形象变幻莫测，其味无穷，特别是人本身形象和造型上的特点，既单纯又丰富，表现起来难度非常之大，但又最富有表现力，我把自己在艺术上的追求集中在肖像画这一小范围上，有助于自己的深入研究。也可以说把现实生活复杂的东西进行浓缩，这样我觉得我的能力能够做到。在创作中我不是有意识地去表现时代，但我忠于对象，我感兴趣的是人本身所体现的精神风貌，也许后人看起来有些时代特点，这也不是有意制造的，而是一种自然的流露。"应该说他的艺术境界和思想境界之高，虚怀若谷之彻底，可谓空谷独步。他在肖像画各个阶段与风格变化的代表作有《归侨》《黄永玉》《塔吉克新娘》《瞿秋白》《孙中山》《老桥东望》《医生》《詹建俊》《黄宾虹》《髡残》，在人体画方面的代表作有《自然的歌》《双人体》《侧光人体》等。

4. 红潮与红海洋

红潮，是海洋中生态失衡造成的环境污染。"文革"中的红海洋带给画家的劫难之一是眼睛对色彩感觉的失调，是对眼睛的污染。当时，在全国美术作品或宣传品中都是一片红彤彤，那地地道道的红海洋令"全国山河一片红"，不但东方红，还要红遍全世界。这种违反艺术规律的唯心主义与形式主义成为一种难以逆转的潮流统治着艺术界。文艺领导者、工宣队、军宣队都要求毛主席像脸上不能有冷颜色，所以全部毛主席像都画得红彤彤的，以象征红太阳之意。在长达十年的时间里，靳尚谊画了大量的毛主席头像、全身像、标准像，创作过《东方红》《毛主席在井冈山》等等。面部主要用土红、橘黄、朱红等颜色画。长此以往，眼睛看土黄在画面上是绿的感觉了。色彩感觉的偏差对画家来说几乎是灾难性的，致使他后来在创作中画了好多颜色而没有颜色。在被色彩的苦恼困绕多年之后，他才从红海洋的沉没中慢慢恢复过来，从此他开始走向平民主义与平民审美。

直到1979年，靳尚谊的眼睛方基本恢复，这在他那时画的《小提琴手》可以看出。从1978年起，美院招进几个形象和气质不错的模特，那个扮作小提琴手的模特就是其中之最。模特的形体对写实主义的油画来说，至多也只不过是为造型训练和艺术的巩固而设的，或者更确切地说，是稍纵即逝的印象的范本。德拉克洛瓦认为模特"服从艺术家想象力的使唤"，被采用的是一些独自的有特征性的细节。因为这些细节，即使靠最丰富的想象力和最可靠的记忆也不可能再现，这些细节将和艺术家的想象力所创造的东西融合在一起。《小提琴手》人物刻画细致深入，整个情调、人的精神状态含蓄而生动，在当时是少见的。因为"文革"以前的画风，包括20世纪五六十年代，中国基本上接受的是印象派前后的油画，以笔触来塑造写意性作品，笔触粗放，多给人"噼里啪啦"的感觉。之所以如此，是因为在技法和色彩上缺乏深入的研究，还不曾真正把握油画的真谛，就匆匆忙忙投入创作，所以，画面难以经得起推敲。

5. 作品的命运

《登上慕士塔格峰》因为画是表现中苏混合登山队的，在中苏交恶期间，陈列馆认为再保存它不合适，工作人员就把画拆下来，折了折还给作者。因为经过折叠，画上颜色脱落得体无完肤，此画就此被毁。

《送别》是1959年完成的大画（170 cm×300 cm），因被视为"黑画"，"文革"中"黑画"展览组织者从革命博物馆仓库借出露过一面后，多年不知去向，现从旧仓库发现，已修复。

《我们的朋友遍天下》转化为油画后由美术馆收藏。

《十二月会议》同一内容，画过两张画。一张是毛泽东同志的肖像，藏于革博；另一张是《毛主席作"目前形势和我们的任务"的报告》，藏于军博。《美术》《解放军画报》等诸多杂志发表并作了介绍。

《长征》（《踏遍青山》）各地巡展完已是1966年"文革"开始之时，美协把画"卷巴卷巴"送回油画系，那时候人命危浅，谁还管一张画呢！至今已渺如飞鸿。

《要把"文化大革命"进行到底》由侯一民、靳尚谊、罗工柳、詹建俊、邓澍、袁浩、杨林桂等人集体创作于1972年，由于其所反映的内容——政治事件被历史彻底否定，这幅画的存在价值也仅仅具有史料意义而已。

可以看，如上作品都被赋予了强烈的政治色彩。

《小提琴手》在多次展出后，1981年去香港展览时未经作者同意而被卖到新加坡。

《蓝的少女》与《小提琴手》也遭受了同样的命运。

从此以后，画家自己开始能够把握作品的命运。

6. 指导 78 届油画研究班

78 届油画研究班是"文革"后第一次招收进来的学生，这一年各系考取的研究生们是十几年沉积下来的青年才俊。他们有多年的社会生活阅历和艺术实践，这个班是靳尚谊、侯一民和林岗一起带的。学校当年学术气氛非常浓厚，因为打倒"四人帮"，人们有获得第二次解放的感觉。两年的研究生学习很紧张，整个毕业创作大家一起来指导。除了陈丹青外，基本都是在美院画的，陈是去西藏完成的，因为以前他在西藏待过较长时间，对西藏的社会和生活很熟悉，他考美院前创作的《泪洒丰收田》曾代表西藏自治区参加过全国美展，影响很好。考入美院后进步很快，才气洋溢，他的《西藏组画》在中国油画史上具有重要意义，它改变了历来画重大事件的模式。当时，他先带着画到南京给人们看，心里几乎是战战兢兢，因为几十年来没有人这样画过，果然人家说那不是创作。随后，他又提心吊胆地拿到北京给老师和同学看，没想到却引起了轰动。他无意中给几十年来陷入思维定式和观念偏狭的画坛一种震撼，他以新的角度、新的眼光表现西藏，朴素而深刻。他创作的《进城》《康巴汉子》等作品，应该属于现实主义中最朴素的一种，作为毕业创作几乎没做什么调整就通过了。

其他如孙景波的《景颇姑娘》、张颂南的三联画、汤沐黎的《霸王别姬》都还不错。虽然也有的作品相比之下弱了些，但整个 78 届油画研究班毕业创作展出后影响很大，原因是第一次有不同风格、题材和主题在国内出现，文艺创作的转型在美术领域又一次先行。詹建俊说："相当一个时期以来，我们的油画作品最大的毛病是千篇一律，好像是一个人画的，一个样子，一种风格。"那长期笼罩着画坛的题材决定论、政治性的光环悄然淡出。

中国画研究班的毕业展也同样引起轰动，王迎春、杨力舟、刘大为等青年画家和优秀作品脱颖而出。春气变而百草生，中央美院 78 届研究班一系列毕业作品展迎来的是一个预示艺术自由和繁荣的春天。

三、悟于欧美（转型期）

1. 初识北欧画风

1979 年 9 月，靳尚谊随中国美术教育考察团访问西德。这是他第一次走出国门，走出封闭。代表团走访了波恩、西柏林、科隆、汉堡、慕尼黑、法兰克福、杜塞尔多夫、纽伦堡等城市的艺术院校和博物馆，这次考察对他日后领导中央美院的教学改革及其艺术创作产生了深远的影响。

在西德，靳尚谊第一次看到欧洲油画原作，除了德国的作品外，他还看到了意大利、法国和欧洲其他国家的油画原作，如波提切利、伦勃朗、鲁本斯、凡·戴克等人的作品，以及尼德兰、佛兰德斯画派的作品。其中伦勃朗、维米尔及其同代人的绘画给他留下深刻印象，他们所达到的高度几乎在一条水平线上，像喜马拉雅山的群峰。可是伦勃朗所独到的那一点却是其他人无法企及的，就是那一点成就了他在艺术星空的珠穆朗玛的地位。除了泼辣豪放之外，伦勃朗对艺术的洞察精微独到，非别人所能及。朦胧的边线像聚光一样照在主要人物形象的脸上，物象又浑然一体，"像鱼在水中游弋的感觉"，好神秘！从其画面可以悟出他能敏锐地体会到日光与阴暗苦苦挣扎、暮色微薄的残光，滞留着不肯离去，战栗的反光执着地想要逗留在发光的物体上却不可能；他却能够紧紧抓住这种微妙的矛盾现象之半明半暗，模模糊糊；肉眼看不见的东西在他的画面上，好像从黑暗中走出，遇到强烈的光线，顿时使人目眩神迷。他在没有生命的世界中发现完整而表情丰富的话剧，使人得到无可名状的振奋，伦勃朗是他那个时代描绘聚光效果的圣手。于是，世界选择了伦勃朗，他成为光照千古的人物，而其他的高手却被时代淹没在遗忘之中。靳尚谊发现，伦勃朗的作品比印象派的色彩还要强烈，用笔老到、苍劲又奔放。伦勃朗用透明画法，他用纯颜色一遍一遍往上染，使其和底层的颜色结合，柔和含蓄，又很强烈。在透明画法中使用冷色调由他开始，所以他的画面有宝石一般的光彩，鲜明、响亮、悦目、耐看。面对伦勃朗，印象派的一些作品在色彩上反显得黯然失色。

另外，这次访问使靳尚谊的艺术趣味发生了嬗变——对古典作品及风格发生兴趣，原因是原作的魅力扫荡了印刷品产生的错觉。向往古典从此开始，从真正认识伦勃朗开始。

2. 装饰风的探索

靳尚谊的画风在悄然变化，从他访德回来之后画的《归侨》《求索》《思》《画家黄永玉》《雕塑家》等一系列肖像画可以看出他在走向个人新风格的探寻——觅求一种前所未有的格调：一是他破釜沉舟地向肖像画题材锁定创作途径；再是他力求在中国传统艺术以线为主的装饰风格与古典油画风格中找到契合点，使之融合一起。《归侨》大胆地用永乐宫壁画作为背景；《画家黄永玉》以黄的代表作荷花图作为背景；《雕塑家》以一个中国古代的浮雕作为背景。这些画都用平光处理，减弱了明暗，突出了轮廓和线的作用，人物同背景很协调，都具有鲜明的、统一的、单纯的像董希文的《开国大典》的装饰风，又像安格尔的作品格调。这批画在不同的展览会上展出后，画界掀起不小的波澜，人们说，靳尚谊的新画风出现了。

批评家赞赏拉斐尔的素描、鲁本斯的色彩和伦勃朗的明暗——德拉可洛瓦曾激动地说："不！一千个不，实在并非如此！"因为有时单凭线条的和谐，也能反映艺术家的心灵。好多成功的构思断送在只能部分掌握自己构思的、平庸的画家手里，往往因为他们的功力不到家，而显得力不从心，缺乏表达力。19世纪的惠斯勒以极大的热情向往东方艺术的线条的运用："美术不但是叙事诗，更应该是奏出音乐；应该以线条为节拍，运用色彩以求和谐。"

靳尚谊从色彩的和谐到用线的和谐，把二者的表现力凝聚在一起，初步奠定了个性风格的走向。

3. 美国之行

1981 年，应夫人杨淑卿的表妹之邀，靳尚谊偕同夫人去美国探亲，并在那里滞留一年。除在距离纽约、波士顿和华盛顿很近的东部康州小城斯丹弗居住外，还在西部的旧金山住过几个月。

美国在艺术上是个收藏大国，以欧洲老大自居的法兰西人常瞧不起美国人，认为人家没有文化，那主要是鄙薄美国的历史太短。然而文化不单纯取决于某一种标准，文化传统根底浅者，经过努力，可以成为最富有文化的国家；而那些文化传统深厚者，弄不好也往往成为文化上的破落户。美国可谓文化上的暴发户，其国策网络了世界各国的精英，重视教育，重视人才，重视创造，使其成为现代科技文化最先进、最发达的国家，也是最有包容性的国家，而且在人类文化遗产的收藏方面也成为最富有的国家，五大洲从古到今的艺术品它几乎都有收藏。靳尚谊在那里比较全面地研究了欧洲从古代、中世纪、文艺复兴、印象派到现代油画的演变过程，尤其是各个时期主要画家的一流作品的鉴赏研究，改变了他以前的艺术观念，对古典主义有了更全面的认识，发生了更大的兴趣。靳尚谊感到古典作品的惊人魅力是印象派无法相比的。古典作品之所以让人感觉强烈，比如丢勒和安格尔的作品，细腻精微而又简洁、概括，不啰唆，色调单纯，像衣服、皮肤等相互几个大关系、几大块颜色结合得好，有简单的冷暖，画面强烈。这促成了他在美国再觅古典的热切愿望。比如安格尔，他以简洁而富有表现力的线条，发展了理想化个性强烈的形体，走出了学院派的传统，为禁欲主义的新古典理想注入了直观的、优雅的特质，流露出亲切的人性味道。另外，安格尔废弃了洛可可艺术惯用的以土红和赭色打底的画法，采用了淡底色，保证了画面的光洁度和持久性。安格尔还打破常规，在阴影部分运用不透明的白色，创造了一种浅浮雕效果，强化了柔和的正面光线效果，这在前人的作品中见所未见。靳尚谊在自己的绘画中吸收了安格尔的艺术特质，使其成为改造中国油画的工具。

另外，面对古代众多大师，靳尚谊以一个研究者的眼光在审视，在研究，在比较，在思索。从文艺复兴到古典主义、浪漫主义、现实主义、印象主义、现代主义；从波提切利、达·芬奇、米开朗琪罗、拉斐尔、丢勒、荷尔拜因、达维特、拉图尔、安格尔，到热里科、德拉克洛瓦、维米尔、库尔贝、柯罗、米勒、毕沙罗等等，其中他比较喜欢维米尔、拉图尔、安格尔、柯罗、毕沙罗等画家。

至此，靳尚谊在油画语言和画种特性上有了进一步的认识，在整体上有了一些更深层次的感受和理解，尤其大明暗体系。体积、体积感是西方油画极为重要的因素，那是因为他们写实造型的特点是由明暗体积感形成的三维幻象来塑造形体的。东方绘画是以装饰性的线的造型为基础，平面性为主，体积感多以想象来补充。西方明暗体系所形成的是一种黑白关系，对于这种明暗面的造型来说，体积和空间就非常重要，它具有很厚重、丰富的美感。无论东西方，绘画既有具象美也有抽象美、纯粹美，就艺术语言来说，都是抽象美。因为抽象美的含义是从各种事物中舍弃个别的、非本质的特点，抽出共同的本质特点成为概念。因此，抽象美也是从各种美的因素中提取带有共同性的特点而形成一种具有深层内涵的美感。正是这种抽象美的独立性，才使得绘画的功能由实用性向欣赏性、审美性转变。

对图像画史的沉思与感悟使他更清晰地认识了自己的油画之路。他回顾自己走过的路，觉得对油画体现抽象美的地方没有做到，"就是由体积、明暗所形成的一种浑厚的厚重感、一种力度、一种丰富的多层次的美感做得不够，在画面上体现得很不够"。问题出在边线的处理上，以前用虚的办法转过去，比较含糊，实际没把体积和空间表现得很彻底，没能强化体积意识；边线经常用一根线就把形体切掉了，由于边线一带的明暗马马虎虎，所以都没有"转"过去，结果形成的画面单薄简单，缺乏西方油画的浑厚、含蓄、醒目、力度，没有做到他们造型体系里所体现的那种抽象美。在美国，靳尚谊按照如上理解做了实验：处理边线不再用印象派模模糊糊的办法，而是用古典的很清楚的办法让它转过去，轮廓线即要较清楚，又都要"转"过去，一点一点塑造得很具体，很深入。这样，他的画发生了根本性的变化，也让美国人感到惊讶。

梁园虽好，却不是久恋之地。1982 年 11 月，他谢绝了绿卡的诱惑，满载着收获，按时回到了改革开放的祖国，回到了北京，旧国旧都，望之畅然！

四、名于世——创作盛期

1. 完美与理想

靳尚谊回国后，开始实践他在美国深刻领悟到的东西，他称之为"大明暗体系"或"强明暗体系"。女人体《草地上的歌》强化了体积的塑造和边线的处理，用点的办法画得既细致又衔接，使转折清楚明确，整个画面又很概括。随后，他画的《双人体》就更上一层楼，人体的厚度感加强，色调柔和，模特的形象也好，造型优美，成为人体艺术中一幅不可多得的名作。

人们心中有对永恒的和崇高的生活的敬仰，正是美使我们联想到这种生活的存在。写实主义与理想主义追求完美与理想，满足了这种愿望。靳尚谊 1983 下半年完成的《塔吉克新娘》就是希望能在自己的作品里体现一种理想美，表现一些宁静、和谐、崇高、纯洁的情感，冲淡或解脱画家心里的苦闷。

在靳尚谊看来，肖像画有两类，一类是 19 世纪俄罗斯的肖像画、17 世纪委拉斯贵支和伦勃朗的肖像画，画中人物的个性都很强；另一类是安格尔的肖像画，他的特点是通过所画对象来表现自己的审美观念。肖像已超过个性的范围，更具有抽象的意思在里面。

在造型艺术上，用侧光、半顶光、顶光是西方造型体系很重要的表达方式，《塔吉克新娘》是根据去新疆写生的素材设计而成的，它采用侧光的方式，半亮半黑，以古典的办法强化体积感，经过精心设计，使得画面的构图、造型、黑白、明暗形成一个统一的艺术整体，肖像画呈现的却是一种抽象美。人物神情含蓄深藏，喜悦在心，深深融入了画家对理想美追求的情感。这幅作品成为轰动艺术界的杰作，它代表着中国油画终于能同欧洲油画媲美，由此也标志着靳尚谊的艺术步入创作盛期（成熟期）。采用同样方法创作的还有《三个塔吉克少女》《高原情》。这三幅塔吉克组画作为古典艺术手法体现理想美在塔吉克人物肖像里感觉很自然，因为塔吉克姑娘无论形象或是服饰本身就有种古典味道。

靳尚谊青睐古典主义的理想与完美，将它视之为一种人文精神，一种觅求典雅美的理性精神，表现在画面的形式上就是单纯而统一。尽管这组画放在欧洲博物馆里也会毫无逊色，但这还不是画家追求的最终目标。他想进一步通过画一些更典型的现实人物肖像体现其追求，于是一发而不可收，产生了以女大学生王红为题材的《蓝衣少女》、以苹果树为背景的女孩像《果实》等作品。运用中国古代绘画与现代人物相结合，原是靳尚谊在完全掌握了西方传统古典画法的奥妙之后，使之中国化的尝试。这一大胆的实验居然获得了创造性的成功，它新颖而独特，有着强烈而浓郁的中国油画韵味，这韵味是前所未见的。

靳尚谊20世纪80年代上半叶的一批作品都是用古典的方式殚精竭虑地去体现他所追求的理想美，无疑，他达到了完美的高度。

2. 走近历史人物

莎士比亚出现在几乎是野蛮的盎格鲁撒克逊人之中，犹如沙漠里冒出来一股清泉；但丁诞生于商业之都佛罗伦萨，他成了比他晚200年出世的那一批群星的北斗星。这两个人都是突然之间出现在人世，而且都是既未仰仗前人，又未受惠于同辈。他们就像那个自生自长的印度神，自己是自己的祖先，而且是自己的子孙。他们各自带来一个世界。

在中华民族的历史上也有过此种特行独立的人物，比如屈原，比如李白，比如鲁迅。人们倾情于艺术的独特性，这种个性独一无二，因为它们才能成为一切时代的财富。靳尚谊从20世纪60年代就想画鲁迅，而且请了模特，画了素描写生，确定了构图，无奈"文革"开始，也就万事皆休。画家除了欣赏鲁迅的特立独行之外，鲁迅形体的个性化特点同他的人格特征很吻合。所以直到80年代，跨越20年的时间，为体现一种造型追求——如何表达鲁迅深沉智慧的精神力量，靳尚谊再将旧画题重新做过。

最后出现在画面的是：鲁迅在暗夜里燃着烟在沉思，神态冷峻、深沉、严肃，他在对社会、人生、世界进行反思，思接千载，心骛八极。他仿佛在构思一篇犀利的杂文，化作匕首、投枪投向吃人的世界，投向沉滞猥劣的社会，神态果断、坚毅，那前倾的姿态仿佛要随时投入战斗。画面让人想起罗丹的《巴尔扎克》塑像，也让人想起鲁迅的那首"惯于长夜过春时"的诗句。整个画面仍采用古典主义手法，面部和手的表情处理甚好，画家本人感到背景和椅子不理想，我想如果干脆把椅子去掉，效果会更洗练。

继《鲁迅》两年之后，靳尚谊完成了《瞿秋白》的创作，他之所以要画瞿秋白，原因在于"文革"中因为一篇《多余的话》而被打成叛徒的瞿秋白，他的人格魅力深深感动过画家。用画笔塑造一个革命家的有血有肉的真实形象，要比那些假大空的虚张声势有价值得多。瞿秋白是一个书生，出身于具有文人气质的革命家，他的人生轨迹和地位的升降具有悲剧色彩和典型意义。他原是应该随红军北上的，却被不公平地留在了敌人的枪口下。画面选择了他生命最后在福建一个地方监狱中的情景，尊重历史照片和资料的真实，人物着黑衣白裤，身陷囹圄的他面对死亡，面对人生，"路漫漫其修远兮，吾将上下而求索"。这幅画感情色彩浓厚，将瞿秋白临刑前视死如归的凝重端严、深沉肃穆与文人气、外柔内刚的精神状态和内心情怀刻画得惟妙惟肖，使人想起那句古话——胸有诗书气自华！

1986 年，为纪念孙中山诞生 120 周年，靳尚谊应邀又成功地创作了《孙中山》半身肖像。这幅肖像被制作成小型张并被评为最佳邮票，广泛发行。

画家在历史人物肖像领域继续研究探索不已，十年之后又有《晚年簧宾虹》和《髡残》的创作。如果说《鲁迅》《瞿秋白》表达的是内心世界，创造的是艺术的真实，那么《孙中山》则是以画立传，《黄宾虹》则表白了一个油画家的国画情结，而《髡残》就是中国画以油画的方式写意试笔了。

画家这样总结他这一时期的绘画："历史人物肖像创作和我其他当代肖像创作，在时间上同时或交叉进行，历史和现代的相互交错既丰富了我肖像创作的领域，也更大限度地拓宽了我的思维和视野，又强化了我肖像创作艺术的表现力，使之更具多样性和探索性。"

3. 永恒的主题

人们说爱情是永恒的主题，其实，对于造型艺术来说，人体美才是永恒的主题。人是造物之至美，从形式到物质都是一种活泼泼的生命的存在。在历史上，有无数哲学家、文艺家以海量的美丽句子对其高唱赞歌。中国远古红山文化中有裸体女神塑像，西方远古有科林斯的生殖女身裸雕，从原始时期到现代，除了黑暗的中世纪，裸体艺术随处可见。古希腊哲学家论定人是衡量万物的尺度。人的一切，无不为其他创意设计提供永恒的范例。而中国的封建礼教使人体成了隐私，自然也就羞于欣赏自身的人体美，殃及艺术，成为官方和世俗共同设防的禁区。20 世纪开始有人向禁区挑战，虽部分开禁，其斗争余波一直持续到世纪末。

1988 年，由中央美院教师发起的人体艺术大展无疑石破天惊，它的成功举办是中国改革开放的结果。从此，画人体不再是美术院校为锤炼画技的单纯需要，而是作为独立的艺术堂而皇之地走上了艺术殿堂，走向了国人的审美视野。

人体艺术大展在国内虽然还是属于启蒙性的，但对于人体艺术研究则具有突破意义。靳尚谊为支持配合展览，拿出《双人体》《草地上的女人体》《侧光人体》《坐着的女人体》四件作品参展。其中，后两个是新画的人体，画家着意研究古典的造型，即用古典的方法细致地塑造出人体的明暗转折、黑白关系及其微妙变化，强化人体中线条的流畅性和韵律感。画家还用色彩强调人体的光感和造型，弱化冷暖变化，以期达到体现崇高、自然、纯净、优美的理想境界。

4. 出访日本

在世界历史的长河中，尤其中世纪以后，由于国力和对外封闭、禁锢的原因，西方人知道有日本画，如浮世绘之类，却不知道中国艺术是日本的艺术源头，这是一种怪现象。

为参加亚洲美术展览等活动，1985—1986 年间，靳尚谊曾三次出访日本，与日本画界及亚洲各国画家进行了艺术交流。总体感觉亚洲美术个性处于一种混沌状态，缺乏创造性；日本的近现代绘画吸收西方的东西很多，特别是日本画。早期的日本画学习中国，模仿中国的工笔重彩，上千年过去后，到了 20 世纪 60 年代，这种现象发生了很大变化，他们逐渐形成了自己独特的风格和面貌。虽然还是在纸上画，但是他们把纸裱糊在板子上，这样可以厚涂，他们使用的颜料尽管也还是胶粉性质，但肌理涂得较厚，在技法上吸收了西方油画的一些因素和表现手法，使之具有一定的油画效果。

出访日本的结果是画家创作了三幅有关日本印象的组画：一张人物画《醉》，两张风景画——《伊豆半岛》和《东京的夜晚》。

五、出国考察——重访西方

1. 法兰西的流连

1988 年，靳尚谊终于踏上法兰西的土地，与巴黎高等美术学院进行学术交流，并在那里展出素描和中国画。巴黎是世界的花都，是世界艺术精华的集中地。巴黎有 2 000 多年的历史底蕴，那里有令人沉醉的塞纳河、气宇轩昂的埃菲尔铁塔、壮美典雅的凯旋门、令人神往的巴黎圣母院、卢浮宫，以及欧洲古典园林与皇宫的极品之作凡尔赛宫。十八九世纪法国艺术别样辉煌，取意大利而代之成为欧洲艺术中心；古典主义、浪漫主义、现实主义、印象主义、后印象主义星月交辉；普桑、华托、夏尔丹、达维特、安格尔、热里科、德拉克洛瓦、卢梭、米勒、柯罗、库尔贝、莫奈、塞尚、凡高、高更、法尔孔纳、乌东、罗丹、马约尔等，群星灿烂。卢浮宫、凡尔赛宫、奥赛美术馆、蓬皮度文化中心成为世界画家朝圣之地。

靳尚谊从《蒙娜丽莎》这幅文艺复兴人文主义的代表作中看到的是肖像画表现理想美的完整境界。他还喜欢早期古典主义画家波提切利、达·芬奇、丢勒、荷尔拜因，也喜欢曾被浪漫主义画家批评的安格尔，因为德拉克洛瓦在安格尔的画中感觉到一种倦意。安格尔也指责过德拉克洛瓦喜欢的富有人性的鲁本斯的粗鲁和卑贱。靳尚谊认为安格尔的作品雍容华贵，比较大方、单纯、整体，非常强调线的作用和表现力，他的素描用线也比较多，严谨、沉静，是古典主义的最高体现，但也有贵族气和世俗化的缺陷。靳尚谊同时也从拉图尔那里看到其造型的独特、个性的强烈，他画中那橘黄色烛光笼罩下的偏僻小镇的店铺，神秘而温馨。人物，深沉肃穆；画面，明暗分明，交界线切得很硬、很明确，虽然是古典形式，但手法上很有现代感，从拉图尔那里，他理解了古典主义通往现代之路。

在法国除了公务之外，靳尚谊流连于各大博物馆，奔波之状，若渴骥奔泉。在学习研究了大量欧洲尤其法国的艺术作品之后，使他在油画语言和画种特性上有了进一步的认识和提高，为其日后的创作更上一层楼开启了更为广阔的门径。

靳尚谊曾说："古典作品知道他怎么想的，但不知道怎么画的。现代派作品知道他是怎么画的，但不知道是怎么想的。"为了研究西方古典画法的奥妙，他孜孜以求，竟花费了几十年的时间，终于登堂入室，窥其堂奥，这在中国油画家中至今还没有第二人。

2. 俄罗斯的缅怀

1994 年，应俄罗斯文化部邀请，靳尚谊携中央美院教师作品赴莫斯科和圣彼得堡进行文化艺术交流，作品在苏里柯夫美院博物馆展出，受到俄美术界的热烈欢迎。中国油画之好，进步之快，水平之高，俄人感到很惊奇。由于半个世纪以来，两个民族交往较多，在现实主义艺术领域好多思路基本一致，他们的美术还是以写实为主体，而我们现在的发展跟他们很接近。

靳尚谊访问的圣彼得堡列宾建筑雕塑绘画美术学院在教学上仍坚持严格的学院教学体系、工作室制。建筑、雕塑、绘画是一个统一的艺术整体，俄国的美术学院继承了欧洲的这个教学传统。

在莫斯科的一些画廊和博物馆中，靳尚谊看到了列宾、苏里柯夫、谢洛夫、伏罗贝尔、柯罗文等人的重要作品。作为画家，一路以研究者的眼光看下来，觉得俄罗斯这些优秀画家中，油画语言、油画技巧掌握和运用最好的还是谢洛夫，但如果同西欧的一些著名画家相比，感觉还是有相当的距离。

莫斯科"艺术家之家"陈列苏联时期绘画，30 年代至二战前为重点。二战后至60

年代因为处于斯大林统治时期，作品基本没有。还有就是70—80年代的现代作品，与中国现代派作品很相像。

约干松的两幅画《老乌拉尔工厂》《共产党员受审》50年代来过中国，看过原作之后才知道那是张临品，味道差多了。因为写意性的油画同中国画一样，是无法重复的。别人临，自己临都不行，原因在于画时的激情和一些偶然性因素的差异，时空的隧道无法重回同一番情景。约干松吸收了欧洲绘画的传统，特别是借鉴了伦勃朗的技法和韵味，且有发挥创造。用笔比伦勃朗还洒脱奔放，有力度；科林的肖像作品视觉冲击力很强，颜色很厚，造型上更硬但很和谐，生动、鲜明、响亮、耐看，几乎让人流连忘返。苏联的画风比较朴素、大方、健康、明快，大概是时代风尚所致，它体现出的文化精神是可贵的。

对于靳尚谊来说，访俄的一个遗憾是最终没能如愿见到他的老师马克西莫夫。听说他身体不好，生活贫困，连俄罗斯文化部也找不到他住在莫斯科郊外的什么地方。靳尚谊回国不久，马克西莫夫去世。靳尚谊只能在心里永久地缅怀这位老师了。

3. 意大利的古风

1996年，靳尚谊到意大利访问和考察了都灵、米兰、威尼斯、波洛尼亚、佛罗伦萨、罗马等城市。意大利这个伸入地中海的南欧古国——那古罗马的辉煌，那恺撒大帝的显赫，那文艺复兴发祥地的风流，那但丁、乔托、马萨乔、安日利科、乌切罗、唐纳太罗、波提切利、达·芬奇、米开朗琪罗、拉斐尔、乔尔乔内、提香、丁托列托、卡拉瓦乔等如雷贯耳的名字占尽了欧洲的风光。意大利人大概为了留住昔日的荣光，城市大都保持着五六百年前的旧貌，使整个意大利显得很古老，然而很发达。意大利文艺复兴以来画家们的杰作，如今流播全世界，几乎在各个国家的博物馆都能看到。当然，还是在其本土保存最多。靳尚谊最喜欢的画家是威尼斯画派的提香，而提香的作品大都藏在佛罗伦萨的乌菲齐博物馆，如《花神》等，既有古典作品的典雅、单纯、微妙、含蓄，而在色彩上也与众不同，因为他运用冷色非常好，画面色彩就丰富、复杂，视觉上非常好看。

意大利有些名壁画、天顶画与中国壁画相比，由于建筑与绘画之间的配合不甚协调，靳尚谊感到有些杂乱、跳动和不安定，即便西斯廷教堂内米开朗琪罗的名作也不例外。中国壁画就没这个问题，它是平的，造型以线为主，颜色对比强烈，很整体，有气势，而且非常稳定，像山西永乐宫的壁画、北京法海寺的壁画都是如此。总的来看，靳尚谊认为中国壁画比西方壁画要好，因为它非常成功地发挥了壁画艺术的特点和神韵。

在"意大利怀古"的组画中，除两幅风景外，还有一幅人物画《老桥东望》，画的是一个披蓝围巾的意大利女孩，人物有点古代修女的感觉，宗教的虔诚只表现在双手合十，眼光闪烁的却是现代都市女孩调皮的神情。从她所在的房间里通过窗户可以看到佛罗伦萨阿尔诺河上很有名的一座古老石桥，上有桥廊，古风盎然。石桥两端连接两座举世闻名的乌菲齐和皮提美术馆，它们屋宇轩昂，意大利绘画精华荟萃于此。其中拉斐尔的《圣母像》、提香的《弗罗拉》、波提切利的《维纳斯的诞生》被列为神品。靳尚谊采用意大利文艺复兴时期的绘画形式来表现典型环境中的典型人物和氛围，颇为生动，这不仅仅是画家对南欧年轻一代的印象，也代表着画家对整个意大利的感觉和印象。

1996 年，靳尚谊有一张人物习作，从姿态上看是《老桥东望》的前身，从二者可分辨出不同画法的不同效果，也可标出写生与创作的根本区别，那韵味，那意境，天地悬隔。中国的画家，尤其是那些误把写生与创作等同的画家不可不知。

4. 西班牙的国宝

1997 年，中央美术学院学生作品与马德里大学美术学院学生作品举行交换展，靳尚谊来到西班牙。美术学院设在综合大学里的优点是，在教育上方便吸收大学综合性人文学科方面的文化营养。和西方有些国家相比，他们在教学上保留西方传统更多一些。他们对中央美院学生的作品非常赞赏，一位教授对靳尚谊说："你们学校学生的写实素描比我的老师、当代写实派大师的素描还要好。"

西班牙在艺术方面很特别，他们本国画家的作品流散在国外的较少。像委拉斯贵支、戈雅、格里柯、里维拉、苏巴兰的作品大都收藏在本国的博物馆里，如普拉多美术馆。西班牙画家们的作品给靳尚谊留下的鲜明感觉是：他们黑颜色运用得非常好，画面上大量的黑色，以及由黑色调出的灰色巧妙配合形成的色调，十分浓烈、雅致，适宜表现浓厚的宗教气氛。这一点不像意大利，意大利作品中的宗教气氛主要体现在造型上，在色彩上还是很华丽的，这与意大利民族的特点和社会审美情趣有关。西班牙艺术中的宗教气氛主要体现在色调上，黑色调、灰色调笼罩着他们的画面，也很大气，很雅致，很耐看。

巴塞罗那出生过两个世界著名的艺术奇才，一个是毕加索，另一个是达利。他们早年住过的地方都被改造成了美术馆，他们早年的作品都保存得非常完好，西班牙人将之视为国宝，不管他们一生是否留在国内，是否留在这个城市，人们都以他们为骄傲，如上可见西班牙人对本国艺术珍视的程度。

5. 走上领导岗位

靳尚谊在做学生和教师的几十年间，没有入党，也没有做过干部。1978 年被任命为副系主任，引起很大反响，说明干部政策有了转机。那一年各系招进"文革"后第一批研究生，油画系也一样，教学开始走上正轨。1982 年院长江丰去世，1983 年古元任院长，侯一民为副院长，又补充两个年轻副院长，一个是靳尚谊，一个是刘勃舒。受"文革"影响，美院每次换届，干部调整都很难产，这几乎是文化系统的通病。

1987 年的换届却意外地把靳尚谊提升为院长，原因大概有二：一是靳尚谊已经入党 3 年，其人没有"官瘾"，人缘不错；二是任副院长期间工作努力，艺术上成绩斐然，年轻干部中无人能居其右，是个学术有成又有工作能力的人才。而他自己认为他当院长有很大的偶然性，似乎天上掉下的乌纱帽。其实，世界上的事情有偶然，也有必然。结果，在历届院长的任期中数他的任期最长，他整整干了 14 年之久。若从副院长算起就是 18 年了，岂是一个"偶然"了得。

班尼斯说过，纯管理人也许能把事情做好，但是真正的领导人重视的是做正确的事情。那些专注于小事的人通常是对大事无能，抓住大事，小事自会照顾好自己。工作的转移带来如何利用自己成就的问题，过去专注于自己从事的小小领域，很难有机会了解其他领域也许对本专业有极大影响的信息和思想，除非有时间广泛涉猎、学习他人所做的事，否则创新不可能发生。在艺术领域，全新的发明很少发生，创新几乎只是将两种以上已知的观念以新奇的方式组合在一起。信息单薄、思想简单的人，难以成为创造型和领导型的人物。

如此看来，院长的职务给靳尚谊的艺术发展带来的利弊参半。在他做院领导的这 18 年时间，正是中国在经济和文化上由封闭走向开放的转型期，中国日益融入当代世界的共同语境：信息网络的全球化、共同的知识学基础，为不同地域、国家的艺术家提供了思考自身问题的广阔视野和崭新的角度。现代性是一个世界性的概念，而不同地域、国家和文化背景下又有不同的表现形式与内涵。不同文化背景下的传统与现代之间有不同性质的变革、不同性质的联系，因此也就有不同性质的现代性。在现代化进程中，美术教育如何适应现代化？高校改革也势在必行。1993 年，国务院召开全国教育工作会议，高校改革在全国启动。改革的主要内容一是经费，二是教学模式的改革。就教育经费投入的比例来看，我国本来属于世界最低的几个国家之一，现在改为国家与民间共同负担，高校的压力可想而知。另外，教学结构在市场经济条件下也面临如何适应的问题。学生上学改公费为缴费，社会上具体单位需要画而不需要画家，纯艺术教育受到挑战，专业结构设置也必须相应变化。80 年代中期美院就增设了连年系①、壁画系。

早在 1979 年靳尚谊作为油画系副主任访问西德时，就留心过那里飞速发展的美术教育，尤其是美术设计专业，因为它适应现代社会发展趋势的需要，他比纯美术具有更强的实践性和操作性。同样，在巴黎高等美术学院也看到，学生很少有盯住一个专业的，绘画课在不断实验一种自己的新风格，着重自己的特点、个性和创造性。更重视一些想法和观念，它给中国美术教育什么样的启示和借鉴呢？威廉·詹姆斯说："明智的艺术就是清醒地知道该忽略什么的艺术。"

在靳尚谊当院长之后的数年里，美院开始进入教学规范化的发展新阶段，教学结

---

① 连年系，即民间美术系，最后改为民间美术研究室。

构的规划有了全方位的变化，一向以纯艺术为教学内容的中央美院开始增添了设计系（包括环境艺术专业、平面设计专业）和电脑专业；国画系设立了一个修复与材料技法工作室；版画系建立了摄影工作室。它的纯美术的本质特性逐渐向实用美术渗透和倾斜。美术设计为市场服务的大众性质与审美趣味的精英性标准、商业化运作与艺术的人文精神，对一向注重审美品位、格调的美院，是一对对横在面前的矛盾，如何使之转化与统一，就成为美院新时期教改的重要特色。人们看到，十几年下来，美院的教学有了新的开拓。

6. 文联副主席—政协常委—美协主席

1997年11月在中国文联第五届代表大会上，靳尚谊当选为中国文联副主席；1998年对于靳尚谊来说颇不寻常，这一年春天，他当选为全国政协常委；4月1日中央美院庆祝建校80周年，发表"与世纪同行　与祖国同兴"的讲话；5月，随中国政协代表团和李瑞环一起访问欧洲四国，这是他作为政府官员的第一次出访。除了罗马尼亚外，法国、意大利、西班牙都是旧地重访，公务之余，他还单独参观了罗马尼亚国家美术馆，看了19世纪著名画家格里高里斯库和现代肖像画家巴巴的作品。前者的造型生动，色彩明快，特别是灰颜色的运用非常雅致，且用笔奔放，大方、整体，具有很强的抒情意味；后者巴巴的作品，出色地继承了伦勃朗的传统，现代感又很强，人物很个性化，刻画深沉，简洁、概括，体现了现代人对艺术的思考，把自己的感受通过所描绘的对象表达得很成功，很有时代感和创造性。

8月，出访美国；9月，在中国美术家第五次全国代表大会上，被推选为中国美术家协会主席；11月，随中国文联代表团访问希腊和塞浦路斯；12月26日，美院新校舍开工奠基典礼。这一年真是人不卸甲马不停蹄，他很难再有画画的时间。这一年只有几张风景画问世。

7. 真画与假画

新时期以来，国外一些画廊、画商纷纷到国内收购作品或担任中国艺术品在海外展览的经纪人，艺术的商品属性也开始在纯艺术的殿堂涌动，艺术市场初露端倪。1990年，美院在新加坡举办了油画的商业性展出，展出效果非常之好，靳尚谊的一些人体和肖像画很受欢迎。一个新加坡画商看到有利可图，不久就雇佣一批学画的年轻人临摹靳尚谊和其他几位画家的作品在新加坡展出，闹出一出"假画风波"，后来新加坡的报纸都作了采访报道，画家声明那不是自己的作品，画商也只好出来承认是临品，此事也就了结。这一则说明，靳尚谊的画品、画风有着广泛的欣赏地域和阶层，也有着广阔的市场需求；二则说明靳尚谊先生对人对事的宽容态度。

靳尚谊常接待一些素不相识的来访者，在这些来访的陌生人中，有很多是偏远地区的美术工作者，但也有例外。1996年，一个甘肃人在当地花了400元钱买了一张靳尚谊的油画，特地来找作者辨别真假，花去的路费应该比画价还贵。看过画后，靳尚谊想起那是 18 年前他去甘肃深入生活时，为当地歌舞团一个女演员画的肖像，画完也就送给了她。这在以前到各地写生是常有的事，也不知送出了多少。18 年后意外地见到旧作，他像对待重新找到走失多年的孩子，仔细地把它清洗了一遍，签了名，又上了光油，让那个来访的陌生人带走了。不知当年那位演员又作何感想？

8. 迁校

中央美术学院，像壶公般蜗居在北京最繁华的王府井大街东侧的校尉营已近半个世纪之久，它占地不到 40 亩，像个小学。这里设备陈旧，甚至没有一座像样的建筑。然而就在这个弹丸似的院落里，却生活着一大批全国一流的画家、世界知名的专家学者，产生过无数传世之作。它是中国现代美术的主要发祥地之一，它引导着新时代的美术潮流，培养了数以万计的遍布全国、云散于世界的艺术人才，它吸引着来自五大洲的艺术学子，负笈东来。按说，这个狭窄的空间东毗医院，西临闹市，实在不利于它的发展。其间也有过几次迁校的动议，可是师生们舍不得这个地方，除了交通、购物方便之外，这里离最大的书店、画店近，离美术馆、博物馆近，离故宫近，离琉璃厂近。这里是闹市中的香格里拉，尘俗中的一处伊甸园。那里有艺术家们的足迹、梦幻和宝藏，那里有几代人不绝如缕的情思，勾留在历史与现实、艺术与人文之间。在那里，上空徘徊着中央美院的优秀历史传统和文化精神。在那里，工作、学习到深夜的师生们，可以踱步到"东来顺"花 3 角钱买一碗面吃，可以到"馄饨侯"喝一碗滚烫滚烫的馄饨……总之，人们心里潜藏着一种固有的故土难离的情结。

可是，到了 20 世纪的 90 年代，这个本可作为文物永远保存下来的艺术殿堂，却再也抵挡不住商业大潮的冲击，一点一点被蚕食。美院要卖掉，不知道卖给谁家？要迁校，不知迁往何处？一时间成为国人关注的话题。

实际上，随着北京城市的改造，美院迁校应该是件好事。起初，光大集团答应出重资建 75 000 平方米的新校舍，赠建 8 000 平方米的美术馆一座。因为属于商业运作，条件是拆迁与新建同时启动，签完合同，美院随即于 1995 年 7 月迁入北京无线电二厂中转上课。不料时过不久，光大集团亏损，合同不能履行，新校的蓝图一时成为纸上谈兵。几经周折，最后由国务院直接拨款，迁延很多时日的新校终于在美院迁出后的第三个年头得以奠基开工。这样，租厂办学度过了漫长的六年，使人想起半个世纪前它辗转南迁的岁月。

9. 新校落成　卸任院长

2001 年夏天，位于花甲地的新校舍第一期工程总算竣工，它占地 200 亩，是原来校尉营的五倍，新校园幽雅宽敞，叠落有致，无论建筑还是设备都具有现代气息。它是国家"九五"重点文化建设项目之一，由中国工程院院士、清华大学教授吴良镛主持设计。据说是目前世界上规模最大、设备最完备的国家美术学院，为其在未来的发展奠定了坚实的基础。遗憾的是由于建设美术馆的资金被砍掉，人们期待着的美院博物馆型的美术馆尚是预留地上的一片青草。它的馆藏以及在靳尚谊倡导下教师们捐赠的杰作，还只能是人们期待着的艺术风景。

10 月 17 日，中央美术学院新校庆典暨国际校长论坛开幕式在新校舍礼堂同时举行，靳尚谊在会上讲了话，他回顾了美院与世纪同行、与祖国同兴的历史，并寄希望于光辉的未来，给他的院长任期画上了圆满的句号。

靳尚谊自 1987 年开始任中央美院院长，至 2001 年卸任，实际上已经连任三届之久。按常规，大学校长只能连任两届，1996 年他就应该退下来，何况年龄也到了该退的时候。可是由于新校舍尚未落成，学校还临时寄居在厂房里，上面让他再坚持一下，一坚持不要紧，又是四年有半。这期间，原文化部几经物色，经靳尚谊同意，决定从杭州的中国美术学院调潘公凯北上接任中央美术学院院长。高校改革后，美院脱离原文化部改属教育部领导，对高校校长的要求有新规定：光是有世界影响的专家不行了，还得有经济管理能力。潘公凯工作投入，有经济头脑，艺术主张很开放，无疑是个很合适的人选。具有戏剧意味的是，55 年前，潘天寿曾出任过国立艺专的校长，55 年后，由其子接任，是巧合，还是缘分？

无疑，有着辉煌历史的中央美院会有一个更加美好的未来，作为最高美术院校的地位不可动摇。2001 年学历生近 700 人，研究生和博士生 80 人，三年后，学历生将达到 2 000 人以上，其中研究生规模目标将占本科生人数的三分之一，我们预期，它在硬件和软件方面的发展空间会更大，一个纯艺术与设计艺术相互融合的综合美术大学在世界美术领域将发挥它航母的作用。

10. 正得秋而万宝成

靳尚谊卸任院长之后，总算有机会站下来抖抖身上的征尘。"鸣雨既过渐细微，映空摇扬如丝风。"（杜甫《雨不绝》）应该能用来表达他的心情；《庄子》以故乡喻本性——"旧国旧都，望之畅然"，是说人一旦回归真性，返回正常的本真，内心就会感到舒畅。当院长十几年来，身心交瘁，疲惫不堪，工作的压力使他无暇把心思放在创作上。每年只能抽空画一两张画，这是作为一个画家最愧对时代，也最愧对自己的事。他让我想起贝多芬的一句话："世界上公爵有的是，可是贝多芬只有一个。"现在画家的精力显然不如以前，以前可以整天画，现在画半天总还可以。失之东隅，收之桑榆吧，多年在领导岗位的历练，他对事物、对艺术都有了别人难以企及的眼光。尤其他多次出访和考察，几乎看遍了世界各大博物馆和美术馆的藏品，这是任何一个画家梦寐以求而又无法实现的。此外，靳尚谊白天没有时间画画，就常常在晚上和其他画家讨论理论问题，有时，深侃到深夜。虽然，没用手画，却在用心画，即中国画论讲的"中得心源"的一种方式吧。惠斯勒也说过："我用两个小时画成这幅画，可是我为了要使自己能够这样画，已经研究了好几年。"一个有成就的画家，同时也应该成为一个思想家。一个人的艺术成就虽与数量有关，但归根结底还决定于质量的高下。靳尚谊当"官"以来的作品，量虽少，质却很高，往往出手不凡，不作则已，每有佳作，皆成上品。

1987年，第一届全国油画展展出了靳尚谊的写生肖像《医生》，画的是协和医院的大夫，强烈的侧光、明暗对比，背景与主体人物鲜明造型的对比，使这幅作品同以前的画产生了区别，即在人物的内心世界的挖掘和表现方面，在油画语言的力度方面比以前又进了一步，画风又在变化。

几十年的生活积累，他的作品成系列组画推出，如"塔吉克组画""藏女与藏族组画""意大利组画""日本组画""历史人物组画""装饰风组画"等。每一组画，都因题材的不同，而做了不同形式与技法的探索和实验，一方面使内容和形式尽可能完美地结合，更重要的是他在这方面的经验总结，为同代人和后人构建了云梯。

他的《藏女》《甘南藏女》《坐着的藏族妇女》及藏族肖像系列，前后延续画了十多年，我想大多数油画家都喜欢画藏族，原因大概是藏族的人物和服饰色彩很入画，很适宜用浓郁朴厚而又鲜活的油画色彩去表现，在靳尚谊笔下的藏女不同于别人之处在于朴野之中蕴含着火辣辣的温婉与细腻。

1993年后，靳尚谊在画风上笔触的点子明显加多，颜色活跃了一些，他有意想变一变绘画格调和路数，一则因为眼睛再画很细的东西感到吃力，二则也由于他是个自觉的奠基者，筚路蓝缕地开拓一切可能的途径是他的责任，尤其是在经历了大半生的严谨之后，想放松一点，更自由、更奔放一些，于是有了《詹建俊肖像》《黄宾虹肖像》《晚年黄宾虹》《髡残》的产生。

詹建俊是个艺术个性很强的浪漫主义画家，是靳尚谊长期共事的同学、同事和朋友，画中抱臂凝视的姿态是其最典型、最传神的瞬间。《詹建俊肖像》背景设置了本人色彩对比强烈、笔触奔放的风景画，以求相互映衬；艺术基调上，既保持了靳尚谊那种造型严谨、色彩单纯含蓄的特点，又力求和詹建俊的画风沟通对话，因此，它与以往作品的不同在于人物造型比较硬，明暗对比突出，色彩强烈，起到了让描绘对象自己出来说话的效果。以这种办法，他接着画出了《晚年的黄宾虹》和《髡残》。

以国画家为题材，来自他对传统艺术的兴趣和喜爱，正像以前的人物肖像常以中国画作背景一样。70年代末，天津的周叔弢捐献出了一幅被认为是宋代范宽的《雪景寒林》，气势磅礴，这幅画作震撼着靳尚谊的心灵，那艺术境界同他心灵的境界相沟通相叠印，不分是油画还是国画。自此他开始研究宋、元、明、清的文人画，连同家传的收藏。他感到中国画的许多独到之处是西方绘画难以比拟的——中国画的笔墨、中国画所蕴含的文化精神、中国画所体现的抽象美等。故他在《晚年的黄宾虹》和《髡残》中，再一次尝试中国的水墨画法和油画的结合，或者说将中国画的写意精神用到油画中去，实现二者的融会。于是，他将黄宾虹带有半抽象意味的国画一部分临摹出来，转化为暖紫和黑色的油画，与主体形象的黑色衣服形成对比。笔触很大，以体现黄氏山水的浑厚华滋，只是乱线再用得多些就更好了。《髡残》克服了前者人物塑造还嫌拘谨、不够写意的一面，画得更自由、更奔放了。中国画的写意精神在悄悄融进油画的机体和魂灵。

11. 自然的歌——风景画

油画风景画与中国的山水画相近，同是对大自然的讴歌。画风景的目的绝不在于准确地再现自然。画家不仅被最有趣的风景所吸引，而且还有无数其他印象，这些印象甚至使我们离开对风景本身的观察。描绘风景不仅仅是单纯地写生，画家常把风景中的美的孤立的镜头片段有机地结合起来，使画面成为一个统一的整体，如诗如乐。

没有哪个人物画家能避开对自然景物的描绘，因为它是人存在与活动的主要空间。而在中国传统文化的价值观上，大自然又具有更深一层的意义，它被认为与人是一体的，因此，画景物也是在画人本身。早在20世纪50年代和60年代，靳尚谊即描绘过井冈山和太行山的风物，之后对风景画一直不能忘情。沙漠、草原、大海、雪山、城市、水乡、江河、湖泊、雾笼的早春、夕照的黄昏、本国风光，异国情调，一一被他收入笔下。

靳尚谊在油画探索中，善于利用不同的绘画题材和体裁探究不同的技巧，他在风景画中重点体验表现明暗与光线的交织变化的特殊语言，有点印象派的做法；在人物写生中主要关注块面与结构的塑造及晕涂法。以上两种探索又都在为他的肖像画创作服务，而在肖像创作中，他强调边线的精微作用，借助恰当的色彩与明暗关系，以创造浮雕般的结实形体。同时，我们从他创作的《早春》等风景画上与《晚年黄宾虹》《髡残》《老桥》等肖像画上及一些人体画上也可看出点彩法的成功运用。

1990年林业部组织一批画家到三北防护林考察，由银川沿长城和沙漠的边缘直到榆林，靳尚谊在神木的一个农村住了下来，画了一些风景，像《神木的草场》《沙海的云》《夕照》《林场边沿》《沙海白云》《陕北黄昏》《林荫下》《黄土高原》《黄土山下的窑洞》《阴霾的天空》等，这些都是描绘三北景物的作品。

在他的风景画作品中，可分为两大类，一是风景写生，属于旅途中匆匆俯拾而来的小景；二是比较正规的风景画创作，它们有着独立存在的价值和意义。如果说他的人物画是画家倾力构建的宫殿，而风景画则是山间别墅；一个是交响乐，一个是抒情曲，后者是画家可以放笔畅神，诗意栖息的所在。从80年代的《小白桦林》，到90年代的《绿荫下的窑洞》《多云的黄土高原》《村落》《早春》《水乡》《万泉河》《湖》，以及意大利组画《光照阿尔诺河》《从古修道院遥望阿尔卑斯山》，日本印象组画《醉》《伊豆半岛》和《东京的夜晚》等，代表了他在风景画领域所达到的水准。

世界各国的江山无不各具其丽，阿尔诺河就是横贯佛罗伦萨市内的一条美丽的河。

佛罗伦萨，旧译翡冷翠，在意大利语中意为"鲜花之城"，是文艺复兴的发源地，诗歌、绘画的摇篮，但丁、彼特拉克、薄伽丘出生在这里。它以纺织品和工艺美术品驰名西欧，有40多所博物馆和美术馆，还有60多所宫殿，收藏着大量优秀艺术品和精美文物，有"西方雅典"之称。《光照阿尔诺河》，画的是一抹夕阳照在河上的景色；《从古修道院遥望阿尔卑斯山》，描绘的是法国和意大利交界处一座有800年历史的建筑，站在古修道院遥望阿尔卑斯山，幽静、旷远，别有一番情趣，确是个修道的好去处。若将这两幅画，尤其是《光照阿尔诺河》放在欧洲博物馆里，会被误认为是文艺复兴时期意大利人的作品，那色彩、那风味足可乱人眼，这意味着他参透了个中三昧。

靳尚谊访问日本时，匆匆间勾了些速写，过了很久，直到2001年，方有时间将其画出来，这就是最近完成的"日本组画"——《醉》《伊豆半岛》和《东京的夜晚》。伊豆半岛，突出于太平洋上，富士火山带贯通南北，多温泉，南端石廊崎的海蚀崖上设有灯台，可瞭望伊豆七岛和太平洋的景色。

12. 心系远方

中央美院的油画系代表着国内油画教学的最高水平，因此油画系的教师也就常被各地艺术院校请去做教学示范或应邀举办个展和讲学。80年代以来，靳尚谊先后到过吉林长春的东北师范大学、开封的河南大学、济南的山东艺术学院、兰州师范大学、延安大学美术系、上海师范大学等校讲学。他感到一些边远地区美术教育比较薄弱，应该更多地支援他们，为他们代培教师是中央美院义不容辞的责任，也是自己的责任。因此，他每到一地，"传道、授业、解惑"，讲完学，画的画也都留在当地，他把这件事当作一种义务去做，不仅仅因为自己是美协主席，也不仅仅因为自己是文联副主席或政协常委才这样做，而仅仅因为自己是个油画教师，他没当任何"官"时就开始做了，而且今后还要不断地做下去。

13. 艺术人生

靳尚谊对艺术有着广泛的兴趣，他虽然学的是油画，但非常喜欢国画，也有些中国画收藏，如郑板桥、高其佩、黄瘿瓢等的藏品都是喜爱绘画的父亲传下来的。他迷恋文学，曾按照文学史的脉络有计划地读了一批国内外各个流派的名著，从中了解社会，了解人生。他沉浸音乐，听音乐会，搜集唱片、光盘。除了交响乐外，还喜欢听歌剧与芭蕾舞剧的序曲，觉得那些序曲集中体现了整个歌剧的精华和艺术基调，而且旋律非常优美。他喜欢吹竹笛，为学生自己的演出伴奏，也充任过校乐队的指挥。他还倾情戏剧，童年喜欢河南地方戏，大学生时期观摩过全国各地主要剧种的演出，如京剧、评剧、昆曲、越剧、豫剧、晋剧、黄梅戏等，对京剧情有独钟，因为京剧发展最成熟、最完美，他也画过几幅以京剧为题材的油画作品。

对他来说，每一个艺术门类都是人类文明创造的宝库，打开任何一个宝库，都会发现那里有取之不尽的财富，金光闪闪，如山间的清风明月，用之不绝。不同的姊妹艺术都是相辅相成，互渗互补的。固守在一门艺术中而不旁顾，无疑如蛹作茧自缚，如蛙坐井观天。

14. 志在奠基

靳尚谊对于自己几十年来在油画艺术上的学习、研究、探索、追求，作何评价呢？他说："我觉得我只是在做着打基础的工作，这种工作和徐悲鸿、吴作人等老一辈画家差不多，就是为中国油画进一步发展打基础。也可以说，是起着奠基的作用，让未来的年轻人有一个比较高的起点，并在这个基础上不断前进。"这一番话表达了靳尚谊宽广的胸怀、人格的魅力和高尚的情操。这种甘作铺路石的精神是老一辈油画家在第三代学人身上的自觉传承，这是一种"对云绝顶犹为麓"的虚怀若谷精神，中国油画有了这种精神，何愁不能大发展！

这使我想起了一则寓言，《庄子·外物篇》写了一个垂钓的故事：一个叫任公子的人做了一个粗绳大钓钩，用50头牛做钓饵，蹲在会稽山上，"投竿东海，旦旦而钓，期年不得鱼。已而大鱼食之，牵巨钩，陷没而下，骛扬而奋鳍，白波若山，海水震荡，声侔鬼神，惮赫千里……"后来，浙江以东，苍梧以北，没有人不饱食这条鱼肉的。这则寓言在说，若要举着小渔竿，到小河沟里，守候鲵鲋小鱼，要想钓到大鱼就难了。喻有志者当心怀高远，志在大成。中国的几代油画家，几代学人，作为奠基者不都像那个任公子吗？他们期望的是中国油画的大成，是油画的将来。他们襟怀坦然，淡然，淡然无极而众美从之。他们期之甚高，对白云来说，山之绝顶犹为山麓，前瞻路犹修远！

当靳尚谊从领导一个学院的繁忙事务中退下来，回到他自身，回到他终身从事的油画艺术中来以后，他已经67岁了。我曾经请他对中国油画的前途发表意见，靳先生认为，现代波普、照相写实主义，电脑、彩色打印机的产生，后现代主义观念的出现，给油画带来的冲击太大。现代科技什么图像都能做得出来。西方世界的潮流袭来，现代油画如何发展？靠意外地出现什么新"品种"、新形式、新风格已经很难。再创新的空间非常小，似乎只能在非常古典写实到抽象之间的夹缝里寻求小的变化，不可能出现人们从未见过的样式。欧洲的油画家们最辉煌的时期都是在三四十岁，到了50岁就勉强了，60岁以后出现精品就不大可能了，这是画种的特点决定的。所以，他要做的是再铺路、再奠基的工作，即如何把中国艺术特点、文化精神同西方油画艺术的特点进行一些结合，中国现代的绘画要反映当代中国人的生存状态、情感再发展是可能的。中国发展太快，一下子信息化了，画家们对时代的了解跟不上，反映也更难，现代中国油画不是发展到头了，问题在于如何发展？如何与时俱进？

中国几千年的遗传基因想丢也丢不了。中国传统博大精深，西方现代文明成就辉煌，以高科技带动了世界性经济繁荣。艺术是一种技艺，《庄子》非常深刻地论述了"技艺"在高度熟练的状态下，若善游者忘水，带给人主体的愉悦、快感。儒、道经典中对"技"与"道"之间的关系研究，直接指向人的终极关怀问题。《庄子·则阳》的第8节写事物的变化没有止境，我们的判断无法有永恒的定准，我们的所知是有限的。未知的范围是广大的，我们要与时俱进，不可滞执故有的认识。

中国传统美学中有许多富有现代意味的东西，把它发掘出来加以重新阐释，将会启示我们开辟出一个新天地，进入一个新境界。我们传统中美的意象、意象世界照亮了真实的世界，"美不自美，因人而彰"（柳宗元），"大乐与天地同和"。意象世界是人的创造，是对"物"的实体性的超越。审美不是认识，而是体验，它显现事物的本来的体性，如宗白华所说，"象"是要依靠"直感直观之力"，直接欣赏、体味世界的意味。"象"是自足的、完形的、无待、超关系的，是一个完备的全体。

中国的绘画并不仅仅为"存形"，更多的是"造形"；中国古代的艺术理论，存在一种弱化所画对象的倾向。从人物画到风景画、花鸟画，所画对象在生活中所处的地位不断下降，这说明画"什么"已经变得越来越不重要。与此同时，"怎么"画的问题在艺术批评上逐渐取得重要位置。艺术的具象美和抽象美在中西之间都是相通的，他们在审美的最高境界上也是相通的。

靳尚谊对待油画民族化有别于他人，他的努力、他的实践所达到的高度，别人难以企及。他的作品里没有所谓"民族化"的表面喧哗，只有发自于对西方油画艺术特性精髓切实把握的中西艺术精神的共鸣。因为他深知创造中国油画的可能性仅存在于以油画媒介探索世界的不同方式和角度上，而非存在于媒介本身。故其油画艺术的意象和意境才真正别具中国的韵味，原因在于他把东方和西方的艺术从精神到技艺都消化吸收在自己的血液中了。

15．新世纪踏歌

《山海经·海外北经》上所写的那个夸父，追赶太阳，结果追上并进入了太阳，灼热干渴难忍，于是回到地上饮尽黄河、渭水而不足，奔赴北方的大泽，没走到就渴死于道上，弃其仗，化为弥广数千里的桃林。看来，夸父不但以其逐日的豪迈精神激励着天下，还以其"尸膏肉所浸润"、育化而生的桃林贡献于后人。

20世纪中国老一辈油画家不愧为艺术星空里的夸父，靳尚谊是一位卓越的后继者。他的艺术历程表明，中国油画要做的主要工作在于把西方影响我们的这块东西弄清楚了，才能把中国文化中的因素加进去，对它们的艺术结构进行改造和再创造，在此基础上才可以形成有别于西方的我们自己的现代艺术的评价标准或价值体系，造出自己的一片华实并硕的蟠桃林来。

值得一提的是，当利玛窦于明朝万历二十八年（1600）将西洋油画和它的绘画原理第一次传入中国时，他奉献给神宗皇帝御前的不是别的，而是"天主像一幅，天主母像二幅"，三幅圣像成为国人最早见到的西方油画。然而 400 年过去，想不到中国油画如今最精湛的成就竟然也是肖像画，正像达·芬奇的最高成就在《蒙娜丽莎》、拉斐尔的最高成就在一系列《圣母像》一样。

靳尚谊在新的世纪如何打算呢？毫无疑问，他不会停下脚步，他依然会不断地求索，面对自己创作中遇到的问题，面对中国油画存在和出现的新问题，他会以科学实验的精神尝试新的画法，深入未知的领域。他还会在肖像、人体、风景画体裁中穿插创造，显然会更精粹、更精纯、更从容、更自由，像民间的踏歌。

2002 年应上海古籍出版社约稿，由靳尚谊先生审阅定稿

论百年来中国画的两个转型期

中国是艺术大国，中国画的隆替与衍变是中国文化艺术史上最壮观的一幕。就与历史行程的比较而言，可以说一代有一代的国画风貌，正如一代有一代的学术一样。一定历史时期如果没有另外的画种、画风、画学相互激荡，占据主流地位的画种、画学内部便会分裂、内耗乃至自蔽，更何况一个大时代的来临！中国画的转型与20世纪的时代大变革风云际会。

从宏观上回顾近百年的历史，无疑是中华民族文明史上最伟大的一幕。它是古老的中国向现代社会转型的时代，是从封闭走向开放的时代，古今中外的文化在这个世纪里相撞、互补、消长，使一切物质的、精神的生产发生了空前的变化，中国画自然不能不随着时代的变化而变化，远不是一个"笔墨当随时代"所能表述。

中国画，作为中华民族的文化象征之一，经历了漫长的历史洗礼，形成了独特的美学品格。但无论是传统的文人画还是院体画，因为失去了它赖以生长的社会土壤与人文土壤，都仿佛已同这新的世纪相疏离。社会促动它变革，它自身需要吐故纳新，加之遇到西方绘画的激荡，于是，一个世纪以来论争不已，于是走向多样变革的新途。它由高蹈而低就，由隐逸而入世：昔日王谢堂前燕，飞入寻常百姓家；更多了一分人生的关怀，更多了一分社会的期待；它由传统渐次走向自己的现代，精神层面和笔墨语汇都发生了重大的变化，不仅产生了新画风，也催生了新型画家。

20世纪百年来的中国画大致可分为两个转型期（其一是20世纪上半叶，其二是80年代始，贯通至现代）；两个特殊期（30年代—40年代末的战争期，60—70年代末的"文革"期）；一个一元封闭期（50—60年代中期，它的异化形态是"文革"时期的虚无、分裂、内耗、自蔽）；一个多元开放期（20世纪80年代—世纪末）。每个历史时期在时间上是重叠的，在演变上有时是持续的，有时是断层的。本文只涉及两个转型期。

一、第一转型期（20 世纪上半叶）

（一） 第一转型期的文化背景

中国画的转型，就是从传统的旧中国画向现代转变，从古典形态向现代形态转变，从审美取向到形式美法则进行现代性的更新与再造。这里说的现代性，是指基于中国特殊的文化环境、中国特殊的经济状态和国情而发生的转换，至于转向哪里，本不是一个定数，但是有一点是确定无疑的，那就是它脱离不开富有生命力的中国的艺术精神，脱离不开有永恒审美价值和魅力的中国绘画传统和传统绘画的基调与本质。这样就天然地决定了中国画的现代性取向不是西方的现代派，中国的现代主义（如果有的话）也不是西方的现代主义分支。经过一个世纪的实践，中国画通过两次转型基本上展开了向现代性转换的辉煌图景。因为它基本适应了现代中国人的审美情趣，从单一化走向了多元化，而多元化恰恰是现代化的一个标尺。中国画是历史形成的一个不可更改的专有名词，它不同于"中国的画"或"中国绘画"。它是一个洋溢着高尚的中华民族精神的画种，它是个无限开放的体系。所以，它的现代形态的画不能改称彩墨画或水墨画。

中国画向现代转变，始于清末，加速于五四运动，走的是多源多流、交错嬗变的路。有远源，也有近渊；有内因，也有外缘。

清王朝的覆灭，在制度上结束了几千年的封建社会，文化获得了一次解放和回归。说解放，是指文化艺术摆脱了封建专制的牢笼，自由地接纳新文化；回归，是指中国古代从新石器时代至秦始皇之前约 1 万年左右的文化不是封闭的，中间如汉唐魏晋大部分时期也不是封闭的。封闭大多产生于经济与政治的脆弱期、异国异族的封锁期与民族心态的扭曲期，封闭窒息了发展。随着清王朝的寿终正寝，旧艺术传统失去了生存的凭借，但传统艺术并不曾因此而消亡。传统文化的古干上，在春风荡漾中还会有重新焕发的机遇。而在此时，绘画艺术上的呼唤转型，还需要一次整体文化变革的推动。

当初，中国画被纳入大文化变革的一个方面军，社会变革家成为其精神领袖，而中国绘画界还没有人能竖起美术变革的大旗。在由衰败的封建文化向新文化转型的大前提下，中国画开始艰难地寻求创新之路，起码产生了四支有影响的先觉队伍，一支是为接通外部信息，寻求新火种，呼吸新空气的留学海外者，他们带回的欧风美雨给中国画坛出现新风气产生了深远的影响；其二是出身民间的画工带着民间艺术的本色努力提高自身的文化素养，向文人画靠拢；其三是一部分传统文人画家分化出来，向造化求索，向民间求索，寻求新资源、新土壤；其四是仍有一部分坚守传统的纯洁性，向传统的纵深开拓而另辟新境者——他山之石，可以攻玉；民间之华，香可满国。他们共同缔造着20世纪绘画的希望，并为其世纪末的大繁荣奠定了基础。应该说，这一时期在心理上和文化上都为中国画的复兴即现代化做了准备。

正如鲁迅对旧文化的反省和批判给时代的启示：在一个民族现代化的进程中，应当特别重视人的精神素质的现代化。显然，这一时期，画家们的精神素质决定了中国画转型的艺术质量。他们所创造的实迹，有着时代的理性之光，其开辟意义、其精神价值、其个人学养、其国学根底，其吸收世界营养之广泛，使后人景仰。

（二）第一转型期的中国画成就

这一时期孕育的杰出画家们，几乎都成了开宗立派的大师级人物。他们挺秀色于冰途，厉贞心于寒道，以创造的智慧使孤独封闭的中国画焕发了新的生机。他们的艺术实践宣告着中国画强大的包容性和再造的潜力。这一时期产生的画品一方面带有欲辟鸿蒙的愿望，另一方面又脱不掉历史的沉重感和前瞻的惶惑。

百年来，在山水画的峰峦叠嶂中耸起四大主峰：黄宾虹、张大千、傅抱石、李可染。这一时期主要是前三者，至于后来崛起的李可染，其主要成就还是20世纪下半叶的事；在花鸟画领域的古原上移花接木的有齐白石和潘天寿两位伟大的园工；在人物画领域的沉寂中有徐悲鸿、蒋兆和两位开拓的勇士，他们在人生的大境界里，以人的活动为中心，将西方绘画之可采入者融之，使中国的人物画别开生面，成为绘画的主流；在援西变中深得西方现代主义精髓的有林风眠，林风眠艺术的悲怆、哀婉、沉郁、孤寂的总基调构成了他作品中最优美的乐段。林风眠的笔墨深度不是来自文人画"遍观名迹，磨袭浸灌"的功夫，而是得自悟性和对世界艺术的广泛学识和修养。他用在画鹤、鹭和女人的作品上的那些润畅迅疾的线及其形成的独特境界，为中国画增添了新的样式。

这一时期，综合影响最大的当推徐悲鸿，他是时代的骄子，是美术领域的一面旗帜。他的学贯中西，他的社会影响，他对新美术教育体系建立的努力，他的改造中国画的主张，以及他对写实主义的提倡，无不适应了时代的需要和中国画转型的诉求。

此外，这一时期还为世纪的下半叶培养造就了许多杰出的画家，群星璀璨，他们整体的画品和画风汇成了百年来中国画的现代风范。

（三）第一转型期产生的问题与矛盾

这一时期往往把传统绘画和绘画传统混淆起来，传统绘画是过去的、已经形成了的，而后者是一个国家、民族绘画艺术的流向。那些反传统的口号往往模糊了这两者之间的区别，在开掘新河的时候，把水源也堵塞了。

画家们在摆脱旧束缚、接受新思想期间，同在大文化上一样，对有些传统否定得过分了，实际上拒绝了传统为我们造成而遗留给我们的那个世界，它本应作为实在的一个适当的标本和尺度而被接受。而有些应该否定的传统观念还远未抛弃，有些应该经过批判改造的传统观念未经批判改造就被吸收下来，这必然影响到中国画前进的步伐，问题在于如何对传统文化作整体性的历史反思，也如鲁迅留下的未完成的课题——寻找传统转化的道路。尽管在价值取向上应该反传统，但在建设现代中国画的实践行为中，又不得不以传统为逻辑起点。这种矛盾及其所引起的困惑迫使画界不断寻找传统向现代转化的内在机制。显然，譬如像康有为、陈独秀们"革王画的命"之类口号，作为革命的呐喊，振聋发聩，但用之对待美术问题，如卢辅圣所言，它"由于缺乏切中肯綮的专业眼光，也缺乏对艺术本体自律性的科学研究"，就难免失据。如此，"一场艺术苴新的运动就不可避免地滑落到思想革命和社会革命的轨道上，以至改造中国画价值取向与维护中国画价值原则的两种对立力量，也只能在较低程度上发挥作用"。同时，五四思想的实质内容与他们未能从传统一元论的思维模式中解放出来有很大的关系，就是这种思维模式成为形式主义地全盘否定传统的重要因素。在我们反思历史的时候，这是难以回避的。因为当时从西方接受的思想的主要传统，基本上都是一元取向的，弥漫西方 2 000 余年的一元论传统，直到当代西方——如英国哲学家和思想家伊赛尔·伯林①等才将其引入终生的批判对象。我们如何对待民族主义从"对外求异"到"对内求同"的暧昧性格呢？在中国，历来学说的一统局面只不过是朝政执掌者和固陋的臣僚们的一种愿望，历史的真实情形反而是将学术思想的多元化和多样化视为一种常态。如果一个社会只有一种学术思想，这种学术思想的存在理由也就失去了。多元是中国传统学术的特点，儒、道、释三家主流是也，多元总以相互吸收为条件，而历史又表明不仅仅因为各家的保守性阻滞社会发展，还由于传统社会的多元文化制衡形成的表面张力，减缓了社会结构变易和更新的速度。这又是一个悖论，但在艺术上当作别论。

二、第二转型期（20 世纪 80 年代—现代）

　　在经历了新文化运动的洗礼之后，中国画艺术本应得到大解放，沿着开放的道路发展，可是接踵而至的是长期的战乱，特别是日本对中国的侵略战争，阻断了中国画

---

　　①　伯林深信，人类追求的目标和价值不仅杂多，并且相互冲突。这些价值无法形成一个高下各有定位的层级体系，也缺乏一个可以共量的尺度。价值冲突不仅在团体之间与个人之间都存在，在每个人的内心也会爆发。因此，即使是平常人的日常生活，也注定充满着疑惑、将就、矛盾、不安与永远犹豫不定的向往。可是人类无法忍受这种不确定的存在，于是产生了对一元论体系的渴求。其代价是抹杀多元与差异，将某种秩序和价值观强加于社会和心灵。

艺术的正常发展。日本对中国的侵略，是对文化的毁灭，它对中国历史和文化艺术产生的消极影响怎么估量都不为过，这笔债务日本政府永世也偿还不清。在奋起救亡的特殊时期，中国画暴露出自身缺乏战斗力的弱点，一时显得无能为力，山水画和花鸟画更是如此，它致使一些国画家改画具有斗争性强和时效性强的画种。另外，传统上崇尚真善美的中国人物画吸收改造西洋画法，开始形成自己的写实主义，参与社会斗争，首先反映了时代的真实面目，提高了画种的表现力。

战乱期的中国画画家绝大多数生存在后方，保存蓄积了深厚的创作实力，为中华人民共和国成立初期的国画发展提供了人才资源。接着，是一元期中国画的政治性、主题性、反映性诉求。这固然促进了一部分反映性中国画的发展，锤炼了中国画画家的写实能力和创造能力，使画家不再回避或脱离生活，同时使现实主义成为主流并一枝独秀。但是由于历史原因的无奈，我们未能采取开放政策，艺术也只能沿着固定的渠道前行。

其实，20世纪中国画要面对整个世界作出积极回应，须有两个条件：一是还原发展马克思主义文艺思想的开放性体系；二是要对传统文化作整体性反思，才有利于实现中国文化和中国画的现代化，否则就缺少一个根基去整合理解并吸收西方文化和世界文化，来滋养中国画的现代化。遗憾的是这一切到了80年代之后才成为可能。

（一）一元期中国画存在的问题与矛盾

所谓一元论、多元同一元论、二元论不能完全等同，而在不同领域的使用更是所指不同，尤其是不同民族的艺术这种精神领域的多元化是人类文明发展的客观存在，它既不同于唯物主义的多元论（如中国五行说），也不同于唯心主义的多元论（如德国布莱尼茨认为世界由无数的精神性的"单子"所组成）。在各民族的艺术中，不论以反映物质为本，还是表现精神为本，它们都是艺术的本元。何况不同的民族，其艺术精神，其本、其元无不千差万别。如此看来，多元化与多样化不能相提并论，因为后者没有理论意义。向往多元的理想是人类的天性，学会欣赏人类天性的丰富多彩，才能有助于艺术的发展。人类历史的意义既有难舍的怀古恋旧情结，又总有一种倾向现代性的向新力，把一切都统一到现代的合理性上。在第二特殊期（"文革"时期）中，国画既毁掉了这种向前发展的可能，也毁掉了继承和改造中国画传统的可能，泯灭了人类艺术理想的天性。第二特殊期中国画衰落的历史教训，就是使艺术成为非艺术，它甚至把现实主义这种具有无限生命力和广阔道路的开放体系和创作方法，带入逼仄的死胡同。因此，它期待着涅槃与再生，期待着再一次转型，也期待着传统艺术的复兴。

(二) 第二转型期的成就

第二转型期是中国画经历了历史的种种磨砺，蓄积了近一个世纪的能量，蓄势待发。改革开放的东风使中国画从一元封闭中重新走出来，开始规模宏大的再转型，无论画种或画科，无论中国画队伍的组成都是第一转型期无法比拟的。这一时期，苏俄的单一影响基本淡出，不只是西方而是整个世界性艺术的涌入，使多元开放期的百花齐放与传统的再回溯、再发扬成为可能。这一时期，在中外文化交流融合的背景下和发展过程中，从技法、技巧、笔墨、图式的演进到境界的扩展，表现力的丰富都是前所未有的。更可喜的是中国画培育了最庞大的创作队伍，保证了其生命力的无限延续。

中国画的生命力在于不断适应时代审美而改革、发展、创新，变旧声为新声。美学思想和审美趣味的变迁必然落实到器的改造，变革其形制，丰富其笔墨，完善其工具，扩大其体裁和题材，吸收不同画种的优势，增强其表现力。

艺术审美价值的高扬，中国画艺术的自觉，艺术本体的重视和强调，在中外艺术最高的境界上，完成了地平线与地平线的重合，画家不断把自我投射到环境中，又从作品中回收扩大了自我。通过自我本文化、本文自我化，进而又把整个社会当作本文。

(三) 第二转型的特点与问题

自由表情达意曾是附庸美学的雷区。打破束缚限制，创作不再依附外部设定，而自觉遵循艺术规律，使中国画的风格特色异彩纷呈。但获得表现自由的同时，相应地会产生种种问题。第二转型期的后期由于前辈画家的过世，中青年画家一时失祜，大师缺席，众声喧哗，万籁和鸣。随大流者多，独立风标者少。

创作与研究更多转向艺术本体、审美本质、形式美感等美的规律的探索方面来的同时，也流露出注重当代人本，忽视终极关怀的倾向；用墨惜墨如金者少，挥墨如土者多，但未失文人画崇尚笔墨的传统，笔墨这个中国画的传统基因的继承与发扬，终使现代中国画，可闻天籁，可闻霜钟；题材上，几乎无物不可入画，无景不可入画，西画的营养已化入中国画白鲨身上多油的颗粒。艺术接轨之说自是庸论，全盘西化也是杞人忧天。

遗憾的是百年来，史诗性的大作品并不多，历数下来与泱泱大国很不相称。本来人物画像如徐悲鸿的《愚公移山》，蒋兆和的《流民图》，董希文的《开国大典》，王盛烈的《八女投江》，黄胄的《风雪洪荒》，周思聪、卢沉的《矿工图》，杨力舟、王迎春的《怒吼吧！黄河》，毕建勋的《以身许国图》，李柏安的《走出巴颜克拉山》等，还应该远不止这些。山水画，如傅抱石、关山月的《江山如此多娇》，张大千的《长江万里图》，石鲁的《转战陕北》，李可染的《万山红遍》，同样稀少，愧对大好山河。花鸟画，由于题材和画种的限制，在这方面更乏旷世之作。

归结起来可以看出，中国画百年来贯穿着求复兴、求繁荣、求发展的主线及与现代同步的主线，在愿望上无论窃火者与守护本土火种者都是如此。中国画实际上历史地成了中国传统艺术精神的守护神坛，中国艺术精神是一个永恒的自成体系的天体，清代的衰落是人为的，是体制、思潮与创造群体造成的，是历史规律形成的衰变期，不是艺术精神的内核不行了。太阳的黑洞不影响其再放光明。中国画几千年来积淀下来的精华部分——气韵、笔墨、意境等等，永远是现代中国画的精魂，或以其基因、或以其血肉融入了中国画新风，实现了百年来的期待。百年的铺垫仿佛都是为了今天的繁荣。

纵观百年来，中国画问题的核心是发展，其焦点是处理传统与现代的关系，其关键途径是转型。

从历史的角度看，对待传统的两种对立的思想，最终都成为中国美术发展的必要条件；再从"发展才是硬道理"的角度看，两种思想或多种思想并存、冲突比一种思想、一种理论独霸天下好，因为前者符合辩证法。基于此，在一个新的层面上，美术界重新检验几经扬弃的古典传统，予以理性质疑和群体实践后的再确认，百年来终于完成了一个否定之否定的运转周期，为21世纪的大发展铺平了道路。

当代画家面对丰厚的艺术资源，面对纵横交错的语言符号、意义经纬织成的历史文化潜意识网络、特有的内涵，即使是那些语言符号的碎片也布满了艺术文化的苔藓和吸附，这些都足以为构筑现代文明提供万千砂石。人们可以在它最古老的源泉里找到它最年轻的活力，而绝不像世界流行的广告和大众通俗文化，是一些"本身已变得再也无法穿透的术语"，就像那些依附于商品的标签一样，成为干瘪的化石，使得作为意义载体的语言"降格为失去质量的符号"。从这个意义说，中国富有的传统艺术资源宝库作为无尽藏，又永远向现代和未来敞开着。

中国画的转型，促进了大发展，而发展正未有穷期。

本文系"百年中国画学术研讨会"发言稿，2001年10月10日写于北京

罗丹与他的欧米哀尔

今年 4 月，罗丹的雕塑名作《思想者》作为中国与法国文化交流的使者，将再度来到中国，它永恒的沉思留给世界一个象征：人类有许许多多问题需要认真地思索、再思索，不论它是天经地义的法则，还是放之四海而皆准的真理。《思想者》的艺术感召力在思想缺席的时代好像来自苍穹的启示录，如雷霆般震响，怵目而惊心，石破而天惊。

与《思想者》同样俯首沉思的是罗丹 1888 年创作的《欧米哀尔》（又名《老妓女》，现藏纽约大都会博物馆），两者不同的是，前者似希腊神话中的阿波罗，而后者却似梅杜萨；前者在做创世的构想，后者在做人生的浩叹；前者在展望，后者在追忆。

罗丹毕生与学院派的保守思想进行不懈的斗争，作为一个永不停歇的艺术探索者，在现代雕塑史上占有无可比拟的位置。在艺术上他走的是一条"返回自然"的路，他的艺术深深受到唐纳泰罗与米开朗琪罗的特殊影响，尤其是在他那些为创作《地狱之门》而准备的诸多独体雕塑中，像《思想者》《夏娃》《三条影子》等作品，无不蕴涵着文艺复兴时期大雕塑家们的精神。其中所表达的人类无穷的悲哀与绝望，在《欧米哀尔》中得到了最好的总结。据推测，《欧米哀尔》是罗丹受到了维龙所写的一首诗的启发，又从他的一个年老的意大利女模特身上所做的敏锐研究中获得了灵感。它同唐纳泰罗 1455 年塑造的那个被侮辱、被损害的《抹大拉的玛利亚》，在题材和人物塑造上都有着微妙的渊源关系。《抹大拉的玛利亚》是个摆脱了妓女生涯成为圣徒的形象，而《欧米哀尔》却是个被无奈地困于现实中、任凭命运摆布又被岁月无情抛弃的老妓。

罗丹认为他的人物雕塑与希腊作品的基本区别是，他研究个体人物的心理，不单单研究人物身体的结构逻辑。欧米哀尔枯木般干瘪的身体，颇似一尊根雕，身上满是大自然与流逝的岁月在一个老女人身上雕镂的纹理，仿佛雕塑家不曾在上面留下任何斧凿的痕迹。罗丹让弯腰曲背的"老妓女"俯首审视着自己松弛干枯的肌肤，那曾经是如凝脂、若玉石、润含春露的肌肤，那曾经是嫩如春笋的纤纤玉指，那曾经风情万种的仪态、婷婷玉立的美质，如今都成过眼云烟，成为明日黄花，成为黄昏的追忆与梦中的遐想。她毕生的际遇，毕生的坎坷，都饱含在她的沉思和低头一瞥——那曾经是惊鸿一瞥之牛了。过去的生活也许是万紫千红开遍，而如今的日子却衰老得如断井残垣。罗丹表现的不仅仅是一个作为"老妓女"的个体，而是整个人类的悲哀，因此

238

才具有永恒的心灵的震撼。

罗丹被称为塑造人类灵魂的艺术家，被誉为雕塑界的摩西。埃米尔·格瑙尔认为，是他把这门艺术引出了茫茫荒原，领上了希望之土。19世纪，正当雕塑艺术徘徊于漂亮的大理石雕塑、呆板的寓言人物和超凡的英雄雕像之间而濒临绝境的时候，罗丹的雕塑好像一道闪电，指出了雕塑家的双手能够不加美化地塑造出普通人物的英雄气概。这种英雄气概来自赋予肉体以尊严的、人类不可征服的灵魂。

在塑造人体时，罗丹有时故意突出被当时习俗判定为丑的东西，例如皮肤上的皱纹、迟钝的五官以及扭曲的肌肉。而从《欧米哀尔》人们可以看出，恰恰是这些所谓"丑"的东西，被其转化成了艺术"美"。从那些跳动着的、常常是极度痛苦的形象中表现出来的却是人的灵魂，是不可抗拒的生命力。在他那里，人体是生命的象征，罗丹借赤裸裸的人体来表现他要表现的一切。这仿佛应了塞万提斯的名言："我赤裸裸地来到人间，亦须赤裸裸地离去。"这也许因为赤裸裸最能将一切虚伪的面纱剥落，揭示人类的真善美与假丑恶吧！

倘说《思想者》为现实的处境所困惑，为世界的不公困惑，为社会的压迫困惑，为人生而困惑，为一切疑惑与不解困惑，故而在沉思……而这一切的一切，只要人类认真去面对，去思索，神灵也会在一个思想者面前发抖。思想者所蕴含的生命的意义在《欧米哀尔》中同样深切，因为《欧米哀尔》也在沉思。

化丑为美是个有意味的美学问题，它从一个特定的方面概括现实的审美特性。现实生活中的丑在一定条件下能够与人形成特殊的审美关系。艺术美是对现实审美特性的反映与转换，因此现实中的丑可以成为艺术创作的题材，经过艺术家正确的审美评价和艺术创造，丑可以在艺术表现中转化为艺术美，获得审美价值。不是描绘的对象变美了，而是艺术家注入的灵魂，引起审美一样的震撼。

亚里士多德最先提出艺术可以化自然丑为艺术美的思想，认为给人痛感的事物如果能在艺术中得到忠实的描绘，就会给人快感。此后，布瓦洛认为任何丑恶的事物经艺术模拟出来都能供人欣赏；鲍姆加登认为丑的事物在艺术中可以用美的方式去认识和反映；康德认为艺术美优于自然美，因为它能把自然中本来丑的或令人不快的事物加以美的描写。罗丹认为艺术必须表现性格才是美的，自然中的丑往往比美更能暴露性格，因而自然中越丑，在艺术表现中就可能越美。丑毕竟不同于假与恶，当它仅以感性形式进入审美领域时，就具有积极的审美价值，像中国园林中的太湖石，像罗丹的《欧米哀尔》。

实际上，历代的美学家对这个问题的阐释都未尝切中问题的实质。因为艺术不论以美为题材，还是以丑为题材，都是人的创造物，都是人的本质力量的对象化，都是人的本质力量以美的形式且融入了强烈的情感色彩因素之后对象化了的产物。这种产物就是艺术品，它产生的过程天然地获得了审美价值，因为，它被注入了人性与引起悸动的精神与灵魂。我们在诸多原始艺术以及罗丹的《欧米哀尔》中均可得到明示。不是吗？

历代《九歌图》析

　　屈原的《九歌》，是我国文学中别具异彩的瑰宝。自其出现2 000多年来，被人们传唱不歇，勾起了无数画家的兴致，以致描绘《九歌》的画家几乎代有人出。最早画《九歌图》的画家见于记载并有画迹可考的是宋代的李公麟（见《宣和画谱》），他以白描画《九歌》人物，扫去粉黛，淡毫轻墨，素雅冷峻，被称为"精密遒劲，用笔如屈铁丝"。这种"不施丹青而光彩照人"的白描画法以其线描上的飘逸、衣褶上的顿挫变化，见出他的风骨特立。李公麟的白描一出，"白画"在画史上就明确地成为一格。他的《九歌》构图简洁，形象生动，颇得后人崇奉，于是群起临摹，南宋人临仿的就有好几卷。赵孟頫的摹本已流散在国外，元代人物画家张渥临摹或创作的白描《九歌》图有创作年代可考的至少就有四件。他以李公麟之无景本为依据，吸收有景本的某些长处，加进了不少自己的创造，笔墨苍劲古雅。可见，古人的临摹并不为原作所拘谨，而是往往在原作的基础上有所发挥，这就是元人学古善化的表现。论其特色，吴升说他："人物景象，别具思致。"（《大观录》）但他基本上没脱出李的路子。衬景简约稍嫌单调，除《山鬼》《国殇》做了环境气氛的渲染外，其余篇章仅略事程序化的云水勾勒。所不同处是张渥将忧伤憔悴而仪态坚毅的屈原像作为表现内容之一，寄托了画家对诗人的尊敬与同情，这是李龙眠原作所未见的。他的做法为明代陈老莲所仿效。陈的《九歌图》更为简洁，全舍其背景及其陪侍人物，突出单个神祇，只见他"躯干伟岸，衣纹细劲滑圆，用线如斫金钗，森森然如折铁纹"，兼得李伯时、赵子昂之妙。其中所塑造的屈原像，至清代两个多世纪无出其右者，这是他当时认真研究《离骚》和《九歌》、有感于怀的结果。明亡之后，陈洪绶怀念故国，心情沉郁悲凉，时而吞声饮泣，时而纵酒狂歌，足见爱国诗人屈原与画家的心灵是息息相通的。

　　以《九歌》为题材的作品，现收藏于中外博物馆和私人家藏的尚不下几十卷，其中不乏佳作。南京大学所藏《九歌》一卷，徐邦达先生认定是明初的作品。卷中《湘夫人》一图工笔、白描与写意并用，尤其生动新颖。两个白衣妃子似精美的大理石雕，飘然打坐于暗灰调子的云水秋风之中，若清水出芙蓉。飘飘欲仙的风致，加之杂树摇曳，葛藤披拂，竹木萧萧，残荷依稀，霜叶零落，更突出了人物绵长悠远的情思。虚虚实实，笔笔着意，气韵顿生处，嫣然欲活，成功地再现了"袅袅兮秋风，洞庭波兮木叶下"的意境。可以看出，明代人就已注重环境与人物混为一体的描写，使之为特定的人物韵致意境服务，化景语为情语，说明国画的表现手段在不断丰富。

号称有明一代人物画"第一大家"的仇英，曾促进明代风俗人物画对宗教画的取代。可惜，他所绘的《九歌图》世已不传。

清初，肖云从的《九歌图》风格疏秀，亦以白描为之。人神杂处，将东皇太一、云中君、东君作为天神单独描绘，重在渲染其在祭祀的场景中降临人间的一刹那；而湘君和湘夫人、大司命和少司命则作为对偶神描绘在同一画面；河伯、山鬼、国殇作为地灵与人鬼各自独立；《礼魂》为一巫女手持春兰秋菊挥手遥望空中向速逝的众神致意的送神情景。肖云从《九歌图》的独创之处在于强调刻画了神灵和人物的动态，增强了作品变化飘忽的风韵。肖云从受到杜薰的影响不小，杜薰画山水外，常作白描人物，他的《九歌图》早于肖云从大半个世纪，人物极有情趣，而且笔意潇洒有逸致，富有文人画特色。肖云从也是山水人物兼善，曾绘《离骚图》64 幅，寄有一定政治寓意，他在《九歌自跋》中提到："取《离骚》读之，感古人悲郁愤懑，不觉潸然泪下。"显然他的《九歌图》与同时代的陈老莲一样都是有所感而画。

总之，从李公麟到肖云从的《九歌图》，大致不外两种面貌：一种是有景本，依原诗情节展开画幅，或者截取诗中的一个场面，既描写天上的神灵，也描写地上祭祀的巫祝，同时象征性地点染了神话活动的环境；第二种为无景本，亦即所谓绣像式，着意人物性格情态的刻画，或简略施以云水、花草、山石。

他们通过各自不同的理解去进行艺术处理，如张渥即把《九歌》原诗作为屈原被放逐江南以后有所隐喻与寄托的诗篇，基本上是从王逸之说。据其同代人贝琼的著录亦可见此意，他说："屈原《九歌》……比兴之间，致意深矣……今叔厚又以其辞求其意，使现其象而求其心。"

然而这种比兴之间的"致意"，尽管画家做了各种努力毕竟是朦胧难期的，它较之象征某种抽象概念的寓意画更为隔膜。而以直感性的可视形象去彰显抽象难言的隐喻往往不济，充其量也只能表现某种意境和情绪。因此，好多画家只以塑造具有个性特征的典型形象和与其形象相协调的典型环境去表现原作的诗境和氛围为职责。

历代的《九歌图》像《九歌》一样千载流传，并且代代有所进步，有所发展。随着对《九歌》理解的日趋深刻，其内在本质的光辉也就更加灿然洞照。从古今《九歌图》的发展演变来看，是愈来愈重视人神之间情感的交流，更重视描绘虚无缥缈的神鬼同人间生活的联系，赋予那些神祇以更多的人情味，赋予他们的行为以更多的自由，这一切都无不寄托着其对人世的向往与追求。

历代的《九歌图》在艺术上为后代的《九歌图》提供了无比丰富的经验，为《九歌图》的新创作开辟了道路，前人的功绩是难以泯减的，对于它们的艺术价值与审美价值，应给予充分的肯定。在这一点上，前人已备述，冗余不赘。但是，它们艺术表现上的种种不足也是极其明显的。像采取那种绣像或给绣像加布景的画法，虽历代名家尽其所长，力求以富有表现力的线条、强调用笔的潇洒、重视人物形象的气韵生动，以表达原诗的境界。然而，由于表现手法的限制，以及对《九歌》内容理解的深浅不一，其绘画效果终究不及原诗生动华赡，更没有成功地表现出原诗独特而深厚的浪漫气息，与《九歌》富丽的色彩和无穷的韵味相比，竟显得淡薄与苍白，很难谈到体现了原诗的再造。因此，自明代的一些不见经传的画家起，近至肖云从就已经不满足于古代画家的表现手法，代代做着力争突破的努力，可惜他们也无力脱出窠臼。

时至近现代。几位精通中西画法的画家也曾尝试过以新法绘制《九歌》中的人物。如徐悲鸿画过《山鬼》，傅抱石画过《湘君》《湘夫人》。两位大家于人物神态的刻画，作为个别形象的传神写照，自然各有千秋，值得称道，揉进了新的气息。但他们不大注意屈原诗中人物的本来的真实面貌，而更偏好自我抒情。

考察古往今来有关《九歌》的绘画作品，比起它们赖以创作的文本《九歌》来，不免相形见绌，其原因大致有这几方面：

一、屈原的《九歌》艺术上完美卓绝，它文采辉跃，激荡淋漓，赏其曲，则不同凡响，赋之色，则浓淡参差，富丽深沉的想象和郁勃的情感世界绚烂难描。忽而写意，忽而写实，把无羁而多义的浪漫思维与最为炽热浓烈的情怀浑成交响，回旋激荡于神话人物的活动之中。作品敦厚、飘逸、俏丽互见；情味、意象、气韵并生；借鬼神为表征，寄深远之意绪；假天地驰想象，状万物以抒情。在诗中，情感是形象的灵魂，而情感又是在不断波动的。画家很难从变化万端的神灵活动中抓住某一代表性的瞬间，作为契机去表达全诗的韵致风采。

二、读者对《九歌》内容的理解往往大于画面的容量，山鬼盘丽的豹狸攫拿，河伯词章的虬龙腾骧……桂舟兰枻，贝阙珠宫，湘女怨思，国殇激扬……在读者的心目里混成一个神话－历史－现实五色斑斓的艺术天地，这样一个在时、空概念上都是立体的四维空间世界是很难在画面上表达的。

三、如何将（九歌）通过人物动态所描绘的情态之美转化为画面空间景象凝定着动态的静穆之美，既要表达现实世间的生活情意，而又带有超越现实的神秘难测就更为不易。画不能占有诗的全部广大领域，也不能要求与诗完全一致，若不考虑到画在多大程度上能表现一般性的概念而去阐释诗歌文本，就会变成一种随意任性的发挥。

四、作为浪漫主义的文学作品，绘画若纯以写实的手法表现，多半不济。历代的《九歌图》大都失之于"浪漫"的不足，故无法比美于诗歌，而在绘画本身的表现上，浪漫主义手法远远没有写实那样完备。

五、忽视典型环境的描写，使性格和情感，尤其意境和氛围的表现大为逊色。当然，背影的简约甚至以无胜有，曾成为我国艺术门类的优点，在传统戏剧和绘画中都有很好的范例。但它却不能适应一切艺术内容的表达，不管计白当黑也好，背景道具的一以当十也好，都是以能引起欣赏者的联想和想象为前提的。只有在突出个性特征、具有特定典型意义的形象和相应的环境中，才可涵盖扑朔迷离的神话内容，人们才会从有限的个性形象、有限的环境中领悟无穷的"景外之景""象外之象"来。否则，对华藻繁缛的内容表现必然产生局限。南京大学藏本之所以气韵不俗，就因为其着力渲染了环境，全篇浑然一体，灿然生辉，这是无景本难以比拟的。另外，画中无法描绘的情境而需读者意会得之于画外，就必须在画中画出这种境界才行。那种超越形象本身固有意义的象外之"旨"，弦外之音才是作品的深远内涵。同石谿齐名的程正揆在他的《青溪遗稿》卷24中记载过一次同董其昌的谈话："'洞庭湖看秋月辉，潇湘江北早鸿飞'华亭爱诵此言此语，曰：'说得出画不就。'予曰：'画也画得就，只不象诗。'华亭大笑，然耶否耶？"

由此可见，历代的画家当其再现诗的意境时都感到棘手。文字艺术独具的本领，断非造型艺术所能仿效。在这种情况下，有的画家就删略大要，力求简约，回避那些难处；有的则采用多种表现方法，或避实就虚，或避虚就实，弃短扬长以弥补造型艺术自身的弱点，发挥那些使文字艺术无法复制的独特效果。

一、以往的《九歌图》从实质上看，并未真正反映《九歌》的具体内容，多半只是抽取了类型化的形象。《九歌》中的神祇出现的时代、环境及性格的差异性是很大的，而历代的九歌图大都以画家同代帝王将相、高人逸士的容仪为模特，缺乏神话人物本身的时代特征。应该说，有关《九歌图》的造型艺术尚处于较为古老的阶段，与原诗很难相称，故有的只好借助于题诗来补救。正如宋末诗人吴龙翰所说："画难画之景，以诗凑成，吟难吟之诗，以画补足。"（曹庭栋（《百家诗存》卷19）

二、俱往矣，像《九歌》这样场面恢宏、内容煌煌雅丽、衔华佩实的诗篇，如无开阖自如的手笔，实不足反映其一隅。如果今天的画家也像古人一样，以闲散的士大夫形象去画《九歌》，那就会使之成为毫无价值的现代"古董"。

三、对于艺术领域的新开拓，对于美的新阐发，以及在古人经验与教训的研究基础上，加以重构，当会是有意义的。因为考察整个美的历程，它的轨迹毕竟是指向未来的，每一个时代总是赋予艺术以自己的新特色。

四、青年画家李少文新《九歌》的创作可为一例。他借鉴石窟壁画艺术的优良传统，吸收了外来艺术的新经验，克服了刻画人物程序化的通病，弥补了创作手段上的单调不足，在寻求与《九歌》相适应的浪漫主义表现方法上做了新努力，他那明丽交织的色彩、自由奔放富有生命力及韵律感的线条、生动的形象、别致的构图再现了《九歌》变幻莫测的内容。它与历代的同类画作相比，不论在人物形象的塑造、传达原作的精神、表现具有神话气息的氛围方面，还是内心感情的抒写方面，都有所前进、有所发展、有所提高，甚或表现了前无古人的新风格。

作为以古典名著为蓝本的绘画，忠实于原作，尽量形象地再现原作的精神和特色，应该是画家努力追求的目标。当然，绘画与文学都各具自己的艺术语言和表现方法，但绘画若以文学为张本，就要调动自己一切相应的艺术手段以完成上述任务。在这一点上，倒同由古文学改编电影的工作大体相似。在这里，重要的在于解决再创造问题，绘画不可能亦步亦趋地照描文学。问题在于如何发挥造型艺术的特点，愈是强调其同文学艺术表现手段的差异，往往愈符合文学原作的精神。绘画触动着人们心灵中最隐秘的弦，激起那种文学作品表现得很不鲜明，以至各人按自己的体会去理解的感情；绘画能真实地把我们带到这些感情的世界中去，好像法力无边的魔法师，把我们吸引到自己的翅膀上，腾空升起。

李少文注意到这一点，例如他画《东君》——《九歌》中的东君是作为太阳神歌颂的。画中则着意刻画了他"举长天兮射天狼"的形象，东君被处理成炽热红亮的男裸体，正拈弓搭箭射向天狼星。画家努力渲染其光热迸发、精力充沛的壮美，以及勇武不凡地与邪恶开战的雄姿。他是一团火热的精灵，喷发着熊熊烈焰，旋转于太空，斥退黑暗，给周天以光明温暖。他是保护人类的朋友，又是有性格的原人类在同大自然中的黑暗搏斗中发生发展的象征。画中箭犹未发，远方的天狼星已作狼奔豕突状。那种盘马弯弓、引而不发的情景，更能产生撼人的气势。

东君的造型具有深刻的内涵之美，融合了古先民在洪荒时代狩猎者的形象、羿射九日及普罗米修斯盗天火的精神、中国宗教中的力士天王象、民间传说的钟馗，以及西方雕塑（如古希腊阿法伊阿神庙三角楣上的《弓箭手赫拉克勒斯》及源于此的法国布尔德尔的同名雕塑等）描写性格美特质的表现方法。此外，在文学作品中、戏剧舞台上张飞、李逵等典型人物的造型特征，都给作者以有益的启示。比起历代九歌图中将东君处理成士大夫型的宽衣博带是大异其趣的。另外，他的画面空间似乎在上演着一出神话剧，从曙光初泛时驾龙车树云旗的出游，揽辔疾行于天海之上，青云白霓，朝晖喷涌……到援北斗酌桂浆的入夜景象，以及那大醉时弓亦在握的豪气，让人感到那是一个永不休战的勇士。

这样，作者不但将原诗中的主要情节形象地概括无遗，而且将太阳这个自然中的客体的运行做了既是神话的又是人类日常感知的描绘。我们中华民族的这个太阳神是可敬的，又是可亲的。

将人物放到特定的历史环境和自然环境中去塑造是新《九歌》的又一特点。如画河伯，《九歌》中写了河伯与洛神携手游九河，登昆仑，怅然忘归。入水见贝阙珠宫，鳞屋龙堂，而后乘白龟、逐文鱼下南浦，还有依依相送，充满友好爱恋的一次旅行。画中则同样强调了人物的游荡嬉戏、江河的波涛涟漪，还有鱼群的追逐奋游那种欢快的情绪。也许因为他们是水神或者那个时代还没有完整的衣服吧，因而画家在他的人物装束上只给了一块遮羞布。而在《湘君》和《湘夫人》的处理上就是另一种情景。由于传说中将娥皇女英的故事与之附会在一起，新《九歌》虽然采用了这一流行说法，那么她们的时代似已有了精神和物资的文明，所以湘夫人从服饰到神态都表现了仪态万方的王妃容仪。

人物画中，情与神是造成气韵生动的主要因素，突出情感的表达是新《九歌》成功的根本所在。德拉克洛瓦在评论前人杰作时曾说："这些巨作所以完善，正是在于它们罕见的表达力。有些作者和批评家在伟大的作品看到一些次要的成就，他们赞赏拉斐尔的素描、鲁本斯的色彩和伦勃朗的明暗。不，一千个不，实在并非如此！"

情感性比形象性更具审美的艺术性能，是中国文学艺术相当突出的民族特征之一。李泽厚认为，传统艺术作为反映，强调得更多的是内在生命意蕴的表达，而不在模拟的忠实与再现的可信；作为效果，强调得更多的是情理合和，情感中蕴蓄着智慧，以得到人生现实的和谐与满足，而不是非理性的狂悖或超世间的信念；作为形象，强调更多的情感性的优美和壮美，而不是宿命的恐怖和悲剧的崇高。这是我们同西方艺术在审美特征上的区别。

远古楚人那种将歌、舞、剧、神话、咒语、混沌统一在祭祀和巫术活动之的场景，是令人如醉如痴、如火如荼的。像如今尚偶尔可见于东北山区的萨满"跳大神"一样，热烈庄严，诚挚而狂野。那在神话中浓缩积淀下来的历史陈迹，那人神杂处的情景，"忽瞟渺以謇象，若鬼神之仿佛"。神化了的人以及人化了的神都内蕴和外现着原始人类强烈的思想感情——那对生活异样地热爱，幸福执着地追求，以及期望和信仰……

朱自清说："《九歌》里的人物大都可爱。"（《经典常谈》）我想原因不是别的，而是"在行动上他们是超凡的人，在情感上他们却是真正的人"（《莱辛拉奥孔》）。他们的悲欢离合惆怅和失意岂不都是人间感受的阴影在幻想世界的折射。

就说《山鬼》吧，这是《九歌》中最有人情味、最浪漫、最抒情的一篇。山鬼思念爱人的柔情千回百转，读之使人回肠荡气。她"折芳馨兮遗所思"，"采三秀兮于山间"，她痴痴地等待在山上，怅然地忘了归去，又失望地为怨恨、疑虑和忧伤悲苦萦怀，当是够缠绵悱恻的了。

古代画家李公麟、张渥、陈老莲等多把山鬼处理成男性，肖云从、徐悲鸿则处理为女性。屈原诗中描写的"既含睇兮又宜笑，子慕予兮善窈窕"。这一个秋波含情嫣然浅笑、性情谦和、姿容苗条秀丽的人当然应是女性。李少文把山鬼作为带有原始野人味的山林女神来描画无疑是更为确切的。她淳朴、真挚、热烈，代表着人类蒙昧之期的一种原始野性的美。

一些画家把山鬼弄成穿树叶的现代女裸，是有欠斟酌的，而本应该强调同大自然协调一致的粗犷。你看她穿的是"被薜荔兮带女萝"；为伍的是赤豹与文狸；借以安身的是不见天日的"幽篁"；赖以生活的是"饮石泉兮荫松柏"……显然，她的野味是够浓的了。因而，在青年画家笔下，女神山鬼黝黑皮肤，显现了她在大自然中寒来暑往、风餐露宿、雨打日晒的生活苦辛。也正是这种生活，赋予她真诚、强悍、多情的性格。眉黛欲语，顾盼生姿，其形体精神之美表现得更为真切。

再如《少司命》，是一首动人心魂的恋歌。"悲莫悲兮生别离，乐莫乐兮新相知。"诗中抒发了愿结相知又顷刻别离的悲愁，这种由于神灵往来倏忽引起的感情上的波动成了诗的主和弦。

画中的少司命是作为爱神和保护命运的正义女神出现的，似像古希腊的阿芙罗狄德而又比她的形象更为丰满。"竦长剑兮拥幼艾"，是画幅上的主调。她赤裸着上身，怀抱着幼儿，高举着长剑，纯洁、善良、端庄、秀丽，眉宇间有一股凛然不可犯的浩然之气，体现着人间向往的和平、幸福与安宁。画家集中一切美的品格于她一身，显示了美的自身价值和威力，就连狂暴无羁的彗星也驯服在她脚下。淑质英挺的丈夫气象多于风姿娴雅的魅力，在气质上辉映着胜利女神尼开和智慧女神雅典娜的丰神秀骨，人情味的浓郁展示了她性格的另一面。夜色笼罩下的少司命荷衣蕙带，躺在月下尽情地呼吸着四周沁心的芳菲，回味着幸福的往昔，夜空闪烁的星月似远方爱人的情眸，好像在无言地倾诉新相知时的欢乐、分离的悲哀和别后的焦盼……在画面下部则描绘了咸池沐浴，梳理长发，"望美人兮未来，临风兮浩歌"的情景。如果主要形象表现了她的阳刚之美，而两个深景情节则昭示了全部贞静羞怯的阴柔之美。整个画面的调子莹洁雅丽，金碧辉煌。画面萦回着的是一首爱的颂歌。在她身上，代表着一种新的审美趣味、理想要求、一种对世间生活的肯定，以及对传统宗教束缚的挣脱——从观念到情感、想象的解放。

而湘君、湘夫人那种望之不见、遇之无由、期之不来、来之不得，那种歌舞笙箫也无法排遣的一怀思绪，那种美妙而略带轻愁的人物形象则又是另一番情调。

在表现技法上画家善于融汇古今，是新《九歌》的又一可贵之处。

《国殇》以小小的尺幅描写了一个悲壮的古战场，虽尺幅不大，但可见之壮烈，撼天地而泣鬼神。占据主要画面的是带长剑挟秦弓腾跃于疆场的楚国骑兵，他们以特写的近景出现，在画面的"多维"空间里，以全息摄影的手法描绘了战场的全景：敌兵如云、旌旗蔽空、车轮交错、短兵相接、战鼓雷鸣、尸横遍野、鬼泣神惊的场面，以及"首身离兮心不惩"那种舍生忘死、生为人杰、死为鬼雄的气概。

反映这样一个壮阔的场面，如太写实反而不妙，不如以虚代实。采用场景互相重叠错织、对垒交混的办法，给人号角连营、千军万马鏖战的感觉。

这里浑朴的汉代画像砖和画像石艺术的影响清晰可见。高度夸张的形体姿态、单纯简洁的整体形象、飞扬流动的瞬间状态所表现出的力量、运动和速度感及由此而形成的气势美，都是汉代艺术所固有的。《国殇》上人物不是以其精神、心灵、情感、个性等内在意兴灿烂于画面，而是以对世界的直接的外在关系，那整个的行动，以逼真及由此而构成的咄咄逼人的气势打动人。汉画像石尽管代表着汉代艺术的美学风格，而楚、汉文化天真狂放的浪漫主义气息却是相通的，以此去表现《国殇》，恰收筌蹄之效。

不似古人，胜似古人。这是历史发展的必然。李衎在评文同画竹时说："文湖州最后出，不异杲日升空，爝火俱息，黄钟一振，瓦釜失声。"

李少文《九歌》的新颖之处，确为历代所未见，当然它也不是尽善尽美。艺术表现上的不少问题还有待商榷。但是，他的一个最大的优点是对《九歌》有自己的真知灼见，对传统更有与众不同的理解。他所重视的显然是关于美和审美的规律，而不是细枝末节。他善于吸收和借鉴各种表现形式，化为自己别开生面的艺术风格。无论光与色的运用、线条的组合，还是人物形象夸张与变形，构图机巧，色彩的调整等方面都吸收了不少现代手法，以营造神话特定的气氛和视觉上的特定意象。作者对这一切现代手法的运用，不脱离民族传统的基础，在总的格调上仍不失民族的个性特色。以上对历代《九歌》做了一次浮光掠影的巡礼，使我感到中国画在走着一条越来越宽广的路。屈大均写庐山瀑布的诗说："七十二溪成一瀑，合流飞落玉渊长。"那飞瀑溅落的壮观实出渊源有自，用来说明文艺现象亦颇贴切。作为文艺中的渊源，依然是社会生活，而传统则是不断变动的创作溪流的河谷，艺术的发展是在不断地细流中前进的。对于传统又有个否定之否定的过程。当然，我们不会以现代的水平去贬抑古人，因为那违反历史唯物主义观点、历代的艺术作品无不受到每一历史时期社会生活的制约和影响，甚至连《九歌》这样的神话题材作品也无法例外；我们也很难拿当代作品同古代作品比优劣，显然若没有石器时代的彩陶就很难谈到青铜器、唐三彩；以当代罗盘的精巧去比较指南车的粗笨当然是无聊的。然而，我们分析古艺术成败得失的原因，鉴别古今艺术的异同，为发展今天的创作服务，却是势在必行的。

传统是一种文明的积淀，为新的文明提供基础，同时也为文明的新发展成为无形的羁绊。所以艺术的发展，是在不断地破坏传统同时又继承传统的更替不居的运动中前进的。李少文的《九歌图》同历代《九歌图》的演变，正是推陈出新的结果。

1980 年写于中央美术学院，《新美术家》1996 年第 2 期转发

北京油画史略

　　油画起源于欧洲，其绘画原理与技艺和中国画迥别，它用易于干燥的油料调和研磨过的颜料进行绘画。由于油料易于调和色调，故能充分地表现出物体的质感和丰富的色彩效果。油画可分透明、半透明及不透明等画法。以油画颜料绘画源自15世纪的胶粉画技法，经扬·凡·艾克兄弟改进后传入意大利，促成了以色彩著称的威尼斯画派的发展。17世纪以前的油画方法大致分为佛兰德斯和威尼斯两种，以后历代绘画大师，诸如贝鲁吉诺、拉斐尔、达·芬奇、贝尼尼、提香、乔尔乔内、委罗内塞、委拉斯贵支、伦勃朗、鲁本斯、列宾、苏里科夫等都对其画法有所增益和发展，遂成为具有世界影响的画种。

　　西方的油画尽管16世纪末已经传到中国，但是它的存在只是局限于宫廷与个别教堂。油画真正成为中国绘画艺术的组成部分还是20世纪的事情。随着新文化运动的兴起，国人开始主动地接纳涌入国门的西洋文化，并且不断派遣留学生出洋学习。于是西学东渐和五四运动构筑了中国文化的新格局。正是在这种环境下，油画和新诗、话剧、歌剧、电影、芭蕾舞、西方音乐一起带给中国文化以新景观。20世纪是中国油画家学习并自觉地把西方油画移植入中国艺术园地使其生根成长的历史时期，并由此开始了艰难探索的百年苦旅。百年来，经过五代画家的不懈进取，中国油画在民族化的道路上创造出不可磨灭的业绩。北京是个移民城市，它的多数成名画家来自全国各地。故20世纪的北京，无论作为废都时期，还是作为京城，都是最伟大的文化艺术中心城市，尤其是中华人民共和国成立之后，油画在这个城市的成就影响着全国。

一

　　明万历七年（1579），意大利耶稣会教士来华在广东传教，所带来的圣像画标志着西画传入中国之始。明万历十年（1582），意大利天主教耶稣会传教士利玛窦（Matteo Ricci，1552—1610）来华，起初亦在广东一带传教，同时传播自然科学知识。明万历二十八年（1601），他来到北京传教、讲学，并将天主像一幅、圣母像二幅及其他礼品奉献于神宗皇帝，这三幅最初传入北京的圣像画被供祀于宣武门内天主教堂。随后葡萄牙人罗儒望、日尔曼人汤若望等来华，亦将油画等西洋美术陆续带入中国。

到了清代，欧洲传教士供职于清廷的"画作""画院处"。他们在清帝旨意下，创作以描写朝廷政治、军事、文化活动为主要内容的美术作品，为皇家园囿建筑绘制装饰画。欧洲画法的传入受到清帝的赏识，也使不少画家在中国画中融进了西法，如清代著名画家焦秉贞在其《仕女图》册中、冷枚在其《养正图》册中均成功地运用了透视学原理。

意大利人郎世宁（Giuseppe Castiglione），自康熙五十四年（1715）入京觐见康熙，奉命学习中国画，并作油画。同时，传授油画技法，其徒弟有张为邦、林朝楷及匠人班达里沙、查什巴等 14 人，可惜这批徒弟在油画创作方面并未形成气候。郎世宁一方面运用学习到的中国画绘画技巧对西洋画法进行了大胆的改革，另一方面他也以西洋画法为本、中国画法为用，创造出具有中国风格的郎氏新体画，而纯粹的油画作品倒被湮没了。据史载，郎世宁在紫禁城及诸皇家园林画过大量风景及动物花鸟题材的油画，可惜一一毁于战火，故宫博物院仅存《太师少师图》（子母狮）油画一件。郎世宁历经康熙、雍正、乾隆三朝，在清廷供职长达 51 年，为清朝画院的发展做出了重要贡献。画家丁观鹏奉乾隆喻令，也曾以郎世宁为师，学习油画技法。据清宫档案记载，乾隆三年（1738），"同乐园戏台上着丁观鹏画油画烟云壁子一块"。还有王幼学、张为邦、戴正等也是郎士宁的徒弟。此外，乾隆年间在京的西方画家还有法国人王致诚（Jean Denis Attiret）、捷克波希米亚人耶稣会士艾启蒙（Jgnatius Sickeltart）等。王致诚的《绰罗斯和硕亲王》等多幅油画今藏柏林民俗博物馆。

油画在明清两代的影响还只是囿于宫廷之内，油画艺术的地位、油画家的生存与怎样生存，只能唯帝王之马首是瞻。明清两代的贡献在于为院体画开辟了中西合璧的新途径，并为后来的油画民族化问题植入了基因。

二

民国时期，是中国油画发展的关键阶段。中国现代绘画的许多端绪，必须从这里去探寻。清光绪二十八年（1902），清政府废除科举考试后，开始兴办学堂，兼容中、西绘画的新兴艺术学校应运而生。民国四年（1915），教育部批准北京高等师范学校开办手工图画专修科，学制三年，李毅士、陈师曾分任西画、中国画教员。之后，在北京及全国的美术教育和油画发展过程中起过最大作用的是北平艺专和北大画法研究会。民国六年（1917），教育部总长范源濂委派郑锦筹办国立艺术专科学校，郑锦任美术学校筹办所主任。民国七年（1918）2 月 22 日，由蔡元培发起的北京大学画法研究会成立，由该校教师李毅士、钱稻荪、贝季美、冯汉叔指导，并聘请校外专家陈师曾、徐悲鸿、贺履之、汤定之为研究会导师。它的成立，为奠定北京油画的历史地位起到不可估量的作用。

20 世纪二三十年代，北平画坛成为各派艺术交流中心之一。民国九年（1920），北京艺专聘请最早留学法国的油画家吴法鼎为教授、教务长，开始按照欧洲美术学校的正规教学方式进行西画教学。吴法鼎的作品《河畔》等现藏中国美术馆。王悦之留日归国，于民国十一年（1922）在北京与吴法鼎等组织了第一个研究西画的团体阿波罗学会，王悦之的《燕子双飞图》《台湾弃民图》等均藏中国美术馆。民国十四年（1925），林风眠为北京艺专校长，法国画家克罗多等来该校任教。林风眠在任国立北京艺专校长两年期间，竭尽全力推导中西艺术的结合。他在北京举办规模盛大的个人画展，为《世界日报》撰文介绍绘画名作，并于民国十四年（1925）举办"北京艺术大会"展出中西绘画。次年，他创作了油画《民间》。刘海粟等亦来此做短期逗留，或讲学或切磋画艺，有油画《前门》存世。司徒乔 1924 年始就读于燕京大学神学院，1926 年举办画展，鲁迅购其炭笔画《五个警察一个 0》《馒头后门前》《被压迫者》等十幅画作参加万国美术展览会。闻一多 1919 年在清华学校发起成立美术社，后留学美国，1925、1926 年间曾任北京艺专教务长兼油画系主任。1936 年，油画家常书鸿、庞熏琹留法归来，任北平艺专教授，他们都曾对北京油画界产生影响。

民国二十六年（1937）后，北平在日本侵略者的统治下，阻断了这座城市一切艺术的正常发展，扼杀了油画艺术的生机。北平艺专南迁，油画家大多转移到大后方或边远地区，北平画家生存日益艰难。

20 世纪三四十年代，北平还有几位传播西方绘画艺术的名家：

卫天霖民国九年（1920）赴日本，在东京研习油画，回国后，历任中法大学孔德文艺学院艺术部、北平艺专教务长。沦陷期间，他发起创立中国油画会，反对日本画家加入，其油画艺术既写实又有西方印象派的影响，具有寓华丽于淳朴的独特风格，他此间的作品有《全赓靖像》《母亲》等。台湾籍油画家郭柏川自 1937 年至 1949 年居京，曾发起油画社新兴美术会，其油画重笔法，有写意风神。此间，蒋兆和作有油画《一个铜子一碗茶》《换取灯》。

在民国京城画坛上，影响最大者首推徐悲鸿。民国三十五年（1946）8 月 1 日，国立北平艺专经历抗战之后正式复校，教育部委派徐悲鸿为校长。他曾赴日学习绘画艺术，后又以官费留学法国八年。他继承欧洲古典油画技巧，笔力刚劲挺健，构图创意新颖，有扎实的素描功力。此时，他以油画《徯我后》《田横五百士》名世，在京所作油画尚有《徐夫人像》等。吴作人是徐悲鸿的高足，曾留学于法国和比利时。他于民国三十五年（1946）出任北平艺专教务长兼油画教授，培养出许多优秀油画家。此时他的油画功力已炉火纯青，坚实的素描功底、丰富浓郁的色彩让他的作品极富感染力，其间代表作有《藏女负水》等。

三

中华人民共和国成立后，徐悲鸿作有油画《慰劳》《战斗英雄》《骑兵英雄邰喜德》等，曾经计划创作《毛主席在人民中》，惜未完成。20 世纪五六十年代的中国油画家，以罗工柳、董希文等画家成绩最佳。罗工柳以《地道战》名世，相继又有《整风报告》《毛主席在井冈山》等问世。1950 年，董希文开始创作《开国大典》，1953 年完成，得到中央领导的好评。

《开国大典》由于宏大的叙事、题材内容、形式处理和人物刻画的成功，奠定了其在中国油画史上的地位，被称为油画民族化的典范。但由于政治影响，作者与后继者被责令四度修改而让作品失去了历史真实性。董希文尚有《红军过草地》等作品传世，王式廓作有《参军》《血衣》等，其中《血衣》的素描稿精于油画稿，以上均为优秀的革命历史画。此外，董希文的《春到西藏》，吴作人的《齐白石像》《佛子岭水库》《黄河三门峡》，艾中信的《通往乌鲁木齐》，王文彬的《夯歌》，韦其美的《初春》，温葆的《四个姑娘》，孙滋溪的《天安门前》，马常利的《大庆人》，张文新的《间苗》，潘世勋的《我们走在大路上》等，则是两代油画家表现现实生活的优秀作品。

20 世纪五六十年代的油画受苏联油画影响颇深，尤其社会主义现实主义的创作方法一时成为中国油画家的思维定式，苏派油画的造型、色彩技巧几乎是北京油画家效仿的唯一榜样。北京与全国高等美术院校也普遍推行苏联美术院校素描教学方法，以契斯恰科夫素描教学体系—素描教学思想，严格的写实要求给当时的油画创作带来直接影响，它对艺术教育并非一件幸事。

1954 年，苏联美术院院长格拉西莫夫访问中国。1955 年 2 月，原文化部在中央美院举办油画训练班，聘请苏联画家马克西莫夫主持教学，学制两年，全国各地选送学员参加，考取的学员有冯法祀、秦征、俞云阶、王流秋、高虹、何孔德、靳尚谊、侯一民、詹建俊等近 20 名。1957 年，由马克西莫夫执教的油画训练班结束，原文化部举办酒会祝贺并举办训练班毕业作品展览，全国人大常委会委员长朱德参观展览，涌现出一批优秀的青年油画家和美术作品，如詹建俊的《起家》、冯法祀的《刘胡兰就义》、秦征的《家》、王流秋的《转移》、汪诚一的《信》等。与此同时，50 年代始，中国派出大量留学生赴苏联深造，其中由北京派往苏联的油画家有罗工柳、李天祥、林岗、邓澍、冯真、苏高礼、李骏等。程永江、邵大箴、奚静之、李玉兰留苏学习美术史论，归国后对传播苏联美术理论起到重要作用。1959 年 2 月，罗工柳留苏习作展在北京举行，并到各地巡回展出，其《紫裙姑娘》等显示了扎实的油画功底。

因博物馆的需求，革命历史画为油画展现出宽裕的空间。1958 年秋，中国革命历史博物馆邀请画家创作革命历史画，周扬、蔡若虹、罗工柳等负责组织创作。1961 年

6 月，为总结两年来革命历史画创作经验，中国美协召开革命历史画创作座谈会，罗工柳的《毛主席在井冈山》、侯一民的《刘少奇同志和安源矿工》、靳尚谊的《毛主席在十二月会议上》、詹建俊的《狼牙山五壮士》、蔡亮的《延安的火炬》、全山石的《英勇不屈》、艾中信的《东渡黄河》、董希文的《百万雄师下江南》等作品获得好评。其他革命历史画有何孔德的《古田会议》、林岗的《狱中斗争》、王征骅的《武昌起义》、尹戎生的《贺胜桥战役》等。

1960 年 4 月，中国美协主办的肖像、风景、静物油画展先后在北京颐和园、故宫展出，展出作品 157 件，由此为契机以审美为主题的画种恢复了地位。4 月，原文化部主办的油画研究班在中央美术学院开学，原计划由苏联专家主持教学，因中苏关系破裂，改由罗工柳主持研究班。6 月，第三届全国美展在北京举行，展出油画作品 99 件，其中相当数量为北京画家的作品。

20 世纪 60 年代初，北京美术界对西方现代艺术开始关注。1960 年 7 月，中国美协主办的抽象派绘画内部展览在中央美院举行，北京美术界 7 000 余人次观摩；1961 年 2 月，挪威表现主义画家蒙克展览会在北京举行。这两个展览在当时较为封闭的环境里，使中国油画家直接认识了苏派油画之外的欧洲现代派油画的部分面貌。

1962 年，北京油画家董希文、吴冠中、邵晶坤、韦其美、戴泽、潘世勋等分批远赴西藏写生，他们创作的一些反映少数民族生活的作品深受群众欢迎。

1963 年 7 月，油画研究班毕业作品展览在北京举行，杜键的《在激流中前进》、钟涵的《延河边上》、闻立鹏的《英特纳雄耐尔一定要实现》等，都有着鲜明的主题和强烈的革命色彩。

1965 年，原文化部向美术院校发出通知，禁止在教学活动中使用模特儿。7 月，针对原文化部停止使用模特儿的决定，毛泽东批示："男女老少裸体模特儿，是绘画和雕塑必需的基本功，不要不行。封建思想，加以禁止，是不妥的……"但此批示未得贯彻执行。"文革"期间，油画家受残酷迫害，正常艺术活动完全中断，卫天霖、吴冠中自毁其历年画作，中央美院举行了一次特殊的油画作品展览，许多优秀作品被诬为"黑画"。

1972 年 5 月，国务院文化组主办的纪念毛泽东《在延安文艺座谈会上的讲话》发表 30 周年全国美展在中国美术馆举行，由于相当数量的作品绘画功底差，技术上不过关，更缺乏艺术性，国务院文化组在展前只好调集部分油画家组成"改画组"，加工修改各地选送的油画作品。是年秋，王式廓修改和重画历年创作的油画，如《毛主席和我们在一起》《井冈山会师》《参军》等。董希文在病中改画《春到西藏》。卫天霖作多幅静物，如色彩丰厚的《瓶花》，寄予对生命的渴望激情，可为代表。吴冠中在下放劳动中作《高粱》《房东家》等画。应该说，这些作品各有其艺术价值。1976 年天安门事件中，曾有青年油画家留下现场写生的纪实性油画，尤为难得。

四

1978 年 12 月，中国共产党十一届三中全会召开。尤其 1979 年第四次文代会之后，美术领域迎来一个真正百花齐放的春天，艺术生产力获得空前解放。此后，油画创作队伍不断壮大，老中青三代油画家各自呈现迥异的艺术探索和艺术走向，民间美术社团空前发展，风格流派走向多样化，基础理论的研究和论争也空前活跃。画家以创作实践冲破反革命集团在美术创作上设置的重重禁区，打破了种种"左"的清规戒律。画家和观众对虚夸、粉饰的反感，对民族和个人命运的思索，使油画创作的境界有了新的开拓。

进入新时期，一些颇具规模的西方油画展览陆续在北京展出，油画重新打开面对世界（尤其西方艺术世界）的窗口。北京画家运用其得天独厚的地理优势，从西方古今油画中汲取了有益的营养，丰富了中国油画的表现技巧和能力，如"法国 19 世纪农村风景画展"等油画原作，无论风景画还是人物画，都使日久封闭的画家们大开眼界。

1978 年起，中央美院开始招收油画专业研究生，青年画家葛鹏仁、张颂南、孙景波、王垂、陈丹青被录取并于毕业后留京，他们有多年的社会生活阅历和艺术实践，成为北京油画界一支承前启后的生力军。1980 年中央美院油画研究班毕业创作展出，改变了相当一个时期以来油画作品千篇一律、风格单调、题材雷同的毛病。尤其是陈丹青的《西藏组画》，以新的角度、新的眼光观察表现西藏，朴素而深刻。是年，中央美院油画系恢复画室制，1982 年起举办油画研修班，为培养油画新人提供了良好的条件。

1979 年 2 月，北京油画家 37 人自发组办的"迎春油画展"在中山公园水榭举行。3 月，以参加"迎春油画展"的画家为基础的"春潮画会"在北海公园画舫斋成立，4 月，该社团改为"北京油画研究会"。

1981 年 8 月，原文化部和中国美协组织了青年油画创作座谈会，拓宽了艺术思维。

1985 年 10 月，中国美协油画艺术委员会成立，其中有 14 名为北京油画家。这些社团发挥了组织、联络画家的作用，促进了北京的油画活动空前活跃。

进入 20 世纪 80 年代以来，北京油画展事频繁，新老画家竞相展示个人的作品，激发了创作的繁荣。1980 年 2 月，中华人民共和国成立 30 周年美术作品展（即第五届全国美展）在北京举行，展出油画作品 131 幅。

1981 年 1 月，第二届全国青年美术作品展览评选，北京油画家多人获得不同等级的奖项。

1984 年的第六届全国美展涌现了一批优秀画作，如靳尚谊的《瞿秋白》、朱乃正的《国魂——屈原颂》等。

1985年4月，"现代油画展"在中国美术馆举行，参展的58位画家多为北京油画研究会成员。5月，"前进中的中国青年"美术作品展览在北京展出，一大批探索性作品出现，这个时期的创作实践和创作倾向史称"85美术新潮"。这一时期出现了许多群体美展，其共同之处是追求观念的更新。

1986年3月，北京国际艺苑第一回油画展开幕。3月，由中国艺术研究院和中国美协主办的"当代油画展"在中国美术馆举行，展览反映了油画家群体突破狭隘单一模式，进入艺术多元化创作实践阶段。展览的运作开创了新时期美术评论家参与展览的筹备和学术策划的风气。4月，中国美协油画艺术委员会主办的全国油画艺术讨论会在北京举行，会上提出中国油画家要为创造具有现代精神、中国特色和个性特征的油画艺术而努力。

1988年，山东部队画家何孔德、毛文彪、杨克山、崔开玺、高泉、尚丁、孙向阳等共同创作的我国第一幅半景画《七七事变——卢沟桥抗日战争纪念馆历史画》绘制成功。此画高17米、长50米，耗油画颜料近1吨，有实物模型及声、光效果，为进行爱国主义教育之大型代表性作品。

1988年12月，中央美院青年教师艺委会和广西人民出版社联合举办的油画人体艺术大展先后在中国美术馆和上海美术馆举行，反响强烈。人体艺术揭下面纱，走向社会，显示了北京油画界思想的解放。

1991年11月，首届中国油画年展在中国历史博物馆举行，该展是由《中国油画》编辑部等五个事业、企业单位联手举办，共有175件作品参加展出，王怀庆的《大明风度》、李天元的《冶子》获金奖，周向林、石冲、陈淑霞的作品获银奖。

1993年7月，中国油画双年展在中国美术馆举行，展出作品170件，获奖作品76件，凌建、刘刚获双年展大奖。10月，第二届中国油画年展在中国美术馆举行，展出作品202件。这两次展览显示出北京油画界推动全国油画发展的核心作用。

新时期是北京油画异彩纷呈的丰收期，除前述作品之外，闻立鹏的《红烛颂》、王怀庆的《伯乐》、张文新的《巍巍太行》、刘秉江的《塔吉克少女》、詹建俊的《高原的歌》及《飞雪》、张红年的《那时我们正年轻》、孙景波的《阿瓦妈妈》、李天祥与赵友萍的《路漫漫》、罗尔纯的《鸡冠花》、靳尚谊的《塔吉克姑娘》、赵以雄的《伊犁巴扎》、葛鹏仁的《归途》、高虹的《祖国永远怀念你们》、崔开玺的《长征路上的贺龙与任弼时》、韦启美的《新线》、王沂东的《古老的山村》、阎振铎的《温暖的风》、孙为民的《腊月》、陈宜明的《我们这一代》、潘世勋的《来自康巴牧区的小伙子》、张钦若的《山潭》、钟涵的《密云》、杨飞云的《唤起记忆的歌》、丁一林的《小驭手》、张重庆的《渔歌》、庞涛的《青铜的启示》、申玲的《男人·女人》、谢东明的《海边的正午》、刘迅的《金秋》等一系列作品相继问世，体现了反映革命历史与现实生活的"主旋律"与多视角、多风格探索的多样化的统一，并由以上作品也可看出写实主义始终是北京油画的主流，同时参照西方印象主义、表现主义、立体主义、抽象主义的现代性探索也得到相应发展。立足中国文化、中国现实的中国油画意识得以确立，标志着中国油画走向了成熟期。另外，有相当数量的青年油画家从外地聚居京郊"画家村"，他们的油画在国际市场上也获得了使国外画商们追捧的效应。

此文为《北京美术志》撰

美术交流论

北京与国际间的美术交流

　　各个民族、国家、地域之间的文化艺术的相互交流，是人类共同繁荣进步、提高文明程度和健康发展的一条金色的纽带和桥梁。鲁迅说："人类最好是彼此不隔膜，相关心。然而最平正的道路，却只有用艺术来沟通。"

　　北京，有来自五大洲的宾客和常驻的侨民。历史的久远和深厚的文化底蕴，使其成为一个既保守又开放的城市。800 年前，北京作为辽之陪都南京、金之中都，开始了它作为北方王朝统治中心的历史；1260 年，忽必烈决定在这里建立元大都，马可波罗称其"世界莫能与比"。15 世纪，北京一度成为世界第一大都会。除了 17 世纪的短期内，亚格拉、君士坦丁和德里曾向其地位挑战外，它一直是世界最大的城市，直到 1800 年，伦敦才超过它。其间，它与世界的文化艺术交流自然繁盛异常。

　　汉唐时代的中国是东方经济、文化中心，先进的中华文化远播世界各地。在漫长的历史发展中，中国艺术品大量输出或被劫掠到国外，广为世界各国收藏。如今尚堂而皇之地陈列在各国的博物馆里，并对东、西方艺术产生过深远的影响。其中北京在元、明、清时代，作为都城，自然成为对外交流的中心和艺术的集散地。元代有马可·波罗的游访，一本《马可·波罗游记》使元大都世界闻名；明代有郑和下西洋的壮举；清代有郎世宁、王致诚等欧洲画家的来朝……

一、展览的雏形及发展

　　到了近代，展览成为美术交流的普遍形式。美术交流，以展览的形式出现最为常见。我国正式引进、使用"展览会"一词已逾百年历史。人类最古老的展览形态肇自岩画、图腾、旌旗、祭祀、庙会等，从"以物易物"到长街"列肆"，陈列比较、交换借鉴是物质与艺术生产、发展的必要条件。中国历代王室的艺术收藏与陈列由于代代相承，代代搜集，也就极为丰富。艺术品由王侯独占逐步转为商品，交流范围也空前扩大，并由国内逐渐扩展到国外。历史上中国曾有许多展览送往国外展出，但很少有外国展览来华展出，更少有中外双边互办的展览交流活动，但独与日本展览交流源远流长。

历史上，日本艺术处在儒家文化圈中，远的不说，从日本的遣唐使、留学生开始，文化交流几乎不绝如缕。中国从唐代到明代的木刻画——包括书籍插图、画谱、笺谱、民间年画等不断发展，大量传播到日本，对日本的"浮世绘"产生重大影响，使其原来只有用黑墨印制的"墨析"以及加入红色的"彤绘"，发展成有多种彩色的"锦绘"，表现内容更加丰富。19世纪，日本走向现代化，欧洲近代版画取代"浮世绘"，反过来又对中国现代版画产生了影响。就近现代的美术交流来说，从20世纪20—30年代初，曾有过较频繁的民间展览交流活动和两国艺术家的往来。后来，只因日本军国主义者发动侵华战争，才被迫中断。

鲁迅曾邀聘内山嘉吉往上海木刻讲习会教授木刻技法，成长起来的版画家们后来不少长期在北京工作。而且，中国现代版画多次在日本展出，仅从1947年至1950年，"全日本中国木刻流动展"即在日本各地举办百余起，并在日形成中国版画热。二战后，中日两国民间艺术交流逐步发展，形成"以民促官"之势。1953年5月，荣宝斋曾举办"日本水印木刻观摩展"；11月，中央美院举办"日本版画史观摩展"……之后，几乎年年有展览交流在北京举办。

二、中外交流官方机构的设立

从清末到民国，虽然也曾有过许多官方、半官方及民间的对外展览交流活动，但从未建立长期专门从事这方面工作的官方机构。只在新中国建立后才揭开了中外展览交流史的新篇章，成为外交的一翼。主管、承办中国对外展览工作的官方机构也从此应运而生，并逐步发展、壮大，与民间展览交流活动一起为配合外交活动和向国外宣传、介绍新中国，促进中外文化艺术交流，加强我国同世界各国人民的友谊做出了重要的贡献。我驻外领使馆和国外对华友好组织、友好人士、爱国侨胞，也始终是我展览交流活动的重要纽带。当时，展览交流的重点对象自然是"以苏联为首的各社会主义国家"，但也涉及日本、印度、缅甸等周边国家。

1951—1955年，对外展览交流迅速扩展，出国展从7起增至300多起，展出国从6国扩展到34国，到1958年发展到104个国家和地区。另一方面也可以看出，当时由于特殊历史原因，造成外部封锁，内部封闭，文化艺术交流受到很大局限。

早期，在北京的画家中曾有多人随展出国交流，如华君武、米谷、吴作人、关良、李可染、林风眠、蔡若虹、江丰、古元、彦涵、雷圭元、崔子范、张仃、邵宇、常沙娜、英韬等。当然，后来更是多得不可胜数。

"文革"中，对外展览交流的桥梁一度被摧毁，1968—1970年的活动基本中断。1971年，因为我国恢复联合国常务理事国席位，对外关系横截春流架断虹，得到迅速发展，中国人民对外友好协会建立展览处。1978年，该处并入原文化部，成立中国展览公司，后几度改名，成为现今的中国展览交流中心（中国国家艺术展览公司，简称CIEA）。与此同时，整个对外文化展览交流工作逐步发展成多元化、多渠道、多层次的格局。自然，北京地区的美术交流也融汇其中，并成为主要力量。这一时期，对外展览活动达到空前兴旺，1971—1980 年的出国展共 119 起。

而改革开放以来，对外文化交流尤其美术交流空前活跃，强化精品意识、提高交流质量是新时期对外交流的一大特点；米开朗琪罗、德拉克洛瓦、马奈、莫奈、安格尔、库尔贝、毕沙罗、米勒、罗丹、毕加索、马蒂斯、列宾、达利、亨利·摩尔等世界艺术大师走进了中国，走进了北京；任伯年、吴昌硕、黄宾虹、徐悲鸿、齐白石、傅抱石、林风眠、潘天寿、吴作人、李苦禅、李可染等中国绘画巨匠走向了世界。1981—1990 年，出国展达 498 起，增加了 4 倍。同时，外国来华来京展也由 114 起增加到 269 起。1985 年是高峰年，出国展达 74 起，派出随展人员 46 人；外国来京展 36起，接待随展外宾 160 人，打破了此前一个世纪的纪录。90 年代之后，民间交流项目占了过半的比重，发展为一支令人刮目相看的巨大文化交流力量，规模和范围也在逐年扩大。另外，文化交流项目数量的增加，规模和范围的空前扩大，带来了国内文化市场的异常活跃，将之带入良性发展的轨道。

再是对港澳台文化交流工作也得到进一步加强，交流的数量、质量和水平不断提高，其中美术交流所占比重甚多。尤其香港、澳门回归祖国以后，交流渠道更为畅通。

三、1949 年前的国际交流

（一）域外文化入中原

据载，骞霄国画师来秦绘制大型喷涂壁画是域外绘画展览入中原之始，印度画师绘制洛阳白马寺等大型壁画影响深远，反映域外文化影响的陈列遍布华夏大地。"世界第一画廊"——敦煌艺术宝库等都留下艺术交流的足迹。西方文化艺术跨进"天朝"之门。同样，在北京地区的成百上千个寺庙内的宗教艺术，融会了中原与北方民族的艺术创造，沿着多种途径又向西渐。

1582 年，西洋油画和它的绘画原理，随意大利天主教耶稣会士利玛窦来华传入中国。明万历二十八年（1601），他来到北京传教、讲学，并将天主像一幅、圣母像二幅及其他礼品奉献于神宗皇帝御前，这三幅最初传入北京的圣像画，供祀于宣武门内天主教堂。其绘画原理见之于利玛窦《译几何原本引》。随后，葡萄牙人罗儒望、日尔曼人汤若望等来华，亦将油画等西洋美术陆续带入中国。

到了清代，欧洲传教士供职于清廷的"画作""画院处"。他们在清帝旨意下，创作以描写朝廷政治、军事、文化活动为主要内容的美术作品，为皇家园囿建筑绘制装饰画。欧洲画法的传入受到清帝的赏识，也使不少画家在中国画中融进了西法。

郎世宁，意大利米兰人，耶稣会传教士。自康熙五十四年（1715）入京觐见康熙，奉命学习中国画，并作油画。同时，传授油画技法。其徒弟有 14 人，可惜这批徒弟在油画创作方面并未形成气候。他一方面运用学到的中国画绘画技巧对西洋画法进行了大胆的改革，另一方面他也以西洋画法为本、中国画法为用创造出具有中国风格的郎氏新体画。这种画法在雍正年间已经形成，郎世宁在乾隆年间进一步受到重用，他创造的焦点透视画法也日渐推广。郎世宁历经康熙、雍正、乾隆三朝，在清廷供职长达51 年，为中西文化交流，特别是清朝画院的发展做出了重要贡献。[①] 此外，乾隆年间在京的西方画家还有法国人王致成（Jean Denis Attiret，1702—1768）、捷克波西米亚人耶稣会士艾启蒙（Jgnatius Sickelpth，1708—1780）等。油画在明清两代的影响还只是囿于宫廷之内，油画艺术的地位、油画家的生存与怎样生存，只能唯帝王之马首是瞻。明清两代的贡献在于为院体画开辟了中西合璧的新途径，并为后来的油画民族化问题植入了基因。到了 20 世纪，中国美术学子留洋学西画，并举办展览会，传播中国文化艺术，又成为引进西方近现代艺术的骨干力量。

光绪二十一年（1895），康有为、张之洞等制定的"强学会"章程中提出"在中国开博物院"以展示中华文化。次年（1896），北洋大臣李鸿章出访欧美各强国，参观博物馆、博览会后大开眼界，并主张在中国办博览会。之后，各种展览会在华逐步兴起，对外交流的开展、深入与展示手段也不断丰富。在中原文化西渐的过程中，游牧民族、远征商人、外交官、僧侣、学者等是向域外展示中华文化的先锋。先进的中华文化远播世界各地，中国艺术品大量输出国外，广为世界各国收藏陈列，并对西方艺术产生强烈的影响。

中国参加早期万国博览会的概况：这一部分同"展览"部分重叠处从略。

清咸丰一年（1851），英国举办第一届万国博览会时中国政府即应邀参加，是我国最早的出国展览。

1910—1915 年，我国曾参加美国、比利时、德国、莱比锡等地万国博览会，并多次获奖。

民国四年（1914），在美国的"巴拿马太平洋万国博览会"上，中国首次派设计施工人员到现场建"中华馆"及北京牌楼、茶亭等。我国展品中有大量工艺品、美术作品，颇受好评，并获奖。

1930 年 5 月，我国参加比利时王国为庆祝其独立 100 周年而举办的万国博览会，花费 10 万法郎修建"中国陈列室"，并派褚民谊、刘锡昌、农汝惠、田守成等组成官方代表团前往。该博览会 5 月 3 日开幕时，中国陈列室尚未竣工，我国著名画家方人

---

① 编者注：此段文字虽部分与第 252 页第 3 自然段重复，但为保持作者李起敏先生此篇文章的完整性，特此保留。

定的作品在本次博览会上获金奖。

1933年，我国汇集大量展品参加美国芝加哥的万国博览会。在芝加哥万国博览会上特建大型"中国馆"，广泛吸引参展单位前去。

民国元年（1912），国立北京历史博物馆（中国历史博物馆前身）建立，倡建者为蔡元培、鲁迅。蔡元培任北京故宫博物院董事，后任理事长，为故宫博物院的早期建设做出了重大贡献。鲁迅时任国民临时政府教育部社会教育司第一科科长，积极从事其主管的博物馆、美术馆、图书馆、群众美术教育等工作，1912年亲自考察、选定该馆馆址。国立北京历史博物馆藏品曾参加1913年德国莱比锡"万国文字印刷术展览会"及1926年比利时国际博览会，并为1935年和1940年在英国和苏联举办的中国艺术展览会提供展品。

民国三年（1914），金北楼倡议在故宫武英殿建古物陈列所，集中热河、沈阳行宫珍贵文物陈列于武英殿。此次展览增加了外文说明，众多外宾参观，广受赞誉，后这些文物参与多起出国展览。珍贵文物原件保存于宝蕴楼，以复制品长期陈列。

民国十四年（1925），故宫博物院开放。筹建故宫博物院初期，末代皇帝溥仪等尚在故宫。故宫博物院第二任院长马衡多有贡献。馆藏曾参加英国、苏联举办的中国艺术展览会。

中国艺术国际展览会1935年由伦敦英国皇家学会发起，中英两国政府批准，多国参加。英国专派军舰往返护运中国展品，展品达3000余件，在伦敦展出百日，现众达42万，形成当时西方的"中国热"。

（二）早期的美术院校、民间美术社团及其展览活动

1920年，金北楼在北京创办的"中国画学研究会"及后来的"湖社画会"成为北京从事对外艺术展览交流活动持续时间最长、影响最大的民间美术社团。

1920—1926年，连续举办四届"中日绘画联合展览会"，轮流在中日两国展出。

1933—1936年，在德国、英国、法国、加拿大等国举办"中国画展览会"；1927—1936年间，出版《湖社月刊》百期，除国内还发行到日本、美国、加拿大、北美、泰国、东南亚等36个销售点，颇具影响。抗日战争爆发后，《湖社月刊》停止活动。至80年代，《湖社月刊》又在北京、沈阳、台湾复兴，再度展开对外展览交流活动。

1923年，我部分留法勤工俭学学生在海外成立"艺术运动社"。1924年，该社在斯特拉斯堡举办"中国美术展览会"，1925年筹备"中国艺术展览馆"，参加"巴黎工艺美术博览会"。

1933年，徐悲鸿去法国、比利时、意大利、德国、苏联举办"中国绘画展览会"，向国外介绍中国的传统绘画和新兴美术运动，该展览会5月10日在巴黎国家博物馆举行开幕式，参加开幕式的竟达3000多人，法报刊有关报道达200多篇，法国大文豪保

尔·瓦洛里亲写评介文章，观众达 3 万多人次。在意大利展出时，被意方称为"自马可·波罗之后意大利和中国之间最重要的文化交流活动"。在欧洲其他各国展出时，曾为满足观众的需求而开辟了四个"中国艺术展览室"。

三、新中国成立后的中外美术交流

1949 年 11 月 1 日，原文化部设对外文化联络事务局，统管对外文化交流。后因对外交流的迅速扩展，联络事务局 1951 年 3 月被划归政务院文教委员会。与此同时，原文化部设对外文化联络处，并于 1952 年吸收华北大学美术供应社部分人员建立人民美术供应社，承办对外展览工作。1954 年，该社又划归中央美术学院。1958 年，外事体制改革后建立的对外文化联络委员会宣传司、展览工作室和特稿图片社等，负责对外交流。

"文革"前 17 年，为向世界宣传并介绍新中国，出国举办展览共 170 多次，平均每年超过 10 次；举办外国来华展共 160 多次。此外，还出国举办小型橱窗图片展数千起，在华举办外国橱窗图片展数百起。

1950 年，"新中国展览会"在莫斯科、布拉格、华沙、索非亚、地拉那、布加勒斯特、布达佩斯、柏林展出，此乃 1949 年 10 月之后第一个大型出国展览。接着，赴苏联举办"中华人民共和国艺术展览会"。

1954 年 10 月，苏联经济及文化成就展览会在新落成的北京苏联展览馆举行，造型艺术展览室展出油画、雕塑等美术作品 280 余件。

1958 年 9 月 1 日，芬兰艺术展览会在北京开幕。这是芬兰在国外举办的规模最大的美术展览，也是芬兰造型艺术在中国第一次的全面展出。1960 年 9 月，中国文联等团体举办纪念世界文化名人俄罗斯画家鲁勃廖夫、西班牙画家委拉斯贵支等的展览。1961 年 2 月，挪威表现主义画家蒙克展览会在北京举行。

1963 年始，中国每年都参加老挝"塔銮节国际博览会"，直至 1966 年因"文革"中断。1957 年 2 月，刘开渠、王朝闻、董希文代表中国美术家前往莫斯科出席全苏美术家代表大会。早在 1963 年即经邓小平批准可以来华的英国霍金斯收藏的巴黎公社文物资料展，拖至 1966 年 3 月又经康生等审批才来北京、上海展出。

1966 年，阿尔及利亚在北京举办绘画展。1966 年 9 月 2 日，罗马尼亚美术展在故宫文华殿开幕，展出两天即遭红卫兵到故宫造反，迫使故宫停止对外开放，画展亦随之停展。因对罗方无法交代，停展一个月后再度展出，并请时任国家副总理的李先念和时任中共中央书记处书记的刘宁一同志于 10 月 11 日前去参观，新华社发消息。

1967 年 12 月 16 日，阿尔巴尼亚大型艺术展在中国美术馆开幕，李先念、郭沫若等出席开幕式。

时至 1968 年，已基本无出国展览，但仍有朝鲜、越南、柬埔寨等国来华图片展。由于形势日益混乱，对外文委各级领导被"夺权"，群众打派仗，业务瘫痪，美术家协会等组织均被"砸烂"，已无法提供展品和参加交流活动。因此，对外展览交流被迫中断。

1971 年，因为我国恢复联合国常务理事国席位，与我建交国家随之增多，对外关系方始疏通春流，再架断虹，中外文化交流逐渐恢复，其中展览交流占有重要地位。中国人民对外友好协会、原文化部、文物局同时开始恢复工作。1972—1975 年期间，中国积极引进了诸如墨西哥历代文化艺术展、现代日本传统工艺展和葛饰北斋画展、法国科技展、芬兰建筑展、瑞典版画展、瑞士土木工程展、西德和荷兰版画展、加拿大绘画工艺品展和风景画展、澳大利亚风景画展、智利万徒雷里画展、叙利亚和伊拉克版画展等等，受到我国艺术家和广大观众的热烈欢迎。同时，中国也组织我国画、油画、版画、工艺品、民间艺术、摄影艺术等到世界各地展出，扩大我国影响，其中以北京画家作品居多。

1976 年 10 月，"四人帮"被粉碎。1978 年 12 月党的十一届三中全会后，中外文化展览交流逐年增多。1978 年 9 月 16 日，中国展览公司（CHINA INTERNATIONAL A-GENCY）成立，至 1987 年改名"中国对外展览公司"，1988 年 5 月 4 日改名"中国对外艺术展览公司"，1993 年 2 月 1 日改称"中国展览交流中心"至今。

20 世纪 80 年代，对外展览交流空前高涨。我国组织送出顶级艺术展览，在国外引起轰动。1982—1985 年，赴法、英、美、加等国，展出中国近代杰出画家吴昌硕、黄宾虹、傅抱石、潘天寿、陈之佛五人作品；1979、1980 年，中国明清绘画和明清 – 现代书法展赴南斯拉夫和日本展出；1985 年，徐悲鸿作品展赴比利时、卢森堡、法国等地展出；同年 6 月，应日本南画院邀请，北京市文学艺术界联合会与日本南画院在日本京都举行"中日绘画联展"；8 月，北京六位书画家赴澳门联展；1987 年，齐白石作品赴日本、李苦禅作品赴加拿大展出；1984 年，"中国中山王国出土文物展"赴法国展出，观众达 8 万人次。

1983 年中央工艺美院师生作品展、1984 年中央美院版画展、1988 年中央工艺美院陶瓷展分别在国外展出。此外，1981—1990 年参加加拿大蒙特利尔"人与世界"国际博览会，1982 年参加坦桑尼亚国际博览会，并于 1984 在马耳他，1986 在刚果，1987 在毛里求斯、意大利、挪威，1990 在几内亚展销工艺品。

五、北京引进高水准的外国艺术展

20 世纪 80 年代，我国引进了大量对有研究借鉴价值的展览，其中主要有法国 250 年绘画展、法国 19 世纪农村风景画展、马可·夏加尔画展、波士顿博物馆美国名画原作展、美国韩默藏画 500 年名作原件展、联合国教科文组织的拉丁美洲艺术巡回展、毕加索画展、意大利文艺复兴时期艺术展、澳大利亚近百年风景画展、美国布鲁克林博物馆藏画展、西德绘画杰作展、法国圣·洛朗服饰设计艺术25周年回顾展、美国劳生伯作品国际巡回展、比利时麦绥莱勒画展、葡萄牙近百年绘画展、美国表现主义画家布朗作品展、突尼斯文物展、印度纺织品展……

其中，美国波士顿博物馆藏画展是中美建交后美国来华的第一个官方艺术展览，当时的美国总统里根专门为此写了祝词（1982年）；1993年2月15日，罗丹艺术大展在北京举行，罗丹的代表作《思想者》在法国罗丹博物馆沉思了90年后，首次走出国门，来到北京。同一年，中国的五星红旗第一次飘扬在威尼斯双年展展馆的上空。

六、与港台澳的交流

1956年12月，香港油画家作品展在北京举行，展出作品133件。

20世纪80年代赴香港的展览主要有：中国青年画展（1988年）、第七届全国美展获奖作品展（1989年）等。

香港来内地的展览主要有：张玲麟和文敏绘画展（1982年）、余雪曼画展（1982年）、女画家史泊蒂作品展（1982年）、李汛萍"长城、黄河万里行"画展（1988年）、李沙画展（1988年）、港台海外华人水墨画展（1988年）、市美协等八家单位主办香港画家柯文扬漫画展（1988年）、麦婷婷画展（1989年）、徐嘉炀后现代水墨画展（1993）等。

1979年，台湾郭雪湖画展在北京举行；1988年，举办台湾画家江明贤画展；同年7月，市美协等单位主办台湾著名乡土版画家杜智信作品展；1989年，举办台湾留韩画家吴学云作品展；继而又于1990年组织两岸儿童水墨画比赛活动等。

七、其他交流活动

1900年，八国联军祸华，沙俄军队也从中国掠走了大量文物，明代巨帙《永乐大典》36册就在这时落入帝俄魔掌，封没于异国的尘埃中。1950年10月1日至1951年1月，应苏联政府邀请，原文化部筹办了一个特大型艺术展赴莫斯科、列宁格勒（今圣彼得堡）展出，其中文物多达600件，包括原始彩陶至明清瓷器、书画等艺术珍品，在苏联掀起了一股"中国文物热"。一些苏联艺术博物馆纷纷要求对他们馆藏的中国文物进行甄别和鉴定。北京去的随展专家学者王冶秋等为东方博物馆、普希金皇村博物馆等鉴定了陶瓷、书画，这些文物有不少是沙俄军队从中国掠夺的。一天，随展团被邀请来列宁格勒大学图书馆，该馆馆长从书库取出一大包积满尘土的书籍，打开后请随展专家一一鉴别，其中竟然有黄绫封面的《永乐大典》。不通汉学的馆长表示："这些书我们用不上，不知你们可有用？如有用，可以送给你们。"请示王稼祥大使后，由文化参赞戈宝权写了封表示感谢的公函，取回了 36 册《永乐大典》，这批珍本后来归藏于北京图书馆。它的复归填补了残缺，使流散的珠玉重归故里。

本文为《北京美术志》撰写

人与江山共魂魄

——1980 年颐和园山水画创作座谈会琐议

中国的山水画，经历了 1 000 多年的发展演变，已成为洋洋大观的传统艺术。它不仅深受国内大众的喜爱，同时也受到世界的欢迎。

随着历史的发展与时代的变迁，在新的历史时期，时代对艺术有着更高、更新的要求。因此，当前在山水画创造中也存在一些亟待解决的问题。

最近，我在颐和园参加了中国画研究院筹备组举办的山水画座谈会，听取了来自全国各地的一些著名老画家的发言，私下又同一些中年画家们交换了意见，现将自己的想法写出来，以就教于艺术界的老前辈及山水画家们。

一、山水画当前面临的问题

对于古代传统的山水画以及还在世的老画家们的杰出作品，人们像对待传统戏一样，百看不厌，这是值得画家们感到欣慰的。但是，耳与目的喜新厌旧是艺术欣赏中的常态，也是人之常情。因此，人们有权要求艺术家不要总给他们看已经看腻了的东西。如果不理会群众的审美疲劳情绪，那就会像懒厨娘的食谱一样，千篇一律，让人乏味。对山水画创作除了从赞赏中获得鼓励之外，我们更应该注意到批评。我曾搜集过近年来各地几个山水画展览的反映，专家和群众的观点有一致，也有分歧。有相当一部分人感到，山水画总是老一套，缺乏新意。画家们也有苦衷，深感难以突破，在创新问题上找不到出路。但不论是读者还是作者都希望山水画能百花齐放，出现新面貌，这是双方共同的语言。

清代的王船山曾感叹过无人描写三峡的奇山异水："石走山飞气不驯，千峰直作乱麻皴，变他三峡成图画，万古终无下笔人。"可是今天却不同了。有的观众批评我们有些山水画展是"黄、三、桂"加"瀑布会"，的确，不论南北画家多愿描写黄山、三峡、桂林的壮丽又旖旎的风光。如今不乏下笔人，本是好事。这些人人向往的景色经常出现在画面，原无可厚非，问题在于描绘的方法往往是旧的、雷同的，题材上是狭窄的，而且不管山石质地的不同、地域气候的差异，都是一种笔墨。饺子再好，不能天天吃。而艺术上的重复，则意味着退化。另外，更重要的，这些画不过是对自然的模拟多，很难看出作者情寄何处，表现的是什么？格调不高、自然主义的东西，多于创作。

为什么出现这样的问题？看来原因比较复杂。除了本身暴露出来的画家基本功不够、修养差之外，还有一个历史的原因，十年浩劫时期的思想禁锢对山水画的扼杀当然是一次空前的摧残，这已有目共睹，然而更长的一段历史时期内，对艺术创作所加的种种限制同样伤害了山水画的创作，比如为"政治"服务的口号以及由此而引申出来的种种要求，就曾把山水画引入歧途。一些似是而非的口号多少年来不但充斥着工农业战线，也泛滥在文艺领域。在这样一些框框下，山水画除了翻来覆去地描写几个革命圣地加领袖故乡之外，描写别的地方几乎是不合法的。如实描绘尚且不可能，还谈什么情景交融，寄情山水，更不可能抒写个人性灵，表达人民的意愿。画家往往不能任意描绘自己最熟悉的生活、最热爱的山川，而只能描写自己所不熟悉的浮光掠影的印象或临摹照片。旅行写生的东西如不加以再创造，本来就够浮浅了，更有足不出户而杜撰匡庐胜景者。其实，这责任多半不在画家，而在过去那些制定文艺政策的领导者，是他们使山水画的路子越走越窄。以至于现在尽管斩断了束缚艺术创作的绳索，还一时不能恢复元气，画家们在艺术思想上还不敢自己解放自己。美术界在这方面落后于文学界，而山水画在美术界中又是较差的，这不能不引起我们的注意。

二、老年的希望与青年的现状

一些老艺术家谈起过去的岁月，深有感慨，遗憾没能把自己的才能充分发挥出来，贡献给人民。大大小小的运动占去很多时间，大折腾的十年又完全浪费过去了。生命虚掷且不说，生活、技巧都要补课。可贵的是我们接触到年已60—70岁的老先生们都还有信心再拼命十几年，他们肩负着承前启后的重担。

我国老一辈的山水画家大致存在着这样几种情况：一些人继承了深厚的传统，具有较深的功力，以及丰富的创作经验，画出过不少好作品，也拥有相当一批观众，但由于客观条件的限制，常感到自己守成有余，创新不足。虽被人称为保守，也常怀力不从心之叹；另一种能从传统中跳出来，学古而不泥古，并能积极地吸收融化外来艺术的优点，在推陈出新方面作出了可喜的成绩，成了开宗立派的人物。但是，当一个艺术家的创作达到一个高峰时，很难再有所突破，往往使风格定型化，能够衰年变法的人物并不多。

画家，都有成功的经验和失败的经验，这些丰富的经验都为年轻一代提供了比较直接的借鉴。老先生们不但善于向同代人学习，也乐于向青年们学习。他们都有一个共同的愿望，尽管自己体力和精力都难以胜任山水画创新的任务，但是愿意和青年画家一起探索，并把希望寄予青年身上，这是青年画家们应该感谢的。

中年画家，正年富力强，他们是当代画坛的主力军，他们的成败对山水画的发展起着举足轻重的作用，就目前来说，这支力量还是比较强的，如何充分发挥他们的作用，为他们的创作提供必要的条件，是繁荣山水画创作的关键问题。青年山水画家的情况又怎样呢？大致也存在两种情况，一种是比较扎实地在学生时期就解决了基本功的训练，对传统又进行了比较深入广泛的学习和研究，注意写实，熟悉中西画法，也比较有思想，这算是稳扎稳打派。这一派有信心也有苦恼，他们苦于传统的东西临到用时方恨少，正由于少，往往更为传统所羁绊，还在必然王国里挣扎，渴望着进入自由王国的境界。另有一派青年，不知传统为何物，不打算或者没有条件进行基本功训练，企图寻找一条通向艺术殿堂的捷径。一切成法对他们很少具有约束力，他们的绘画表现为幼稚无根底，玩弄几个新花样，却以为自己在开派创新。他们的思想很少有框框，勇于探索是他们的优点。但往往因为对前人经验的不尊重，轻易丢掉了生活和传统两片沃土，而使自己的作品成为水上浮萍。

读书不多、全面修养不够、知识面比较狭窄是我们这一代青年的通病。倘能理解这一切对艺术创作所起的巨大影响与作用，青年画家就不应该松懈这方面的努力，把自己欠缺的地方弥补起来，艺术上的成功将是无疑的。

还有一个经常谈的问题需要深入继承传统，深入生活，虽是老生常谈，但也是一直没有解决好的问题。山水画家往往单纯地把古人笔墨技法视为传统的全部，说某人有没有传统也以此来判别。显然，这是十分片面的。在这种认识的指引下，传统成了单纯的技术问题。因此，强调传统的继承往往使人陷入魔道，以模拟古人笔墨为能事，把手段误认为目的，而在创新问题上却裹步不前。

所谓传统，重要的应该是一个民族的审美习惯、审美趣味，以及本民族自己流传有序的、适合自己美学标准的一整套艺术语言——表现方法、造型特点、习惯色调等，一言以蔽之，即中华民族的艺术精神传统。每个时代都用自己的具体内容充实了传统这个宝库。作为遗产，如果抽出每个时代的贡献，也就没有了传统。若不是江山代有人才出，不断地有新东西加进去，我们今天也就没什么传统可继承。因此，继承传统与创造新法是分不开的，今天的新法就是明天的传统，这是不言自明的。

我们的传统浩如烟海，丰富极了，也辉煌极了。那是无数先辈以生命和心血换来的经验，在这份遗产面前，如果是聪明的子孙将会受用无穷。它为我们的艺术攀登架起了高高的云梯，为创新铺平了道路。接受古法，可以省去许多暗中的摸索。然而，高耸的云梯也容易让人徘徊于迷雾。所以，才有好多人泥古难化，拘于古法，自斩新机，成为古人的奴隶，而流于庸陋甜熟。但这不是传统的过错，而是不能消化传统的结果。倘能将传统为创新服务，从传统出发，以传统为基础，立新法，拓新路，就不会再走到"如潮逆流""用尽气力""不移旧处"的尴尬。当你高攀传统之树的时候，时时不要忘记赋予它新的生命。

关于生活，山水画家行万里路是一种必不可少的生活。但是，且不要忽略了本身生活环境里的大自然。生活在北京的不画燕山、玉泉、上房，生活在上海的不画大海，生活在平原的不画阡陌沃野，生活在戈壁的不画大漠孤烟，而专爱涂抹自己并不谙熟的山川，仿佛只有名山大川才能画出好的画来，而没有这种条件的同志却徒唤奈何。出奇制胜并不是艺术创作中的一条稳健之路。荆浩居洪谷而写太行，李成居营丘而写平远寒林，石涛搜尽黄山奇峰，石鲁多画黄土高原，之所以出神入化，就因为他们长期生活在那种环境里，或者生于斯歌于斯，对那里的一草一石都充满了感情，与江山共着魂魄，写山川，实际上更是刻画自己的灵魂。而旅行写生的东西如仅仅满足于描摹自然美的外观，观山走马，面前景物只不过是过眼云烟，虽易成而难好。拿旅行写生最有成绩的江苏国画院来说，傅抱石和魏紫熙先生尽管都是山水高手，但他们感到对于东北镜泊湖和长白山的景物画来并不得心应手。魏老在南京曾对我说，他画长白林海高插云表的苍松，就自愧不如吉林的画家佟雪凡。

在这里我并非否定旅行写生，画家不但应该遍写祖国的山川，如有机会，而且可以画尽世界各地的名胜。但是且莫舍弃描写你更熟悉的家乡，因为无数大家都是这样成功的。

三、现代山水画的变革趋向

绘画风格的演变是同社会经济政治的发展相联系的，又同社会风气、人们的审美趣味的变化息息相关。这样，画家就不能不研究社会的需要与观众的要求。现代的山水画毕竟与古代的山水应该有着内在的区别，因为它不再是画家单纯抒发个人的"胸中逸气"，也不"聊以自遣"的工具了。昔日王谢堂前燕，飞入寻常百姓家。它的欣赏者远不再是士大夫阶层，而是面对全国和世界。大众有各种各样的爱好，因此需要艺术上的百花齐放，我们处在大变革的时代，各种事物瞬息万变，人们的欣赏习惯、欣赏趣味都在改变，单调的老题材、老笔墨不能使人感奋，让人耳目一新。由于电影、戏剧、小说等各种文化社会的熏陶，现代观众的欣赏水平不断提高，眼界也不断开阔，传统艺术也不能以不变去应万变。去年的作品往往今年就有陈旧感，这不能埋怨观众，而应从作品本身找原因。当然，在审美领域，一味地谈新旧，未必是符合审美心理与习惯的，这另当别论。

考察一下美术演变的道路是颇有意义的。春秋战国，由于思想解放，绘画多种面貌纷呈，各具特色；而秦始皇专制，艺术以助暴政、固君权为本，遂大大挫伤了绘画的发展；汉朝，因提倡美术与外来文化频繁交流，于是造型艺术大为丰富；三国、魏晋，干戈扰攘，人心疾世厌世，佛教乘虚而入，遂使宗教画兴起；唐朝，政治修明，经济繁荣，宗教兴盛，美术顿生异彩，若名卉异花，毕罗瑶圃，蔚为大观；五代虽多战乱分裂，然而艺术上却各显风姿；宋代，艺术进入文学时期，山水花鸟方兴未艾，由于常遭异族侵扰，人民爱国热情高涨，对故国山河的依恋愈发深沉，反映在山水画上，总的情调是气壮山河，可谓群山竞秀，万壑争流；元代，人民的心理状态与前代为不同。由于经过两宋长期动乱而终于败亡，悲观失望的情绪笼罩着山水画的创作，落寞悲凉的气氛氤氲着画面。士大夫多恨生不逢辰，沦为异族奴隶。或借笔墨以自鸣高，或排遣愤懑，写愁寄恨，遂令元代绘画的文学化程度更浓，笔墨技巧更臻完备，表达情感更为丰富，写愁者苍郁，寄恨者狂怪，鸣高者野逸，各表其个性。可以看出，由于元四家的思想益超解放，而笔墨也益形简逸。他们的确以简逸之韵，胜前代工丽之作。这是绘画史上的一大进步。这一进步，不能不归之于世风推移的结果，亦可证明社会生活是决定人间思想精神状态、审美观念的基础。明清且不论，而到了近代又怎样呢？

大家公认，1949年10月以来中国画较之以前的确开了一代新风，死气沉沉的模拟风尚为之一扫，山水画被注入了新时代的生活气息。考察这种新风的出现，对指导当前的创作具有重要的现实意义。五四前后，中国画随着新文化运动的出现，要求革新的呼声日高。陈独秀提出，"若想把中国画改良，首先要革王画的命"。他认为，"像这样的画学正宗，像这样社会上盲目崇拜的偶像，若不打倒，实是输入写实主义、改良中国画的最大障碍"。（陈独秀《美术革命》）这在当时无疑起到了振聋发聩的作用，为西方绘画的传入扫清了道路，为促进中国画的革新吹响了进军号。但是，康、陈没考虑到他们的激进态度，大有泼脏水的同时将孩子一同泼掉的危险。五四前后，一批有志于改造和推进祖国美术事业的青年，纷纷出国留学。他们回国后都成了现代美术史上的骨干力量。李超士、徐悲鸿、李铁夫、林风眠、余本、刘海粟等致力于改造中国绘画，同时培养了一大批青年画家，成为新中国成立后美术界的中坚力量。另一方面，国内的一批中国画家也在努力摸索中国画革新的道路，如齐白石、黄宾虹、陈师曾等画家，都做出了各自的贡献。

而起决定作用的还是1949年10月之后的"双百"方针，它推动了国画的继承与革新。时代变了，创作思想变了，笔墨也不能不变。由渐变到突变经历了相当长的准备阶段，在这个过程中，涌现了一批新人和优秀作品。傅抱石和李可染等人就是当代先后崛起的山水大家。他们在新中国成立前就已经奠定了根基，又有深厚的生活根基，这好比有了丰沃的土壤和良好的耕耘技术，一旦获得风调雨顺的气候，自然会蓬勃生长。

考察傅抱石先生成功的原因不外乎这样几个方面：除了天才和勤奋之外，重要的是他早年就接受了祖国多门艺术的陶冶，对传统有很深的造诣，绘画、书法、篆刻都有精到的功力；对文学以及美术史论的修养更有过人之处。青年时，他就写过多种美术史论方面的著作，因而成功地指导了他的实践。另外，他除了博学古今众家之长外，更潜心对富有创新成就的画家的研究，石涛就是他非常崇拜的对象之一，徐悲鸿也是他的良师益友。这样有选择的师法借鉴，为他以后的创作道路奠定了正确的方向。他还留学日本，接受了日本艺术的影响，并将之化入深宏的中国传统之中，变成了新的血肉。在他的艺术生涯中，由于长期定居南京，客寓四川，遍游祖国各地，使他的山水有着浓郁的江南情调，奠基了新的金陵画派。因此，傅先生的成功不是偶然的，也不是玄妙的，而是有规律可循的。

当代另一山水大家李可染先生，故乡徐州，南望两淮，北接齐鲁，又长期生活奔波在大江上下，不但对南北山川极其熟悉而且倾注了全部的爱恋。李先生这种感情是抗战时期祖国险遭沦亡的岁月培养起来的，他的浓墨山水像他的感情一样浓烈。他画中那样新鲜的意境，交织着中西传统的表现方法的精华。他学过西画，造型能够极其准确，访问德国时用水墨所画建筑之精妙，就可见他素描的功夫；他学齐白石、黄宾虹，却不着齐、黄痕迹，可称师法前人的高手。他理解"胆"与"魂"的重要，即大胆地突破成法，不墨守成规，学习前人的精神，将自己的魂魄融于山水之中，以时代的思想感情，创造别开生面的感人意境。

李可染的雨中漓江，山水空蒙，恍如置身水晶宫中，其可贵之处就是真正画出了"水晶宫"的意境，水透明、雾透明，甚至树木、房屋、舟船、人也像是透明的。天光一色，都被蒙蒙的水气和阳光混为一体。用淡淡的墨色绘出漓江特有的冰雕玉砌的雾中景，是前人所未出过的意境。是漓江山水成就了他的水墨，是水墨成就了他的漓江山水；从他的《蛾眉秋色》《蜀山春色》《太湖晚眺》《杏花春雨江南》等画中都可见大好河山赋予他的诸多激情，使他墨彩生辉，妙笔传神。江南春雨的多情、雨中杏花的深意、江南山水的性格被他刻画得惟妙惟肖，仿佛潮润的空气都可以呼吸到。

我之所以这样不厌其烦地说古论今，就是企图探求山水画变革的外部原因和内部原因，从而找出每个时期发展的趋向和规律。

如果说当代的山水画在文学化的程度上更浓郁的话，而整个文学艺术的趋势却正在大踏步地向民主化时期迈进。在这个时期里，更多的人既是艺术的欣赏者也是艺术的创造者，在这种情况下，山水画不但要保持更加独立的个性，而且将同其他艺术门类发生密切的联系和相互渗透。比如电影等综合性的艺术吸引着大量的观众，影响面极大，因为除却它本身的审美作用外，是它同人的生活有着密切的联系。山水画可从电影艺术中得到借鉴的，也主要是这一方面，从这点出发，山水画能否淋漓尽致地表现这个时代人的感情，赋山水以人的生活气息，就成了成败的关键。人们不满足于自然美而要求于山水画，不是因为山水画比自然更美，而是它具有了人情味。正像人们喜欢猴子同样不是因为它美，也是因为猴子有点人情味一样。

前人写山之生情："春山淡冶而如笑，夏山苍翠而如滴，秋山明净而如妆，冬山惨淡而如睡。"可见也是把山拟人化了。为什么这样？因为只有这样才能动人。当然山川四时朝暮阴晴之变，雨露烟岚风云之色，每个人的感受都不尽相同，今人和古人更大异其趣，但并不妨碍各自获得不同的美感。明净摇落的秋山，古人感到肃穆萧条，今人却觉得高洁丰姿；昏霾翳塞的冬山，有人感到寂寞冷落，有人却激发起傲霜斗雪的豪情。

由此可见，要深刻地反映当代人的思想感情，仅仅靠写实性的再现生活已远远不够。

时代对画家的要求越来越高，山水画家已不再是仅仅靠自由挥洒、解衣盘礴就能搞好创作的了。实践证明，不懂理论的画家是浅薄的，不要传统的画家是无知的，不研究现在和将来的画家会走向僵化，拒绝借鉴外来艺术和兄弟艺术的画家，作品必然苍白无力。人类的文化正在走向汇流而多元，审美观也在一步步接近。研究这些变化是我们的责任，搞艺术总不能像鸵鸟一样喜欢把头插在沙里。

四、从诗歌寻求借鉴

诗的意境是山水画的生命。诗的形象思维与画的蕴藉含蓄的意境交融在一起，借以传达思想感动观众，引进共鸣，产生美的感受与精神上的满足，这是山水画取得社会效果的途径。它借形象表达意境，由形象到抽象，与抽象派由抽象到抽象的所谓艺术有本质的区别，由形象到抽象是符合人们认识规律的，也是视觉艺术产生审美价值的特点。而由抽象到抽象则不是艺术的任务，而是哲学的任务。艺术本身无能力这样做，因为它依赖的是形象思维。硬要这样做，就违背了艺术创作的规律，结果只能让人莫名其妙。物之无形，神将安附？形之无神，命无所依，无生命的死物，怎能动人？

因此，山水画的创作不能脱离真实去主观想象，像清朝有的画家那样，画了一辈子山水，没见过山为何物；亦不能无动于衷做自然主义的模拟，以写生代创作。自然美在诗人和画家眼里都是生机蓬勃、情意盎然的。画家要通过表达自己的独特感受去感染观众，当画家的感情能符合普遍的审美情趣、通过艺术形象使大多数产生共鸣的时候，那作品就一定是成功的。

诗用比兴烘托意境的方法很值得山水画追求意境的借鉴，中国的山水画家是善于捕捉诗意的，傅抱石画的《月落乌啼霜满天》通过老树上的寒鸦、天边的圆月、茫茫的河水，以及远处月色蒙蒙中的寒山寺，把姑苏城外凄迷、深远、秀美之中浮动着淡淡哀愁和惆怅的气氛，渲染得动人心弦。他的高明之处是很少在画上题诗，他靠的是画面本身产生的诗意，而不借助于诗歌。可是，他对画题却非常讲究，如《平沙落雁》

《萧萧暮雨》《江南春》《万竿烟雨》等对画的意境都起到画龙点睛的作用。

李可染的《响雪》也是如此,单从这两个字上就令人产生一种有声有色的意境,联想到喧腾的激流、雪白的浪花……画家很理解"响雪"的诗情画意的动人处,笔酣墨饱地画下了万县万州桥下的著名景色。月光下溪水素湍绿潭,声音清越的风神让人如临其境,如闻其声。

五、发展地方流派,开展艺术交流

在我国画史上,随着时代的兴衰,由于政治、经济和地域文化、思想流向等各方面的影响,形成过各种画派。一都一邑之间,画家荟萃,大家的作品朝夕目睹,互相影响、熏陶、传播、浸淫感染,历世久远,衣钵相承,作品带有强烈的地方色彩,各个流派风格迥异,互相争奇斗艳,各自对祖国的文化艺术做着卓越的贡献。

社会主义时期需要更多的新流派来繁荣我们的艺术事业。我们要的是百花盛开,而不是一花独放;是兼蓄并放,而不是孤家寡人。中断的流派要有人继承,失传的画种要加以发掘,衰落的科目要及时抢救。我们要鼓励画家发展自己的风格,每个画派、每个画家之间积极进行学术交流,开展友谊竞赛应成为我国艺术界真诚团结的风气。让我们提倡宽容、宽松、宽厚地待人,让那个互相攻击的时代一去不复返吧。有的同志爱作无味的褒贬和争论,习惯于以老教条去观察发展变化的事物,常说这个不是中国画,那个不是中国画,甚至连徐悲鸿先生的马也不承认,这种认识是何等的偏狭?!国画和西画是两支友军,它们虽各自独立,但不要设防。画种和风格的多样性是我们追求的目标之一,有个性的画家多多益善。山水画的创新不是一朝一夕所能完成的,它有赖于千百画家的共同努力,点滴积累。任何一种新风格形成的初期都是不完备的,也往往一时得不到人们的承认,可是过不了多久,人们就会发现它的价值。

石鲁白描的《华山图》是罕见的,画如其人,让人感到玉骨冰清,蕴涵着强烈的爱憎,是画家个性的独白,一个饱经风吹雨蚀仍峭拔挺立的形象感人至深。

黄永玉以墨线和大色块画的迎宾松,别致地表现了树与周围山色互相映带的富丽光色感,画家追求的是整体效果,给人舒适亲切的感觉,在诸多描绘迎宾松的画中,它别具风采。

吴冠中先生探索油画的民族化很有成就,而他的成就集中凸显在他的个性,而不是民族性。他也以油画法画水墨山水,同样可为山川传神。

总之,在艺术的探索中,不论是凝重的写实,还是豪放的写意,或古朴厚重,或浪漫夸张,或雄奇苍劲,或秀逸空灵,无不寄寓着画家的深情远志,都是值得赞许的。

目前，各地的画院纷纷成立，而且多年以来，岭南派的明丽，长安派的浑厚，金陵派的雄奇秀润，北京派的雍容、典雅、富瞻，都在逐渐崭露别家无法代替的特色。可以预期，中华大地千百个流派形成之时就是社会主义美术事业高度繁荣之日。

山水画家们会无愧于这个时代。

1980 年秋草于颐和园藻鉴堂

艺术教育与艺术审美研究

女性美与女性审美

何须浅淡深红色，自是花中第一流。

江西报界的朋友突然约我写一篇 20 世纪有关女性审美观念变迁的文章，且限定 3 天交稿，实在措手不及。因为本人研究的方向是艺术美学，对于女性美只有感觉而素无研究。更致命的是笔者本非女性，"子非鱼焉知鱼之乐"？然而，其不容商量的恳切又使我不忍心拒绝她。于是，两天过去了，正无从下手，方知对论题理解有误——原是要求以男性的视角对女性美的审视与观照，或是论述社会对女性美观念的变迁。这似乎较为好办，但问题又来了——是否会触动"女权主义者"？且不去管它吧。

在我们现代的意识形态中，"男女都一样"已是妇女解放运动之后普遍的社会意识。因此，那个法国女人西蒙娜·德·波伏瓦写的那本女权主义经典之作《第二性》，并没有在中国产生"波澜壮阔"的影响和振聋发聩的效果。因为我们这里在相当时期内丢失了"女人"。关于女人，波伏瓦的《第二性》有两个主题：一是"观念中的女人"，讲夫权社会和男性中心观念怎样诠释和塑造女人，以及女人在这种境遇中的历史过程，即女人是怎样被造成的；二是"现实中的女人"，陈述了女人作为第二性别的种种表现。总之，全书围绕一个基本思想——女人不是天生的，它是被造成的，是按照男性的愿望和意志被造就出来的。这句话，几乎成为新女权运动向夫权社会挑战的宣言。可是有意思的是，作为存在主义者的波伏瓦从来不认同自己是个女权主义者，她宁愿通过个人奋斗去改善个人的处境，既不与阶级结盟，也不与女人为伍，无论"他者"（the other）怎样，径自塑造一个自我。她既不接受弗洛伊德的性一元论，也不接受恩格斯建立在历史唯物主义基础上的经济一元论，以及将男女之间的对立归结为阶级冲突的理论。这表现了她的卓识和理论价值。可是，更具有悲剧意味的是无论她怎样自立，历史事实无可奈何地证明其思想基础和人文立场仍然难逃男性中心之窠臼。

其实，无论时代怎样变迁，男女仍然不同，应该承认，这的确是与生俱来的。另外，女人作为"第二性"历史形成的屈辱地位则是后天造成的，是男性中心的产物。在这里，我很欣赏从事妇女文化研究的女性学人李小江的观点，"就是要在尊重自然的基础上，认同女性的主体身份；与自然共处，而不是否认自然差异或向自然宣战——这才是女人可能在精神和情感上真正站立起来、实现独立自主的基础"。

陈明了上述始末与原委，再来谈我的女性审美观点，似可避开男性中心之嫌。照直说，我不太同意西方人在男女之间划出的鸿沟。因为在中国的本体哲学理念上，是执信天地共生、阴阳互补、天人合一的。即便在神话里，男女也是被女性神同时生出来的，而不像西方神话将女人说成是从男人身上抽出的一块肋骨，注定了女人天生的从属地位。因此，中国一旦进入一个自由、民主、平等、科学昌明的主流社会，所谓"中心"很容易不再以性别为分野。

尽管人们浩叹相马有经，相人乏术。但社会习俗，还是有着传统的相对稳定的标准的。我们眼睛看到的美是经历了无数时代演绎进化之后的结果。外秀内美颜如玉、贤惠端庄一直是中国男人对女人的普遍期待，如历史上的西施、貂蝉、王昭君、杨贵妃等。她们代表着不同类型的美，是人们共同欣赏又可望而不可即的。从诸多女性偶像可看出人们在不同时期的审美倾向，同时也可看出社会对女性美的宽容性。或清纯自然，素面朝天；或雍容华贵，营造出古典的闲情、细腻温柔的情怀；或追求个性、活出真我风采的现代新女性，热情如火，潇洒如风。实际上，男性对女性的审美同女性的自我审美并无二致。人们既怕无盐东施，也怕河东狮吼，更怕悍妇、妒妇。

女性美毕竟是人类全部文明的提纯和结晶，世界上没有什么别的事物比她们的美更让人心旌摇动、热血沸腾。诗人说，女人不可方物，人世鬼斧神工。

人们对女性美的要求，无非是作为精神存在的气质和作为物质存在的容貌形体。气质美，是指梅的风骨，兰的气息。"几生修得到梅花"，是期盼也是自况。"水月精神玉雪胎，乾坤清气化生来。""开时似雪，谢时似雪，花中奇绝。香非在蕊，香非在萼，骨中香彻……直饶更疏疏淡淡，终有一般情别。"玉雪为骨冰为魂的梅花精神，人人心向往之，人人追求之，所谓"桃李不言而成蹊，有实存也"。所谓"男子树兰而不芳，无其情也"。不过在说，淑女之美，无非文质与情的结晶体尔。文质相映，情采互荣。刘勰说："水性虚而沦漪结，木质实而花萼振，文附质也"。文艺作品文与质都附于性情，"夫铅黛所以饰容，而盼倩生于淑姿，文采所以饰言，而辩丽本于情性。故情者文之经，辞者理之纬，经正而后纬成，理定而后辞畅，此立文之本源也"。文如此，人也一样。我想起商代时期的妇好和北魏时期的花木兰。公元前1250年—公元前1192年，商王武丁在位，作为商朝后期的一代明君，武丁励精图治，使商朝的政治、经济、军事得到空前发展，《孟子》记载过一个故事："傅说举于版筑之间……"任用平民贤才傅说的就是这位武丁，他在位的这一阶段，历史上称为"武丁盛世"。然而这一切都离不开妇好的帮助，妇好是商王武丁的王后，也是中国考古发现中最早的女将军，她的事迹在殷墟甲骨卜辞中多有记载，尤以巾帼英雄形象而闻名。甲骨文中的妇好是商王最宠爱的王后，她略施粉黛，温婉可亲，是王子公主的好母亲，更是一代名将。她伐羌，伐土方，打东夷……正因如此，妇好死后，立刻就真的被封为战神了，之后武丁每逢出兵，都要以甲骨向妇好的在天之灵问卜，看看老伴儿怎么说……而平时她又是一个温婉的妻子和慈爱的母亲，同时也是众嫔妾的榜样，不像芈月、吕后、甄嬛那样是宫斗专家。而家喻户晓的花木兰，更是上阵可提兵灭寇，回家可以对镜贴花黄的平民女子，都是既刚毅如山，又柔情似水的女子。

"菊花如幽人，梅花如烈士。同居风雪中，标格不相似。"即便同一个时代，人们对女性美的欣赏也有着不同的偏好。或尚素朴人淡如菊——"何须浅碧轻红色，自是花中第一流""解将天上千年艳，翻作人间九月黄"。或爱芳菲如茉莉——"虽无艳态惊群玉，幸有清香压九秋"。

如何看待 20 世纪女性审美观念的变迁？大致可分五个时期：

20 世纪初期的中国，希望与彷徨并存，传统与现代对峙。随着清王朝的覆灭，五四新文化风潮的鼓荡，那些得风气之先的新女性，如进入现代学堂和出国留学的洋学生，成为人们心向往之的对象。欧风美雨的熏陶，使之若出水芙蓉般受人注目。

20 年代，一代才女林徽因在桀骜不驯的才子徐志摩眼里，判若天仙，舍命以求。"我将于茫茫人海中访我唯一灵魂之伴侣；得之，我幸；不得，我命，如此而已。"作为诗人、建筑学家、一代才女的林徽因所代表的知识女性，秀外慧中，成为二三十年代女性美的代表。她是徐志摩终生热恋着的女人，也正是她的爱造就了作为诗人的徐志摩。那与李清照似的才华横溢的柔美与荡气回肠的凄美有着时代微别的。

唯有牡丹真国色，花开时节动京城。卷入政治领域并影响了现代中国历史进程的宋庆龄及其宋氏三姐妹，她们的美连同她们的生涯曾使国人仰慕了一个世纪，正如戴安娜使英国人癫狂了几十年一样。

20 世纪初叶，国门乍开，如"白玉堂前一树梅，今朝忽见数花开"。在万家门户尚重重锁闭的时代，她们无异于一缕春色使衰老的中国顿时年轻起来。"一朵忽先变，百花皆后香。"

20 世纪 40—70 年代，是审美的压抑期：由于战乱和革命，战天斗地，提倡的是"铁姑娘"，是"不爱红妆爱武装"。要求女人男性化的结果是女性在丢失，女性美在缺席，美成了异己的东西。

20 世纪 80 年代，"忽然一夜清香发，散作乾坤万里春"。随着文化热和美学热的潮流，被解放了的人性欢歌着美与审美的回归。从生活到艺术乃至人自身，整个社会荡起了美的双桨。

20 世纪 90 年代，乱花渐欲迷人眼，女性美向着世俗化滑坡。时至世纪末，面对物欲横流，人们的精神感观已极大萎缩，更亲近的是朝生暮逝的文化快餐及"喜闻乐见"的感观娱乐。于是，被称为"速配"式的"玫瑰之约""快餐婚恋"也开始流行并成为一种时髦的景观。于是，人们对娱乐明星趋之若鹜。

世人以瘦为美，走火入魔衍成失控的流行病。于是，在商人与传媒的合谋鼓噪下，众语喧哗，不遗余力地减肥，减肥，终致"为伊消得人憔悴"犹不罢手。殊不知肥瘦乃任其自然为美，有一定的"度"在，适中为最。过瘦则病尔，岂有美哉？世人以模特为标准，真真是天大的误导。在服装设计师眼里，模特近乎无生命的存在，不过是一个衣服架子而已。若天下的女人都如模特般迎风摆柳，则手不能提篮，肩不能担担，岂不糟糕！人们知道魏晋以"秀骨清像"为美，那是指的士大夫，并不包括女性；唐代以肥硕为美，也并非越肥越好。李白赋牡丹，不还把杨玉环比作赵飞燕吗？可见杨氏乃健康之美，并非硕大无朋的相扑女。世人称，"太真肌骨，飞燕风流"。多见画上唐人如太真，却不见汉人学飞燕。

现代人无节制地化妆，从晕眉青眼到文眉弄眼，说实话，大多数弄得惨不忍睹，丑陋不堪，可悲的是还自以为美。本来天生丽质，另有一解是并不单指那些所谓的"漂亮妞"而言，而是指人的相貌，父母给的那些零件装配起来本是天造地设自然生成的（除非畸形），天生的本身就是丽质的最基本的条件。过分涂抹未必能化丑为美，更不能化腐朽为神奇。浓妆艳抹并不可怕，可怕的是艳妆混抹，无疑给自己戴上一副假面具或是唱戏的脸谱。一旦摘下来，如何面对真实的自我呢？真——则善，则美；假——则丑，则恶！中国艺术的传统一向是唯观神采而不论形质的。"巧笑倩兮，美目盼兮。""一笑倾人城，再笑倾人国。"实在是倾心地礼赞女性的性情之美的名句。诗人桑悦诗云："妖桃秾李俱小器，楷目晚看花大家。精神飞入银河篇，体态都归洛神赋。"

赶时髦代代有之："古称天下无正色，但恐世好随时移。"（欧阳修）"彼因稀更贵，此以多为轻。始知无正色，爱恶随人情；岂唯花独尔，理与人事并。君看入时者，紫艳与红英。"（白居易）

如那个不男不女的中性人打扮的"李进同志"，其夫君本来在题其《庐山仙人洞照》诗中已告诫她"天生"一个仙人洞，才有"无限风光"在险峰，而她至死不明白这个道理，结果矫情得像一个赌徒把一切传统与现代女性之美输得精光。

时代崇尚个性美，因为它体现着对人生的一种态度。"独自风流独自香，明月来寻我。"有何不可？但是猎奇趋怪或能表现莫名其妙的"个性"，可绝不意味着美。黄种人染黄发，不是给人得了黄疸病的感觉吗？美在哪里？远不如老年人的鹤发童颜。

女性美，并不是年轻人的专利，老年女人同样可以美得别具风采。美人迟暮，风韵犹存者，遍及城乡，不仅仅是那些名媛。"若教巨眼高人看，风折霜枯似更奇。"她们直到晚年不也依然保持着落落风致？在第九届全国美展上，霍春阳用焦墨画了几枝枯荷，枯枯的，淡淡的，却韵味隽永生机盎然，得了大奖。笛里三弄，梅心惊破，伴我情怀如水。它昭告世人，为容不在貌！漂亮不等于美。

往事越千年，几多经典，可圈可点。而有关女性美与审美的经典又在哪里？在诗里？在画里？在梦里？在心里？

2000 年 1 月

垦拓生命的绿洲

诗意的栖居，寄托着人类对生存环境和社会环境的向往。而对审美的追求则是走向自我实现、完善人格和人的全面发展道路上对生命绿洲的垦拓。

在漫长的人类历史征程中，什么是一以贯之的主旋律？不是别的，而是不断地完善自身，同时也不断地改善社会和自然，包括宇宙空间。——一切为了人，一切为了人的发展和完善，这就是人道主义，这就是人本主义。它的途径是保障个人的自由发展，为一切人的自由发展创造条件，以促进整个人类健康自由而又和谐地发展。审美教育便是人类完善自身的规模巨大的人类工程，而艺术教育便是其中最广泛且最便于操作的一环，往往被置于审美教育的中心地位。

从学术领域看，无论中国的美学体系还是西方的美学体系，无论是古典美学体系还是现代美学体系，其核心都是审美艺术学。而艺术教育更不例外，它是审美教育，这是不言而喻的。因为它把艺术作为一种最典型的审美活动来进行研究，它所关心的是艺术的本体以及与此相关的一系列审美艺术学的课题。它环绕审美意象这一中心范畴来研究艺术，而最终是为了研究审美活动。

审美教育是探索如何通过审美活动来塑造人、感染人，促成审美个体向自由人格理想全面发展，着力研究的是个体审美发展的途径、方向和规律。而这种塑造是多轨进行的，其中重要的方式在于自我塑造。因为审美哲学的核心范畴依然在于审美体验，以及心理的审美感兴或感悟，它带有强烈的个人色彩。

近年来，应教育部的要求，为了适应全国高校艺术教育发展的需要，笔者招收了一批非艺术类大学教师为主体的研究生，他们都是从事艺术教育的精英，可见国家对艺术教育普及的重视。对大学生的艺术教育，进而对全民的艺术教育已经提上日程。在这样一个历史文化背景下，完善的人格和人的全面发展乃是一个必须引起高度认识、亟待解决的问题。为了建立一个持续发展的和谐社会，我们需要广泛细致的艺术教育，去滋润一个民族在现代文明进程中干涸的灵魂。由于审美教育和艺术教育的匮乏，我们曾经培养出一批"专家"，造成一个各类"专家"流行的时代，同时在这些"专家"中也不乏"天才的白痴"，成为一种文化畸形人。这些"天才"的创造能力事实证明受到极大的局限。

在美国也同样，艺术教育家概述了美国社会现在的危机与未来的希望，而这种危机与希望均以是否重视艺术教育的价值为转移。如果轻视艺术教育，人们长期生活在"灰暗"与紧张的生活条件中，社会将出现危机；如果人们视艺术教育是日常生活的合理部分，那这种周围环境的灰暗与紧张状况即会改变，这就是社会的希望。因此，美国的政界与学界人士经常反复地强调，"缺乏基本的艺术知识和技能的教育绝不能称为真正的教育"，"没有艺术的教育是不完整的教育"。只有重视艺术的教育价值与功能，才能促进人性的发展与完善。

再是，艺术及其教育有助于"人类自我的发现"。艺术是人类有史以来不可分割的组成部分。自从游牧民族祭奠祖先的原始歌舞、猎手在石窟中留下的原始猎物壁画，以及人们编演的原始英雄史诗以来，艺术始终在描述、界定并深化着人类的经验。一个没有艺术的社会和民族是不能想象的，正如没有空气人们无法呼吸，没有艺术的社会与民族均无法生存。

艺术是体现人性渊源的最深的长河之一，它连接着人类世世代代的传承。新生一代在人生的追求中，总会从艺术中觅得前人遗留下来的永恒问题的答案——人的本质是什么？人类的宗旨是什么？人类的出路在何处？艺术深深地根植于我们的日常生活，它给人们的记忆里留下希望，激发着人们的信心与勇气，丰富着各类庆典、礼仪，使人们勇于承受悲伤。同时，艺术又是一种使人们轻松愉快的源泉。

在充满着令人困惑的信息世界中，艺术教育尚有助于年轻人探索、理解、接受和运用模糊性与主观性的事物。如同生活中那样，艺术往往不存在明确的或"正确"的答案，而这一点正是艺术追求的价值之所在。因此，艺术能帮助在无标准答案的情境中的决策。

另外，艺术教育又绝非"天才教育"，应为全体学生所享有。全体学生，无论其天赋或文化背景，均有权享受艺术教育所提供的丰富内容。在一个科技日益先进而感官信息日趋复杂的环境中，对各类信息的感知、阐释、理解与评价的能力便成为关键。艺术有助于于全体学生发展理解和辨别这种充满形象与符号的世界的多种潜力。

国民能不能共同拥有真和善的人格文化，而且又同时拥有极具个性色彩的"优美灵魂"（席勒语），能不能生存在一个真、善、美的人际环境和社会环境中，而不是一个充满粗暴、血污、暗斗、恐惧的恶的世界与社会环境里，标志着一家庭、一个民族、一个社会的成败。

现代世界我们不能只看到光明，还有危机四伏。一个没有艺术氛围，却充斥着暴力、恐怖、核威胁、历史积怨、文化冲突、意识形态分歧加上狂人政权……一个不重视审美，一个不崇尚真善美的国家，在核时代很可能成为滋生法西斯的土壤，这不是耸人听闻。

王国维疾呼："夫物质文明，取诸他国，不数十年而具矣，独至精神上之趣味，非千百年之培养，与一二天才出，不及也。而言教育者，不为之谋，此又愚所大惑不解者也。"

　　孟子曰："吾善养吾浩然之气；王冕画梅：要留清气满乾坤。"借助审美教育形成社会真善美的民风，有效地抑制假丑恶的泛滥，是艺术教育者的天职。民风的好坏代表着一个时代、一个民族的精神面貌和价值取向，让我们共同携手来垦拓这片生命的绿洲，让其绿遍天涯。

原载《艺术教育》2006 年第 8 期

用美灌溉心灵

艺术教育，是全民的教育，它志在开掘真善美的清泉，用以灌溉心田，净化心灵，藻雪精神，还人类一个友爱的世界，一个和平的世界，一个完美的世界，一个纯净的世界。

希腊神话将人类的历史划分为黄金时代、白银时代、青铜时代、英雄时代和黑铁时代。黄金时代就是西方的"伊甸园"或中国的"三皇五帝"式的乌托邦时代，人们生活在天堂里，每天欢歌笑语，和平宁静，他们永远年轻、充满活力；死后云集在极乐岛上，成为仁慈的保护神，惩恶扬善，维持正义。黄金时代的人类是神所创造的第一代人类，他们有着同神一样的美德，有着健康而至美的形体。希腊神话中盗天火给人类的普罗米修斯，希伯来民族代人类受难的基督，中国尝遍百草而医病人间的神农，炼就五彩石补天的女娲，应该属于这一代人。至于神为什么要使如此完美的人类消逝，是神话中一直不肯回答的问题。

第二代是白银时代的人类。他们在精神上与第一代人不同，孩子们娇生惯养，即使活到百岁，智力也如童年，等到成年，生命已所剩无几。他们行为放肆、粗野、傲慢，经常犯罪，死后与魔鬼一起在地上游荡。第三代即青铜时代的人类，他们残忍暴虐，经常发动战争，互相残害，死后便降入阴森可怕的冥府。第四代没有明确的称呼，通常被称为"英雄时代"。这个时代的人类似乎比以前的人类高尚公正，属于半神的英雄，而最后也陷入了战争和仇杀，有的为掠夺别人的领土战死异乡，有的为了美女海伦而倒在特洛伊原野。

而黑铁时代的人类则完全堕落了，他们父子仇视，兄弟乖离，朋友相妒，处处强权者得势，独裁者横行，善良人不得好报，作恶者飞黄腾达，混乱和灾难主宰了人类。

2002年10月10日，瑞典文学院宣布将该年度诺贝尔文学奖授予匈牙利作家凯尔泰斯·伊姆雷，其理由是他的写作"支撑起了个体对抗历史野蛮的独断专横脆弱的经历"。文学院高度评价了他的《无法选择的命运》，认为对作者而言，"奥斯威辛并不是一个例外事件，而是现代历史中有关人类堕落的最后的真实"。作品探讨了"在一个人受到社会严重压迫的时代里继续作为个体生活和思考的可能性"。二战时期，约有600万犹太人死于那场大屠杀，凯尔泰斯是少数幸存者之一。

二战之后，德国之善于改过，要归功于纽伦堡审判的彻底与犹太民族追究犯罪的强韧。此后，德国开始实施"善待生命""同情弱者""宽容待人""唾弃暴力"的"善良教育"，德国不赞成玩具商开发高科技"暴力玩具"，引导孩子批判影视中的暴力镜头。这些明智之举为的就是避免德国重蹈历史覆辙。与德国相较，日本民族的劣根性及日本天皇与历届政府素质的低下凸显。日本长达百年的侵略扩张，主要对象是中国。二战之后，日本军国主义没有受到应有的惩罚和清算，日本战争罪行没有被彻底地揭露，日本社会中右翼势力依然猖獗。日本政府与日本社会几乎举国一致企图将战争的一切偷偷抹杀，迟至如今不敢正视自己犯下的罪孽，日本首相依然鬼鬼祟祟参拜靖国神社，并将历史教科书中国家罪恶篡改为德行，因而遭到举世的穷追猛打。对于这段罪恶史，日本几代官僚进行了非常成功的偷梁换柱，说这场战争不过是历史上一个小插曲而已——它已如此遥远，似乎永远不会再发生。

一场旷日持久的大灾难，竟被轻描淡写地说成不过是个小插曲，说此等话者必是没有心肝的豺狼！

当灾难凝定在历史的琥珀后，难道只让历史学家去关注历史？当日本作为经济大国，又冒天下之大不韪摇身一变即将成为军事大国之时，当恐怖主义在世界肆虐挑战人类生存的时代，当日本生产的鼓吹战争与互相残杀的动画片大肆泛滥的时候，受害的不仅仅是日本的儿童；当人们普遍为眼前利益驱动染上历史健忘症的沉疴，将战争的创伤、民族的耻辱与弱者的呼号统统忘却，居安而不思危成为集体无意识，在历史缓缓飞舞的大雪中，有谁能够真正看得清未来？

人性的善与恶，标志着一个社会的文明程度。人性的堕落，预示着人类的堕落。若要防止人类堕落，就要提高全民的素质。艺术教育，实质上是素质教育，而素质教育的有效途径是审美教育，审美教育是审美主体的自身反省，又有赖于整个社会体制的完善。由于艺术凝聚和物化了人对现实世界的审美关系，艺术才具有同其他文化形态迥然不同的独特功能。它始终把创造、实现审美价值来满足人的审美需要作为最基本的功能。

审美认识不同于科学认识，审美教育不同于道德教育，审美娱乐不同于其他娱乐，它重在赏心畅神，提高人的艺术修养，健全审美心理结构，陶冶人的情操，培养完美的人格，而理想的人格是全面和谐发展的人格。通过真善美的熏陶感染，使人性中最美好的东西得到发扬，思想得到启迪，认识得到提高，引起思想、感情、理念、追求发生变化，影响人的人生观和世界观。当个人的自由解放成为整个人类自由解放条件的时候，当个人的存在以整个人类的存在为前提的时候，当个人为他人的存在而存在的时候，当整个世界己所不欲勿施予人的时候，人类或许又能进入一个崭新的黄金时代。

人们习惯说，金无足赤，人无完人。但是，金希望足赤，人期待完人，又毕竟是人类的憧憬。孔子曰：虽不能至，心向往之。

论坛讲稿与传媒访谈

梅兰竹菊美学四题

——中央电视台《百家讲坛》讲稿

中华民族是最早发现和欣赏自然美，并以之作为永恒的审美对象的——云霞可荡胸襟，花鸟可移性情。

一、冰为肌骨玉为神 寒花清气满乾坤——梅之美

梅在我国有 4 000 年栽培历史，是珍贵的观赏花木。宋代，国势屡弱，文艺失去唐代的气象，唐诗的丰腴一变而为宋诗的清癯，形式美感方面有着更丰富的追求。于是暗香浮动、疏影横斜的梅花，以其寒瘦、清疏、气韵称胜，为文人士大夫所心仪，以至为全民所接受。梅花，自古以来与兰、竹、菊并称四君子。它那清肌傲骨、高洁冷逸的气质风韵成为全民族的审美崇尚，庶几成为民族风标的象征。不但诗人们为它写下了无数传颂千古的诗章，同时，画家们也不断地在尺幅之间描绘出它的千姿百态与风情万种。自两宋以来，就不断涌现出许多画梅的画家，并逐渐形成多种风格和流派，或是具有"文人画"意趣的墨梅，或是双勾重彩的工笔。若层叠冰绡，精细娇俏；其没骨晕染者，则更多清秀淡雅的情趣。

我国人民喜爱梅花除了它的挺然秀姿和凛然无畏的风标之外，还因为在凄厉的严冬之后，它首先带来了充满兴奋与喜悦的春天的消息；之所以喜爱牡丹，应是对其富丽堂皇、大方柔美性格的赞美，以及对幸福的向往；之所以喜爱菊花，岂不是因为它有傲然凌霜的傲骨和抗暴独放的勇气；之所以爱荷花，岂不是因为它拒腐蚀永不沾，出淤泥而不染，减炎威生清凉，给劳人息炎威，助盛夏以绚丽；之所以爱桂花，除了它的朴素淡雅，更由于它沁人肺腑的芳香同金秋的收获，以及仲秋的明月有着神话般的联系——"影高群木外，香满一轮中"……

无锡浒山梅园多白梅，南京梅花山多红梅，苏州吴县（今吴中区）的邓尉种梅历史可远溯至汉代，有邓尉梅花甲天下的胜景。早春时节，梅花盛开，弥漫十余里，千顷一片白，荡漾银海，举目四望，若积雪皑皑，故称"香雪海"。

想着那不分国界、不畏寒暑，开遍了五洲四海、千城万市的锦绣繁花，或千朵万朵拥在一起；或一株两株悄然独立；或有似笑脸迎人，浅吟低语；或有似粉面生春，盛妆亭亭。美不胜收，妙不可言。禁不住，魂舞神飞。姹紫嫣红带给人类真诚的欢乐、青春的气息。鸟语花香，是音乐，是天籁，是画卷。

咏花诗，是人的心灵圣境流出的甘泉，如筝如钟之声中，传出欢娱，传出悲愤，传出天籁之纯，人籁之粹；以花鸟为题的书画，将人的审美升华到一种独特的境界。

折梅逢驿使，寄与陇头人。江南无所有，聊赠一枝春。
———〔南北朝〕陆凯：《赠范晔诗》
君自故乡来，应知故乡事。来日绮窗前，寒梅着花未？
———〔唐〕王维：《杂诗三首·其二》
众芳摇落独暄妍，占尽风情向小园。疏影横斜水清浅，暗香浮动月黄昏。霜禽欲下先偷眼，粉蝶如知合断魂。幸有微吟可相狎，不须檀板与金樽。
———〔宋〕林逋：《山园小梅·其一》
一种冰魂物已尤，朱唇点注更风流。岁寒未许东风管，淡抹浓妆得自由。
———〔金〕麻九畴：《红梅》
开时似雪，谢时似雪，花中奇绝，香非在蕊，香非在萼，骨中香彻。占溪风，留溪月，堪羞损、山桃如血。直饶更疏疏淡淡，终有一番情别。
———〔宋〕晁补之：《盐角儿·亳壮观梅》

《红楼梦》第 41 回"栊翠庵茶品梅花雪"，接着第 42 回就是"蘅芜君兰言解疑癖"，而第 49 回又是"琉璃世界白雪红梅"，梅兰竹菊都嵌进了《红楼梦》的章目。如"琉璃世界白雪红梅"中写道：宝玉"出了院门，四顾一望，并无二色，远远的是青松翠竹，自己却如装在如玻璃盒内一般。于是走至山坡之下，顺着山脚刚转过去，已闻得一股寒香拂鼻。回头一看，恰是妙玉门前栊翠庵中有十数株红梅如胭脂一般，映着雪色，分外显得精神，好不有趣！"在曹雪芹的笔下，梅花真是："水月精神玉雪胎，乾坤清气化生来。"

吾家洗研池边树，个个花开淡墨痕。不要人夸好颜色，只留清气满乾坤。
———〔元〕王冕：《墨梅》
洗净铅华不染尘，冰为骨骼玉为神。悬知天下琼楼月，点缀江南万斛春。
———〔清〕李方膺：《冰骨玉神图》
玉屑生香不点尘，风前闲看越精神。已推天下无双艳，青帝宫中第一人。
———罗文漠

借梅花抒发爱国之情的诗句主要有：

十年无梦得还家，独立青峰野水涯。天地寂寥山雨歇，几生修得到梅花？

——〔宋〕谢枋得：《武夷山中》

森森夜气落寒檐，闲把离骚酒正酣。忽忆梅花不成语，梦中风雪在江南。

——〔金末元初〕：元吉《夜坐》

驿外断桥边，寂寞开无主。已是黄昏独自愁，更着风和雨。

无意苦争春，一任群芳妒。零落成泥碾作尘，只有香如故。

——〔宋〕陆游：《卜算子·咏梅》

描写梅花与音乐的诗句有：

黄鹤楼中吹玉笛，江城五月落梅花。

——〔唐〕李白：《与史郎中钦听黄鹤楼上吹笛》

《梅花三弄》：又名《梅花引》《梅花曲》，由笛曲改编而成。内容写傲雪的梅花。全曲主调出现三次，既取泛音三段，称为三弄。琵琶曲称为《三落》，根据民间乐曲《三六》改编而成。分三段，殿以急板尾声，分段标作："寒山绿萼""姗姗绿影""三叠落梅"，以"春光好"收音。

如此，梅在古人笔下丹青，琴内音色，诗中吟唱，成为人格的化身，美的渊籔。

二、香愈淡处偏成蜜 色到真时欲化云——兰之美

兰，多年生草本花卉，四时常青，婀娜潇洒，香气浓郁清雅，有"空谷佳人"的美誉。古来称兰为国香、王者香，或称香祖、第一香。不以艳丽夺人眼目，而以淡雅博人赞赏。我国栽培兰花的历史悠久，远在春秋战国时期的古文献中就有记载。伟大诗人屈原在他不朽的诗篇中，常借兰蕙表述隐喻自己的坚贞和清逸的品格："余既滋兰九畹兮，又树蕙之百亩。""秋兰兮青青，绿叶兮紫茎。""秋兰兮蘼芜，罗生兮堂下，绿叶兮素花，芳菲菲兮袭予。"

兰花本是山中草。她生长于山林野谷，饮朝露，沐清风，临溪流，与天地相依。兰花素而气清，香浓而不艳，叶繁而不乱，幽雅而不俗，遗香千里，却不自傲。淳朴高洁，淡泊自爱，潇潇洒洒，"此是幽贞一种花，不求闻达只烟霞"。兰花被认为有君子之"四德"，被推尊为香祖；兰花有三善：国香，一也；幽居，二也；不以无人而不芳，三也。兰与竹、梅、菊称"四君子"。"四君子"画是中国花鸟画的重要组成部分，

也是中国人民喜闻乐见、历久不衰的传统题材。

宋元以来，画兰名家辈出，画家们将中国书法艺术的运笔技巧融会到绘画当中，重笔墨、求神韵、追逸趣。清代乾隆时期有一位著名学者蒋士铨，这样评价郑板桥的画："板桥作字如写兰，波磔奇古形翩翩，板桥写兰如写字，秀叶疏花见姿致。"在中国画里，墨兰最能体现线的丰富内涵。线的舒缓、展蹙、转折、顿挫、揖让，谱成了美妙的音乐节奏。这种单纯、概括之美胜过了绚丽和繁华。历来文人雅士们也都爱画兰竹遣兴和自娱，使这一题材得到了不断丰富和发展。

"只有所南心不改，泪泉和墨写离骚。"（倪瓒《题郑所南兰》）宋元之际的书画家郑思肖，南宋灭亡后，隐居苏州，常借画无根之兰抒发亡国之痛，含情泼墨，笔写胸臆，向为后世所尊崇。元代的赵孟頫、赵孟坚、管道升，明代的文徵明、陈淳、徐渭、马守贞，清代的恽寿平、石涛、蒋廷锡、金农、郑燮、彭瑞毓，近现代的吴昌硕、潘天寿等许多著名画家，为我们留下了大量不同风格的画兰佳作。

"屈宋文章草木高，千秋兰谱压风骚。"宋以来还出现了许多研究介绍兰花名种、养兰、育兰、画兰的专门著作，如《兰谱》总结了养兰、画兰的经验和心得，提高了兰花的观赏价值、绘画的美学蕴涵和文化品位，使之成为中国文化艺术不可分割的组成部分。

只写兰花的香与色以显其格："能白更兼黄，无人亦自芳。寸心原不大，容得许多香。"皆舍形传神，画笔难描，可望而不可置于目前，只能沉潜涵咏，方可体味。

第一个爱兰的君子便是屈原。他在《九歌》中写道："秋兰兮蘼芜，罗生兮堂下。绿叶兮素华，芳菲菲兮袭予。""纫秋兰以为佩""结幽兰而延伫"……

> 坐久不知香在室，推窗时有蝶飞来。——〔元〕余同麓：《咏兰》
> 纵使无人也自芳。——〔清〕玄烨：《咏幽兰》
> 可怜百种沿江草，不及幽兰一箭香。——〔清〕张问陶：《画兰》
> 香愈淡处偏成蜜，色到真时欲化云。——〔清〕何绍基：《素心兰》
> 春兰兮秋菊，长无绝兮终古。——〔先秦〕屈原：《九歌》

"九畹齐栽品独优，最宜簪着美人头。有从夫子临轩顾，羞伍凡葩斗艳俦。"鉴湖女侠秋瑾写出了为屈原欣赏的兰花超凡脱俗的气质。

三、心虚逾凡木 节劲异众草——竹之美

中国大江南北竹林随处可见，吴越之地"人家皆种竹，无水不生莲"。而华北就相形见绌，远没有那样普遍了。北京的潭柘寺有大片的金镶玉竹，因为山中地下有温泉

水脉，土质肥厚，竹才长得茂盛异常；恭王府的"天香庭院"内，在金碧辉煌的垂花门两旁，是一片苍翠欲滴的竹丛，似乎有点大观园潇湘馆的意境。而紫竹院的紫竹、美术馆的毛竹则为其增添了无穷韵味。近来，随着北方气候变暖，燕南地区住家院墙多有竹木掩映。

中华民族的文化艺术自古就和竹子密不可分。中国最古的书都是写在竹签上的，叫作竹简。古往今来，关于竹子的故事、竹子的传说，关于竹子的诗歌绘画不可胜数。

（一）竹书与竹简

竹书，着于竹帛谓之书，亦用以指史书。

竹简，先秦至魏晋用以书写文字的竹片。简，长2尺4寸，以墨书，一简40字。

李贺《昌谷北园新笋》里这样描写："斫取青光写楚辞，腻香春粉黑离离。无情有恨何人见？露压烟啼千万枝。"

元代画家王冕《感竹吟》借竹抒发感怀："愿杀长身载经籍，要为吾道垂休光。"愿意牺牲自己修长的身子作经典书籍的竹简，使文化的光彩流传下去。

家信的别称，段成式《酉阳杂俎续集·支植下》讲了个故事：北都童子寺有竹一窠，才长数尺，主事和尚，每日报竹平安。后以"竹报平安"指平安家信。

《诗·小雅·斯干》云："如竹苞矣，如松茂矣。"相传是周宣王建造宫室时所唱的诗。竹苞松茂比喻家族兴盛。

（二）竹自身具有的审美品格

竹，青翠如玉，温润如玉，有玉石之声，有玉石之韵，有如玉之格调。四时同一色，霜雪不能侵。所以曹雪芹才让黛玉住在竹影摇曳的潇湘馆。

《红楼梦》大观园中最雅的一个居处是潇湘馆。之所以雅，除人物的原因外，就是与黛玉同调的湘妃竹了。那不仅是湘妃之泪，也是黛玉之泪染成的。它使人联想到主人的高洁淡雅，以及潇潇风雨中的身世处境。曹雪芹的如椽大笔随处可见功力。

王禹偁《黄州竹楼记》将竹楼写得妙不可言：

> 夏宜急雨，有瀑布声；冬宜密雪，有碎玉声；宜鼓琴，琴调虚畅；宜咏诗，诗韵清绝；宜围棋，子声丁丁然；宜投壶，矢声铮铮然：皆竹楼之所助也。

（三）传统美学对自然美的欣赏与竹的人格化

竹，四君子之一。梅兰竹菊都称为花木中的君子。《花镜》中说："天壤间，似木非木，似草非草者，竹与兰是也。"按照现代植物学分类，竹子系棕榈科常绿灌木，世界分类有 70 多属，1 000 多个品种。中国有其一半。

竹，岁寒三友，松竹梅之一。松竹梅连在一起作为美的象征由来已久，因为在风雪弥漫中，只有它们依然青翠不惊寒。竹为什么受到历代中国人的器重呢？因为作为审美的对象，竹历史地成为某种理想的载体：它的瘦劲孤高，枝枝傲雪，节节干霄，似人豪气凌云，不为世俗、不为威武所屈；竹心虚，则比之人虚怀若谷、不骄不吝；竹节贞，宁折不弯，比之人志不可夺，如有情操，如有美德。宋代的文同在他的画上就题道："心虚异众草，节劲逾凡木"，"得志遂茂而不骄，不得志瘁瘠而不辱，群居不倚，独立不惧"。

湘妃竹与湘妃，美丽的传说，斑竹一枝千滴泪，成为情感的载体与自然的记忆。

《庄子·秋水》说："凤凰非梧桐不栖，非练实（竹实）不食。非醴泉不饮。"

孤竹，竹的一种。赞宁《笋谱》："襄阳�山下有孤竹，三年方生一笋。及笋成竹，其母已死矣。"

孤竹也是一个古国名，墨胎氏。一说在今辽宁的渤海边，还有一说在今河北卢龙，存在于商周时。伯夷、叔齐即为孤竹君的二子。

（四）文化人的提倡

古今有不少人爱竹成癖，王徽之每建一山间别墅，甚至暂时借居的地方，也必先栽竹，他认为，"何可一日无此君"。

晋代几乎形成了一种爱竹的社会风气。著名的《兰亭集序》就生动地描写了"群贤毕至，少长咸集"会于会稽山阴的"茂林修竹"间，举行春游活动的盛况。"竹林七贤"也是以竹林而名世的。

宋代苏轼有句名言："无肉使人瘦，无竹使人俗。""宁可食无肉，不可居无竹。"可见，竹是何等深刻地闯入了人的生活领域。自宋代以来，无数文人多擅画竹。文与可、苏子瞻、梅道人以至清代的石涛、郑燮无不以画竹著称。爱竹，几乎成了一种传统。竹，历史地成为中国人的挚友。

以竹名县，在四川就有大竹和绵竹二县。其中绵竹产于绵竹县紫岩山，因其竹性柔韧可为绳索，故称绵竹。杜甫当年漂泊成都时曾经向在那里当县令的朋友韦续索取过绵竹，用来美化他成都浣花溪畔的草堂。

（五）枝叶婆娑自如画

竹，可疏可密，可近可远，可浓可淡，或风雨摇曳，或晴初霜旦，或骄阳似火，或雁阵惊寒，都是那样潇洒，飘逸。竹可以同花鸟共生，可以与人类为邻。

元代著名画家吴镇，号梅花道人。他在题画诗写道：

野竹野竹绝可爱，枝叶扶疏有真态。生平素守远荆榛，走壁悬崖穿石堆。
虚心抱节山之阿，清风白月聊婆娑。寒梢千尺将如何，渭川淇澳风烟多。

（六）书画同源、同趣在墨竹身上达到了和谐

元代画坛领袖人物赵孟頫，其兰竹画继承苏轼、文同、赵孟坚的传统，创用飞白
书法写竹石，强调书画同源。《秀石疏林图》上题道："石如飞白木如籀，写竹还应八
法①通，若也有人能会此，须知书画本来同。"下面我们举例说明。

李达源的墨竹是书画结合的典范。我曾为李达源的《竹海图》写过两段题跋，其
一是："二百年前板桥栽，春风秋雨节未改。而今移来蓟丘上，依旧淮南好颜色。"这
是说他的绘画风格同郑板桥的渊源。可贵的是他又走出了郑板桥的笼罩，发展了出自
己的风格。其二是："一竿万竿势接天，浓郁萧索任自然。笔折东岳云霄松，墨蘸骈邑
老龙湾。胸中逸气随笋出，无古无今别有源。借得山海风雨色，来写人间正义篇。"这
是说他画面的气势、借自然之风物，来抒发内心情怀，张扬社会正气。更重要的是人
有竹的精神，竹的品格。画品即人品。

（七）历代文人画中的画竹艺术

欣赏以竹为题材的画家主要有：

文同（1018—1079），文湖州，字与可，自号笑笑先生，北宋画家。元丰初出知湖
州，未及任而死，人称"文湖州"。苏轼称赞他的诗、辞、草书及画为四绝。他善画墨
竹，画竹叶创深墨为面、淡墨为背之法，主张画竹必先"胸有成竹"。画竹不唯写形，
而能赋竹以品格，托物寄兴，抒发个人情怀。人们常借画竹来表达自己的思想感情与
人品学养。"意有不适，而无所遣之，故一发于笔墨。"并为竹创造了多种形象，艺术
水平冠绝当时，对后世影响巨大，有"湖州竹派"之称。苏轼《文与可画篔筜谷偃竹
记》等不少诗文曾称赞过他，传世有《墨竹图》。

王庭筠（1151—1202），金代书画家。工诗文，有文集 40 卷，擅长山水、枯木、
竹石，传世之作有《幽竹枯槎图》，笔法苍老。

赵孟坚（1199—1264），南宋画家，宋太祖 11 世孙。善画水墨梅兰竹石等，尤以
白描水仙最为有名。用笔劲利流畅、微染淡墨、风格秀雅，典型的文人画家，很受后
世推崇。故宫藏有其《岁寒三友图》。

郑思肖（1241—1318），字所南，宋末元初画家。南宋亡后，隐居苏州，坐卧必南
向，表示不屈服元朝统治。善画兰竹菊，画兰常常露根，因为"土为番人夺去"。

---

① 八法，指书法笔画的八种写法，如"永"字八法；八分书，指隶书。

赵孟頫（1254—1322），元代书画家。博学多才，通音律，工古文诗词，精鉴赏。善画山水、人物、鞍马、花鸟、兰竹各科，为元代画坛领袖人物。他的兰竹画继承苏轼文同、赵孟坚的传统，创用飞白书法写竹石，强调书画同源。《秀石疏林图》上题道："石如飞白木如籀，写竹还应八法通，若也有人能会此，须知书画本来同。"赵孟頫一门（妻子、儿子、孙子、孙女、孙女婿、外甥）都善绘画，且多为当世名家。此外，唐棣、黄公望、王渊、柯九思、朱德润等元代大家都受过他指点和影响。

管道升，赵孟頫之妻，字仲姬。工诗文书画，擅长梅兰竹。作有《墨竹图》（藏故宫），用笔劲挺，个别处有赵孟頫的润饰。

高克恭（1248—1310），元代画家。善画山水、墨竹。画竹学王庭筠、赵孟頫、李衎。有《墨竹坡石图》藏故宫博物院。

柯九思（1290—1343），以画竹著名。墨竹师法文同，而能自创新意。善用浓淡墨色分清竹叶的阴阳向背，以浓墨为面，淡墨为背，层次分明，笔力浑厚、劲健。他还常以书法的用笔写竹石，自称以篆法写竹干，草书法写竹枝，八分法写竹叶，兼融以颜真卿的撇笔法。传世作品有《清閟阁墨竹图》（藏故宫）、《双竹图》（上博），笔锋起落急徐，都有书法用笔的韵味。

李衎（1244—1320），蓟丘人。善画枯木竹石，双勾竹尤佳。这是一位既具有传统功力又注意师法自然的画家。《四清图》为李衎的代表作，前半卷写慈竹、笙竹二丛，后半卷画梧、竹、兰石。笔墨淋漓清润，繁而不乱，疏密有致。"李衎一出，如昊日东升，爝火俱息。"

倪瓒（1301—1374），擅长山水、枯木、竹石，以天真幽淡为趣。曾说："仆之所谓画者，不过逸笔草草，不求相似，聊以自娱耳。""余之竹聊以写胸中逸气耳！"画竹主要传世作品有《水竹居图》《怪石丛篁图》《竹枝图》《梧竹秀石图》。

王冕（1287—1359），元代画家、诗人。工画墨梅，花密枝繁，生机勃勃，劲健有力。亦擅长画竹石，其斋名为"竹斋"，可见对竹子喜爱之甚。

顾安（1289—1365），元代画家。善画墨竹，喜作风竹新篁，用笔雄劲挺秀，用墨润泽焕烂。传世有《平安磐石》《拳石新篁》。

王渊，元代画家。绘画较为全面。花鸟画师法黄筌、赵孟頫、杨无咎、赵孟坚等文人水墨画法的特长，以水墨代丹青，笔墨变化丰富，开创了元代花鸟画的新风格。国内外存有他的《桃竹锦鸡图》《竹木春禽图》《竹石集禽图》《摹黄筌竹雀图》等。

吴镇（1280—1354），元代画家。元四家之一，号梅花道人，他与黄、王、倪合称"元四家"。工草书，能诗，以画山水墨竹著称。写松竹亦挺劲，水墨竹石取法文同，又受高克恭影响，笔锋劲利沉着，在当时各家竹派中，自成一格，并绘有《竹谱》。见《篔筜清影图》。

王绂（1362—1416），明代画家，山水多学王蒙、倪瓒，尤擅墨竹，笔势纵横洒落。

夏昶（1388—1470），明代画家，善画墨竹，初师王绂，后融会吴镇、倪瓒画法，形成自己的风格。笔墨厚重，潇洒清润。画竹主张一气呵成，画巨幅尤需如此。强调勤学苦练，自述画竹30年，始知一二。《淇园春雨图》《湘江风雨图》用水墨画丛竹坡石，枝叶纷披，临风摇曳，笔势挺劲。

周之冕（活动于16世纪），明代画家，以画花鸟著名。画法兼工带写，往往花用勾勒法，叶以墨色点染，称为勾花点叶体。故宫藏有《花卉鹌鹑图》。

石涛（1640—1718），本名朱若极。善画山水，兼工兰竹，多用水墨写意法，行笔爽利峻拔，用墨淋漓简练，有《竹菊石图》传世。

恽寿平（1633—1690），号南田，少年时参加过抗清斗争，有过家破人亡的遭遇。入清后，坚决不应科举考试，以卖画为生，终于贫病而死。中年后以画花卉为主，创没骨画法，既写实又有文人情调，别开生面，令人耳目一新，对明末清初的花鸟画有"起衰之功"。见《山水花卉册》。

郑燮（1693—1765），号板桥，扬州八怪之一。康熙秀才，雍正举人，乾隆进士，从山东潍县罢官后居扬州卖画为生。性格旷达，不拘小节，喜高谈阔论，臧否人物，被称为狂、怪。受儒家"修身治国平天下"思想影响，主张"作主子文章，不可作奴才文章"。同情人民疾苦，鞭挞贪官污吏。他提出，"凡我画兰、画竹、画石，用以慰天下之劳人，非以供天下之安享人也"。其作品重视自己的创造性，"不肯从人俯仰"。"凡我画竹，无所师承，多得于纸窗粉壁日光月影中耳。"其绘画题材多限于"四君子"，画上题跋常有惊人之语，借以讽喻或抒志，如"衙斋卧听萧萧竹，疑是民间疾苦声。些小吾曹州县吏，一枝一叶总关情"；"谁与荒斋伴寂寥，一枝柱石上云霄。挺然直是陶元亮，五斗何能折我腰"；书法以画法入笔，折中行、隶之间，自称"六分半书"，纵横错落，如乱石铺街，人称板桥体。传世多为《竹石图》《墨竹图》《兰竹图》等。

在扬州八怪中，除郑板桥外，金农、李鱓等人亦善写竹。金农主张独创，反对因袭，曾论述自己说："冬心先生年逾六十始学画竹，前贤诸派不知有人，宅东西种植修篁约千万计，先生即以为师。"

徐悲鸿（1895—1953），以竹为题材的画作有《风雨鸡鸣》，创作于1936年的桂林，反映了他忧国忧民的精神。

吴湖帆（1894—1968），以竹为题材的画作有《雨后春笋》，山水遍涉诸家，别骁古趣。亦能画竹石工力深厚，笔墨清拔。

潘天寿（1897—1971），艺术风格沉雄奇崛，苍古高华，一反文人画得巧而秀媚，为严正雄阔。其画竹往往草草数茎，则见疏朗挺拔之气韵。

董寿平画竹老辣劲健，但少变化。

李起敏本人画竹，兼取众家之长。

三、冲天香阵透长安 满城尽披黄金甲——菊之美

菊花为九月花盟主，在我国有 3 000 多年栽培历史，姿态万千，傲霜挺立，清香四溢。"菊本君子花，幽姿可相亲。"（高启）有北京、太原、开封等七个城市以菊花为市花。

菊花，重阳前后开花，清香四溢。古人认为菊有五美：圆花高悬，准天极也；纯黄不染，后土色也；早植晚发，君子德也；冒露吐颖，家贞质也；盃中体轻，神仙食也。

> 采菊东篱下，悠然见南山。——〔魏晋〕陶渊明：《饮酒·其五》

陶渊明此名句一出，菊花就和孤标傲世的高士、隐者结下了不解之缘，几乎成了孤高绝俗的精神象征。黄巢的菊花诗却完全脱出了同类作品的窠臼，表现出全新的思想境界和艺术风格。

> 飒飒西风满院栽，蕊寒香冷蝶难来。他年我若为青帝，报与桃花一处开。
> ——〔唐〕黄巢：《题菊花》
> 待到秋来九月八，我花开后百花杀。冲天香阵透长安，满城尽披黄金甲。
> ——〔唐〕黄巢：《菊花》

倘说"蕊寒香冷"的菊花开放在高秋花卉半金黄的霜降季节，黄巢还不免为其开不逢时而惋惜、而不平的话，而后一首则完全是一种战斗姿态了。谁来改变命运？回答是："我为青帝（春神）！""我花开后百花杀"，石破天惊！这是菊花的天下，菊花的王国，也是菊花的盛大的狂欢节。充满战斗风貌与性格，化幽独淡雅的静态美而为豪迈粗犷的动态美，也只有一个叛逆者才能写得出。

菊花，餐英、酿酒、烹茶。可闻、可观、可赏、入药、入画、入诗。

重阳节有赏菊的风俗，相沿既久，这一天也就成了菊花节。

> 菊花如幽人，梅花如烈士。——〔元〕何中：《菊二首·其二》

司空图有"人淡如菊"的赞语：

> 春露不染色，秋霜不改条。——〔晋〕袁山松：《咏菊》
> 不是花中偏爱菊，此花开尽更无花。——〔唐〕元稹：《菊花》
> 黄昏风雨打园林，残菊飘零满地金。——〔宋〕王安石：《残菊》

菊花有故园花之称，常用来寄托思乡之情。王安石的女儿给其父的诗中写道："西风不入小窗纱，秋风应怜我忆家。极目江南千里恨，依前和泪看黄花。""残菊飘零满地金"曾被欧阳修奚落说："秋英不比春花落，传语诗人仔细吟。"小说家冯梦龙据以敷衍，在《惊世通言·王安石三难苏学士》中，又将欧阳修之事移至苏轼身上。王安石看了这两句诗，心里很不满意。他为了用事实教训一下苏东坡，就把苏东坡贬为黄州团练副使。苏东坡在黄州住了将近一年，到了九月重阳，这一天大风刚停，苏东坡邀请好友陈季常到后园赏菊。只见菊花纷纷落瓣，满地铺金。这时他想起给王安石续诗的往事，才知道原来是自己错了。其实，此事哪有对错？菊花种类繁多，有落瓣菊，也有不落瓣菊、宁肯抱香死的，如宋代郑思肖的题画诗：

花开不并百花红，独立疏篱趣未穷。宁可枝头抱香死，何尝吹落北风中。

又如：

菊花无藉秋光老，犹自离披带雨开。——〔宋〕刘克庄：《赏菊》
颜色只从霜后好，不知人间有春风。——〔清〕许廷荣：《题画菊》

总之，我们讲了梅兰竹菊从自然物象到审美意象的演化与象征。黑格尔曾以理念和形象的吻合关系作为分类标准，将艺术按发展阶段分为象征型、古典型和浪漫型。朱光潜则认为，中国的《诗经》主要属于象征型艺术。像梅兰竹菊这类文人画，我认为它们也属于象征性艺术。因为除了造型的审美价值外，它还潜藏着象征的意味。

关于象征型的诗，黑格尔说："由于内容的意义比较抽象，不大明确，就达不到古典型的诗那样高度纯真的有机结构。"它"时而把自然界和精神界的一些彼此异质或互不相干的个别特殊因素打谜语似地结合在一起"。但是，在像梅兰竹菊这类画中又不是全是如黑格尔说的那样，自然和意味之间毕竟有着一定的联系。

象征，即是借用具体的东西比喻抽象的东西，其中存在一个"抽象化"的过程。歌德说："象征把现象转化为一个观念，把观念转化为一个形象，结果是这样：观念在形象里总是永无止境地发挥作用而又不可捉摸，纵然用一切语言表现它，它仍然是不可表现的。"这个"现象—观念—象征—形象"的过程，亦可谓"抽象化"过程。象征型诗歌，运载着"观念"而通过"形象"去感染读者。正因为经过了"抽象化"的过程，象征性形象会有不同的"观念"，不同的读者对此又可能产生不同的联想，于是有不同的理解和感受。而咏物诗中的象征意味同梅兰竹菊为题材的画一样，则是其不可或缺的特色。墨竹在道理上几乎是同咏物诗相近的。

刘勰在《文心雕龙·原道》中说："自然之道也，傍及万品，动植皆文。龙凤以藻绘呈瑞，虎豹以炳蔚凝姿。云霞雕色，有逾画工之妙；草木贲华，无待锦匠之奇。夫岂外饰，盖自然耳。"自然美与人的性情之美的沟通和谐作为传统的哲学精神浸淫了人们的世界观，认为对大自然的审美就是对人自身的审美，对自然美的肯定就是对人自身的肯定。故一刃自然美都被人格化了，自然成为人化的自然、人格的化身。对花鸟和山水的热爱成为画家、诗人千古描绘和咏唱的题材即为明证，诗人对物的审美观照，亦即对自身的观照，物象即心象的投影。它已排除了物与我的功利观念，进入物我两忘的境界，即"澄怀味象"的审美心态。如杜甫所咏："感时花溅泪，恨别鸟惊心。"如陆游所愿："何方可化身千亿，一树梅花一放翁。"如徐谓所说："我之视花，如花视我。"如此，也是我在《百家讲坛》开讲"梅兰竹菊美学四题"的初衷。谢谢在场以及电视机前的观众。

2001 年 9 月 1 日星期六中央电视台《百家论坛》讲稿

《国画家》十日谈

——答《国画家》杂志问

第一日　千年路程，百年风云
——中国画从传统到现代的再透视

中国画所经历的千年路程，百年风云，在一定的经济基础和意识形态的制约和影响下，可归结为两种样式：一种就如先将一尊雕像的形态塑成，然后等着生命和思维进入其中；其二是仅此一种样态的生命和思维，被纳入无数个千奇百怪的泥胎。拉开时间长河的距离看，那形象和生命往往是被撕裂了的。

罗曼·罗兰说："一个民族的政治生活，只是它存在的浅层部分，为了了解其内在的生命，其行动的源泉，我们必须通过它的文学、哲学以及音乐艺术这些反映该民族理念情感和梦想的东西，来深入探索它的灵魂。音乐展示给我们的是在表面的死亡之下生命的延续，是在世界的废墟之中，一种永恒精神的绽放。"而中国画又何尝不是如此？看到传统中国画常使人想起唐槐汉柏，其古干虽为岁月的风雨剥蚀凋残，而千百株子干孙枝却重根大地，一派现代的繁荣。

第二日　中国社会、中国文化与中国画的生存空间
——中国画在大文化中的位置综合评估

中国画在大文化的笼罩下，每个时代的正统画家多半像如来佛手中的猴子，或有个齐天大圣名号的弼马温。虽有桂冠，却没多少自由创造的空间；而非正统的隐逸画家，由于保留了一份心灵的自由，他们的作品不但是人的本质力量的对象化，而且是以美的形式的对象化，因此也就更接近艺术之所以为艺术的本质属性，因为它使审美纯净化到了一个临界点。但从历史的角度看，忽略任何一种形式都有可能使历史的整个画面变得模糊。画史应该把寻求人类精神存在的连贯性作为其研究目标，并且应该

保持所有人类思想的内聚性。

　　一方面，整个造型艺术，就其正常情况来说，为了得到充分发展，都需要奢华和闲适，需要一个优雅的社会环境，以及文明中的某种平衡。在蛮族入侵的时代，它必然发生异化和畸变。另一方面，就其内在的审美需求来说，它（如中国画）只需要一个灵魂和笔墨也就够了。这是中国画永世长存的魅力所在。

　　因此，中国画的生存空间不管时而宽畅，时而逼窄，它终会找到自己的生存之道。譬如，宗教和艺术有着本质上的分野，注定了二者之间的敌对性。宗教压制人们的审美感觉，就在于压制艺术的审美。后来宗教利用艺术，在于利用艺术的副产品的认知和教化功能，从信仰主义和禁欲主义出发，加以限制、歪曲、改造，使审美的艺术背上神学的主题，塞进宣示教义的私货，舍弃了作为艺术前提和根基的审美，将艺术异化为非艺术。而意识形态也往往如此，那儒家范畴的文以载道说，寓教于乐说，在原本的意图上并无二致。

　　在宗教利用艺术的同时，艺术也在利用宗教以求得自身合乎规律的发展，使宗教无可奈何。因艺术创造主体一旦进入艺术创造，就会倾心于美的规律，并被美的规律所制约，而不会倾心于信仰和说教。他们的作品在精神和风格上必定超越宗教所限定的范围，表现出对美的追求与理想的表达，并将这种表达深深植根于现实世界和心源之中。恩格斯指出："只是由于一切宗教的内容是以人为本原，所以这些宗教在某一点上还有某些理由受到人的尊重；只有意识到，即使最荒谬的迷信，其根基也是反映人类本质的永恒本性，尽管反映得不够完备，有些歪曲；只有意识到这一点上，才能使宗教的历史，特别是中世纪宗教的历史，不致被全盘否定。"是的，恰恰是基于"以人为本原"，宗教找到艺术的可利用性，也恰恰是基于"以人为本原"，艺术占取了一个抒写人性美和宣泄心灵感受的疆场。这就为艺术经过宗教的领地向艺术审美打开了一条通道。明烧栈道，暗度陈仓，将艺术的审美价值体现于宗教的审美光轮中，那映现宗教画和宗教音乐的金顶佛光实质上不是神灵，而是艺术家自身及其所代表的"人类本质的永恒本性"。在中国汉末六朝以后的各个朝代，宗教艺术获得了远较欧洲中世纪无可比拟的发展，尤其禅宗兴起以后，在中国文化的高层领域，相当数量的画家"以禅入画"成为时尚，中国的佛教向艺术靠拢和倾斜，注入了强烈的中国文化氛围。画家在禅意盎然的诗歌绘画作品中寻求精神的安慰寄托和力量，一下子，禅境似乎成了通向人生最高审美境界的不可或缺的天国之门。

　　20世纪以来，宗教对中国画的生存空间的影响已经从画面上淡出。在未来，影响其生存空间的既不会再是风行了一个世纪的意识形态，也不会是国际间文明的冲突，而是中国画自身独立的审美价值、人性魅力和个性风采的强弱高低。

第三日　中西结合与东方主义
　　——在东西方文化的碰撞、交流和世界文化的一体化、多极化之中的中国画文化谋略

　　东西方文化的碰撞、交流和世界文化的一体化、多极化，将是今后起码一个世纪的文化态势。积极面对是我们的根本态度。强调自己的"特色"，回避积极的回应，是愚蠢的。新的世纪，随着旧的意识形态时代的终结，而新的意识形态的冲突会因种种因由而滋生。亨廷顿所言"文明的冲突"未必不是一种可能，当"人们正在根据文化重新确认自己的文化个性"之时，艺术未来的宿命随着人类意识的成熟、目光的清醒，会力求抗拒这种文明冲突的发生及其意识形态化。人类的良知和维护着良知的文化艺术，会促进人类的清醒。人类被异化了文化性格，需要艺术地重塑。未来的世纪，不论为了什么目的，凡是制造人类不和、鼓吹仇视，以及夸大矛盾、制造恐怖、分裂人类者，都是与我们民族的文化个性背道而驰的，更与中国画终极的审美目的——藻雪精神、高尚气质、净化灵魂相违背。

　　另一方面，随着20世纪一个主要意识形态的衰落，在一些国家和地区开始回归自己的文化传统，重新认识并强调自己的"文化个性"，被迫或主动地转向自己的历史和文化传统，试图在文化上重新自我定位，这对于今天的中国具有重大的启示。我国作为一个具有特定文化个性的国家，曾在与外来势力的较量中失败过，转而对自己的文化不满和自卑，并竭力抛弃自己的文化，向别种文化转变，而且这转变是由权力主导的。应该说，百年以来，这努力成败参半。一个时期的文化上的撕裂和文化精神分裂症患，曾使人忍受着痛苦和煎熬，它表明我们对待外来文化和自身文化的态度需要调整。尽管如此，我们不能随着这股潮流而落入故渊，重覆旧辙。

　　中国画文化谋略仍应是全面开放，处变不惊；多极共生，多元互补；美我之美，美人之美，美美与共。一手要继续伸向外来文化艺术，一手要发掘自石器玉器时代以来的传统文化艺术沉积，那才是中国画生生不息的源泉。

第四日　理想与现实之间的直线距离
　　——中国画下一个百年的终极目标和实现此目标的步骤

　　理想和现实之间有直线的距离，而无直线的道路。目标是大象无形，步骤是回归和发展写意。因为中国画家经过20世纪的全方位的写实训练，缺的是更具表现力的大写意能力，尤其是集古今大师之长的写意能力和想象能力。

再是，理想和现实之间有直线的距离，说到底是心的距离，心有多远，距离就有多远。

第五日　造型、笔墨、色彩、材料
　　——技术与方法：关于中国画表现力的一些基本问题

造型不是中国画的长项，也不是短项，非不能也，是不为也。因为在中国艺术中总以"万象为宾客"，通过笔墨气韵、色彩韵味写出的神韵、意境，才永远是中国画的魂魄。在现代生活、现代思想面前，中国画的表现力深受色彩、宣纸与材料的惠赐，因为有了它们，才能凸显中国画的特色与韵味，这是无数前辈千百年来筛选的结晶。但如果因此长期不改进，也会受其局限。在表现复杂多彩的现代艺术内容时，又会显得力不从心，须丰富和改造，例如画家期盼着无须托裱而胜似托裱的宣纸的出现。

第六日　诗书画印和当代文化结构
　　——现代中国画的文化关系质疑和再确认

中国画在经历一个无大师的时代，大师死了，呈现的是有高原无高峰的局面。代之而起的是流行的新潮涌旧潮，大师需要半个世纪或一个世纪的再孕育。有大师与无大师是不一样的，因为大师代表着国家民族文化的高大与深宏，他带领族群进入一个崭新的艺术时代。当下所标榜的所谓"大师"，文论是自封的，还是钦定的，多半是些赝品，没人拿他们当回事。

当代和未来的中国画家，可以不把诗书印呈现于画面，但绝不可不深蕴于内心，不可使这些文化修养缺席。否则，将浅薄得一塌糊涂。

第七日　工艺、技艺、国粹、文化、主义、精神
　　——中国画的雅与俗作为艺术而存在的必要理由

中国画"以人为本原"，是中国人文精神的载体。仅此一个理由，即可永世长存。不管它什么工艺、技艺，还是什么国粹、文化、主义、精神。

时俗与高雅在音乐界的现状，前者是主流，后者是末流，而画界却能够雅与俗互济共励，重时俗而不失风雅。时俗、通俗、世俗与高雅到底什么关系？历史上为什么有些人总是倡雅贬俗，同民间通俗为敌？

所谓"人们喜闻乐见",意味着什么呢？显然，它是一种价值标准，艺术品一方面有着精神消费性审美价值，当其表现为一定时期的票房价值时，其价值尺度在很大程度上就有其虚拟性，它起码不能表现其全价值，或顶多只以半价或高出所值的天价倾销给了那些有可能消费它的人群。另一方面，作为文化价值，那是潜在的、恒定的，它是人类发展过程的记录、生命创造的结晶，是人类文化精神信息的承载。创造的功绩不仅仅在于为当代人提供了多少需求的东西，更重要的是为人生提供了多少前人未曾提供过的东西。有的青年学者认为，我们过去不是将艺术作为达到某种目的的工具，就是强调艺术的消费属性，从改造、发展民族绘画的动机到整个文化艺术的价值观，始终都是从功利主义出发的，而很少从超功利的文化意义上去对待艺术。

针对现代主义蔑视、贬低、否定通俗文化的精英主义倾向，英国伯明翰学派奋起反击，如威廉斯（Raymond Williams）尖锐地指出，由于通俗文化的发展带来了文化趣味和价值观念的变化，构成了对上层知识分子和当权者已享特权的威胁，所以他们攻击通俗文化乃是企图重新肯定自己在原有文化秩序中的特权地位的政治行为。又如美国的修森（Andreas Huyssen）明确肯定20世纪60年代费德勒提出的"跨越界限、消泯裂痕，促进高雅艺术与通俗艺术的联姻的主张，并在理论上为通俗文化作了有力的辩护"。

我们的艺术家、美学家、批评家不应当只囿于高雅、精英文化，还应当关注、研究、提高通俗文化，从中汲取宝贵的营养，努力缩小雅俗文化的差距，促进二者的融合。

中国富有的传统艺术资源宝库作为无尽的宝藏，又永远向现代和未来敞开着。

第九日　有话好好说
——史论、评论、技术理论与创作的关系

一个大国的文艺既定方针应适应人生多元审美需求，异彩纷呈、具有文化个性的群体与个人在崛起。21世纪的文艺理论汗牛充栋，因循旧说者多，同义反复者多，但中国画的发展最渴望的是原创性理论。无此则表面繁荣容易，而希望大发展很难。

绘画美学上由静入动再入闹入荡，色彩由淡雅趋浓而烈，由朴厚而绚烂，同时，也由沉静趋浮而妖，用笔由简趋繁而漂而燥，远离书法而趋无法，此"无法"阻塞了到达至法之路。图式与形式美法则由单调趋丰富多彩，又若天女散花随风乱坠……世上的事物生生灭灭，从不按照一个模式运行，也没有谁可以预设既定方针与路线图。

第十日　个性——民族性——世界性

当代有个响彻云霄的口号叫作"具有民族性，才具有世界性"或者"越是民族的，越是世界的"，口号的目的似乎在于为弘扬民族文化打气，增强民族文化艺术的自信

心，当然不错。但是，这口号是否真科学却值得研究。首先，它是个自我保护的口号，是个故步自封的口号，一个带有浓厚民族主义色彩的口号。它的缺陷在于表达了弱势民族缺乏自信的狭隘。民族是什么？民族性是什么？是人们在形成共同地域、经济联系、标准语言、某些文化和性格特点的过程中逐步形成的历史共同体，这是由不同部落和部族结合为一个民族和民族共同体的大家庭。在人类历史发展的长河中，民族不过是个阶段性的产物，它也在不断地分化与瓦解。而总的趋向是这个共同体在不断滚雪球似的越滚越大，最终将融合为一个统一的人类共同体。民族性是一个民族在经济、文化、习俗、意识形态等领域所习以为常的共性。民族主义是资产阶级和小资产阶级的思想意识和政治，以及在民族问题上的心理。民族主义的基础是民族优越性和民族排他性思想，以及把民族解释为超历史和超阶级的共同体的最高形式。民族主义在不同的历史阶段起着积极或消极的作用，或是反对民族压迫的旗帜，或是殖民主义政策的工具。民族主义同种族主义相近，弄不好就会成为分裂人类的武器。在被压迫民族的民族主义中，既包含有一般的民主内容，也有其代表上层统治集团利益和思想的一面。我们反对民族的狭隘性，反对夸大民族的独特性，也反对大国民族主义、地方民族主义和民族偏见。不过，只是法国大革命时提出的民族主义口号具有特殊性，"自由、平等、博爱"以及人权和民权宣言的思想不仅适用于法国人民，而且适用于所有国家的人民，成为民族主义的共同基石，超越了民族主义的局限。

由于民族主义在文化艺术领域既妨碍对族外艺术的接纳，又束缚个性创造的发展，在"民族化"统一的标志下，丧失掉艺术的多元与多样性。艺术毕竟要走向终极关怀，民族存在的理由是不断使该民族的人的生命得以优化，如果这个民族的机制不能实现优化人的生命存在这一目标，那么，这个"民族性"也就无用。它的什么"主体性""自性"也就变成无意义的虚妄。就艺术创造来说，提倡民族性，远不如提倡个性更利于一个民族的文化艺术的发展繁荣。个性之中既包含了民族性，也具有了世界性，因为人类不论什么民族，都具有人作为人的共性，而共性无不包含于个性之中。我们可以彻底地说："具有个性，才具有世界性，越是个性的，越是世界的。"

再者，具有民族性的东西，未必全具有世界性。因为任何民族连同它的艺术都存在片面性和局限性，片面要通过发展个性来补充，局限要通过交流去完善。说民族艺术具有世界性，因为它本身就是组成世界性的因素，说它未必全具有世界性，因为有些未必为世界所接受和欣赏，未必合乎人类的共性。反之，割断文艺发展的历史就违反了艺术创新的规律、否定建立在个性基础之上的文艺的民族特征，片面在形式上追求时代感，同样会失去文艺的真正价值。

说到底，民族性之中的什么因素才具有世界性？是"个性"色彩，欣赏个性的独特之美是人类共同的心态，不要误将外国人的猎奇误认为是自身民族性价值的伟大，不要视原始主义为奇货可居，从而故步自封，窒息民族艺术生命的活力，阻止外来文化艺术基因的融合，误将一个自为开放的体系化作僵死的荒原和泥沼。化石是可贵的，

308

而我们不能将现存地上的生物变作化石的模样去赢得什么世界性。这是个在小农经济基础上产生的口号，第一届艺术节就是这种误解的产物。

我一个朋友的书中说："人本主义是最合乎人性的价值，它集中表达了来自每个心灵的呼声，所以它是全球价值。以人为本，从与人的关系中探求音乐之道，让音乐回到人的怀抱，变'礼的附庸'为'灵魂的语言'，中国音乐才能走向现代，走向世界；以人为本，从与人的关系中认清文化的本质，才能正确处理文化中的中西关系、古今关系、个体与群体的关系、民族'自性'与人类共性的关系，中国文化才能由前现代向现代转型，中国知识分子才能具有现代人格。"音乐如此，其他艺术也不例外。

美是人的本质力量的感性显现，而"人的本质力量并不是单个人所固有的抽象物。在其现实意义上，它是一切社会关系的总和"（马克思语）。所以，每一个个人的本质力量无不蕴涵着整个社会关系，个性蕴涵着共性，当然也包含着民族性。所谓的东方神秘主义，也可称为"直觉主义"，就是用直觉、直观的方法认识世界。我们的传统依靠这种方法早就认识到世界是一个整体，是相互关联的，是你中有我、我中有你的，是局部可以体现整个世界的。绝大多数创作个体都是在长期积累形成的文化背景中得到熏陶，在自己熟悉的领域内的审美意识与经验大致与类的本质力量是同步的。而个体的超前意识支配下产生的艺术作品的美似乎不能用类的本质力量去加以概括。这就是具有大智大慧的艺术家总要不时地超越民族性，并为民族性增添新的内涵。艺术是个性化的创造，不是民族化的创造。

重庆传媒访谈录

（一）**记者**：李老师，您好！感谢您百忙之中抽出时间接受参访，您的经历让我想起民国时期的一些学者，像丰子恺、李叔同等，和他们一样，您在国学、文化艺术各个方面都有深入的研究，那您最早是研究什么？怎么开始的？

李：我幼年所受的教育就是四书五经。从《三字经》《百家姓》《千字文》背诵起，接着是《论语》（分《上论》《下论》）、《孟子》（分《上孟》《下孟》）、《大学》、《中庸》，这是我学龄前的记忆，基本上可以翻阅家里的藏书……故对古典文学始终怀着真情。加之老家东平地处齐鲁交界之地，作为古城，曾经为国、为郡、为府、为州，是儒道释文化集结人文荟萃之地，北齐出过高僧安道一，是泰山经石峪以及鲁西各大名山刻经的书法巨匠，和王羲之同时有"南王北安两书圣"之誉；宋代的大画家梁楷；元代与关汉卿齐名的戏剧家高文秀；元末明初的罗贯中，这些都是东平人杰地灵的象征。东平也曾被马可·波罗称为大运河岸边的一个"繁华的大都会"。东平湖（即梁山泊）是罗贯中写水浒传的背景之地，《三国演义》《水浒传》及其戏剧是东平城乡间勾栏瓦舍演出的一大景观。东平府学与乡间私塾给无论贫富的子弟以奋发向学的机会。读书的兴趣就是这样培养起来的。之后的岁月搜罗百家，不分古今中外，见书即读，开卷有益，始终坚持泛览的习惯，如今也坚持着每周读1—2本书。因此，所学与所用未必一致，但我心有所钟焉。当专家对我来说是个很不屑的事情。

读书之余，书画是我消遣的手段，那是受书法家父亲影响的结果。书画虽说后来成为我的专业之一，然而，我自始至终一直将之作为雕虫小技看待。

如上，是我志趣广泛的基本原因，或者说是原始动机。

（二）**记者**：20世纪60年代研究文学，70年代研究美术，80年代之后研究音乐美学、古典艺术学和世界文化学，2000年以后又开始讲授"国学概览"与"西学大观"，是什么样的原因使您对这么多不同的文化艺术产生兴趣并深入研究的呢？

李：有的是主动，有的是被动，也就是出于无奈或者说是为了适应工作的需要。前二者是出于主动，因为60年代我的大学本科读的是中国文学，中学时代学着写诗，自那时起便一发而不可收，后来还出版了诗集《掇英拾羽》等。对于先秦散文、楚辞、两汉诗赋、唐诗宋辞的兴趣，使我徜徉流连其中，沉醉不知归路。本科毕业论文写的也是有关楚辞的研究。毕业后赶上"文革"十年，文章不能写，画也不能画，务不了正业。进长白山伐木，凿山洞造人防工程，搞宣传画伟人像……荒废了大好青春何止十年?! 有人说青春无悔，那不过是庸人自慰的矫情。

至于对美术的研究也只能入夜以后悄悄地进行，积十年之功，为我"文革"一结束就立即考研进入中央美术学院打下了基础。在美院除了向吴作人、李可染、李苦禅等大师们学画之外，时间主要放在美学与艺术史论方面。

1980 年美院毕业后，我到中央音乐学院任教，接触音乐学与音乐美学专业，只好开始学习音乐，几十年耳濡目染下来，忝列音乐美学专业的学者队伍，成为该专业博士生导师，这是我因为工作需要的又一次转型。

"中国古典艺术学"是国家科研立项的课题。它是我多年艺术实践与教学的结果，也是我 30 余年教育生涯的总结。这 30 余年来，我在海内外开设过 18 门不同的课程，内容涉及中外艺术史论与美学。应学生的要求，也为了开阔艺术院校博士研究生的视野，我开设了世界文化学。由艺术走向文化是一种归宿——我指的是人类文化学与社会文化。我以近 50 年的时间志在打通艺术诸门类，为的是避免偏钻一隅、不识庐山真面目而误人子弟。

"国学概览"与"西学大观"是我给博士生们开的选修课。两个世纪之交，国内由于种种复杂的原因和政治需要——国人对久违的古典传统文化在久经坎坷之后，充满怀念之情，而苏俄阵营的解体又让通行的意识形态消解了对天下的凝聚之力。回归民族性的传统文化、兴起"国学热"实际上是时代的风云际遇使然，一时间各种媒体上的讲述与讨论甚多，出版品更是蔚为大观，在书市中触目皆是。儒家在国学占有主流地位，孔子更是无人不知的代表人物，于是几十年之内曾经被五四以来的激进主义的后继者在"文革"的摧残下几近灭绝的"孔学"又成显学。历史文化似乎在华胥之国梦游了几十年，又故国重游，回到了原点。

《论语》是孔学最可信的材料，许多人从小学阶段就认真背诵，背熟了就以为自己也可以明白其中道理。稍微用功的人，再翻阅《史记·孔子世家》与《史记·仲尼弟子列传》，就可以配合一些史实，再借用嘴皮之功添油加醋一些古诗词把孔子的生平与思想讲得十分生动。可是生动是生动了，然而离孔子的思想甚远，这好比提着竹篮去孔子家打水，打来多少，只有天知道! 你往篮子一望便知，他们打得不是孔子的水，而是自己的心得，可见境界之高。只可惜他们连小学（文字学）都没过关，难怪每每郢书燕说，南其辕而北其辙。可是由于当今传媒的发达，一时成就了一批国学超男超女，并让他们的声音无限放大，至今也常见他们的身影在屏幕上晃来晃去。对孔子如此，而对老子尤甚。

然而，真要理解孔子思想，是必须要作为学术研究下真功夫，绝不能浮躁从事。否则，就会误尽天下苍生。

自秦始皇焚书坑儒，中国文化遭受毁灭性的大劫难之后，劫后余存的汉儒凭记忆复述的经典，难免有误传与零篇断简之虞，故汉儒解经的歧义在所难免。至于宋儒的理学，宋儒解经就又是一番风貌。南宋那个称为集大成者的朱熹解经也是曲解多多。正如台湾大学教授傅佩荣所说："光靠研读朱熹的《四书章句集注》恐怕有些冒险。譬如，《论语》全书第一句的'学而时习之，不亦说乎'？究竟何意？关键在于'时'字。朱注以'时'为'时常'，但遍查《论语》出现的11个'时'字，除此之外，并无任何一处有'时常'之意。考其常用之意，应是指'适当的时候'，亦即孔子所说的是'学了做人处事的道理，并在适当的时候予以实践，不也觉得高兴吗'？"可见，朱熹对四书五经的解释并不十分可靠。这在朱熹那里曲解处并非孤例，我认为，坏就坏在他执着于"章句"，而忽略了"大道"，从而坏了大道！在朱熹的影响下成为后世章句小儒的通病。再是他服膺的是理学家二程，而理学的哲学观点已离孔子哲学甚远，以此理解孔，岂不谬哉！在我看来，正确的解经之路首先要知人，知人才能论事、论时、论文、论世。其二，要回到古人的人文语境中（历史环境、生存环境、学术环境，人际环境），全面把握他的思想整体才能正确理解他的话语真实，而不致曲解。再是要通众经，才能解对一经，不懂老子，怎么解孔子？坐井观天而已。刘师培先生教导我们，"通群经才能治一经"。至于现代人有什么心得，那极可能是风马牛不相关的事。你不大清楚《论语》的历时语境与共时语境，或是你对于汉学的文字学与学术传统又很外行，只能大着胆子去混解了。解释"民无信不立"之信，说信就是信仰，就是信国家。请问孔子本是鲁人，其先人是宋人，而他周游列国觅求重用，信鲁乎？信宋乎？信陈乎？信蔡乎？信楚乎？信周天子其人乎？那时就没有信国家的说法，儒家只信天下！信仁，信礼义，《禹贡》与《礼运》的那套天下与大同的模式就是儒家理想国与世界观。梁漱溟就用《春秋》的本义强调原始儒家的正义观是"夷狄而中国则中国之，中国而夷狄则夷狄之"，谁有仁义就让谁化天下。梁启超在《春秋夷狄辩》中说得明白："孔子作《春秋》，治天下也，非治一国也；治万世也，非治一时也。"所以不能把孔子的"民无信不立"曲解为你的国家主义。孔子实际上认为，国家必须先取信于民，这个国家才能有资格立国。这才是孔子的原意。正因如此，喜欢讲心与性的孟子才敢说"未闻弑君也，诛一纣矣"，如果现在谁想借国学复兴纲常名教，真是怪了。

宋初禅风盛行，后来的理学、心学是在孔学穷途暮路之时，才借道、佛来融入而发挥成为一种"新子学"。儒家本没有像佛学那种认识论和本体论，宋儒的巨擘大多是受佛受道之影响的，不乏入佛返儒之辈。朱熹也提出"自古圣贤相传，只理会一个心"，结果如何？并没有挽救了宋明的败亡。于是才有顾炎武、黄黎洲、李恕谷那帮反心学、反理学甚至反君权的硕儒大哲的出现。

法治语境下的道德首先要的是强调公民权利至上，离开公民的个人权利就建立不了法治社会或公民社会。

当然，今天讲授国学，要完全还原经典也是困难的。任何历史文本的原貌都无法绝对重现。黑格尔早已意识到这一点。他对此有过形象生动的说明：流传下来的古代艺术品，"是已经从树上摘下来的美丽果实，一个友好的命运把这些艺术作品传递给我们，就像一个少女把那些果实呈献给我们那样。这里没有它们具体存在的真实生命，没有长有这些果实的果树，没有构成它们的实体的土壤和要素，也没有决定它们的特性的气候，更没有支配它们成长过程的一年四季的变换。同样，命运把那些古代的艺术品给予我们，但却没有把它们的周围世界，没有把那些艺术品在其中开花结果的当时伦理生活的春天和夏天一并给予我们，而给予我们的只是对这种现实性的朦胧的回忆"。就是说，由于与古代艺术品紧密联系在一起的具体背景已经不存在了，因此得到的只能是对它们的"朦胧的回忆"。伽达默尔引用了黑格尔的这段话来论证、想完全修复原本的企图是"无效"的。这也许说过头了，但复制原貌确实十分困难。不过，作为回忆哪怕是朦胧的回忆，总是对原貌的回忆。因此即使是"六经注我"，也是以客观存在的文本本义为前提的。所以，确证文本本义的困难不意味着可以对文本做随意的解读。否则，就不是学者的本分。

如上种种，现代"国学大师"们随心所欲的曲解使我不得不决心放下别的课，开设"国学概览"。之所以"概览"，意在不让学生产生盲人摸象的偏颇。所以，这门课从古讲到今。

至于"西学大观"与"国学概览"同时开设，其意也在此。多种文明在相互对照中，才能取长补短。我们应该对人类所创造的主要文明有个全方位的认识，在认识本民族文化的同时，也必须通晓世界文明。让我们的文明在不断汲取世界文明的过程中，成为最先进的文明，而不是采取狭隘的民族主义与民粹主义而拒绝甚至排斥外来的先进文化，成为避免冲击保护少数人私利的借口。

其实，把不同文化之间的关系像亨廷顿那样只强调它们的冲突是片面的。实质上在我看来，不同文化却是连接人类不同社会人们休养生息的一条永恒的金带，因为任何文化的底色都是基于人性的。文化相对主义只在文化共生的意义上才具有正确性，它不是民粹主义的看门狗，更不应该为文化冲突论张本。

（三）记者：都说艺术是相通的，那具体到您，音乐和美术创作、理论等各个门类是怎样触类旁通的，比如研究文学、音乐对您的绘画创作有什么样的影响？

李：我以近50年的时间志在打通艺术诸门类，故将多种艺术都视为专业。艺术的相通是说它们在原理上是相通的，也就是说它们的美学法则是相通的，一个民族的艺术是这样，不同民族的艺术也是这样，但相通不是相同。淬炼全面的艺术学养定然会在你的创作中发挥作用，或明或暗、或显或隐地在作品中得到显现。如我的同学刘曦林在分析我的绘画时所说："文人将其诗文修养之长溶化到了画中，就成了无声诗，就有了许多咀嚼不尽的余味，把那艺术的格调升华起来，所以，文人画在中国美术史上具有特别的位置。"

如今，文人画已经成为历史。文人们不再是封建时代科举入仕的士人，他们成了专家、学者、教授，起敏这类雅兴的产物称为学者画可也，倒不一定称作"新文人画"的。

记者评：起敏君是一位颇具诗思的学者，有古文化的学养，又有开明的现代意识，近几十年来，一直在中国最高的音乐学府教授美学，那神经里自然又融进许多音乐的节奏和韵律。所以，在他的画里就有这许多的优长，特别是那幅《山雨欲来》，它似乎象征着一个思想者活跃的思想与心潮的推荡，如风，如雨。它们是画，或者又可名之曰诗画、音画、心画，在那画外有画、有韵、有思，按照中国的美学称此为"味外味"，又或者称作"韵外之致""言外之意"。

可见，在他的艺术中，题材与笔墨不过是借来表达思想和情感的工具，他们既可以顺手拈来，也可以随手挥去。他在小小的题材中能够塞进经天纬地的艺术精神，也常常把宏大的题材弄成一抹审美的微笑。因此，他不能容忍自己同类作品的重复，更别说克隆与复制。因为瞬间的情感和霎时的思绪、精神状态很难用相同的题材去表现，他或精工细雕，或草草写意，所借重的外物不能无，但在其心里却实在形同无。是山，是水，是花，是鸟，并不重要，它们不过是美的外表；精神，才是美的内核，而这内核却决然不是流行的所谓"主题思想"。他认为在现实中是"实"的，在艺术中的身份是"虚"的；而在现实中是"虚"的，在艺术中应该是"实"的。这大概是他对传统"以形写神"的独家理解，对于艺术与生活的别样把握吧！

（四）记者：从最早接触美术，到考研进入央美学习，再到现在，您一直都坚持画画写字吗？我看您的绘画，并不是传统的中国画，有很多西画和现代绘画的元素，能不能请您聊聊您的艺术作品？

李：我喜欢画画与喜欢文字无异，书画受父亲影响，涂涂抹抹已逾60多个岁月。可惜，时代没给我在这个领域始终专一的机遇。书画生涯也就像古老的黄河曲曲折折，文章亦如秋风吹动的流云时断时续。

我的绘画经历了从遵循传统到广收博纳、中西融汇、古今穿越的历程。但万变不离其宗，无论作为形式的表象千变万化，其对真善美及其对意境的潜在寻索是永恒的。

（五）记者：看您的作品大多都是山水画，为什么您对山水特别偏爱呢？您也画花鸟或者人物吗？

李：因为山水画可以当作诗来读，当作诗来写、来画，可以寄托万千思绪与无量感怀。山水、花鸟虽然分科，但在我笔下都是咏物畅怀的载体。故山水、人物、花鸟，从自然到绘画，可以"三籁和鸣"。

（六）记者：现在学画的人都在传统和创新之间纠结，作为一名学者型艺术家，您怎么看待这个问题？在画史上，哪位艺术家或学者对您影响最大？

李：纠结对有些人来说是难免的，它会永远存在。原因在于他们的观念存在问题，就艺术的核心价值——审美来说，艺术无所谓新旧。奢言志在创新，就像着意要生个宁馨儿，却往往生出一个怪胎。其实，出新是自然的、常态的，不出新倒是不正常。

因为不同时代的人的审美情趣、审美取向定然有别于旧时代，画家的生活际遇、性格特点也各异，另外社会风气、社会需求也在变迁，想不出新都不可能，那是个水到渠成的问题，任其自然，何必人为。想新而不能新的画家，是在传统里迷失，走不出来，或者根本不知传统为何物，或者从来尚未进入传统的内核。我是直管信笔而画，澄怀味象，笔墨应焉，心曲见焉，岂管它出现的是新与旧，"新雨旧雨"都是客啊！

给我影响最深最大的是我南宋的乡贤——籍贯东平、活动在都城临安的大画家梁楷，他对我的影响不在画技，而在人品、精神与美学法则。他那深美闳约的画风与变革勇气，成为我艺术活动的动力。他那功成不居、登巅不为峰、下山另攀登的精神，成为中国美术史上最具风采的高人。

梁楷曾经为皇家画院待召，面对皇帝所赐金带而不屑，因厌恶画院羁绊，毅然挂带而去。梁楷与画院画风决绝后，自辟蹊径，独树一帜，在艺术上不肯随波逐流，体现出"离经叛道"的大胆革新精神。这种精神始终贯彻在他的艺术创作之中，如他的《六祖伐竹》之类作品，是中年以后的作品，笔墨极为粗率。笔笔见形，笔路起倒；峰回路转，点染游戏；欲树即树，欲石即石；心之溢荡，恍惚仿佛，出入无间。可见，他参禅入画，视画非画了。他的人物画（如《李白行吟图》）很简单，很概括，但极生动传神，我曾经将其和罗丹的《巴尔扎克》雕像媲美。读梁楷的画实际上是一种笔墨体验，也是一种心境的体验，更是一种禅意的体验。梁楷是一位受儒、道、释三教思想影响的一代大家，开一代绘画艺术之风，有着强烈的时代特点。他的简笔人物画则开创了中国绘画史上的新天地，丰富了中国画的艺术表现手法，体现了中国绘画艺术的审美观念和发展潮流。

另外，在当代画家中，最令人佩服并受其影响的是傅抱石先生的画风，狂放不羁，酣畅淋漓，其中最富酒神精神的作品，和梁楷有着隔代的内在因缘。

（七）记者：您也研究哲学、美学，对于一些人说"哲学是最为深奥的一门学问，它先于也高于像音乐、美术、文学之类艺术形式"，您认同这种看法吗，为什么？

李：哲学与艺术之间有着深刻的内在联系，一种哲学思潮必然影响相关的艺术思潮。美学是哲学的一个分支，美学法则直接影响艺术创作。再是，中国受儒家影响的画家喜欢《周易》所言：道成而上，艺成而下。故行艺者，修得清净之心。对人与事持以厚德载物、据德依仁之态，并参以道佛两家上善若水，众缘和合之力待人、行事，悟之方可修道、入道、得道，正如道家的看破，儒家的穿透，释家的放下。借事炼心，守得清心，明理通达，虚怀自在，艺事可成。

而善于哲学沉思的德国知识分子对古代文化表现出的很大程度上是一种学术上的兴趣，如我们在文克尔曼及其著作中看到的。即使在野的艺术家，在行为和外表上也绝少像他们的法国同行那样放浪不羁、个性张扬，他们看上去更像普通人，其中有些不乏绅士风度，虽然他们拥有"丰富的表情和毫无疑问的心理深度"。他们追求的乃是更彻底的心灵放纵，是一种"至深至广形而上的艺术"和"解除了个体化束缚、复归原始并与世界本体融合的"酒神状态，亦即与理性的凡常礼仪相脱离的非理性的领域。他们时常结成团体，喜欢谈论哲学和音乐，对从形式上定义"纯"绘画则显得淡漠，艺术在他们那里更接近于纯粹的精神活动。在这个意义上，德国艺术家比法国人更自由、更浪漫，他们中多数人对从事艺术并无过高的职业期待，也没有在精神生活某些方面充当社会公众导师的负担，使他们更加能够听从个人心灵的召唤，探寻他们的艺术创作之路，这与我们的古今的文人画家有极其相似的心态。

另外，哲学理性的表现在于慎思明辨，能对宇宙与人生说出一番道理。不过，理性也有其根本的限制，就是无法说明人的意志与感情。譬如，理性认为不该做的事，意志可能非常向往，感情也陷于无法遏止的冲动中，这时何去何从？

不仅如此，从希腊时代以来，哲学界一直有一股"密契主义"的思潮。所谓"密契"，是指人在追求宇宙最高最深的奥秘时，发现理性不给力，于是只能放下分析的念头，去体验合一的境界。理性使人独立为万物之灵，但也正因为理性，人与人、人与物、各种疏离对立，造成人生无穷的困扰与烦恼。

（八）记者：

李苦禅先生说："中国文明最高者尚不在画，画之上有书法，书法之上有诗词，诗词之上有音乐，音乐之上有中国先圣的哲理，那是老庄、禅、易、儒。故倘欲画高，当有以上四重之修养才能高。"可见哲学与艺术在文化层阶上的递进关系。您曾为北大哲学系百年系庆题词："大其心，容天下之物；虚其心，受天下之善；平其心，论天下之事；潜其心，观天下之理；定其心，应天下之变；正其心，断天下之恶。"能说说当时的一些情况和您的想法吗？

李：我与北大哲学系的一些教授是朋友。他们有个博士生同时在跟我上课，系庆前邀请我题字，就将唐代施肩吾的一段话写给了他们，意在鼓励哲学系的学人：放宽心胸，容纳天下事物；谦虚谨慎，接受天下仁善；平心静气，分析天下事情；潜心钻研，纵观天下事理；坚定信念，因应天下变化。最后一句则是我加的，意在以正直之心铲除天下的邪恶，还人间以正义。

《大学》有关"正心"的说法是："所谓修身在正其心者，身有所忿懥，则不得其正；有所恐惧，则不得其正；有所好乐，则不得其正；有所忧患，则不得其正。"在《大学》的八条目中，"正心"是接着"诚意"而来的功夫。"诚意"是诚实面对自己的意念，其前提为"格物、致知"，就是先知道何谓善恶，然后在自己的意念出现时，对照善恶规范来作自我要求。"诚意"功夫所要求的是慎独、自谦（让自己满意）与毋自欺。

那么，"正心"的作用何在？人有意念之后，会形成某种"想法"，想法有正与不正之别，所以接着要正心，由此再联系到人的具体言行。因此，心（想法）是由内到外的枢纽。一般而言，意念是短暂的、流动的、变化的、被动的，而想法是完整的、固定的、主动的，具有明确含义，准备展示为"言行"的。

心即指这样的想法，因此才有正与不正的问题。孔子在《论语·为政》描写自己的生平进境时，最后说："七十而从心所欲不踰矩。"这句话表示他在七十岁之前，如果"从心所欲"，就有"可能"违背规范。何谓从心所欲？就是任由自己的想法带领自己的言行表现。这种做法有可能"踰矩"，因此"正心"即是要端正或导正自己的想法。而我的意思则与孔夫子有别，"从心所欲"，当那"矩"具有积极意义的善时不逾矩；而当那"矩"已经陈腐不堪而成为恶时，则必须逾矩，断天下之恶。

（九）**记者**：从您网络上的一些文字可以看出您非常喜欢古典音乐，能聊一下您对古典音乐的看法和感受吗？您最喜欢哪位音乐家的作品？

李：人的欣赏趣味本应该宽泛之极。对于中国的古典音乐我更喜欢古琴曲，因为它与国画一样代表着中国艺术精神与艺术样态的两大制高点；对欧洲的古典音乐我欣赏旋律优美的乐曲，比如贝多芬与莫扎特的音乐，以及一些轻音乐。

（十）**记者**：如今国学是一个大热门的话题，您对国学也很有自己的见解，您是怎样理解的国学呢？

李：国学的概念从诞生起就争论不断，我讲的国学及其研究对象是中国传统文化。文化在整个历史中是非常重要的载体，而历史又是我们认同这个国家的最核心的东西。什么是国学？虽说百年来不断在讨论，但是并没有大家都认同的说法，因为这个词的年龄段并不久远。近百年来，西方文化东渐，人们认识了西方文化和中国本土传统文化之间的差异。最初用新学和旧学、中学和西学这样不同的名字来区别。后来又提出国学的名词，其实也就是中学，也可以说是一种旧学，因为它是国产的。国学，就是中国学。历史进入现代，国学应该包涵古典文化学、哲学、美学、诗学、文学、画学、乐学、史学、文字学等。这样认识，才能全方位地看出中国文化的价值所在，才是正途。它不是为反对西学而重新标榜的，现代化不是全盘西化，中国传统文化也不能"一统天下"。他们永远运行在互补、互渗、互容、互生的人类文化的大系统结构里，谁若为了偏执的需要企图扭转这一规律，只能是痴人说梦。

（十一）**记者**：现在很多学者都在强调学习国学的重要性，对此您怎么看？您觉得对于普通人来说，应该如何学习国学呢？

李：国学作为中国人千万年来在这片土地上创造的文化，永远都是无价的瑰宝。我们永远会珍视它，不会抛弃它。可是近百年来，他在不断革命与斗争的烈火烘烤中，却像个被遗弃的老人，遍体鳞伤，艰难地挣扎在荒烟蔓草间。作为后来人，我们无权再对其漠然视之。我们现在要做的是拯救它，而不是割它的肉做拯救蒿目时艰的心灵鸡汤。否则，他仍然还会变成个弱者，任人摆布——用时拎过来，不用时扔出去，甚至还要践踏之！对国学采取实用主义的态度我所不为，也为我所不齿。

十几年前，我开设国学概览课的时候，开宗明义第一章就是黄帝的"华胥之梦"。因为我认定一种文化，一种先进文明，其核心价值之一就是在寻求一个理想国，让其所有成员生活在幸福祥和、其乐融融的国度，都能诗意地栖居。在长期的历史发展过程中，从哲人诸子百家，到政治家、艺术家、平民百姓无不在孜孜以求那个人间的桃花源，也就是西方的那个伊甸园。至于后来，无论小国寡民，还是大国崛起也无不如此，其名目各异，而潜在的意欲上是可以相通的。

建筑在经济基础之上的国家形态中的政治形态，作为上层建筑，它只是一种重要的形态之一，而不是全部，它反映的是人类社会外在的社会生活表象。而更重要的理想国形态是表现人们内在精神与心灵层面的，它的载体是艺术与宗教之类。如果说我们的艺术领域很早就已经建立起一个真善美的理想国度，而政治却长期踯躅踟蹰在泥潭，若武陵渔人偶尔一窥，欲再寻桃源而不得其入了。

（十二）记者：您在多所大学教学，给博士生上课，主要讲授哪方面的东西？您觉得作为一名老师，应该怎样引导学生，尤其是怎么引导已经具备了自主学习和研究能力的博士生呢？

李：我多半在讲授中西艺术精神比较前提下的艺术学、中国音乐美学与国学。

博士生导师的任务，首先是知人，知其能力，知其性情，因材施导；其次才是和博士生一起讨论确定研究方向，寻找多种可行性的路径，然后放手让其自为，面对研究过程中遇到的困难给予帮助，遇到困境给予拔脱。由于导师在该专业研究领域老马识途，洞察哪里有价值，哪里有陷阱，并可预期研究结果的成败，所以要不断地对博士生的研究过程密切关注，适时提供该专业研究前沿的研究情报供其参考。出现问题提出阅读书目，给予启发，而不能越俎代庖。

我一向主张，大学是读书的地方，不是做题的地方。无论本科生、硕士生、博士生都是如此，现在整个把重心颠倒了。表面看也设置了一些课程，可是大都设定在专业范围内，不懂得"通群经才能治一经"。从一入学就准备论题的资料搜集，到完成论文答辩，差不多80%的时光在为论文耗费精力。然，综观当代博士生论文的质量，却很难让人乐观。我的问题是：值吗？

博士生论文的价值，我认为是必须在学术领域进行了一次创造性劳作，即创造出前人未曾有过的东西，填补了一种或多种空白；或者在前人的基础上有所发明，有所推进，有所提高。再是要为后来的研究者提供科学依据，引证你的论文不能因错误与平庸给人误导。这是起码的要求，更高的期盼是提出一种能够影响学术与社会生活进步的学说，这大概百年而不一遇。而经常看到的是理工科缺乏人文关怀，人文科思想板结，艺术科只出匠人。

（十三）记者：您曾在中央电视台《百家讲坛》开坛首讲"梅兰竹菊美学四题"，当时为什么选择讲授这个课题呢？

李：这大半是电视台划定的范围，我只是按照我的想法去讲而已。"梅兰竹菊"是个极为传统的艺术题材。无论民间艺术还是文人画，这四君子都是常客，可见国人对其钟爱有加的广泛性。它们早已不再是平常的花卉或描绘对象，而是历史地成为一种独特的人文载体、人格追求与向往的符号。

当时，讲座宗旨为涵养人文品质，弘扬艺术精神，激发求知欲望，提高审美能力，陶冶高尚情操，完善知识结构，高张个性风采，培养人格魅力。

摘一段我当时的结束语：中华民族是最早发现和欣赏自然美，并以之作为永恒的审美对象的——云霞可荡胸襟，花鸟可移性情。屈原曾餐花披卉，李白曾邀月共饮。百花装点了春天的绚丽、盛夏的繁华、中秋的静美、隆冬的高洁。在花的伊甸园里，人类才会诗意地栖居，即便焦虑不堪的人们也会在花的灵境中获得心灵的抚慰。因为那不仅是钟爱一种最美好的景物，更是崇高的情操和精神的寄托，何况它又是民族心理素质在潜意识里的积淀。

草木贲华，无待锦匠之奇。自然美与人的性情之美的沟通和谐作为传统的哲学精神浸淫了人们的世界观，认为对大自然的审美就是对人自身的审美，对自然美的肯定就是对人自身的肯定。故一切自然美都被人格化了，自然成为人化的自然、人格的化身，对花鸟和山水的热爱成为诗人和画家千古咏唱描绘的题材即为明证。人们对物的审美观照亦即对自身的观照，物象即心象的投影。它已排除了物与我的功利观念，进入物我两忘的境界，即"澄怀味象"的审美心态。如杜甫所咏："感时花溅泪，恨别鸟惊心。"如陆游所愿："何方可化身千亿，一树梅花一放翁。"如徐渭所说："我之视花，如花视我。"这也就是人们对待梅兰竹菊和以梅兰竹菊为题材的艺术的态度吧。

（十四）记者：您除了是一位博学的学者、老师，还是位艺术评论家，那您是怎么看待自己"艺术评论家"这个身份的呢？

李：哈，中国的"艺术评论家"是很尴尬的。尽管我也从事这方面的写作，但几乎没有这方面的身份认同。几十年下来，我集结了一本30余万字的《序言集》，一般散见的评论文章不在此例，可是仍然深感批评之不易。这里有意识形态方面理论的原因、艺术思想的原因、社会风气的原因及人情世故的原因等等，不一而足。纵观评论界，由于自身理论建构的缺席，多用古人或外人的尺度来衡量当下的多元艺术，故色厉而内荏，作为评论家并无理论自信。再是，长期以来，尤其"文革"时期，极不正常的批判文风弄坏了批评风气，这是一种评论的扭曲与堕落，当下也时有所见，但毕竟是宵小所为。再是，人们走出"文革"噩梦，评论渐趋平稳，但也流失了评论的激情与动力。艺术界与整个社会的浮躁风气共舞，并且推波助澜，艺术家希望提高身份与艺术价值而坐轿子，而评论家自然沦为为其屈尊抬轿子的轿夫。再是即便评论家的文章多为撰主所求，为不得罪人，进得庙来，人家也是希望能多烧香磕头，少呵佛骂祖，评论的价值也就缺斤少两、大打折扣。

正规的评论家若如此，那些娱记的吹捧文字甚嚣尘上就不足为奇了。更蔚为奇观的是如今文人也追逐"明星化"，借传播舞台而名声大噪了。他们靠别人吹捧，也靠自己自播，而那些有真才实学的人却默默无闻。此人间世相，老朽如我，只能叹息。但杰出未必著名，著名未必杰出，是"中国特色"。人类社会往往如一池浊水，沉在下面的是金子，浮在上面的是尘埃。

经济学上有一个劣币驱逐良币的"格雷欣法则"，格雷欣是英国伊丽莎白时期的货币铸造局局长，他发现老百姓总是将含金量高的货币囤积在手，而将含金量低的货币花出去。货币的一大主要功能就是流通，可是良币正因为质优，反而没人愿意去流通了。最后，良币将被驱逐，市场上流通的就只剩下劣币。

想到如此，可见评论家的文字并不都尽可信，那些靠评论吹捧起来的名家往往要吹尽戈壁滩的狂沙才能见到些许金子。

好了，芷静，我们就谈到这里吧！

文学艺术中的月色之美

　　人们喜欢月亮，爱它的冰轮乍涌，爱它的玉魄沉落，也爱它的皓月当空，明镜高悬。无论是一弯新月，或是半弦玉块，是朔，是望，月亮总以它的多姿多彩让人心醉神迷。它的阴晴圆缺牵动着人们的情怀，它的升与沉常引起人们迎新的渴望和惜别的怅惘。痴情的少女拜月，热恋的青年踏月，欢乐的亲人赏月，孤独的游子咏月……

　　月色在艺术家的生活世界里反映得就更为强烈，也更为别致。据说北宋的花光和尚仲仁从月夜窗间的花影创始了他的墨梅。当时，诗人黄山谷称赞："如清晓嫩寒，行孤山篱落间，但欠香耳。"他用温和写意的笔墨来强调梅花的清标雅韵，是淡淡然一襟清思的风格，和月色的清辉一样协调，如林逋之诗："疏影横斜水清浅，暗香浮动月黄昏。"

　　中国美术史上，郑板桥画竹也同月光有过一段姻缘，已是家喻户晓的了。他自己说："凡我画竹，无所师承，当得于纸窗粉壁日光月影中耳。"

　　古往今来，多少诗人望月兴叹，写下无数寄意深远的诗句。思乡的杜甫感到"月是故乡明"；寂寞的李白"举杯邀明月"；长江边上，曹操浩歌"月明星稀"；苏轼多情叹"一樽还酹江月"；徐凝写"天下三分明月夜，二分无赖是扬州"；李白吟"长安一片月，万户捣衣声"……

　　变化多端的月在古代诗人笔下仪态万方，情意缱绻："小时不识月，呼作白玉盘。又疑瑶台镜，飞在青云端。"（李白《古朗月行》）"别家六见月牙新，万里风露老病身。"（张澄《和林秋日感怀寄张丈御史》）。儿童眼里的月与老人眼里的月是这样不同。同样，处在不同环境下的人看月，在内地有内地的情味，在边关有边关的韵致。请看"明月出天山，苍茫云海间"（李白《关山月》），气派恢宏，有吞吐霄汉之势；而张继写姑苏城外夜半钟声同江枫渔火伴着的"月落乌啼霜满天"，和杜牧写江南草木凋零箫声缥缈中的"二十四桥明月夜"，则柔婉清秀，风致迥别。但不论是"杨柳岸晓风残月"的轻倩，还是"月涌大江流"的壮阔，月亮总以它的温柔、它的明丽、它的妩媚、它的雅洁飘洒的清辉，赢得人们的倾心悦慕和遐思冥想。"月白风清，奈此良夜何！"人间不论何人，有谁不爱皎皎的月明呢？

月是美的，月色就更美。冯应京在《月令义·八月令》中这样描述月华之美："状如锦云捧珠，五色鲜莹，磊落匝月，如刺绣无异。华盛之时，其月如金盆枯赤。"华瞻瑰丽，令人神往。清代，扬州八怪之一的金农曾画过一《月华图》（现收藏于故宫），辉光溢采，灿若锦绣，美不胜收，全然是点彩派画法，在中国历代画迹中可谓一绝，同冯应京的文字描写相映成趣。

如果说王维的"明月松间照，清泉石上流"，以幽取胜，意在冷静地写实，而陆机的"照之有余辉，揽之不盈手"，就以写意的手法将月光的可视变为可亲、可触的了。这岂不是较之唐宋诗人，更接近中国艺术的精髓?! 李白的《把酒问月》和辛弃疾的送月词《木兰花慢》都把无限深情与满怀思绪寄予了明月，仿佛它是诗人可以柔声低语的知音。张若虚的《春江花月夜》所开拓的境界是中国古典文学描写月色美的顶峰："春江潮水连海平，海上明月共潮生，滟滟随波千万里，何处春江无月……"优美清丽的月夜深沉、寥廓而宁静。这如轻梦一般浮动着的月色里，隐含了诗对人生的觉醒和对宇宙的认识，江山壮丽，风月无边。

杜甫的一句"露从今夜白，月是故乡明"，写尽了边关戍人听到一声秋雁鸣时的乡愁。这乡愁是游子们的共同心态。无论那故国曾经多么不堪，但那里的月总似初恋的情人般让人挂怀。

我也曾到过世界上许多国家，看过同一个月亮。我深知，那万山之月，乃一月也。在瑞士雪山少女峰，在风光旖旎的莱蒙湖，在威尼斯的贡多拉上，在平沙无垠的非洲大沙漠中，在晴空万里的夜航机上，在碧波万顷的大海中，在尼亚加拉瀑布的咆哮声中，我都看到过月亮，这些月亮应该说都是美妙绝伦的，一轮当空，月光闪耀于碧波之上，正如范仲淹的《岳阳楼记》所言："上下天光，一碧万顷；沙鸥翔集，锦鳞游泳；岸芷汀兰，郁郁青青。而或长烟一空，皓月千里，浮光跃金，静影沉璧。"或如南宋文学家张孝祥《念奴娇·过洞庭》："素月分辉，明河共影，表里俱澄澈。悠然心会，妙处难与君说。"词人借洞庭夜月之景，抒发了自己的高洁与悲凉。但这一切都抵不上我童年时在故乡东平湖外湿地青草湖看到的月亮更有诗情画意，不仅仅因为其荷香远溢，宿鸟幽鸣，它还同时承载着日积月累的纯情记忆，还有混着微风和湖水的密语。

倘若以诗的形式描写月色感到朦胧清淡的话，散文写来浓墨重彩就清晰细腻得多了。归有光在《项脊轩志》中，仅用三言两语就把月色写得娟秀动人："三五之夜，明月半墙，桂影斑驳，风移影动，珊珊可爱。"

到了现代散文大家朱自清手里，月色又是另一番韵致。如脍炙人口的《荷塘月色》："光如流水一般，静静地泻在这一片叶子花上。薄薄的青雾浮起在荷塘里，叶子和花仿佛在牛乳中洗过一样；又像笼着轻纱的梦……光与影有着和谐的旋律，如梵阿玲上奏着的名曲。"他写灯月交辉、笙歌彻夜的秦淮河时，用诗一样的笔勾勒了一幅有声有色美景："一眼望去，疏疏的林，淡淡的月，衬着蔚蓝的天，颇像荒江野渡光景。"

"灯光是浑的，月色是清的。在混沌的灯光里渗入一派青辉，却真是奇迹！那晚月儿已瘦削了三分。她晚妆才罢，盈盈地上了柳梢头。天是蓝得可爱，仿佛一汪水似的；月儿便更出落得精神了。"

这样一路写来，情景交融，让读者意惹心迷，一时误入欲醉还醒的意境。

对于照之有余辉、揽之不盈手的月色之美，高明的作家并不直接描绘月儿本身的形态颜色，而重在传达其神韵，注重它反映在事物上的意境，给人美感最强烈的往往那些间接描写月色的作品。

月色的魅力是在让人获得审美感受时产生的，这美感的作用在莫泊桑的小说《月色》里竟然将一个清教徒冷酷的心打动了，那个马理尼央长老本打算去打跑月下幽会的外甥女，而当他发现一对恋人同醉人的月色融为一体时，他不忍心再去破坏眼前现实的美，暗灰冷漠的内心世界被月光照亮了。"他拉开了门，但是走到檐前便停住了脚步，看见了那几乎从没有见过的月色清辉，他竟因此吃惊了。……一经走到田地里，他停住脚步去玩赏那一整幅被这种温情脉脉的清光所淹没的平原，被这明空夜色的柔和情趣所浸润的平原……远处一大行白杨树随着小溪的波折向前蜿蜒伸长着。一层薄霭，一层被月光穿过的，被月光染上银色并使之发光的白色水蒸气，在河岸上和周围浮着不动，用一层轻而透明的棉絮样的东西遮住了溪水的回流。"

面对此景此情，恐怕谁的心弦都会颤动，谁的心灵都会受到一次美的洗礼吧。无怪乎马理尼央长老禁欲主义的道学理念在月色溶溶中土崩瓦解了。

对于同一个美的对象的讴歌，各种不同的艺术门类以各自独特的艺术语言做着异曲同工的表达。音乐家将月的形象变为音乐的意象，借重于月下景物的情态声韵来烘托意境。贝多芬著名的《第十四钢琴奏鸣曲》，以柔美而生动的音色描写了温和的月光下的自然界的安谧，似乎可以感觉到一种被人的声音打破了的庄严的沉静，让人从内心深处升起某些幻想的愉快和悲伤的感情。这种感情逐渐消失在肃穆的沉寂之中，像柳絮那样轻盈。乐章有时以一种奇幻的快速节奏进行着，并留下了瞬间的温存的微笑的印象。德国小说家和文艺批评家列尔斯塔勃把这首奏鸣曲称为《月光奏鸣曲》，他说它的第一乐章令人想起夜晚的菲尔瓦尔台特湖。

假如文学、音乐作品中的月色还嫌迷茫的话，绘画艺术的描绘就具体、形象明快多了。俄国著名画家克拉姆斯科依的名画《月夜》，也用了不同凡响的手法描写月色。在这幅精美的油画上并不曾有月亮出现，夜色的浓重是画面的基调。古木参天的园林静悄悄、黑沉沉，显得幽深神秘。池水如一块墨玉镶嵌在岸草丛生的翡翠池中，夜风凉沁沁的，好像缠绵着的柔声低语。就在这样的时光、这样的环境、这样的气氛中，一个女郎然斜倚在林边池畔的长凳上，独自领略这月光水色花香草味，以及无边的幽深与恼人的静寂。皎月仿佛深有情意，透过林隙将一束温柔的光色倾泻在她雪白的裙裳之上，淡黄的、青绿的色调薄薄地笼罩了一层光晕，月色和人融为一体了。无形的月色之美，借人物的俊秀高度形象化也诗情化了。人月交辉，在如此完美的艺术形式下所表现的思想意境是那样深邃，感人地诉说了当时俄罗斯的生活！

月色的自然美在文学艺术中化为千姿百态的艺术美，静化着人类的灵魂。它感人的是诗情，是画意，是高尚优美的境界，它教给人的是对生活、对人生、对美好事物的热爱。同样，自然美也跟人类的社会生活和精神世界有着奇妙的联系。就说月色吧，它的美是无私的，它面对的是全人类，是人类的整个世界。月光如水，如果人们都能借助它荡涤心中郁结的尘埃，使之像月色一样静美雅洁，玉壶冰心，纤尘不染，那该多好！

原载于《江城文艺》1982 年第 6 期，此次稍有修订